普通高等教育"十一五"规划教材

PUTONG GAODENG JIAOYU SHIYIWU GUIHUA JIAOCAI

KEBIANCHENG KONGZHIQI
YINGYONG JISHU

可编程控制器应用技术

主　编　范永胜　徐鹿眉

副主编　桂　垣　宋起超

编　写　张晓峰　王有春

主　审　张会清

中国电力出版社

CHINA ELECTRIC POWER PRESS

内 容 提 要

本书为普通高等教育"十一五"规划教材。

全书共分为十一章，主要内容包括常用低压电器，典型电气控制线路，可编程控制器概述，S7-200 PLC 的硬件介绍、基本指令及应用，特殊功能指令，梯形图程序的设计方法，人机接口，S7-200 PLC 网络通信技术，MCGS 组态软件设计及其应用，可编程控制器系统综合设计。书后附有 S7-200 PLC 技术规范和实验、课程设计及毕业设计指导书。本书语言简练、通俗易懂，内容由浅入深，注重理论和实际应用相结合。

本书可作为普通高等学校电气工程及其自动化、自动化、机电一体化等专业的"电气控制及可编程控制器"或类似课程的教材，也可作为相关工程技术人员的参考用书。

图书在版编目（CIP）数据

可编程控制器应用技术/范永胜，徐鹿眉主编. —北京：中国电力出版社，2010.1（2020.1 重印）

普通高等教育"十一五"规划教材

ISBN 978-7-5083-9224-0

Ⅰ. 可… Ⅱ. ①范…②徐… Ⅲ. 可编程序控制器-高等学校-教材 Ⅳ. TP332.3

中国版本图书馆 CIP 数据核字（2009）第 129086 号

中国电力出版社出版、发行

（北京市东城区北京站西街 19 号　100044　http://www.cepp.sgcc.com.cn）

北京传奇佳彩数码印刷有限公司印刷

各地新华书店经售

*

2010 年 1 月第一版　2020 年 1 月北京第五次印刷

787 毫米×1092 毫米　16 开本　19 印张　460 千字

定价 31.00 元

前　　言

为贯彻落实教育部《关于进一步加强高等学校本科教学工作的若干意见》和《教育部关于以就业为导向深化高等职业教育改革的若干意见》的精神，加强教材建设，确保教材质量，中国电力教育协会组织制订了普通高等教育"十一五"教材规划。该规划强调适应不同层次、不同类型院校，满足学科发展和人才培养的需求，坚持专业基础课教材与教学急需的专业教材并重、新编与修订相结合。本书为新编教材。

"电气控制技术"及"可编程控制器原理及应用"是各高等院校电类专业密切相关的两门专业课程，应用十分广泛。可编程控制器基于继电器逻辑控制系统的原理而设计，它的出现取代了继电接触器控制系统，它是当今电气自动化领域中不可替代的中心控制器件。由于它们起源于同一体系，只是发展的阶段不同，因此高校已普遍将上述两门专业课的核心内容有机地整合起来。本书正是在这种情况下并考虑到实际应用和发展情况而编写的。

可编程控制器是 20 世纪 60 年代以来发展极为迅速的一种新型工业控制装置。现代的可编程控制器是一种很有特色和发展前途的、以微处理器为核心的通用工业控制装置。可编程控制器的应用深度和广度已经成为一个国家工业先进水平的重要标志之一。所以本书在讲解传统继电器控制系统的前提下，重点讲解可编程控制器的原理与应用。

目前市场上可编程控制器的品种繁多，从实际应用的角度出发，考虑到目前应用的广度和市场的占有率因素，本书选用 SIEMENS 公司 S7 - 200 PLC 为对象讲解可编程控制器的原理及应用。

全书共分十一章。第一章为常用低压电器，介绍了控制系统中常用低压电器的用途、基本结构、工作原理、主要技术参数以及图形符号和选用原则等。第二章为典型电气控制线路，详细讲述了继电器控制系统中常用的基本控制环节，并进一步分析了典型复杂设备的电气控制系统和常用的设计方法。第三章为可编程控制器概述，介绍了可编程控制器的基本知识。第四章为 S7 - 200 PLC 的硬件，重点介绍了 PLC 的硬件原理与配置、各单元功能及应用。第五章介绍了 S7 - 200 PLC 的基本指令及其应用，重点讲解了定时器和计数器的工作原理。第六章介绍了 S7 - 200 PLC 的特殊功能指令并给出了许多例子。第七章讲述了经验设计法、时序设计法和顺序控制设计法三种应用程序的设计方法，重点讲解了顺序控制设计法。第八章是人机接口，对文本显示器和触摸屏进行了简单的介绍。第九章为网络通信技术。第十章为 MCGS 组态软件设计及其应用。第十一章介绍了可编程控制器的系统综合设计，重点介绍了系统的模拟调试方法。本书的附录还提供了 SIEMENS S7 - 200 系列 PLC 技术规范，和教学相对应的实验指导书、课程设计指导书以及毕业设计指导书。

本书由河北建筑工程学院的范永胜负责组织、统稿和改稿，并编写第二、五、七、十章以及第三章的一～五节；黑龙江工程学院的徐鹿眉编写四、六、十一章，并提供了 S7 - 200 的技术规范，编写了附录中的实验指导书、课程设计指导书、毕业设计指导书；黑龙江工程学院的宋起超编写第八章；河北建筑工程学院的桂垣编写第一章；河北建筑工程学院的王有春编写第三章的六、七节；河北建筑工程学院的张晓峰编写第九章。

本书由北京工业大学的张会清博士主审。在本书的编写过程中，还得到了黑龙江工程学院的王晓溪、韩雪松、胡维庆、王希凤、徐泽清和于浩洋以及河北廊坊师范学院张玲娟的大力帮助。在此一并表示衷心的感谢。

限于编者水平，书中难免存在疏漏和不妥之处，诚恳希望广大读者批评指正。

编　者

2009 年 5 月

目　录

第一章 常用低压电器

将低压电器用导线按一定的次序和组合方式连接起来组成的线路就是后续要讲解的继电器控制线路,而后续的 PLC 控制也同样离不开低压电器,所以本章讲述了控制领域中常用低压电器的工作原理、用途、型号、规格及符号等相关知识,以便能够在控制系统中正确选择和合理使用低压电器。

第一节 低压电器的概述

低压电器是电力拖动控制系统、低压供配系统的基本组成元件,其性能的优劣直接影响着系统的可靠性、先进性和经济性,是电气控制技术的基础。因此,必须熟练掌握低压电器的结构、工作原理并能够正确使用。

一、低压电器的定义

交流 1200V 以下、直流 1500V 以下为低压,在此电压范围内使用的能够手动或自动断开或接通电路,断续或连续地改变电路参数,以实现对电或非电对象的切换、控制、检测、保护、变换和调节的元件统称低压电器。其发展方向为体积小、可靠性高、使用方便和功能可组合性。

二、低压电器的作用及分类

(一)低压电器的作用

低压电器能够依据操作信号或外界现场信号的要求,自动或手动地改变电路的状态和参数,实现对电路或被控对象的控制、保护、测量、指示、调节。低压电器的作用有以下几个方面。

(1)控制作用。如电梯的上下移动、快慢速自动切换与自动停层等。

(2)保护作用。能根据设备的特点,对设备、环境以及人身实行自动保护,如电机的过载保护、电网的短路保护、设备的漏电保护等。

(3)测量作用。利用仪表及与之相适应的电器,对设备、电网或其他非电参数进行测量,如电流、电压、功率、转速、温度、湿度等。

(4)调节作用。低压电器可对一些电量和非电量进行调整,以满足用户的要求,如柴油机油门的调整、房间温湿度的调节、照度的自动调节等。

(5)指示作用。利用低压电器的控制、保护等功能,检测出设备运行状况与电气电路工作情况,如绝缘监测指示等。

(6)转换作用。在用电设备之间转换或对低压电器、控制电路分时投入运行,以实现功能切换,如励磁装置手动与自动的转换,供电的市电与自备电的切换等。

(二)低压电器的分类

低压电器的用途广泛,功能多样、种类繁多、结构各异,下面介绍几种常用的分类方法。

1. 按操作方式分类

(1) 手动电器：通过工作人员的做功来完成接通、分断等操作的电器，如刀开关、组合开关、按钮等。

(2) 自动电器：借助于电磁力或某个物理量的变化自动进行操作的电器，如中间继电器、交流接触器等。

2. 按工作原理分类

(1) 电磁式电器：这类电器是根据电磁感应原理进行工作的，如接触器、电磁式继电器等。

(2) 非电量控制电器：这类电器是以非电量物理量作为控制量进行工作的，它包括按钮、行程开关、速度继电器等。

3. 按用途和控制对象分类

(1) 配电电器：用于电能的输送和分配的电器，如熔断器、刀开关、隔离开关、空气断路器等。对配电电器的技术要求是灭弧能力强、分断能力强、限流效果好、动稳定和热稳定性高。

(2) 控制电器：这类电器主要用于电力拖动及自动控制系统，如接触器、各种继电器等。这种分类见表1-1。

表 1-1　　　　　　　　　　　　常见的低压电器的主要种类及用途

分类	名称	主要品种	用途
控制电器	主令电器	按钮	主要用于发布命令或程序控制
		限位开关	
		微动开关	
		接近开关	
		万能转换开关	
	接触器	交流接触器	主要用于远距离频繁控制负荷，切断带负荷电路
		直流接触器	
	控制器	凸轮控制器	主要用于控制回路的切换
		主令控制器	
	继电器	电流继电器	主要用于控制电路中，将被控量转换成控制电路所需电量或开关信号
		电压继电器	
		时间继电器	
		中间继电器	
		温度继电器	
		热继电器	
配电电器	熔断器	有填料熔断器	主要用于电路短路保护，也用于电路的过负荷保护
		无填料熔断器	
		半封闭插入式熔断器	
		快速熔断器	
		自复熔断器	

续表

分类	名称	主要品种	用　途
配电电器	断路器	塑料外壳低压断路器	用于线路过负荷、短路、漏电或欠压保护，也可用作不频繁接通和分断电路
		万能式低压断路器	
		模块化小型断路器	
	刀开关	负荷开关	主要用作电气隔离，也能接通或分断额定电流

另外，低压电器按工作条件还可划分为一般工业电器、船用电器、化工电器、矿用电器、牵引电器及航空电器等几类，对不同类型低压电器的防护形式、耐潮湿、耐腐蚀、抗冲击等性能的要求也不同。

第二节　开　关　电　器

一、刀开关

刀开关又叫闸刀开关，一般用于不频繁操作的低压电路中，用作接通和切断电源，或用来将电路与电源隔离，有时也用来控制小容量电动机的直接启动与停机。

刀开关由闸刀（动触点）、静插座（静触点）、手柄和绝缘底板等组成。

如 HD 型单投刀开关按极数分为单极、双极和三极几种，其示意图及图形符号如图 1-1 所示。其中图 1-1 (a) 为直接手动操作刀开关结构，图 1-1 (b) 为手柄操作刀开关结构。图 1-1 (c)～图 1-1 (h) 为刀开关的图形符号和文字符号，其中图 1-1 (c) 为一般图形符号，图 1-1 (d) 为手动符号，图 1-1 (e) 为三极单投刀开关符号；当刀开关用作隔离开关时，其图形符号上加有一横杠，如图 1-1 (f)、图 1-1 (g) 和图 1-1 (h) 所示。

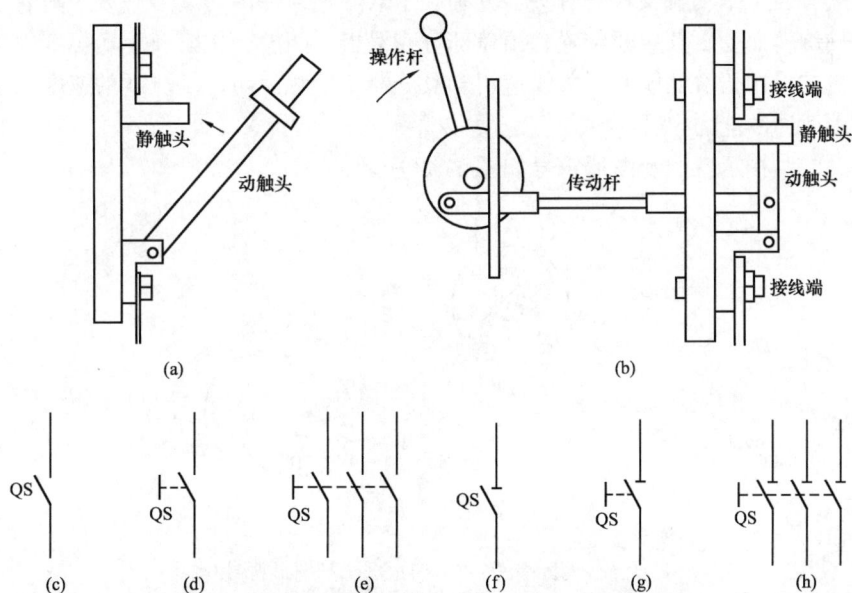

图 1-1　HD 型单投刀开关示意图及图形符号

(a) 直接手动操作；(b) 手柄操作；(c) 一般图形符号；(d) 手动符号；(e) 三极单投刀开关符号；
(f) 一般隔离开关符号；(g) 手动隔离开关符号；(h) 三极单投刀开关隔离开关符号

单投刀开关的型号含义如下：

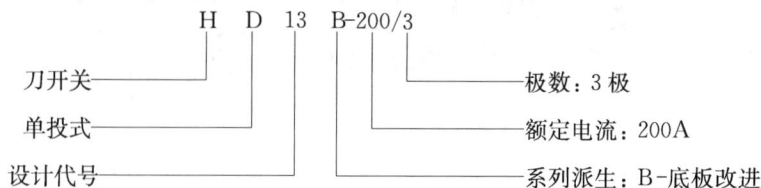

H　D　13　B-200/3

刀开关
单投式
设计代号
系列派生：B-底板改进
额定电流：200A
极数：3极

设计代号：11—中央手柄式，12—侧方正面杠杆操动机构式，13—中央正面杠杆操作机构式，14—侧面手柄式。

刀开关种类很多，按极数分为单极、双极和三极；按结构分为平板式和条架式；按操作方式分为直接手柄操作式、杠杆操动机构式和电动操动机构式；按转换方向分为单投和双投等。

刀开关一般与熔断器串联使用，以便在短路或过负荷时熔断器熔断而自动切断电路。刀开关额定电压通常为250V和500V，额定电流在1500A以下。

安装刀开关时，电源线应接在静触点上，负荷线接在与闸刀相连的端子上。对有熔丝的刀开关，负荷线应接在闸刀下侧熔丝的另一端，以确保刀开关切断电源后闸刀和熔丝不带电。在垂直安装时，手柄向上合为接通电源，向下拉为断开电源，不能反装。

刀开关的选用主要考虑回路额定电压、长期工作电流以及短路电流所产生的动热稳定性等因素。刀开关的额定电流应大于其所控制的最大负荷电流。用于直接启停3kW及以下的三相异步电动机时，刀开关的额定电流必须大于电动机额定电流的3倍。

二、组合开关

组合开关又叫转换开关，是一种转动式的闸刀开关，主要用于接通或切断电路、换接电源、控制小型鼠笼式三相异步电动机的启动、停止、正反转或局部照明。

组合开关有若干个动触头和静触头，分别装于数层绝缘件内，动触头装在附有手柄的转轴上，随转轴旋转而变更其通断位置。顶盖部分有滑板、凸轮、扭簧及手柄等零件构成的操作机构。该机构采用扭簧储能使开关快速闭合及分断，使触头闭合及分断的速度与手柄旋转速度无关，因此通断能力很强。

组合开关的结构示意图及图形符号如图1-2所示。

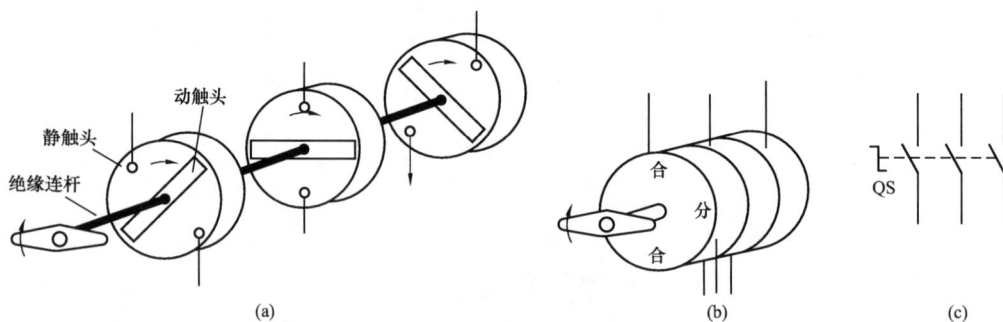

图1-2　组合开关的结构示意图和图形符号
(a) 内部结构示意图；(b) 外形示意图；(c) 图形符号

这些部件通过螺栓紧固为一个整体。接触系统由数个装嵌在绝缘壳体内的静触头座和可动支架中的动触头构成。动触头是双断点对接式的触桥，在附有手柄的转轴上，随转轴旋至不同位置使电路接通或断开。定位机构采用滚轮卡棘轮结构，配置不同的限位件，可获得不同档位的开关。转换开关由多层绝缘壳体组装而成，可立体布置，减小了安装面积，结构简单、紧凑，操作安全可靠。

组合开关可以按线路的要求组成不同接法的开关，以适应不同电路的要求。在控制和测量系统中，采用转换开关可进行电路的转换。例如，电工设备供电电源的倒换，电动机的正反转倒换，测量回路中电压、电流的换相等。用转换开关代替刀开关使用，不仅可使控制回路或测量回路简化，并能避免操作上的差错，还能够减少使用元件的数量。

组合开关是刀开关的一种发展，其区别是刀开关操作时上下平面动作，组合开关则是左右旋转平面动作，并且可制成多触头、多档位的开关。

三、光电开关

光是一种电磁射线，其特性如同无线电波和 X 射线，传递速度约为 300000km/s，因此它可以在发射的一瞬间被其接收。红外线光电开关是利用人眼不可见（波长为 780nm～1mm）的近红外线和红外线来检测、判别物体。通过光电装置瞬间发射的微弱光束能被安全可靠地准确发射和接收。

光电开关的重要功能是能够处理光的强度变化：利用光学元件，在传播媒介中间使光束发生变化；利用光束来反射物体；使光束发射经过长距离后瞬间返回。

1. 工作原理

光电开关（光电传感器）是光电接近开关的简称，它是利用被检测物对光束的遮挡或反射，由同步回路选通电路，从而检测物体有无。物体不限于金属，所有能反射光线的物体均可被检测。光电开关将输入电流在发射器上转换为光信号射出，接收器再根据接收到的光线的强弱或有无对目标物体进行探测。多数光电开关选用的是波长接近可见光的红外线光波型。

光电开关由发射器、接收器和检测电路三部分组成。发射器对准目标发射光束，发射的光束一般来源于半导体光源、发光二极管（LED）、激光二极管及红外发射二极管。光束不间断地发射，或者改变脉冲宽度。受脉冲调制的光束辐射强度在发射中经过多次选择，朝着目标不间接地运行。接收器由光电二极管或光电三极管和光电池组成。在接收器的前面，装有光学元件如透镜和光圈等。在其后面的是检测电路，它能滤出有效信号和应用该信号。此外，光电开关的结构元件中还有发射板和光导纤维。三角反射板是结构牢固的发射装置。它由很小的三角锥体反射材料组成，能够使光束准确地从反射板中返回，具有实用意义。它可以在与光轴 0°～25°的范围改变发射角，使光束几乎是从一根发射线发出，经过反射后，还是从这根反射线返回。

光电开关一般都具有良好的回差特性，因而即使被检测物在小范围内晃动也不会影响驱动器的输出状态，从而可使其保持在稳定工作区。同时，自诊断系统还可以显示受光状态和稳定工作区，以随时监视光电开关的工作。

按检测方式可分为反射式、对射式和镜面反射式三种类型。对射式检测距离远，可检测半透明物体的密度（透光度）。反射式的工作距离被限定在光束的交点附近，以避免背景影响。镜面反射式的反射距离较远，适宜作远距离检测，也可检测透明或半透明物体。它可分为对射型、漫反射型和镜面反射型。

对射型光电开关由发射器和接收器组成，结构上是两者相互分离的，在光束被中断的情况下会产生一个开关信号变化，典型的方式是位于同一轴线上的光电开关可以相互分开达50m。其特征是：辨别不透明的反光物体；有效距离大，因为光束跨越感应距离的时间仅一次；不易受干扰，可以可靠合适地使用在野外或者有灰尘的环境中；装置的消耗高，两个单元都必须敷设电缆。

漫反射型光电开关：当开关发射光束时，目标产生漫反射，发射器和接收器构成单个的标准部件，当有足够的组合光返回接收器时，开关状态发生变化，作用距离的典型值一直到3m。其特征是：有效作用距离是由目标的反射能力、目标表面性质和颜色决定的；较小的装配开支，当开关由单个元件组成时，通常是可以达到粗定位的；采用背景抑制功能调节测量距离；对目标上的灰尘敏感和对目标变化了的反射性能敏感。

镜面反射型光电开关：由发射器和接收器构成的情况是一种标准配置，从发射器发出的光束在对面的反射镜被反射，即返回接收器，当光束被中断时会产生一个开关信号的变化。光的通过时间是两倍的信号持续时间，有效作用距离从0.1～20m。其特征是：辨别不透明的物体；借助反射镜部件，形成高的有效距离范围；不易受干扰，可以可靠、合适地使用在野外或者有灰尘的环境中。

2. 类型

按结构的不同光电开关可分为放大器分离型、放大器内藏型和电源内藏型三类。

放大器分离型是将放大器与传感器分离，并采用专用集成电路和混合安装工艺制成，由于传感器具有超小型和多品种的特点，而放大器的功能较多。因此，该类型采用端子台连接方式，并可交、直流电源通用；具有接通和断开延时功能，可设置亮、暗动切换开关，能控制6种输出状态，兼有触点和电平两种输出方式。

放大器内藏型是将放大器与传感器一体化，采用专用集成电路和表面安装工艺制成，使用直流电源工作。改变电源极性可转换亮动或暗动，并可设置自诊断稳定工作区指示灯，兼有电压和电流两种输出方式，能防止相互干扰，在系统安装中十分方便。

电源内藏型是将放大器、传感器与电源装置一体化，采用专用集成电路和表面安装工艺制成。它一般使用交流电源，适用于在生产现场取代接触式行程开关，可直接用于强电控制电路；也可自行设置自诊断稳定工作区指示灯，输出备有SSR固态继电器或继电器常开、常闭触点，可防止相互干扰，并可紧密安装在系统中。

四、断路器

断路器俗称自动空气开关，主要用在低压动力线路中。它除了能手动或自动接通动力电源外，还能在发生严重过载、短路及欠电压等故障时自动切断电路，实现对线路、电源设备及电动机的保护，也可用于不频繁地转换及启动电动机。

1. 结构和工作原理

低压断路器由操动机构、触点、保护装置（各种脱扣器）、灭弧系统等组成。低压断路器工作原理图及图形符号如图1-3所示。

低压断路器的主触点是靠手动操作或电动合闸的。主触点闭合后，自由脱扣机构将主触点锁在合闸位置上。过电流脱扣器的线圈和热脱扣器的热元件与主电路串联，欠电压脱扣器的线圈和电源并联。正常情况下过电流脱扣器的衔铁是释放着的，当电路发生短路或严重过载时，线圈因流过大电流而产生较大的电磁吸力，把衔铁往下吸而顶开锁钩，使自由脱扣机构动作，主触点断开主电路。当电路过载时，热脱扣器的热元件发热使双金属片向上弯曲，

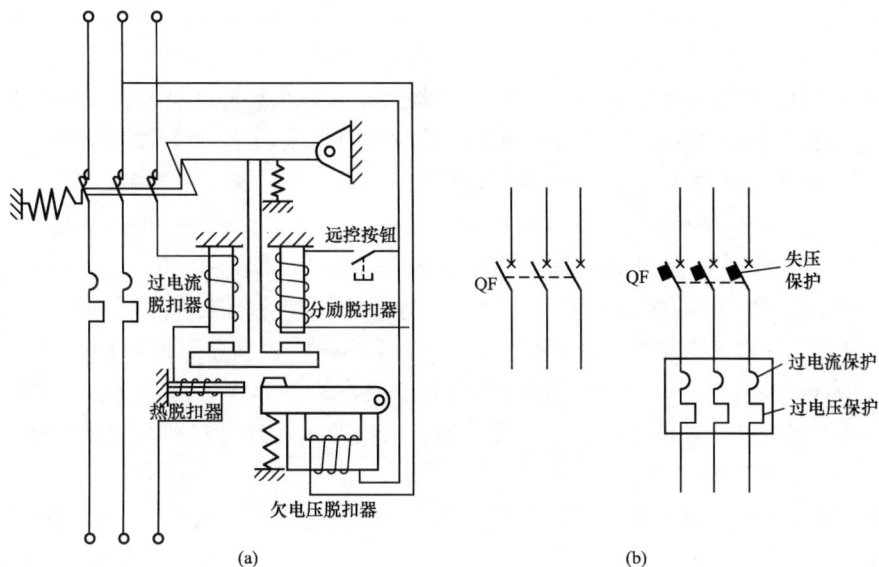

图 1-3 断路器工作原理示意图及图形符号

(a) 工作原理；(b) 断路器图形符号

推动自由脱扣机构动作。欠电压脱扣器在正常情况下吸住衔铁，主触点闭合，电压严重下降或断电时释放衔铁而使主触点断开，实现欠电压保护。分励脱扣器则作为远距离控制用，在正常工作时，其线圈是断电的，在需要距离控制时，按下启动按钮，使线圈通电，衔铁带动自由脱扣机构动作，使主触点断开。

2. 低压断路器典型产品

(1) 装置式断路器。装置式断路器有绝缘塑料外壳，内装触点系统、灭弧室及脱扣器等，可手动或电动（对大容量断路器而言）合闸；有较高的分断能力和动稳定性，有较完善的选择性保护功能，广泛用于配电线路。

目前常用的有 DZ15、DZ20、DZX19 和 C45N（目前已升级为 C65N）等系列产品。其中 C45N（C65N）系列断路器具有体积小、分断能力高、限流性能好、操作轻便、型号规格齐全，可以方便地在单极结构基础上组合成二极、三极、四极断路器的优点，广泛使用在 60A 及以下的民用照明支干线及支路中（多用于住宅用户的进线开关及商场照明支路开关）。

(2) 框架式低压断路器。框架式低压断路器为敞开式结构，主要用作配电网络的保护开关，适用于大容量线路，具有较高的短路分断能力和较高的动稳定性，适用于交流 50Hz、额定电压 380V 的配电网络中作为配电干线的主保护。

框架式断路器主要由触点系统、操动机构、过电流脱扣器、分励脱扣器及欠电压脱扣器、附件及框架等部分组成，全部组件进行绝缘后装于框架结构底座中。

目前我国常用的有 DW15、ME、AE、AH 等系列的框架式低压断路器。DW15 系列断路器是我国自行研制生产的，全系列具有 1000、1500、2500A 和 4000A 等几个型号。

ME、AE、AH 等系列断路器是利用引进技术生产的。它们的规格型号较为齐全（ME开关电流等级从 630～5000A 共 13 个等级），额定分断能力较 DW15 系列的更强，常用于低压配电干线的主保护。

(3) 智能化断路器。目前国内生产的智能化断路器有框架式和塑料外壳式两种。框架式智能化断路器主要用于智能化自动配电系统中的主断路器，塑料外壳式智能化断路器主要用在配电网络中分配电能和作为线路及电源设备的控制与保护，亦可用作三相笼型异步电动机的控制。智能化断路器的特征是采用了以微处理器或单片机为核心的智能控制器（智能脱扣器），它不仅具备普通断路器的各种保护功能，同时还具备实时显示电路中的各种电气参数（电流、电压、功率、功率因数等），对电路进行在线监视、自行调节、测量、试验、自诊断、可通信等功能，能够对各种保护功能的动作参数进行显示、设定和修改，保护电路动作时的故障参数能够存储在非易失存储器中以便查询，国内 DW45、DW40、DW914（AH）、DW18（AE‑S）、DW48、DW19（3WE）、DW17（ME）等系列智能化框架断路器和智能化塑壳断路器，都配有 ST 系列智能控制器及配套附件，ST 系列智能控制器是国家机械部"八五"～"九五"期间的重点项目。产品性能指标达到国际 20 世纪 90 年代先进水平。它采用积木式配套方案，可直接安装于断路器本体中，无需重复二次接线，并可多种方案任意组合。

3. 低压断路器的选用原则

（1）根据线路对保护的要求确定断路器的类型和保护形式——确定选用框架式、装置式或限流式等。

（2）断路器的额定电压应等于或大于被保护线路的额定电压。

（3）断路器欠电压脱扣器额定电压应等于被保护线路的额定电压。

（4）断路器的额定电流及过电流脱扣器的额定电流应大于或等于被保护线路的计算电流。

（5）断路器的极限分断能力应大于线路的最大短路电流的有效值。

（6）配电线路中的上、下级断路器的保护特性应协调配合，下级的保护特性应位于上级保护特性的下方且不相交。

（7）断路器的长延时脱扣电流应小于导线允许的持续电流。

第三节　熔　　断　　器

熔断器是一种简单而有效的保护电器。在电路中主要起短路保护作用。

熔断器主要由熔体和安装熔体的绝缘管（绝缘座）组成。使用时，熔体串接于被保护的电路中，当电路发生短路故障时，熔体被瞬时熔断而分断电路，起到保护作用。线路正常工作时如同一根导线，起通路作用；当线路发生短路或严重过载时熔断器熔断，起到保护线路上其他电气设备的作用。

第二节讲述的低压断路器也可以实现线路的短路保护，不过原理不一样。熔断器的熔断是电流和时间共同作用的结果，起到对线路进行保护的作用，它是一次性的，而断路器是通过电流电磁效应（电磁脱扣器）实现短路保护，只要电流一过其设定值就会跳闸，时间作用几乎可以不用考虑。

一、熔断器的主要技术参数

熔断器的主要技术参数包括额定电压、熔体额定电流、熔断器额定电流、极限分断能力等。

（1）额定电压：是指保证熔断器能长期正常工作的电压。

（2）熔体额定电流：是指熔体长期通过而不会熔断的电流。

（3）熔断器额定电流：是指保证熔断器能长期正常工作的电流。

（4）极限分断能力：是指熔断器在额定电压下所能断开的最大短路电流。在电路中出现的最大电流一般是指短路电流值，所以，极限分断能力也反映了熔断器分断短路电流的能力。

二、常用的熔断器

（1）插入式熔断器如图 1-4（a）所示。常用的产品有 RC1A 系列，主要用于低压分支电路的短路保护，因其分断能力较小，多用于照明电路和小型动力电路中。

（2）螺旋式熔断器如图 1-4（b）所示。熔芯内装有熔丝，并填充石英砂，用于熄灭电弧，分断能力强。熔体上的上端盖有一熔断指示器，一旦熔体熔断，指示器马上弹出，可透过瓷帽上的玻璃孔观察到。常用产品有 RL6、RL7 和 RLS2 等系列。RL6 和 RL7 系列的多用于机床配电电路中；RLS2 系列为快速熔断器，主要用于保护半导体元件。

（3）RM10 型密封管式熔断器为无填料管式熔断器，如图 1-4（c）所示。主要用于供配电系统作为线路的短路保护及过载保护，它采用变截面片状熔体和密封纤维管。由于熔体较窄处的电阻小，在短路电流通过时产生的热量最大，先熔断，因而可产生多个熔断点使电弧分散，以利于灭弧。短路时，其电弧燃烧密封纤维管产生高压气体，以便将电弧迅速熄灭。

（4）RT0 型有填料密封管式熔断器如图 1-4（d）所示。熔断器中装有石英砂，用来冷却和熄灭电弧，熔体为网状，短路时可使电弧分散，由石英砂将电弧冷却熄灭，可将电弧在短路电流达到最大值之前迅速熄灭，以限制短路电流。此为限流式熔断器，常用于大容量电力网或配电设备中。常用产品有 RT12、RT14、RT15 和 RS3 等系列，RS2 系列为快速熔断器，主要用于保护半导体元件。

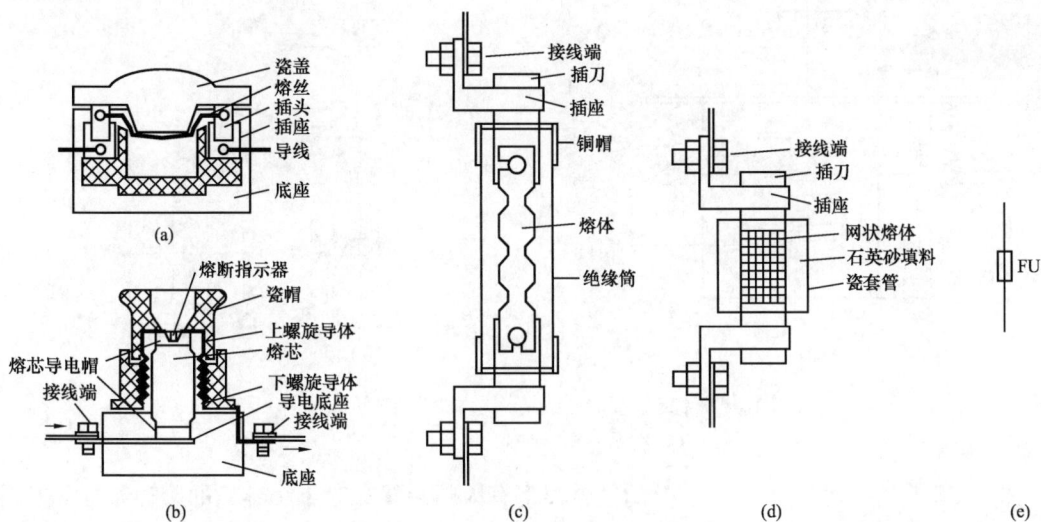

图 1-4　熔断器类型及图形符号

（a）RC1 型瓷插式熔断器；（b）RL1 型螺旋式熔断器；（c）RM10 型密封管式熔断器；
（d）RT0 型有填料式熔断器；（e）熔断器图形符号

第四节　接　触　器

接触器是用于远距离、频繁地接通和分断交、直流主电路和大容量控制电路的电器，其外形如图1-5所示。接触器主要的控制对象为电动机，也可用作控制电热设备、电照明、电焊机和电容器组等电力负载。接触器具有较高的操作频率，最高操作频率可达每小时1200次。接触器的寿命很高，机械寿命一般为数百万次至一千万次，电寿命一般为数十万次至数百万次。在电路中并不要求接触器具有分断短路电流的能力，当线路发生短路时，由与接触器相串联的熔断器或断路器进行保护。

图1-6所示为交流接触器的结构示意图及图形符号。

一、交流接触器的组成部分

（1）电磁机构：电磁机构由线圈、动铁芯（衔铁）和静铁芯组成。

（2）触点系统：交流接触器的触头系统包括主触点和辅助触点。主触点用于通断主电路，有3对常开触点；辅助触点用于控制电路，起电气连锁或控制作用，通常有两对常开和两对常闭触点。

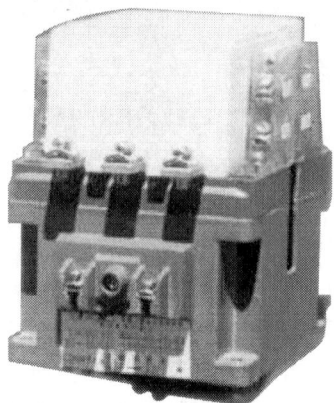

图1-5　接触器外形图

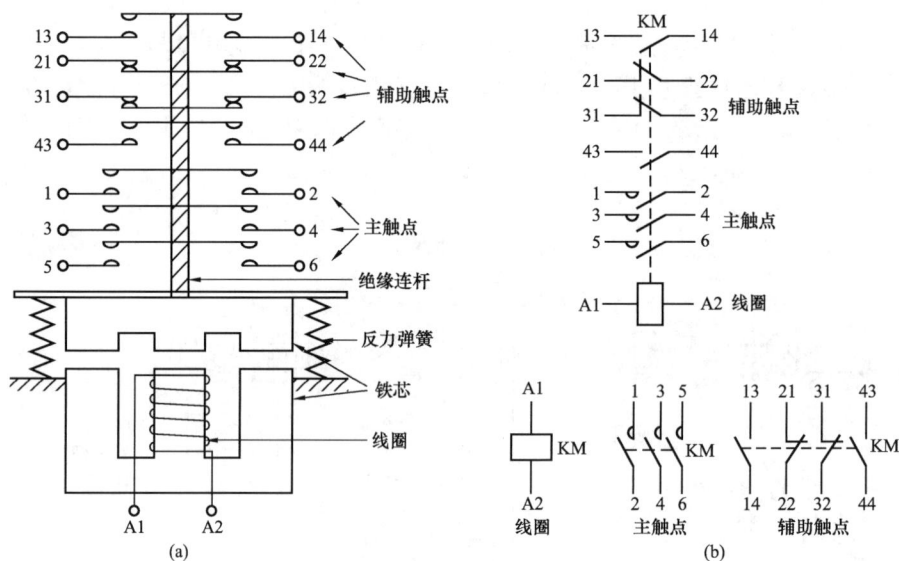

图1-6　交流接触器的结构示意图及图形符号

（a）结构示意图；（b）图形符号

（3）灭弧装置：容量在10A以上的接触器都有灭弧装置。对于小容量的接触器，常采用双断口桥形触点以利于灭弧；对于大容量的接触器，常采用纵缝灭弧罩及栅片灭弧结构。

（4）其他部件：包括反作用弹簧、缓冲弹簧、触点压力弹簧、传动机构及外壳等。

接触器上标有端子标号，线圈为A1和A2，主触点1、3、5接电源侧，2、4、6接负荷侧。辅助触点用两位数表示，前一位为辅助触点顺序号，后一位的3和4表示常开触点，1和2表示常闭触点。

接触器的控制原理很简单，当线圈接通额定电压时，产生电磁力，克服弹簧反力，吸引动铁芯向下运动，动铁芯带动绝缘连杆和动触点向下运动使常开触点闭合，常闭触点断开。

当线圈失电或电压低于释放电压时，电磁力小于弹簧反力，常开触点断开，常闭触点闭合。

二、接触器的主要技术参数和类型

（1）额定电压：接触器的额定电压是指主触点的额定电压。交流有 220、380V 和 660V，在特殊场合应用的额定电压高达 1140V，直流主要有 110、220V 和 440V。

（2）额定电流：接触器的额定电流是指主触头的额定工作电流。它是在一定的条件（额定电压、使用类别和操作频率等）下规定的，目前常用的电流等级为 10～800A。

（3）吸引线圈的额定电压：交流有 36、127、220V 和 380V，直流有 24、48、220V 和 440V。

（4）机械寿命和电气寿命：接触器是频繁操作电器，应有较高的机械和电气寿命，该指标是产品质量的重要指标之一。

（5）额定操作频率：接触器的额定操作频率是指每小时允许的操作次数，一般为 300、600 次/h 和 1200 次/h。

（6）动作值：动作值是指接触器的吸合电压和释放电压。规定接触器的吸合电压大于线圈额定电压的 85％时应可靠吸合，释放电压不高于线圈额定电压的 70％。

常用的交流接触器有 CJ10、CJ12、CJ10X、CJ20、CJX1、CJX2、3TB 和 3TD 等系列。

三、接触器的选择

接触器的选用主要是选择类型、主电路参数、控制电路参数和辅助电路参数，以及按电寿命、使用类别和工作制选用，另外需要考虑负载条件的影响，分述如下：

（1）接触器类型选择。根据接触器所控制的负载性质来确定接触器的极数和电流种类。电流种类由系统主电流种类确定。三相交流系统中一般选用三极接触器，当需要同时控制中性线时，则选用四极交流接触器，单相交流和直流系统中则常有两极或三极并联的情况。一般场合下，选用空气电磁式接触器；易燃易爆场合应选用防爆型及真空接触器等。

（2）主电路参数的确定。主要是确定其额定工作电压、额定工作电流（或额定控制功率）、额定通断能力和耐受过载电流能力。接触器可以在不同的额定工作电压和额定工作电流下工作。但在任何情况下，接触器的额定电压应大于或等于负载回路额定工作电压；接触器的额定工作电流应大于或等于被控回路的额定电流；接触器的额定通断能力应高于通断时电路中实际可能出现的电流值。耐受过载电流能力也应高于电路中可能出现的工作过载电流值。

（3）控制电路参数和辅助电路参数的确定。接触器的线圈电压应与其所控制电路的电压一致。交流接触器的控制电路电流种类分交流和直流两种，一般情况下多用交流，当操作频繁时则常选用直流。接触器的辅助触点种类和数量，一般应满足控制线路的要求，根据其控制线路来确定所需的辅助触点种类（常开或常闭）、数量和组合形式，同时应注意辅助触头的通断能力和其他额定参数。当接触器的辅助触点数量和其他额定参数不能满足系统要求时，可增加中间继电器以扩展触点。

四、常用典型交流接触器简介

（1）空气电磁式交流接触器。在接触器中，空气电磁式交流接触器应用最为广泛，产品系列、品种最多，其结构和工作原理基本相同，但有些产品在功能、性能和技术含量等方面各有独到之处，选用时可根据需要择优选择。典型产品有 CJ20、CJ21、CJ26、CJ29、CJ35、CJ40、NC、B、LC1-D、3TB 和 3TF 系列交流接触器等，其中 CJ20 系列是国内统一设计的产品，CJ40 系列交流接触器是在 CJ20 系列的基础之上，由上海电器科学研究所组织行业主导厂在 20 世纪 90 年代更新设计的新一代产品。CJ21 系列产品是引进德国芬纳尔公司技术生产的；3TB 和 3TF 系列交流接触器是引进德国西门子公司技术生产的（3TF 是在 3TB 的基础上改进设计的产品）；B 系列交流接触器，是引进德国 ABB 公司技术生产的；LC1 - D 系列交流接触器（国内型号 CJX4），是引进法国 TE 公司技术生产，此外还有 CJ12、CJ15、CJ24 等系列大功率重任务交流接触器，以及国外进口或独资生产产品品牌，如德国金钟-默勒，法国施耐德、海格，美国 GE、西屋、罗克韦尔，英国 GEC、S84，日本三菱、富士、寺崎、松下，澳大利亚奇胜等。

（2）机械联锁（可逆）交流接触器实际上是由两个相同规格的交流接触器再加上机械联锁机构和电气联锁机构所组成的，可以保证在任何情况下（如机械振动或错误操作而发出的指令）都不能使两台交流接触器同时吸合，而只能是当一台接触器断开后，另一台接触器才能闭合，能有效地防止电动机正、反转时出现相间短路的可能性。比单在电器控制回路中加接电气联锁电路的应用更安全可靠。机械联锁接触器主要用于电动机的可逆控制、双路电源的自动切换，也可用于需要频繁地进行可逆换接的电气设备上。生产厂通常将机械联锁机构和电气联锁机构以附件的形式提供。

常用的机械联锁（可逆）接触器有 LC2 - D 系列（国内型号 CJX4 - N）、6C 系列、3TD 系列、B 系列等。3TD 系列可逆交流接触器主要适用于额定电流至 63A 的交流电动机的启动、停止及正、反转控制。

（3）切换电容器接触器是专用于低压无功补偿设备中，投入或切除并联电容器组，以调整用电系统的功率因数的。切换电容器接触器带有抑制浪涌装置，能有效地抑制接通电容器组时出现的合闸涌流对电容的冲击和开断时的过电压。其结构设计为正装式，灭弧系统采用封闭式自然灭弧。接触器既可采用螺钉安装又可采用标准卡轨安装。

常用产品有 CJ16、CJ19、CJ41、CJX4、CJX2A、LC1 - D、6C 系列等。

（4）真空交流接触器是以真空为灭弧介质，其主触头密封在真空开关管内。真空开关管（又称真空灭弧室）以真空作为绝缘和灭弧介质，位于真空中的触头一旦分离，触头间将产生由金属蒸气和其他带电粒子组成的真空电弧。真空电弧依靠触头上蒸发出来的金属蒸气来维持，因真空介质具有很高的绝缘强度且介质恢复速度很快，真空电弧的等离子体很快向四周扩散，在第一次过零时真空电弧就能熄灭（燃弧时间一般小于 10ms）。由于熄弧过程是在密封的真空容器中完成的，电弧和炽热的气体不会向外界喷溅，开断性能稳定可靠，不会污染环境，因此特别适用于条件恶劣的危险环境中。

常用的真空接触器有 CKJ 和 EVS 系列等。CKJ 系列产品均系国内自己开发的新产品，均为三极式。其中 CKJ5 为转动式直流磁系统，采用双线圈结构以降低保持功率，电磁系统控制电源允许在整流桥交流侧操作，采用陶瓷外壳真空管和不锈钢波纹管。CKJ6 则采用直动式交、直流电磁系统，利用交流特性产生起始吸力，而利用直流特性实现保持。EVS 系列重任务真空接触器是引进德国 EAW 公司技术并全部国产化而生产的。EVS 系列重任务真空接触器采用以单极为基础单元的多极多驱动结构，可根据需要组装成 1、2、…、n 极接触器，以便与相关设备很好地配合。

（5）直流接触器应用于直流电力线路中供远距离接通与分断电路及直流电动机的频繁启动、停止、反转或反接制动控制，以及 CD 系列电磁操动机构合闸线圈或频繁接通和断开起重电磁铁、电磁阀、离合器的电磁线圈等。

直流接触器结构上有立体布置和平面布置两种结构，电磁系统多采用绕棱角转动的拍合式结构，主触点采用双断点桥式结构或单断点转动式结构，有的产品是在交流接触器的基础上派生的，因此，直流接触器的工作原理基本上与交流接触器相同，在前面已有较详细的介绍。

常用的直流接触器有 CZ18、CZ21、CZ22 和 CZO 系列等。CZ18 系列直流接触器适用于直流额定电压至 440V、额定电流 40～1600A 的电力线路中供远距离接通与分断电路之用，也可用于直流电动机的频繁启动、停止、反转或反接制动控制。CZ21 和 CZ22 系列直流接触器主要用于远距离接通与断开额定电压至 440V、额定发热电流至 63A 的直流线路中。并适宜于直流电动机的频繁启动、停止、换向及反接制动。CZ0 系列直流接触器主要用于远距离接通和断开额定电压至 220V，额定发热电流至 100A 的直流高电感负载。

（6）智能化接触器的主要特征是装有智能化电磁系统，并具有与数据总线及与其他设备之间相互通信的功能，其本身还具有对运行工况自动识别、控制和执行的能力。

智能化接触器一般由基本系列的电磁接触器及附件构成。附件包括智能控制模块、辅助触点组、机械联锁机构、报警模块、测量显示模块、通信接口模块等，所有智能化功能都集成在一块以微处理器或单片机为核心的控制板上。从外形结构上看，与传统产品不同的是智能化接触器在出线端位置增加了一块带中央处理器及测量线圈的机电一体化的线路板。

五、接触器常见故障分析

（1）触点过热。造成触点发热的原因主要有以下几方面：触点接触压力不足、触点接触表面接触不良、触点表面被电弧灼伤烧毛等。上述因素都会造成触点闭合时，接触电阻增大，使触点过热。

（2）触点磨损。造成触点磨损的原因有如下几方面：

1）电气磨损。触点间产生的电弧或电火花造成的高温，使触点金属气化和蒸发，从而造成电气磨损。

2）机械磨损。它主要是由于触点闭合时的撞击以及触点表面的相对滑动摩擦等造成的。

（3）线圈断电后触点不能复位的主要原因有：触点熔焊在一起、铁芯剩磁太大、反作用弹簧弹力不足、机械活动部分被卡住、铁芯端面有油污等。

（4）衔铁振动和噪声。接触器衔铁产生振动和噪声的主要原因有：短路环损坏或脱落；衔铁歪斜或铁芯端面有锈蚀，使动静铁芯接触不良；反作用弹簧弹力太大；机械活动部分被卡住而使衔铁不能完全吸合等。

（5）线圈过热或烧毁。线圈中流过的电流过大时，就会使线圈过热甚至烧毁。发生线圈电流过大的原因主要有以下几个方面：线圈匝间短路；衔铁与铁芯闭合后有间隙；操作频繁，操作频率超过了允许值；外加电压高于线圈额定电压等。

（6）不能吸合或虽吸合但不能自保持，一般是由于触点接触电阻太大而致。

第五节　继　电　器

继电器一般都有能反映一定输入变量（如电流、电压、功率、阻抗、频率、温度、压力、速度、光等）的感应机构（输入部分）；有能对被控电路实现"通"、"断"控制的执行机构（输出部分）；在继电器的输入部分和输出部分之间，还有对输入量进行耦合隔离，功能处理和对输出部分进行驱动的中间机构（驱动部分）。它通常应用于自动控制电路中，实际上是用较小的电流去控制较大电流的一种"自动开关"。故在电路中起着自动调节、安全保护、转换电路等作用。概括起来，继电器具体有如下几种作用。

（1）扩大控制范围。例如，多触点继电器控制信号达到某一定值时，可以按触点组的不同形式，同时换接、开断、接通多路电路。

（2）放大。例如，灵敏型继电器、中间继电器等，用一个很微小的控制量，可以控制很大功率的电路。

（3）综合信号。例如，当多个控制信号按规定的形式输入多绕组继电器时，经过比较综合，达到预定的控制效果。

（4）自动、遥控和监测。例如，自动装置上的继电器与其他电器一起，可以组成程序控制线路，从而实现自动化运行。

图1-7　小型继电器外形

当输入回路中激励量的变化达到规定值时，能使输出回路中的被控电量发生预定阶跃变化的自动电路控制器件，具有能反应外界某种激励量（电或非电）的感应机构、对被控电路实现"通"、"断"控制的执行机构，以及能对激励量的大小完成比较、判断和转换功能的中间比较机构。继电器广泛应用于自动控制、遥控遥测、通信、广播和航天技术等领域，起控制、保护、调节和传递信息的作用。如图1-7为某种小型继电器的外形。继电器的品种繁多，应用最广的是电磁继电器。

一、电磁继电器的结构

电磁继电器典型结构如图1-8所示。在线圈两端加上电压或通入电流，产生电磁力。当电磁力大于弹簧反力时，吸动衔铁使常开常闭触点动作；当线圈的电压或电流下降或消失时衔铁释放，触点复位。

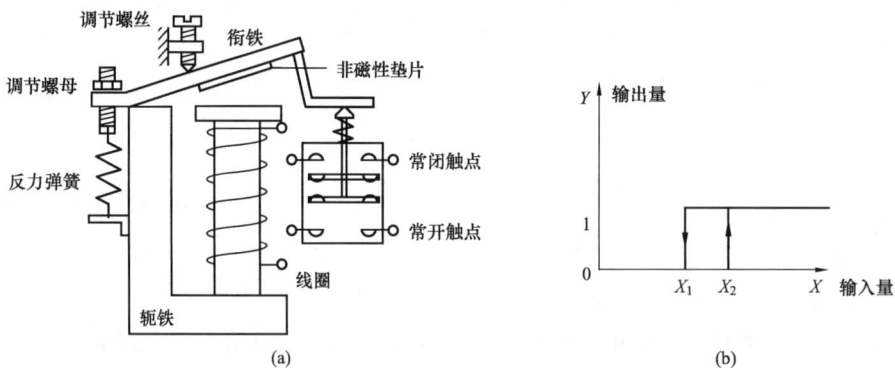

图1-8　电磁继电器的典型结构

（a）直流电磁式继电器结构示意图；（b）继电器输入—输出特性

一般的电磁继电器由电磁系统、接触系统、传动和复原机构三部分组成。

（1）电磁系统：即感应机构，由软磁材料制成的铁芯、轭铁和衔铁构成的磁路系统和线圈组装而成。

（2）接触系统：即执行机构，由不同形式的触点簧片或用作触点的接触片以一定的绝缘方式组装而成。

（3）传动和复原机构：即中间比较机构，实现继电器动作的传动机构是指当线圈激励时将衔铁运动传递到触点簧片上的机构，一般是由和衔铁连接在一起的触点簧片直接传动或通过衔铁的运动间接地推动触点簧片运动。复原机构是指当线圈去激励时将衔铁恢复到原始位置的机构。除少数继电器通过接触系统总压力实现衔铁复原外，一般是通过复原簧片或弹簧来实现的。

二、中间继电器

中间继电器是最常用的继电器之一。它的结构和接触器基本相同，如图1-9（a）所示；其图形符号如图1-9（b）所示。

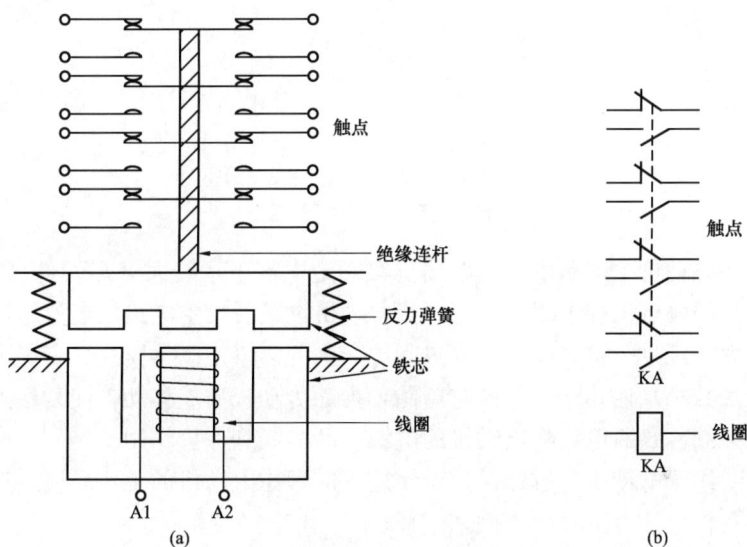

图1-9　中间继电器的结构示意图及图形符号
（a）结构示意图；（b）图形符号

中间继电器通常用来传递信号和同时控制多个电路，也可用来直接控制小容量电动机或其他电气执行元件。中间继电器的结构和工作原理与交流接触器基本相同，与交流接触器的主要区别是触点数目多些，且触点容量小，只允许通过小电流。在选用中间继电器时，主要是考虑电压等级和触点数目。

中间继电器在控制电路中起逻辑变换和状态记忆的功能，以及用于扩展触点的容量和数量。另外，在控制电路中还可以调节各继电器、开关之间的动作时间，起防止电路误动作的作用。中间继电器实质上是一种电压继电器，它是根据输入电压的有或无而动作的，一般触点对数多，触点容量额定电流为5～10A左右。中间继电器体积小、动作灵敏度高，一般不用于直接控制电路的负荷，但当电路的负荷电流在5～10A以下时，也可代替接触器起控制负荷的作用。中间继电器的工作原理和接触器一样，触点较多，一般为四常开和四常闭触点。常用的中间继电器型号有JZ7、JZ14等。

三、热继电器

热继电器是一种利用电流的热效应工作的过载保护电器，可以用来保护电动机，以免电动机因过载而损坏。

图 1-10（a）所示是双金属片式热继电器的结构示意图，图 1-10（b）所示是其图形符号。由图可见，热继电器主要由双金属片、热元件、复位按钮、传动杆、拉簧、调节旋钮、复位螺丝、触点和接线端子等组成。

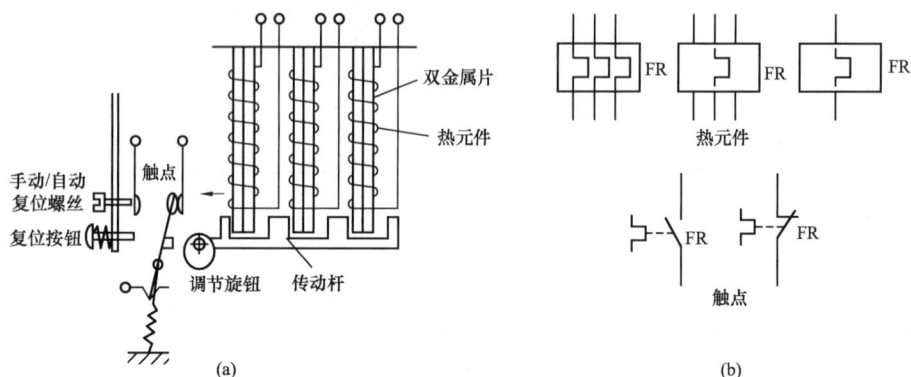

图 1-10 热继电器结构示意图及图形符号
(a) 结构示意图；(b) 图形符号

热元件串接在电动机主电路中，当电动机在额定电流下运行时，热元件虽有电流通过，但因电流不大，常闭触点仍处于闭合状态。当电动机过载后，主电路中电流超过容许值，热继电器的电流增大，经过一定时间后，发热元件产生的热量使双金属片（右层金属膨胀系数大，左层的膨胀系数小）遇热膨胀并向左弯曲，推动传动杆向左移动，使动触点与静触点分开，使电动机的控制回路断电，将电动机的电源切断，起到保护作用。

热继电器主要用于电动机的过载保护，使用中应考虑电动机的工作环境、启动情况、负载性质等因素，具体应按以下几个方面来选择。

（1）热继电器结构型式的选择：星形接法的电动机可选用两相或三相结构热继电器，三角形接法的电动机应选用带断相保护装置的三相结构热继电器。

（2）热继电器的动作电流整定值一般为电动机额定电流的 1.05~1.1 倍。

（3）对于重复短时工作的电动机（如起重机电动机），由于电动机不断重复升温，热继电器双金属片的温升跟不上电动机绕组的温升，电动机将得不到可靠的过载保护。因此，不宜选用双金属片热继电器，而应选用过电流继电器或能反映绕组实际温度的温度继电器来进行保护。

四、时间继电器

时间继电器在控制电路中用于时间的控制。其种类很多，按其动作原理可分为电磁式、空气阻尼式、电动式和电子式等；按延时方式可分为通电延时型和断电延时型。

（一）空气阻尼式时间继电器

下面以 JS7 型空气阻尼式时间继电器为例来说明其工作原理，见图 1-11 所示。

空气阻尼式时间继电器是利用空气阻尼原理获得延时的，它由电磁机构、延时机构和触点系统 3 部分组成。电磁机构为直动式双 E 型铁芯，触点系统借用 LX5 型微动开关，延时机构采用气囊式阻尼器。空气阻尼式时间继电器可以做成通电延时型，也可改成断电延时型，电磁机构可以是直流的，也可以是交流的。

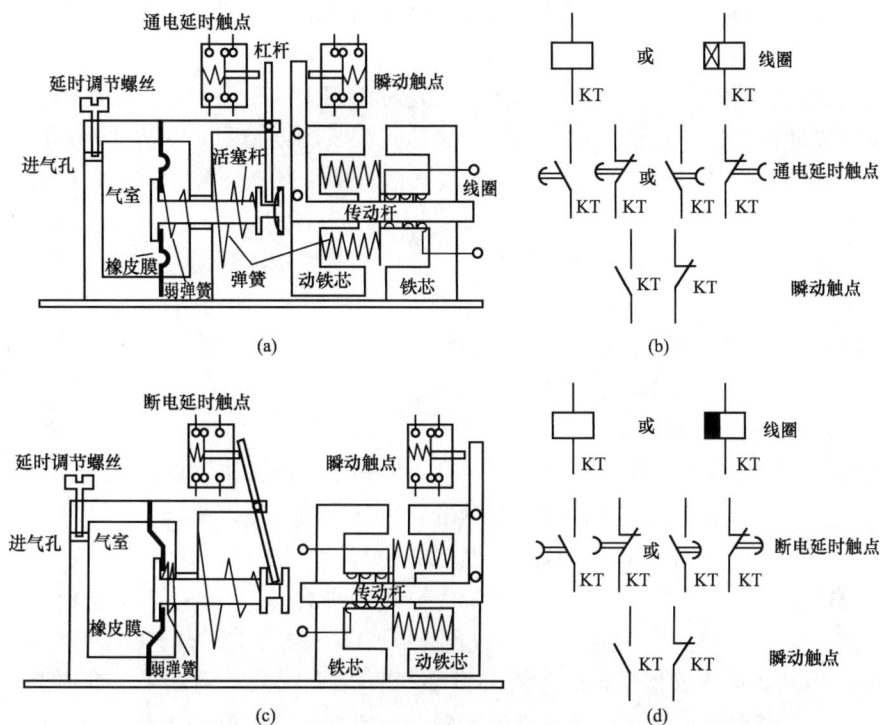

图 1-11　空气阻尼式时间继电器示意图及图形符号

(a) 通电延时继电器示意图；(b) 通电延时继电器图形符号；

(c) 断电延时继电器示意图；(d) 断电延时继电器图形符号

现以通电延时型时间继电器为例介绍其工作原理。图 1-11 (a) 为通电延时型时间继电器的线圈不得电时的情况，当线圈通电后，动铁芯吸合，带动 L 型传动杆向右运动，使瞬动触点受压，其触点瞬时动作。活塞杆在塔形弹簧的作用下，带动橡皮膜向右移动，弱弹簧将橡皮膜压在活塞上，橡皮膜左方的空气不能进入气室，形成负压，只能通过进气孔进气，因此活塞杆只能缓慢地向右移动，其移动的速度和进气孔的大小有关（通过延时调节螺丝调节进气孔的大小可改变延时时间）。经过一定的延时后，活塞杆移动到右端，通过杠杆压动微动开关（通电延时触点），使其常闭触点断开，常开触点闭合，起到通电延时作用。

当线圈断电时，电磁吸力消失，动铁芯在反力弹簧的作用下释放，并通过活塞杆将活塞推向左端，这时气室内的空气通过橡皮膜和活塞杆之间的缝隙排掉，瞬动触点和延时触点迅速复位，无延时。

如果将通电延时型时间继电器的电磁机构反向安装，就可以改为断电延时型时间继电器，如图 1-11 (c) 中断电延时型时间继电器所示。线圈不得电时，塔形弹簧将橡皮膜和活塞杆推向右侧，杠杆将延时触点压下（注意，原来通电延时的常开触点现在变成了断电延时的常闭触点了，原来通电延时的常闭触点现在变成了断电延时的常开触点），当线圈通电时，动铁芯带动 L 型传动杆向左运动，使瞬动触点瞬时动作，同时推动活塞杆向左运动，如前所述，活塞杆向左运动不延时，延时触点瞬时动作。线圈失电时动铁芯在反力弹簧的作用下返回，瞬动触点瞬时动作，延时触点延时动作。

时间继电器线圈和延时触点的图形符号都有两种画法，线圈中的延时符号可以不画，触点中的延时符号可以画在左边也可以画在右边，但是圆弧的方向不能改变，如图 1-11（b）和图 1-11（d）所示。

空气阻尼式时间继电器的优点是结构简单、延时范围大、寿命长、价格低廉，且不受电源电压及频率波动的影响，其缺点是延时误差大、无调节刻度指示，一般适用延时精度要求不高的场合。常用的产品有 JS7-A、JS23 等系列，其中 JS7-A 系列的主要技术参数为延时范围，分 0.4～60s 和 0.4～180s 两种、操作频率为 600 次/h、触点容量为 5A、延时误差为 ±15%。在使用空气阻尼式时间继电器时，应保持延时机构的清洁，防止因进气孔堵塞而失去延时作用。

时间继电器在选用时应根据控制要求选择其延时方式，根据延时范围和精度选择继电器的类型。

（二）电子式时间继电器

电子式时间继电器具有延时范围广、精度高、体积小、耐冲击和耐振动、调节方便及使用寿命长等优点，因此其发展很快，在时间继电器中已成为主流产品。

图 1-12 所示为 JSJ 型晶体管式时间继电器的原理图。图中 C_1，C_2 为滤波电容，当电源变压器接上电源，正、负半波由两个二次绕组分别向电容 C_3 充电，A 点电位按指数规律上升。当 A 点电位高于 B 点电位时，VT1 截止、VT2 导通，VT2 管的集电极电流流过继电器 K 的线圈，由其触点输出信号，同时图中 K 的常闭触点脱开，切断了充电电路，K 的常开触点闭合，使电容放电，为下次再充电作准备。要改变延时时间的大小，可以通过调节电位器 RP1 来实现，此电路延时范围 0.2～300s。

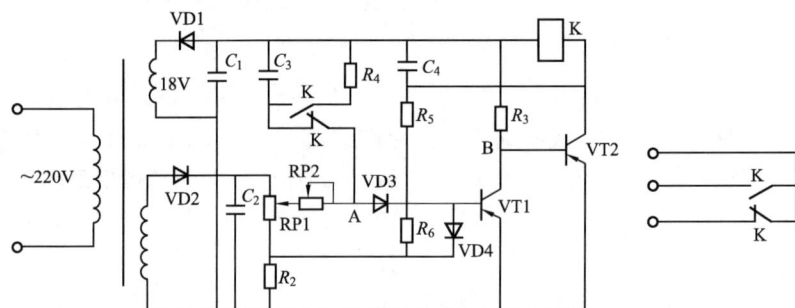

图 1-12　JSJ 型晶体管式时间继电器原理图

常用的晶体管时间继电器除 JSJ 系列外，还有 JSZ8 和 JSZ9 系列等。近年来随着微电子技术的发展，出现了许多采用集成电路、功率电路和单片机等电子元件构成的新型时间继电器，如 DHC6 多制式单片机控制时间继电器，JSS17、JSS20、JSZ13 等系列大规模集成电路数字时间继电器，MT5CR 等系列电子式数显时间继电器，JSG1 等系列固态时间继电器等。

图 1-13 所示为 JSZ8 和 JSZ9 系列电子式时间继电器的外形示意图，这是一种新颖的时间继电器，它吸收了国内外先进技术，采用大规模集成电路，实现了高精度、长延时，且具有体积小、延时精度高、可靠性好、寿命长等特点，产品符合 GB 14048 和 DIN 标准，可与国外同类产品互换使用。适合在交流 50/60Hz，电压至 240V 或直流电压至 110V 的控制电路中作时间控制元件，按预定的时间接通或分断电路。该系列产品规格品种齐全，有通电延时型、带瞬动触点型、断电延时型、星三角启动延时型等。

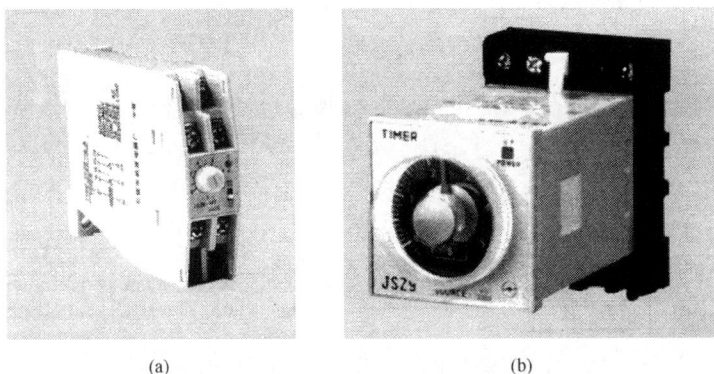

图 1-13 JSZ 系列电子式时间继电器

(a) JSZ8 系列；(b) JSZ9 系列

ST3P 系列超级时间继电器是引进日本富士电机株式会社全套专有技术生产的新颖电子式时间继电器，适用于各种要求高精度、高可靠性自动控制的场合作延时控制之用，产品符合 GB 14048 标准。

图 1-14 所示为 ST3P 系列数字式时间继电器的外形示意图，其特点如下。

（1）采用大规模集成电路，保证了高精度及长延时的特性。

（2）规格品种齐全，有通电延时型、瞬动型、间隔延时型、断电延时型、断开延时型、星三角启动延时型、往复循环延时型等。

（3）使用单刻度面板 EK 大型设定旋钮，刻度清晰、设置方便。

（4）安装方式为插拔式，备有多种安装插座，可根据需要任意选用。装上 TX2 附件，就能成为面板式安装。

图 1-14 ST3P 系列数字式时间继电器

ST3P 系列时间继电器多档式规格具有 4 种不同的延时档，可以由时间继电器前部的转换开关很方便地转换。当需要变换延时档时，首先取下设定旋钮，接着卸下刻度板（2 块），然后参照铭牌上的延时范围示意图拨动转换开关，再按原样装上刻度板与设定旋钮，转换开关位置应与刻度板上开关位置标记相一致。

ST3P 系列时间继电器只要装上 TX2 附件，就能成为面板式安装。先将附件的不锈钢固定簧片分别嵌入框架中，然后将时间继电器从后部插入并用固定簧片扣住，这样就能将时间继电器很方便地嵌入面板上预开的安装孔内，不需要螺钉固定。从上向下用力按压固定簧片，就能将时间继电器从安装孔内顶出取下。

MT5CR 是一种新型的数字式时间继电器，它采用键盘输入，设定可靠，由 LCD 显示延时过程，适用于交流 50/60Hz，电压至 240V 或直流电压至 48V 的控制电路中作时间控制元件，按预定的时间接通或分断电路。

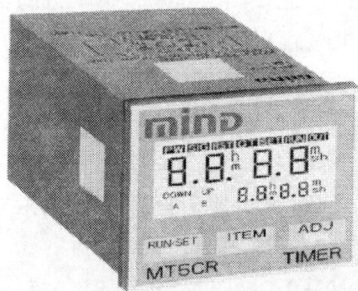

图 1-15 MT5CR 型数字式时间继电器

图 1-15 所示为 MT5CR 型数字式时间继电器的外

形示意图，其特点如下。

(1) 外形尺寸符合 DIN 标准，48mm×48mm；

(2) 带背光源的 LCD 显示，白天黑夜均能清晰显示延时过程；

(3) 触摸键输入，设定可靠；

(4) 有两种操作模式，可任意选择；

(5) 有递增边减两种显示方式，可任意选择；

(6) 具有停 IU 保持功能，可保持 3 年左右延时波形。

五、固态继电器

固态继电器（SSR）与机电继电器相比，是一种没有机械运动、不含运动零件的继电器，但它具有与机电继电器本质上相同的功能。SSR 是一种全部由固态电子元件组成的无触点开关元件，它利用电子元器件的点、磁和光特性来完成输入与输出的可靠隔离，利用大功率三极管、功率场效应管、单项可控硅和双向可控硅等器件的开关特性，来达到无触点、无火花地接通和断开被控电路。

固态继电器由 3 部分组成：输入电路、隔离（耦合）电路和输出电路。按照输入电压的不同类别，输入电路可分为直流输入电路、交流输入电路和交直流输入电路 3 种。有些输入控制电路还具有与 TTL/CMOS 兼容、正负逻辑控制和反相等功能。固态继电器的输入与输出电路的隔离和耦合方式有光电耦合和变压器耦合两种。固态继电器的输出电路也可分为直流输出电路、交流输出电路和交直流输出电路等形式。交流输出时，通常使用两个可控硅或一个双向可控硅，直流输出时可使用双极性器件或功率场效应管。

1. 固态继电器的优点

(1) 高寿命、高可靠。SSR 没有机械零部件，由固体器件完成触点功能，由于没有运动的零部件，因此能在高冲击、振动的环境下工作；由于组成固态继电器的元器件的固有特性，决定了固态继电器的寿命长、可靠性高。

(2) 灵敏度高，控制功率小，电磁兼容性好。固态继电器的输入电压范围较宽，驱动功率低，可与大多数逻辑集成电路兼容不需加缓冲器或驱动器。

(3) 快速转换。固态继电器因为采用固体器件，所以切换速度可从几毫秒至几微秒。

(4) 电磁干扰少。固态继电器没有输入"线圈"，没有触点燃弧和回跳，因而减少了电磁干扰。大多数交流输出固态继电器是一个零电压开关，在零电压处导通、零电流处关断，减少了电流波形的突然中断，从而减少了开关瞬态效应。

2. 固态继电器的缺点

(1) 导通后的管压降大，可控硅或双相控硅的正向降压可达 1～2V，大功率晶体管的饱和降压也在 1～2V 之间，一般功率场效应管的导通电阻也较机械触点的接触电阻大。

(2) 半导体器件关断后仍可有数微安至数毫安的漏电流，因此不能实现理想的电隔离。

(3) 由于管压降大，导通后的功耗和发热量也大，大功率固态继电器的体积远远大于同容量的电磁继电器，成本也较高。

(4) 电子元器件的温度特性和电子线路的抗干扰能力较差，耐辐射能力也较差，如不采取有效措施，则工作可靠性低。

(5) 固态继电器对过载有较大的敏感性，必须用快速熔断器或 RC 阻尼电路对其进行过载保护。固态继电器的负载与环境温度明显有关，温度升高，负载能力将迅速下降。继电器是具有隔离功能的自动开关元件，是一种根据特定输入信号而动作的自动控制电器。广泛应用于遥控、遥测、通信、自动控制、机电一体化及电力电子设备中，是重要的控制元件之一。

第六节 主 令 电 器

主令电器是自动控制系统中用于接通或断开控制电路的电气设备，用以发送控制指令或用作程序控制。主令电器应用广泛、种类繁多，常见的有按钮、行程开关、接近开关、万能转换开关、主令控制器、选择开关、足踏开关等。

一、按钮

按钮的触点分常闭触点（动断触点）和常开触点（动合触点）两种。常闭触点是按钮未按下时闭合、按下后断开的触点。常开触点是按钮未按下时断开、按下后闭合的触点。按钮按下时，常闭触点先断开，然后常开触点闭合；松开后，依靠复位弹簧使触点恢复到原来的位置，如图 1-16 所示。

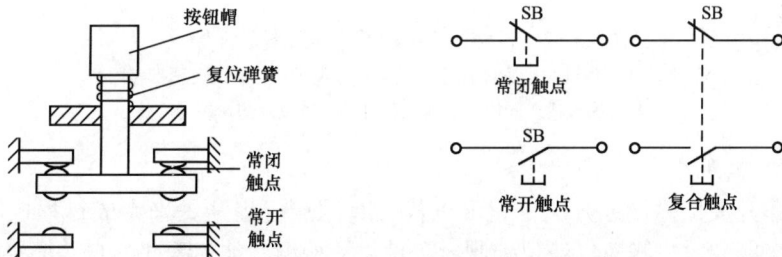

图 1-16 按钮结构示意图及图形符号

按钮的选择原则有以下几点。

(1) 根据使用场合，选择控制按钮的种类，如开启式、防水式、防腐式等。

(2) 根据用途，选用合适的型式，如钥匙式、紧急式、带灯式等。

(3) 按控制回路的需要，确定不同的按钮数，如单钮、双钮、三钮、多钮等。

(4) 按工作状态指示和工作情况的要求，选择按钮及指示灯的颜色。

二、行程开关

行程开关又叫限位开关，它的种类很多，按运动形式可分为直动式、微动式、转动式等，按触点的性质分可为有触点式和无触点式。

1. 有触点行程开关

有触点行程开关简称行程开关，行程开关的工作原理和按钮相同，区别在于它不是靠手的按压，而是利用生产机械运动的部件碰压而使触点动作来发出控制指令的主令电器。它用于控制生产机械的运动方向、速度、行程大小或位置等，其结构形式多种多样。

图 1-17 所示为几种操作类型的行程开关动作原理示意图及图形符号。行程开关的主要参数有型式、动作行程、工作电压及触头的电流容量。目前国内生产的行程开关有 LXK3、3SE3、LX19、LXW 和 LX 等系列。

常用的行程开关有 LX19、LXW5、LXK3、LX32 和 LX33 等系列。

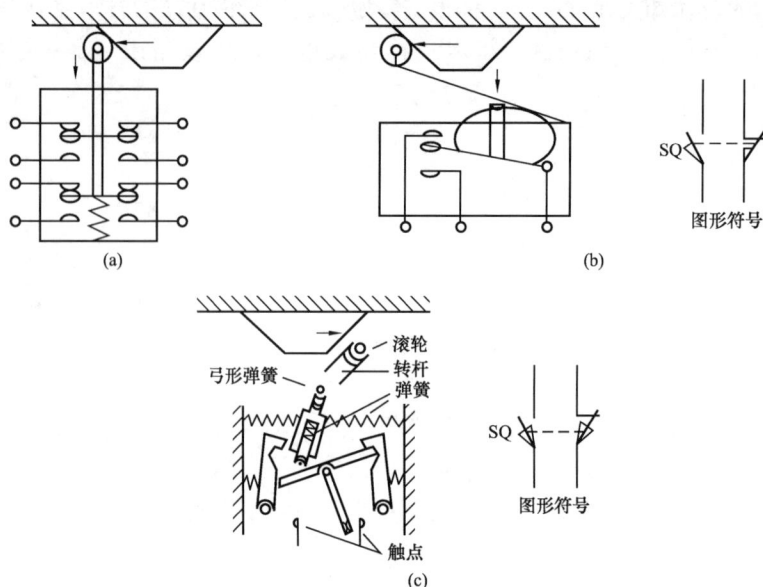

图 1-17　行程开关结构示意图及图形符号
(a) 直动式行程开关示意图；(b) 微动式行程开关示意图及图形符号；
(c) 旋转式双向机械碰压限位开关示意图及图形符号

2. 无触点行程开关

无触点行程开关又称接近开关，它可以代替有触点行程开关来完成行程控制和限位保护，还可用于高频计数、测速、液位控制、零件尺寸检测、加工程序的自动衔接等的非接触式开关。由于它具有非接触式触发、动作速度快、可在不同的检测距离内动作、发出的信号稳定无脉动、工作稳定可靠、寿命长、重复定位精度高以及能适应恶劣的工作环境等特点，因此在机床、纺织、印刷、塑料等工业生产中应用广泛。

无触点行程开关分为有源型和无源型两种，多数无触点行程开关为有源型，主要包括检测元件、放大电路、输出驱动电路 3 部分，一般采用 5～24V 的直流电流，或 220V 交流电源等。图 1-18 所示为三线式有源型接近开关结构框图。

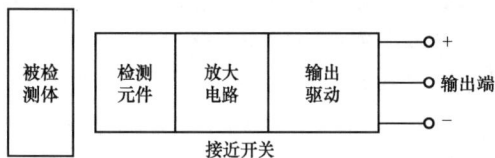

图 1-18　三线式有源型接近开关结构框图

接近开关按检测元件工作原理可分为高频振荡型、超声波型、电容型、电磁感应型、永磁型、霍尔元件型与磁敏元件型等。不同型式的接近开关所检测的被检测体不同。

电容式接近开关可以检测各种固体、液体或粉状物体，其主要由电容式振荡器及电子电路组成，它的电容位于传感界面，当物体接近时，将因改变了电容值而振荡，从而产生输出信号。

霍尔接近开关用于检测磁场，一般用磁钢作为被检测体。其内部的磁敏感器件仅对垂直于传感器端面的磁场敏感：当磁极 S 极正对接近开关时，接近开关的输出产生正跳变，输出为高电平；若磁极 N 极正对接近开关时，输出为低电平。

超声波接近开关适于检测不能触及或不可触及的目标，其控制功能不受声、电、光等因素干扰，检测物体可以是固体、液体或粉末状态的物体，只要能反射超声波即可。它主要由压电陶瓷传感器、发射超声波和接收反射波用的电子装置及调节检测范围用的程控桥式开关等几个部分组成。

高频振荡式接近开关用于检测各种金属，主要由高频振荡器、集成电路或晶体管放大器和输出器三部分组成，其基本工作原理是当有金属物体接近振荡器的线圈时，该金属物体的内部产生的涡流将吸取振荡器的能量，致使振荡器停振。振荡器的振荡和停振这两个信号，经整形放大后转换成开关信号输出。

接近开关输出形式有两线、三线和四线式几种，晶体管输出类型有 NPN 和 PNP 两种，外形有方形、圆形、槽形和分离形等多种，图 1-19 所示为槽型三线式 NPN 型光电式接近开关的工作原理图和远距分离型光电开关工作示意图。

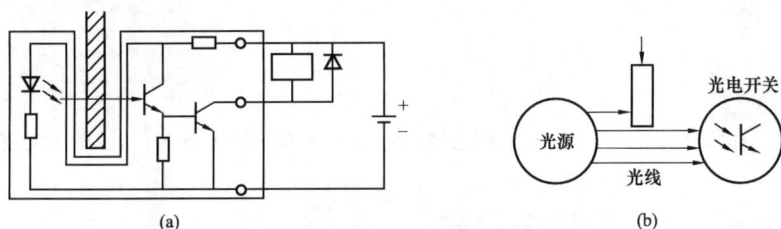

图 1-19　槽型和分离型光电开关
(a) 槽型光电式接近开关；(b) 远距分离型光电开关

接近开关的主要参数有型式、动作距离范围、动作频率、响应时间、重复精度、输出形式、工作电压及输出触点的容量等。接近开关的图形符号可用图 1-20 表示。

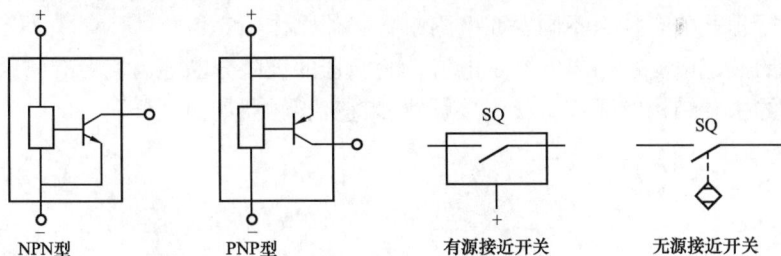

图 1-20　接近开关的图形符号

接近开关的产品种类十分丰富，常用的国产接近开关有 LJ、3SG 和 LXJ18 等多种系列，国外进口及引进产品亦在国内有大量的应用。

3. 有触点行程开关的选择

有触点行程开关的选择应注意以下几点。

(1) 应用场合及控制对象选择；

(2) 安装环境选择防护形式，如开启式或保护式；

(3) 控制回路的电压和电流；

(4) 机械与行程开关的传力与位移关系选择合适的头部形式。

4. 接近开关选择应注意的事项

(1) 工作频率、可靠性及精度；

（2）检测距离、安装尺寸；

（3）触点形式（有触点、无触点）、触点数量及输出形式（NPN 型、PNP 型）；

（4）电源类型（直流、交流）、电压等级。

本 章 小 结

低压电器的种类繁多，本章主要介绍了电气控制系统中开关电器、熔断器、接触器、主令电器以及各种继电器的用途、基本结构、工作原理、主要技术参数以及图形符号和选用原则，为正确使用它们打下基础。由于电子技术的发展，各种新型电子类电器不断出现。为优化系统，提高系统可靠性应尽量选用新型电器元件。

习　　　题

1. 闸刀开关在安装时，为什么不得倒装？如果将电源线接在闸刀下端，会发生什么问题？

2. 哪些低压电器可以保护线路的短路？

3. 常用的低压熔断器有哪些类型？

4. 断路器有哪些保护功能？

5. 热继电器在电路中起什么作用？其工作原理是什么？热继电器触点动作后，能否自动复位？

6. 说明熔断器和热继电器保护功能的不同之处。

7. 按钮和行程开关有什么不同？在电路中各起什么作用？

8. 熔断器的额定电流、熔体的额定电流、熔断器的极限分断能力三者有何区别？

9. 接触器的主要结构有哪些？交流接触器和直流接触器如何区分？

第二章 典型电气控制线路

任何复杂的电器控制线路都是按照一定的控制原则，由基本的控制线路组成的。基本控制线路以及由其组成的典型设备控制线路是学习电气控制的基础。特别是对生产机械整个电气控制线路工作原理的分析与设计有很大的帮助。

电气控制线路的表示方法有：电气原理图、电气接线图和电器布置图。

电气原理图是根据工作原理而绘制的，具有结构简单、层次分明、便于研究和分析电路的工作原理等优点。在各种生产机械的电气控制中，无论在设计部门或生产现场都得到广泛的应用。电气控制线路常用的图形、文字符号必须符合最新的国家标准。

电气原理图按线路通过的电流大小可分为主电路和控制电路。主电路包括从电源到电动机的电路，是强电流通过的部分，用粗线条画在原理图的左边。控制电路是通过弱电流的电路，一般由按钮、电器元件的线圈、接触器的辅助触点、继电器的触点等组成，用细线条画在原理图的右边。

原理图中，各电器元件不画实际的外形图，而是采用国家统一规定的文字符号和图形符号，且根据便于读图的原则可以不将同一电器的各个部件画在一起。原理图中所有电器的触点规定都按没有通电和没有外力作用时的状态画出。

继电—接触器控制系统的基本控制环节主要有自锁与互锁的控制、点动与连续运转的控制、多地联锁控制、顺序控制与自动循环的控制等，典型设备有 C650 车床、T68 镗床等，下面分别加以详细介绍。

第一节 基本控制环节

一、自锁与互锁的控制

自锁与互锁的控制统称为电气的联锁控制，在电气控制电路中应用十分广泛，是最基本的控制。

（一）自锁控制环节

图 2-1 为接触器控制电动机的具有自锁功能的单向运转电路。图中 Q 为三相转换开关，FU1 和 FU2 为熔断器、KM 为接触器、FR 为热继电器、M 为三相笼型异步电动机，SB1 为停止按钮、SB2 为启动按钮。其中，三相转换开关 Q、熔断器 FU1、接触器 KM 的主触点、热继电器 FR 的热元件和电动机 M 构成主电路，启动按钮 SB1、停止按钮 SB2、接触器 KM 的线圈及其常开辅助触点、热继电器 FR 的常闭触点和熔断器 FU2 构成控制回路。

电路工作分析：合上电源开关 Q，引入三相电源。

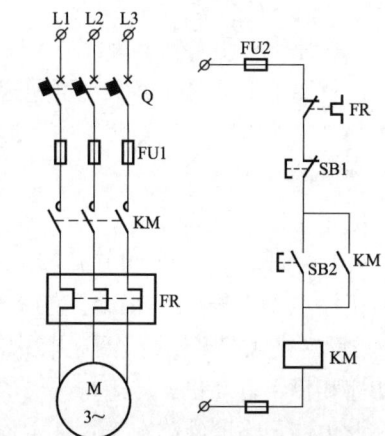

图 2-1 具有自锁功能的单向运转电路

按下启动按钮 SB2，KM 线圈通电，其常开主触点闭合，电动机 M 接通电源启动。同时，与启动按钮并联的 KM 常开触点也闭合。当松开 SB2 时，KM 线圈通过其自身常开辅助触点继续保持通电状态，从而保证电动机连续运转。当需要电动机停止运转时，可按下停止按钮 SB1，切断 KM 线圈电源，KM 常开主触点与辅助触点均断开，切断电动机电源和控制电路，电动机停止运转。

这种依靠接触器自身辅助触点保持线圈通电的电路，称为自锁电路，辅助常开触点称为自锁触点。

电路的保护环节主要有：短路保护、过载保护、欠压和失压保护等，其详细工作原理及分析将在本章的最后一节进行分析。

（二）互锁控制环节

图 2-2 所示为三相异步电动机可逆运行控制电路。图中 SB1 为停止按钮、SB2 为正转启动按钮、SB3 为反转启动按钮，KM1 为正转接触器、KM2 为反转接触器。

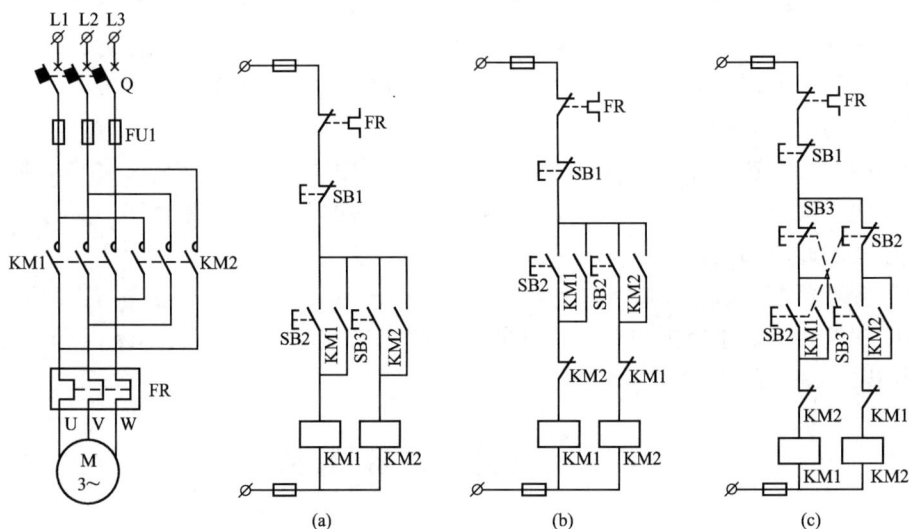

图 2-2　三相异步电动机可逆运行控制电路

(a) 无互锁电路；(b) 具有电气互锁电路；(c) 具有双重互锁电路

工作原理如下：在实际工作中，生产机械常常需要运动部件可以正、反两个方向的运动，这就要求电动机能够实现可逆运行。由电动机原理可知，三相交流电动机可改变定子绕组相序来改变电动机的旋转方向。因此，借助于接触器来实现三相电源相序的改变，即可实现电动机的可逆运行。

电路工作分析如下。

（1）由图 2-2（a）可知，按下 SB2，正转接触器 KM1 线圈通电并自锁，主触点闭合，接通正序电源，电动机正转。按下停止按钮 SB1，KM1 线圈断电，电动机停止。再按下 SB3，反转接触器 KM2 线圈通电并自锁，主触点闭合，使电动机定子绕组电源相序与正转时相序相反，电动机反转运行。

此电路最大的缺陷在于：从主电路分析可以看出，若 KM1 和 KM2 同时通电动作，将造成电源两相短路，即在工作中如果按下了 SB1，再按下 SB2 就会出现这一事故现象，因此这种电路不能采用。

（2）图 2-2（b）是在图 2-2（a）基础上扩展而成的。将 KM1 和 KM2 常闭辅助触点分别串接在对方线圈电路中，形成相互制约的控制，称为互锁。当按下 SB2 的常开触点时，KM1 的线圈瞬时通电，其串接在 KM2 线圈电路中的 KM1 的常闭辅助触点断开，锁住 KM2 的线圈不能通电，反之亦然。该电路欲使电动机由正向到反向，或由反向到正向必须先按下停止按钮，之后再反向启动。

这种利用两个接触器（或继电器）的常闭辅助触点互相控制，形成相互制约的控制，称为电气互锁。

（3）对于要求频繁实现可逆运行的情况，可采用图 2-2（c）的控制电路。它是在图 2-2（b）电路基础上，将正向启动按钮 SB2 和反向启动按钮 SB3 的常闭触点串接在对方常开触点电路中，利用按钮的常开、常闭触点的机械连接，在电路中形成相互制约的控制。这种接法称为机械互锁。

图 2-2（b）只能实现"正→停→反"或"反→停→正"，即正、反向运行之间必须经过停止的操作才可。而如图 2-2（c）的电路能够实现所示"正→反→停"或"反→正→停"的控制，从而提高了生产率。主要原因是复合按钮按动时常闭触点先断开，使对方接触器线圈断电，然后接通自方接触器线圈，复合按钮能够完成两个动作。该线路既有接触器常闭触点的电气互锁，也有复合按钮常闭触点的机械互锁，称之为具有双重互锁功能。该线路操作方便、安全可靠，故应该广泛。

二、点动与连续运转的控制

在生产实践中，某些生产机械常会要求既能正常启动，又能实现位置调整的点动工作。所谓点动，即按按钮时电动机启动工作，松开按钮后电动机即停止工作。点动主要用于机床刀架、横梁、立柱等的快速移动、对刀调整等。

图 2-3 为电动机点动与连续运转控制的几种典型电路。其具体电路工作分析如下。

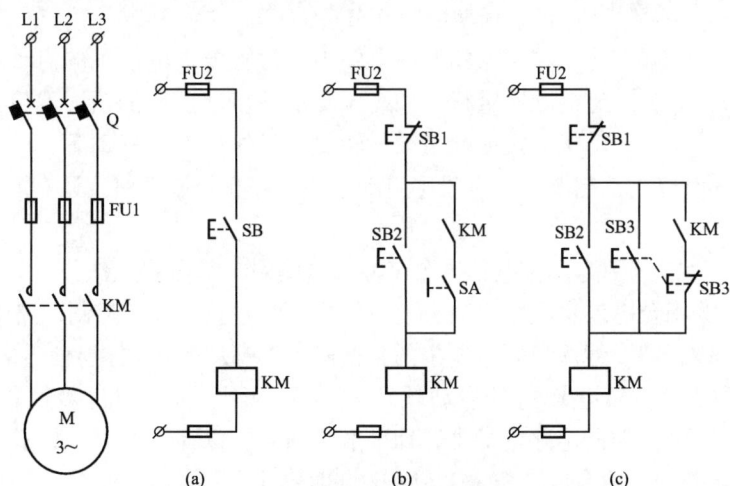

图 2-3 电动机点动与连续运转控制电路

（a）基本点动控制电路；（b）开关选择运行状态的电路；（c）两个按钮控制的电路

图 2-3（a）为最基本的点动控制电路。按下 SB，接触器 KM 线圈通电，常开主触点闭合，电动机启动运转；松开 SB，接触器 KM 线圈断电，其常开主触点断开，电动机停止运转。

图 2-3（b）为采用开关 SA 选择运行状态的点动控制电路。当需要点动控制时，只要把开关 SA 断开，即断开接触器 KM 的自锁触点 KM，由按钮 SB2 来进行点动控制；当需要电动机正常运行时，只要把开关 SA 合上，将 KM 的自锁触点接入控制电路，即可实现连续控制。

图 2-3（c）为用点动控制按钮常闭触点断开自锁回路的点动控制电路，控制电路中增加了一个复合按钮 SB3 来实现点动控制。SB1 为停止按钮、SB2 为连续运转启动按钮、SB3 为点动控制按钮。当需要点动控制，按下 SB3 时，其常闭触点先将自锁回路切断，然后常开触点才接通接触器 KM 线圈使其通电，KM 常开主触点闭合，电动机启动运转；当松开 SB3 时，其常开触点先断开，接触器 KM 线圈断电，KM 常开主触点断开，电动机停转，然后 SB3 常闭触点才闭合，但此时 KM 常开辅助触点已断开，KM 线圈无法保持通电，即可实现点动控制。

由以上电路工作分析看出，点动控制电路的最大特点是取消了自锁触点，也就是说点动和连续的根本区别在于自锁是否起作用。

三、多地控制

在大型生产设备上，为使操作人员在不同方位均能进行控制操作，常常要求组成多地控制电路，如图 2-4 所示。

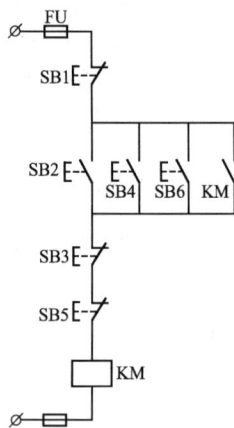

图 2-4　多地控制电路图

从图 2-4 电路中可以看出，多地控制电路只需多用几个启动按钮和停止按钮，无需增加其他电器元件。启动按钮应并联，停止按钮应串联，分别装在几个地方。

从电路工作分析可以得出以下结论：若几个电器都能控制某接触器通电，则几个电器的常开触点应并联接到某接触器的线圈控制电路，即形成逻辑"或"关系；若几个电器都能控制某接触器断电，则几个电器的常闭触点应串联接到某接触器的线圈控制电路，形成逻辑"与非"的关系。

四、顺序控制环节

在机床的控制电路中，常常要求电动机的启动和停止按照一定的顺序进行。如磨床要求先启动润滑油泵，然后再启动主轴电动机；铣床的主轴旋转后，工作台方可移动等。顺序工作控制电路有顺序启动、同时停止控制电路，有顺序启动、顺序停止控制电路，还有顺序启动、逆序停止控制电路。

图 2-5 和图 2-6 分别为两台电动机顺序控制电路图，其电路工作分析如下。

图 2-5（a）为两台电动机顺序启动、同时停止控制电路。在此控制电路中，只有 KM1 线圈通电后，其串入 KM2 线圈控制电路中的常开触点 KM1 闭合，才能使 KM2 线圈存在通电的可能，以此制约了 M2 电动机的启动顺序。当按下 SB1 按钮时，接触器 KM1 线圈断电，其串接在 KM2 线圈控制电路中的常开辅助触点断开，保证了 KM1 和 KM2 线圈同时断电，其常开主触点断开，两台电动机 M1 和 M2 同时停止。

图 2-5（b）为两台电动机顺序启动，逆序停止控制电路。其顺序启动工作不再分析，由读者自行分析。此控制电路停止时，必须先按下 SB3 按钮，切断 KM2 线圈的供电，电动机 M2 停止运转；其并联在按钮 SB1 下的常开辅助触点 KM2 断开，此时再按下 SB1，才能使 KM1 线圈断电，电动机 M1 停止运转。

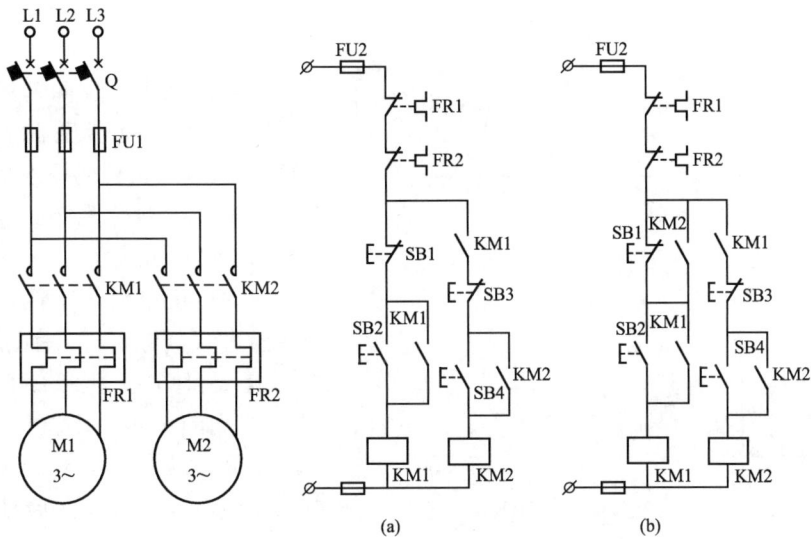

图 2-5 两台电动机顺序控制电路图
(a) 按顺序启动电路;(b) 按顺序启动、逆序停止的控制电路

图 2-6 为利用时间继电器控制的顺序启动电路。其电路的关键在于利用时间继电器自动控制 KM2 线圈的通电。当按下 SB2 按钮时,KM1 线圈通电,电动机 M1 启动,同时时间继电器线圈 KT 通电,延时开始。经过设定时间后,串接入接触器 KM2 控制电路中的时间继电器 KT 的动合触点闭合,KM2 线圈通电,电动机 M2 启动。

通过以上电路工作分析可知,要实现顺序控制,应将先通电的电器的常开触点串接在后通电的电器的线圈控制电路中,将先断电的电器的常开触点并联到后断电的电器的线圈控制电路中的停止按钮(或其他断电触点)上。其具体方法有接触器和继电器触点的电气联锁、复合按钮联锁、行程开关联锁等。

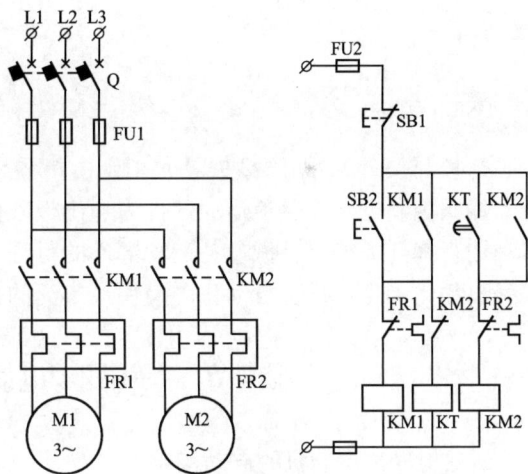

图 2-6 时间继电器控制的顺序启动电路

五、自动往复循环控制

机械设备中如机床的工作台、高炉加料设备等均需要自动往复运行,而自动往复的可逆运行通常是利用行程开关来检测往复运动的相对位置,进而控制电动机的正反转来实现生产机械的往复运动。

图 2-7 所示为自动往复循环运动示意图及控制电路。

在图 2-7 (a) 中,行程开关 SQ1 和 SQ2 分别固定安装在机床床身上,定义加工原点与终点;撞块 A 和 B 固定在工作台上,随着运动部件的移动分别压下行程开关 SQ1 和 SQ2,使其触点动作,改变控制电路的通断状态,使电动机实现可逆运行,完成运动部件的

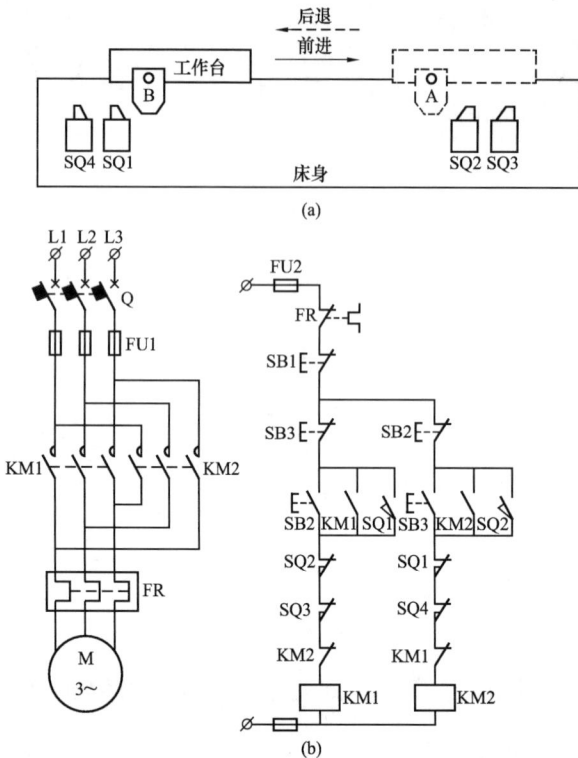

图 2-7　自动往复循环控制

（a）机床工作台自动往复运动示意图；（b）自动往复循环控制电路

自动往复运动。

图 2-7（b）为自动往复循环的控制电路，SQ1 为反向转正向行程开关，SQ2 为正向转反向行程开关，SQ3 和 SQ4 为正反向极限保护用行程开关。合上电源开关 Q，按下正向启动按钮 SB2，接触器 KM1 通电并自锁，电动机正向启动运转并拖动运动部件前进，当运动部件前进到位，撞块 B 压下 SQ2，其常闭触点断开，KM1 线圈断电，电动机停转；同时，SQ2 常开触点闭合，使 KM2 线圈通电并自锁，电动机反向启动运转并拖动运动部件后退；当后退到位时，撞块 A 压下 SQ1，使 KM2 线圈断电，同时使 KM1 线圈通电，电动机由反转变正转，拖动运动部件由后退变前进，如此周而复始地自动往复循环。当按下 SB1 时，KM1 和 KM2 线圈都断电，电动机停止运转，运动部件停止。

当行程开关 SQ1 和 SQ2 失灵时，则由极限保护行程开关 SQ3 和 SQ4 实现保护，切断接触器线圈控制电路，避免运动部件因超出极限位置而发生事故。

利用行程开关按照机械设备运动部件的行程位置进行的控制，称为行程控制原则，是机械设备自动化和生产过程自动化中应用最广泛的控制方法之一。

第二节　三相异步电动机的启动及制动

一、三相异步电动机的启动控制

三相笼型异步电动机具有结构简单、坚固耐用、价格便宜、维修方便等优点，获得了广泛的应用。三相笼型异步电动机的启动控制有直接启动与降压启动两种方式。电机拖动课程中已讲授了如何决定启动方式的知识，这里只讨论电气控制电路如何满足各种启动的要求。

（一）直接启动控制电路

笼型异步电动机的直接启动是一种简单、可靠、经济的启动方法，但过大的启动电流会造成电网电压显著下降，直接影响在同一电网工作的其他电动机，故直接启动电动机的容量受到一定限制，一般容量小于 10kW 的电动机常用直接启动方式。

三相笼型异步电动机直接启动控制电路在第一节电路中已作详细说明，在此不再重复。此类控制电路重点在于自锁控制（已在前面详述）和各种保护环节的作用，请读者认真理解。

（二）降压启动控制电路

三相笼型电动机容量较大时，一般应采用降压启动，有时为了减小和限制启动时对机械设备的冲击，即使允许直接启动的电动机，也往往采用降压启动。

三相笼型电动机降压启动的实质，就是在电源电压不变的情况下，启动时减小加在电动机定子绕组上的电压，以限制启动电流，而在启动后再将电压恢复至额定值，电动机进入正常运行。减压启动可以减少启动电流、减小线路电压降，也就减小了启动时对线路的影响，但电动机的电磁转矩是与定子端电压平方成正比的，所以减压启动使得电动机的启动转矩相应减小，故降压启动适用于空载或轻载下启动。

三相笼型电动机降压启动的方法有：定子绕组电路串电阻电抗器；Y/△连接降压启动；延边三角形和使用自耦变压器启动等。

1. 星形—三角形连接降压启动控制电路

正常运行时定子绕组接成三角形的笼型三相异步电动机可采用星形—三角形降压启动的方法达到限制启动电流的目的。

启动时，定子绕组接成星形，待转速上升到接近额定转速时，再将定子绕组的接线换接成三角形，电动机进入全电压正常运行状态。由电机拖动知识可知，这种启动方式可以将启动电流降为直接启动时启动电流的三分之一，但相应的启动转矩也降为了直接启动时的三分之一。图2-8为星形—三角形启动电路，适用于125kW及以下的三相笼型异步电动机作星形—三角形降压启动和停止控制。该电路由接触器KM1、KM2和KM3，热继电器FR，时间继电器KT，按钮SB1和SB2等元件组成，并具有短路保护、过载保护和失压保护等功能。

电路工作分析：合上电源开关Q，按下启动按钮SB2，KM1、KT、KM3线圈同时通电并自锁，电动机三相定子绕组连接成星形接入三相交流

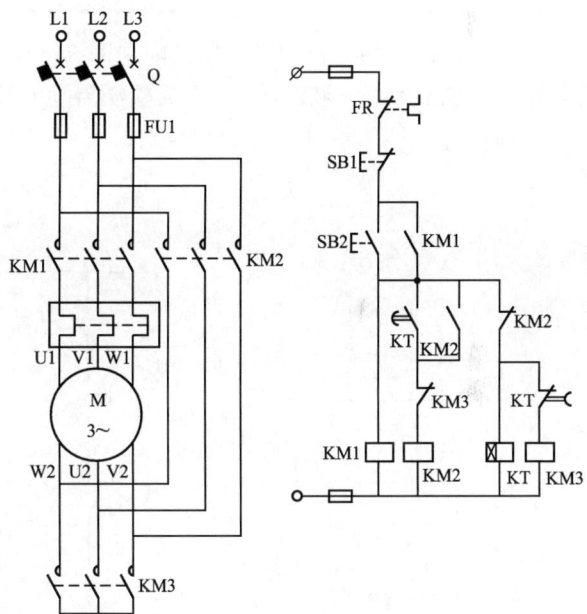

图2-8 星形—三角形降压启动电路

电源进行降压启动；当电动机转速接近额定转速时，通电延时型时间继电器动作，KT常闭触点断开，KM3线圈断电释放；同时KT常开触点闭合，KM2线圈通电吸合并自锁，电动机绕组连接成三角形全压运行。当KM2通电吸合后，KM2常闭触点断开，使KT线圈断电，避免时间继电器长期工作。KM2和KM3触点为互锁触点，以防止同时接成星形和三角形造成电源短路。

2. 自耦变压器减压启动控制

电动机自耦变压器降压启动是将自耦变压器一次侧接在电网上，启动时定子绕组接在自耦变压器二次侧。启动时定子绕组得到的电压是自耦变压器的二次侧电压，待电动机转速接

近额定转速时，切断自耦变压器电路，把额定电压直接加在电动机的定子绕组上，电动机进入全压正常运行。

表 2 - 1 为 QX4 系列自动星形—三角形启动器技术数据。

表 2 - 1　　　　　　　　　　　QX4 系列自动星形—三角形启动器技术数据

型号	控制电动机功率/kW	额定电流/A	热继电器额定电流/A	时间继电器整定值/s
QX4 - 17	13 17	26 33	15 19	11 13
QX4 - 30	22 38	42.5 58	25 34	15 17
QX4 - 55	40 55	77 105	45 61	20 24
QX4 - 75	75	142	85	30
QX4 - 125	125	260	100～160	14～60

图 2 - 9 为 XJ01 系列自耦降压启动电路图。图中 KM1 为降压启动接触器，KM2 为全压运行接触器，KA 为中间继电器，KT 为减压启动时间继电器，HL1 为电源指示灯，HL2 为减压启动指示灯，HL3 为正常运行指示灯。

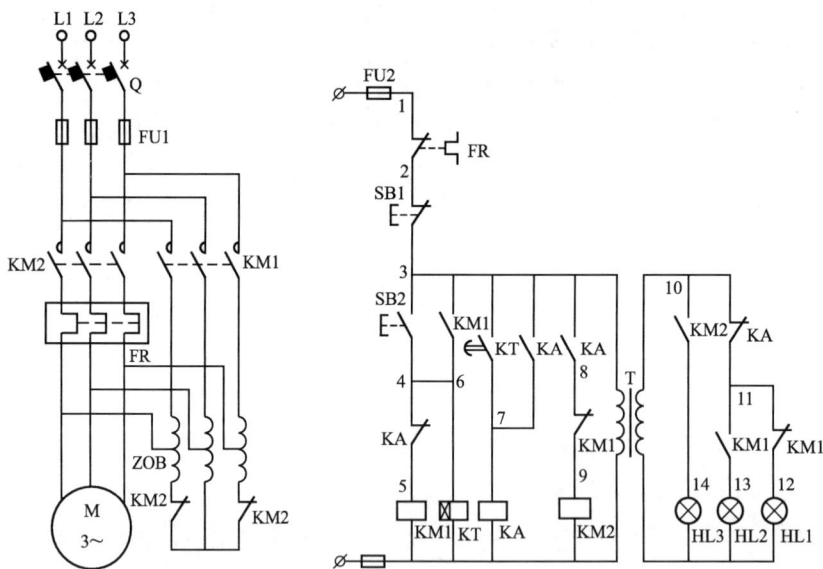

图 2 - 9　XJ01 系列自耦降压启动电路图

电路工作分析：合上主电路与控制电路电源开关 Q，HL1 灯亮，表示电源电压正常。按下启动按钮 SB2，KM1 和 KT 线圈同时通电并自锁，将自耦变压器接入主电路，电动机由自耦变压器供电作降压启动，同时指示灯 HL1 灭，HL2 亮，显示电动机正进行降压启动。当电动机转速接近额定转速时，时间继电器 KT 通电延时常开触点闭合，使 KA 线圈通电并自锁，其常闭触点断开 KM1 线圈供电控制电路，KM1 线圈断电释放，将自耦变压器从主电路切除；KA的另一对常闭触点断开，HL2指示灯灭；KA的常开触点闭合，接触器KM2线圈通电吸合，电源电压全部加在电动机定子上，电动机在额定电压下正常运转，同时，KM2常开触点闭合，HL3指示灯亮，表示电动机降压启动结束。由于自耦变压器星形连接部分的电流为自耦变压器一、二次电流之差，因此用KM2辅助触点来连接。

自耦变压器绕组一般具有多个抽头以获得不同的变化，自耦变压器降压启动比丫/△降压启动获得的启动转矩要大得多，所以自耦变压器又称为启动补偿器，是三相笼型异步电动机最常用的一种降压启动装置。

表2-2列了部分XJ01系列自耦变压器降压启动器的技术参数。

表2-2   **XJ01系列自耦降压启动器技术参数**

型号	被控制电动机功率/kW	最大工作电流/A	自耦变压器功率/kW	电流互感器变比	热继电器整定电流/A
XJ01-14	14	28	14	—	32
XJ01-20	20	40	20	—	40
XJ01-28	28	58	28	—	63
XJ01-40	40	77	40	—	85
XJ01-55	55	110	55	—	120
XJ01-75	75	142	75	—	142
XJ01-80	80	152	115	300/5	2.8
XJ01-95	95	180	115	300/5	3.2
XJ01-100	100	190	115	300/5	3.5

二、三相异步电动机的制动控制

在生产过程中，许多机床（如万能铣床、组合机床等）都要求能迅速停车和准确定位，这就要求必须对拖动电动机采取有效的制动措施。制动控制的方法有两大类：机械制动和电气制动。

机械制动是采用机械装置产生机械力来强迫电动机迅速停车；电气制动是使电动机产生的电磁转矩方向与电动机旋转方向相反，起制动作用。电气制动有反接制动、能耗制动、再生制动以及派生的电容制动等。这些制动方法各有特点，适用于不同的环境。本节介绍几种类型的制动控制电路。

（一）反接制动控制电路

电机拖动课程中我们了解到，反接制动实质上是改变异步电动机定子绕组中的三相电源相序，使定子绕组产生与转子方向相反的旋转磁场，因而产生制动转矩的一种制动方法。

电动机反接制动时，转子与旋转磁场的相对速度接近于两倍的同步转速，所以定子绕组流过的反接制动电流相当于全压启动电流的两倍，因此反接制动的制动转矩大、制动迅速，但冲击大，通常适用于10kW及以下的小容量电动机。为防止绕组过热、减小冲击电流，通常在笼型异步电动机定子电路中串入反接制动电阻。另外，采用反接制动，当电动机转速降至零时，要及时将反接电源切断，防止电动机反向再启动，通常控制电路是用速度继电器来检测电动机转速并控制电动机反接电源的断开的。

1. 电动机单向反接制动控制

图2-10为电动机单向反接制动控制电路。图中KM1为电动机单向运行接触器，KM2

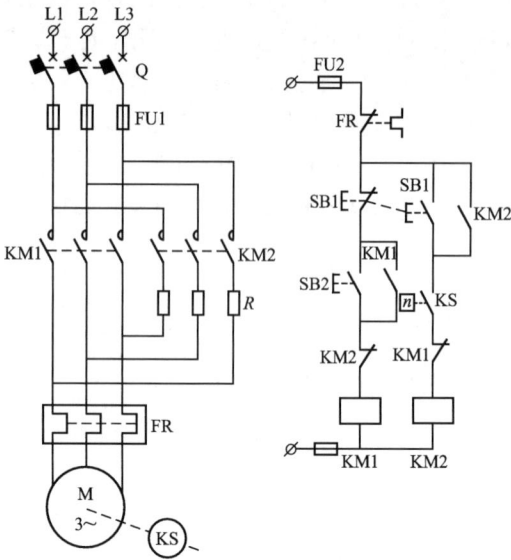

图 2-10　电动机单向反接制动控制电路

为反接制动接触器，KS 为速度继电器，R 为反接制动电阻。

电路工作分析如下。

单向启动及运行：合上电源开关 Q，按下 SB2，KM1 通电并自锁，电动机全压启动并正常运行，与电动机有机械连接的速度继电器 KS 转速超过其动作值时，其相应的触点闭合，为反接制动作准备。

反接制动：停车时，按下 SB1，其常闭触点断开，KM1 线圈断电释放，KM1 常开主触点和常开辅助触点同时断开，切断电动机原相序三相电源，电动机惯性运转。当 SB1 按到底时，其常开触点闭合，使 KM2 线圈通电并自锁，KM2 常闭辅助触点断开，切断 KM1 线圈控制电路。同时其常开主触点闭合，电动机串三相对称电阻接入反相序

三相电源进行反接制动，电动机转速迅速下降。当转速下降到速度继电器 KS 释放转速时，KS 释放，其常开触点复位断开，切断 KM2 线圈控制电路，KM2 线圈断电释放，其常开主触点断开，切断电动机反相序三相交流电源，反接制动结束，电动机自然停车。

2. 电动机可逆运行反接制动控制

图 2-11 为电动机可逆运行反接制动控制电路。图中 KM1、KM2 为电动机正、反向控

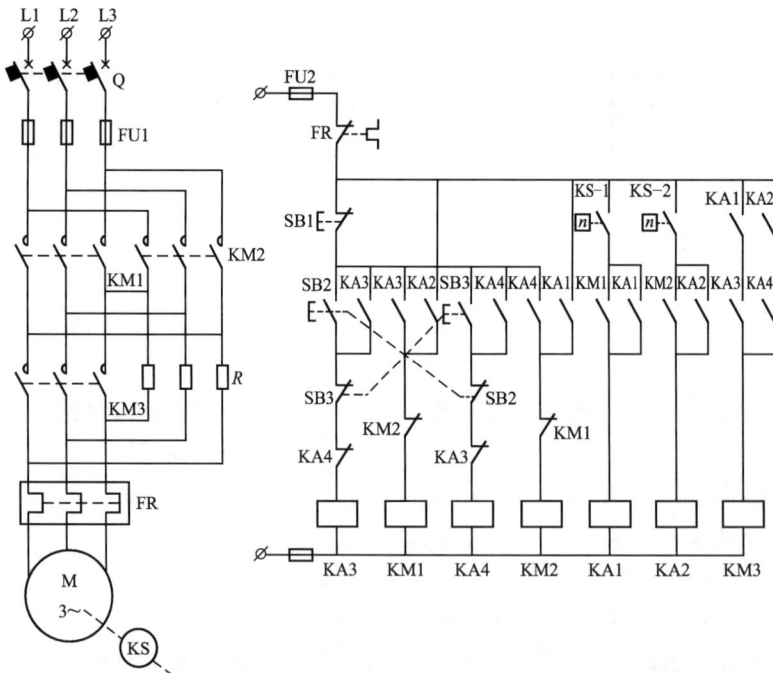

图 2-11　电动机可逆运行反接制动控制电路

制接触器，KM3 为短接电阻接触器，KA1、KA2、KA3、KA4 为中间继电器，KS 为速度继电器，其中 KS-1 为正向闭合触点、KS-2 为反向闭合触点，R 为限流电阻，具有限制启动电流和制动电流的双重作用。

正向降压启动：合上电源开关 Q，按下 SB2，正向中间继电器 KA3 线圈通电并自锁，其常闭触点断开互锁了反向中间继电器 KA4 的线圈控制电路；KA3 常开触点闭合，使 KM1 线圈控制电路通电，KM1 主触点闭合使电动机定子绕组串电阻 R 接通正相序三相交流电源，电动机降压启动。同时 KM1 常闭触点断开互锁了反向接触器 KM2，其常开触点闭合为 KA1 线圈通电作准备。

电路工作分析如下。

全压运行：当电动机转速上升至一定值时，速度继电器 KS 正转常开触点 KS-1 闭合，KA1 线圈通电并自锁。此时 KA1 和 KA3 的常开触点均闭合，接触器 KM3 线圈通电，其常开主触点闭合短接限流电阻 R，电动机全压运行。

反接制动：需停车时，按下 SB1，KA3、KM1 和 KM3 线圈相继断电释放，KM1 主触点断开，电动机惯性高速旋转，使 KS-1 维持闭合状态，同时 KM3 主触点断开，定子绕组串电阻 R。由于 KS-1 维持闭合状态，使得中间继电器 KA1 仍处于吸合状态，KM1 常闭触点复位后，反向接触器 KM2 线圈通电，其常开主触点闭合，使电动机定子绕组串电阻 R 获得反相序三相交流电源，对电动机进行反接制动，电动机转速迅速下降。同时，KM2 常闭触点断开互锁正向接触器 KM1 线圈控制电路。当电动机转速低于速度继电器释放值时，速度继电器常开触点 KS-1 复位断开，KA1 线圈断电释放，其常开触点断开，切断接触器 KM2 线圈控制电路，KM2 线圈断电释放，其常开主触点断开，反接制动过程结束。

电动机反向启动和反接制动停车控制电路工作情况与上述相似，在此不再复述。所不同的是速度继电器起作用的是反向触点 KS-2，中间继电器 KA2 替代了 KA1，请读者自行分析。

（二）能耗制动控制电路

能耗制动就是在电动机脱离三相交流电源之后，向定子绕组内通入直流电流，建立静止磁场，利用转子感应电流与静止磁场的作用产生制动的电磁转矩，达到制动目的。

在制动过程中，电流、转速和时间 3 个参量都在变化，原则上可以任取其中一个参量作为控制信号。我们就分别以时间原则和速度原则控制能耗制动电路为例进行分析。

1. 电动机单向运行能耗制动控制

图 2-12 为电动机单向运行时间原则控制能耗制动电路图。图中 KM1 为单向运行接触器，KM2 为

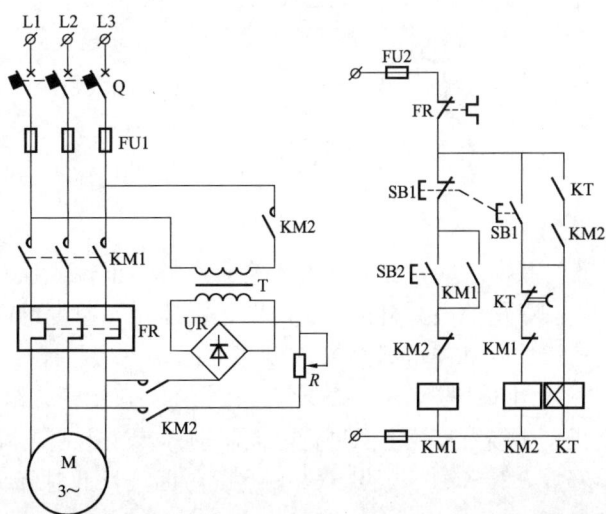

图 2-12　电动机单向运行时间原则能耗制动控制电路

能耗制动接触器，KT 为时间继电器，T 为整流变压器，UR 为桥式整流电路。

电路工作分析：按下 SB2，KM1 通电并自锁，电动机单向正常运行。此时若要停机，按下停止按钮 SB1，KM1 断电，电动机定子脱离三相交流电源；同时 KM2 通电并自锁，将二相定子接入直流电源进行能耗制动，在 KM2 通电同时 KT 也通电。电动机在能耗制动作用下转速迅速下降，当接近零时，KT 延时时间到，其延时触点动作使 KM2 和 KT 相继断电，制动过程结束。

图中 KT 的瞬动常开触点与 KM2 自锁触点串接，其作用是当发生 KT 线圈断线或机械卡住故障，致使 KT 常闭通电延时断开触点断不开，常开瞬动触点也合不上时，只有按下停止按钮 SB1，成为点动能耗制动。若无 KT 的常开瞬动触点串接 KM2 常开触点，在发生上述故障时，按下停止按钮 SB1 后，将使 KM2 线圈长期通电吸合，使电动机两相定子绕组长期接入直接电源。

2. 电动机可逆运行能耗制动控制

图 2-13 为速度原则控制电动机可逆运行能耗制动电路。图中 KM1 和 KM2 为电动机正、反向接触器，KM3 为能耗制动接触器，KS 为速度继电器。

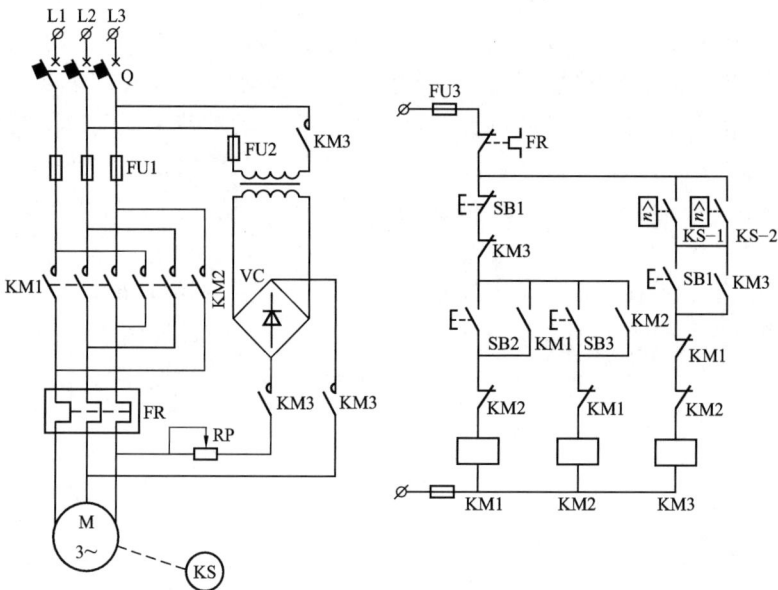

图 2-13 速度原则控制电动机可逆运行能耗制动电路

电路工作分析如下。

正、反向启动：合上电源开关 Q，按下正转或反转启动按钮 SB2 或 SB3，相应接触器 KM1 或 KM2 通电并自锁，电动机正常运转。速度继电器相应触点 KS-1 或 KS-2 闭合，为停车接通 KM3，实现能耗制动作准备。

能耗制动：停车时，按下停止按钮 SB1，定子绕组脱离三相交流电源，同时 KM3 通电，电动机定子接入直流电源进行能耗制动，转速迅速下降，当转速降至 100r/min 时，速度继电器释放，其 KS-1 或 KS-2 触点复位断开，此时 KM3 断电。能耗制动结束，以后电动机自然停车。

对于负载转矩较为稳定的电动机，能耗制动时采用时间原则控制为宜，因为此时对时间继电器的延时整定较为固定。而对于那些能够通过传动机构来反映电动机转速的，采用速度原则控制较为合适，应视具体情况而定。

（三）无变压器单管能耗制动控制电路

为简化能耗制动电路，减少附加设备，在制动要求不高、电动机功率在 10kW 以下时，可采用无变压器的单管能耗制动电路。它是采用无变压器的单管半波整流作为直流电源的，这种电流体积小、成本低。

图 2 - 14 为无变压器单管能耗制动电路。图中 KM1 为线路接触器，KM2 为制动接触器，KT 为能耗制动时间继电器。该电路其整流电源电压为 220V，它由制动接触器 KM2 主触点接至电动机定子两相绕组，并由另一相绕组经整流二极管 VD 和电阻 R 接到零线，构成回路。

该电路工作原理比较简单，读者可自行分析。

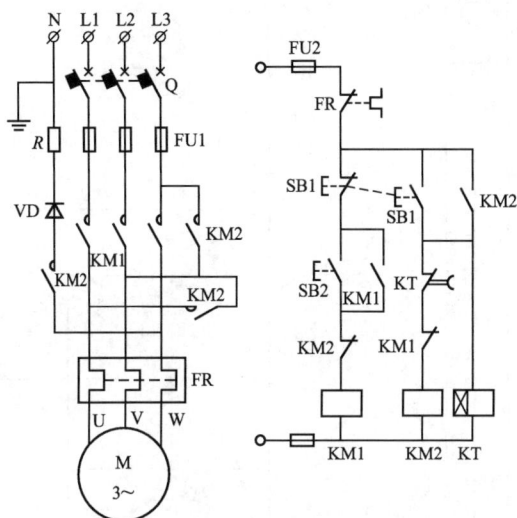

图 2 - 14　电动机无变压器单管能耗制动电路

第三节　典型生产机械电气控制线路分析

生产机械种类繁多，其拖动方式和电气控制线路各不相同。本节以 C650 车床和 T68 卧式镗床为例，对控制线路进行分析，为电气控制线路的设计、安装、调试和维护打下基础。

一、C650 车床电气控制线路分析

1. C650 车床运动系统对电气控制的要求

主轴电动机用于主轴正反向运动和刀具的工步进给运动，通过手柄操纵机械变速箱改变主轴和进给的转速。因为因转动惯量过大，主轴电动机要求采用电气停车制动。快移电动机实现刀架拖板快速点动移动，以减少辅助工时。冷却泵电动机启停控制用来提供冷却液。

2. 主电路分析

C650 车床电气控制线路见图 2 - 15 所示。

图 2 - 15 所示的主电路中有 3 台电动机的驱动电路。电源开关 Q 将三相电源引入，电动机主电路接线分为 3 个部分，第 1 部分由正转控制交流接触器 KM1 和反转控制交流接触器 KM2 的两组主触点构成电动机的正反转接线；第 2 部分为电流表 PA 经电流互感器 TA 接在主电动机 M1 的动力回路上，以监视电动机工作时绕组的电流变化。为防止电流表被启动电流冲击损坏，利用时间继电器 KT 的延时常闭触点，在启动的短时间内将电流表暂时短接；第 3 部分线路通过交流接触器 KM3 的主触点控制限流电阻 R 的接入和切除。在进行电动调整时，为防止连续的启动电流造成电动机过载，串入限流电阻 R，以保证电路设备正常工作。在电动机反接制动时，通常串入电阻 R 限流。速度继电器 KS 的速度检测部分与电动机的主轴同轴相连，在停车制动过程中，当主电动机转速为零时，其常开触点可将控制电路中反接制动相应电路切断，完成停车制动。

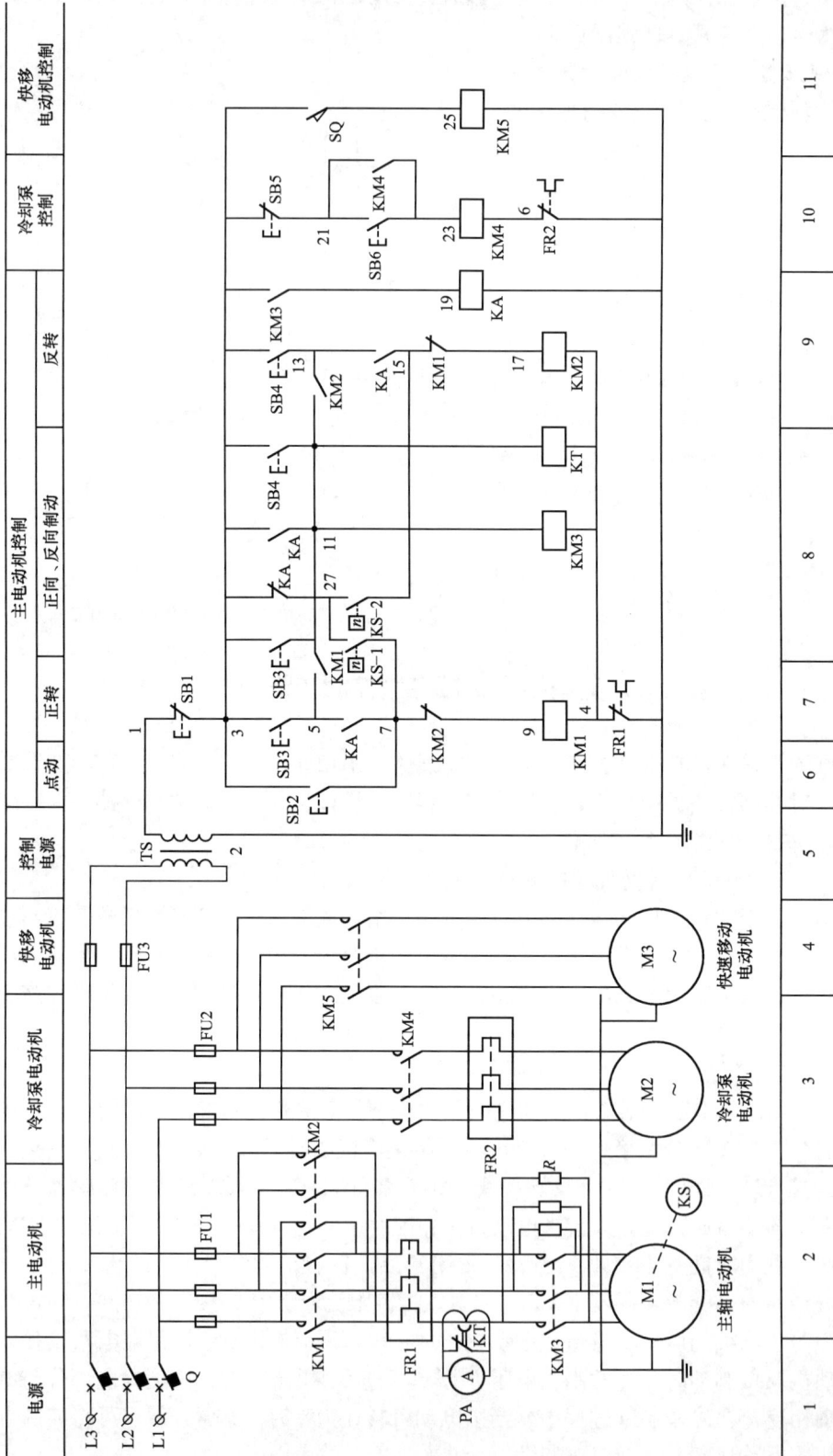

图 2 - 15　C650 车床电气控制线路

电动机 M2 由交流接触器 KM4 的主触点控制其动力电路的接通与断开；电动机 M3 由交流接触器 KM5 控制。

为保证主电路的正常运行，主电路中还设置了采用熔断器的短路保护环节和采用热继电器的电动机过载保护环节。

3. 控制电路分析

控制电路可划分为主电动机 M1 的控制电路和电动机 M2 与 M3 的控制电路两部分。下面对各部分控制电路逐一进行分析。

（1）主轴电动机正反向启动与点动控制。由图 2-15 可知，当压下正向启动按钮 SB2 时，其常开触点动作闭合接通交流接触器 KM3 的线圈电路和时间继电器 KT 的线圈电路 KM3 的主触点将主电路中限流电阻 R 短接，其辅助常开触点同时将中间继电器 KA 的线圈电路接通，KA 的常开触点将停车制动的基本电路切除，其常开触点与 SB2 的常开触点均在闭合状态，控制主电动机的交流接触器 KM1 的线圈电路得电工作，其主触点闭合，电动机正向直接启动。KT 的常闭触点在主电路中短接电流表 PA，经延时断开后，电流表接入电路正常工作。启动结束后，进入正常运行状态。反向启动按钮为 SB3，反向启动控制过程与正向启动控制过程类似。

SB4 为主轴电动机点动控制按钮，按下点动按钮 SB4，直接接通 KM1 的线圈电路，电动机 M1 正向直接启动。这时 KM3 线圈电路并没接通，限流电阻 R 接入主电路限流，其辅助常开触点不动作，KA 线圈不能得电工作，从而使 KM1 线圈不能连续通电。松开按钮，M1 停转，实现了主轴电动机串联电阻限流的点动控制。

（2）主轴电动机反接制动控制电路。C650 卧式车床采用反接制动的方式进行停车制动。当电动机正向转动时，速度继电器 KS 的常开触点 KS2 闭合，制动电路处于制动准备状态。压下停车按钮 SB1，切断控制电源，KM1、KM3、KA 线圈均失电，其相关触点复位。而电动机由于惯性而继续运转，速度继电器的触点 KS2 仍闭合，与控制反接制动电路的 KA 常闭触点一起，在按钮 SB1 复位时接通接触器 KM2 的线圈电路，电动机 M1 主电路串入限流电阻 R，进行反接制动，强迫电动机迅速停车。当电动机速度趋近于零时，速度继电器触点 KS2 复位断开，切断 KM2 的线圈电路，其相应的主触点复位，电动机断电，反接制动过程结束。

反转时的反接制动过程与停车制动时的反接制动工作过程相似，此时反转状态下 KS1 触点闭合，制动时，接通接触器 KM1 的线圈电路，进行反接制动。

（3）刀架的快速移动和冷却泵电动机的控制。刀架快速移动时由转动刀架手柄压动位置开关 SQ，接通控制快速移动电动机 M3 的接触器 KM5 的线圈电路，KM5 的主触点闭合，M3 启动，经传递系统驱动溜板箱带动刀架快速移动。冷却泵电动机 M2 由启动按钮 SB6、停止按钮 SB5 控制接触器 KM4 线圈电路的通断，以实现电动机 M2 的控制。

4. 常见故障分析

（1）主轴电动机不能启动。可能的原因有电源没有接通；热继电器已动作，其常闭触点尚未复位；启动按钮或停止按钮内的触点接触不良；交流接触器的线圈烧毁或接线脱落等。

（2）按下启动按钮后，电动机发出嗡嗡声，不能启动。这是由电动机的三相电源缺相造成的，可能的原因是熔断器某一相熔丝烧断、接触器一对主触点没接触好、电动机接线某一处断线等。

（3）按下停止按钮，主轴电动机不能停止。可能的原因是接触器触点熔焊、主触点被杂物阻卡。

（4）主轴电动机不能点动，可能的原因是点动按钮 SB4 的常开触点损坏或接线脱落。

（5）主轴电动机不能进行反接制动，主要原因是速度继电器损坏或接线脱落；电阻 R 损坏或接线脱落。

二、T68 型卧式镗床电气控制线路详细分析

（一）卧式镗床的主要结构与运动形式

镗床主要用于孔的精加工，可分为卧式镗床、落地镗床、坐标镗床和金刚镗床等。卧式镗床应用较多，它可以进行钻孔、镗孔、扩孔、铰孔及加工端平面等，使用一些附件后，还可以车削圆柱表面、螺纹，装上铣刀可以进行铣削。

（1）主要结构。T68 型卧式镗床主要由床身、前立柱、镗头架、后立柱、尾座、下溜板、上溜板、工作台等几部分组成。其结构如图 2-16 所示。

镗床在加工时，一般是将工件固定在工作台上，由镗杆或平旋盘（花盘）上固定的刀具进行加工。

1）前立柱：固定地安装在床身的右端，在它的垂直导轨上装有可上下移动的主轴箱。

2）主轴箱：其中装有主轴部件、主运动和进给运动变速传动机构以及操纵机构。

3）后立柱：可沿着床身导轨横向移动，调整位置，它上面的镗杆支架可与主轴箱同步垂直移动。如有需要，可将其从床身上卸下。

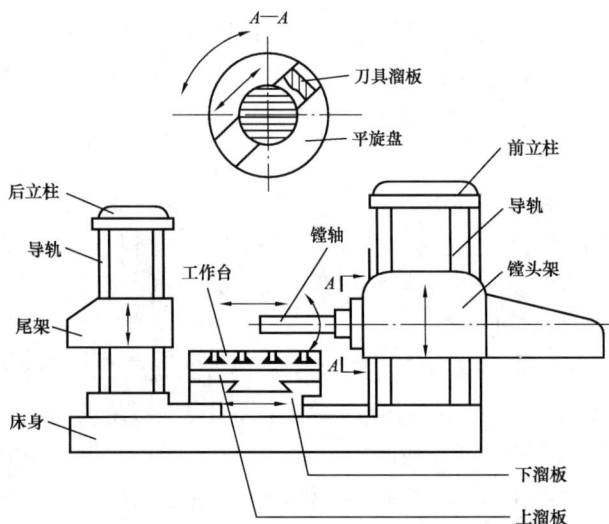

图 2-16　T68 型卧式镗床控制线路

4）工作台：由下溜板、上溜板和回转工作台 3 层组成。下溜板可沿床身顶面上的水平导轨作纵向移动，上溜板可沿下溜板顶部的导轨作横向移动，回转工作台可以在溜板的环形导轨上绕垂直轴线转位，能使要件在水平面内调整至一定角度位置，以便在一次安装中对互相平行或成一角度的孔与平面进行加工。

（2）运动形式。卧式镗床加工时运动形式有以下几种。

1）主运动：主轴的旋转与平旋盘的旋转运动。

2）进给运动：主轴在主轴箱中的进出进给；平旋盘上刀具的径向进给；主轴箱的升降，即垂直进给；工作台的横向和纵向进给。这些进给运动都可以进行手动或机动。

3）辅助运动：回转工作台的转动；主轴箱、工作台等进给运动上的快速调位移动；后立柱的纵向调位移动；尾座的垂直调位移动。

（二）T68 型卧式镗床运动对电气控制电路的要求

（1）主运动与进给运动由一台双速电动机拖动，高低速可选择；

（2）主电动机要求正反转以及点动控制；

（3）主电动机应设有快速准确的停车环节；

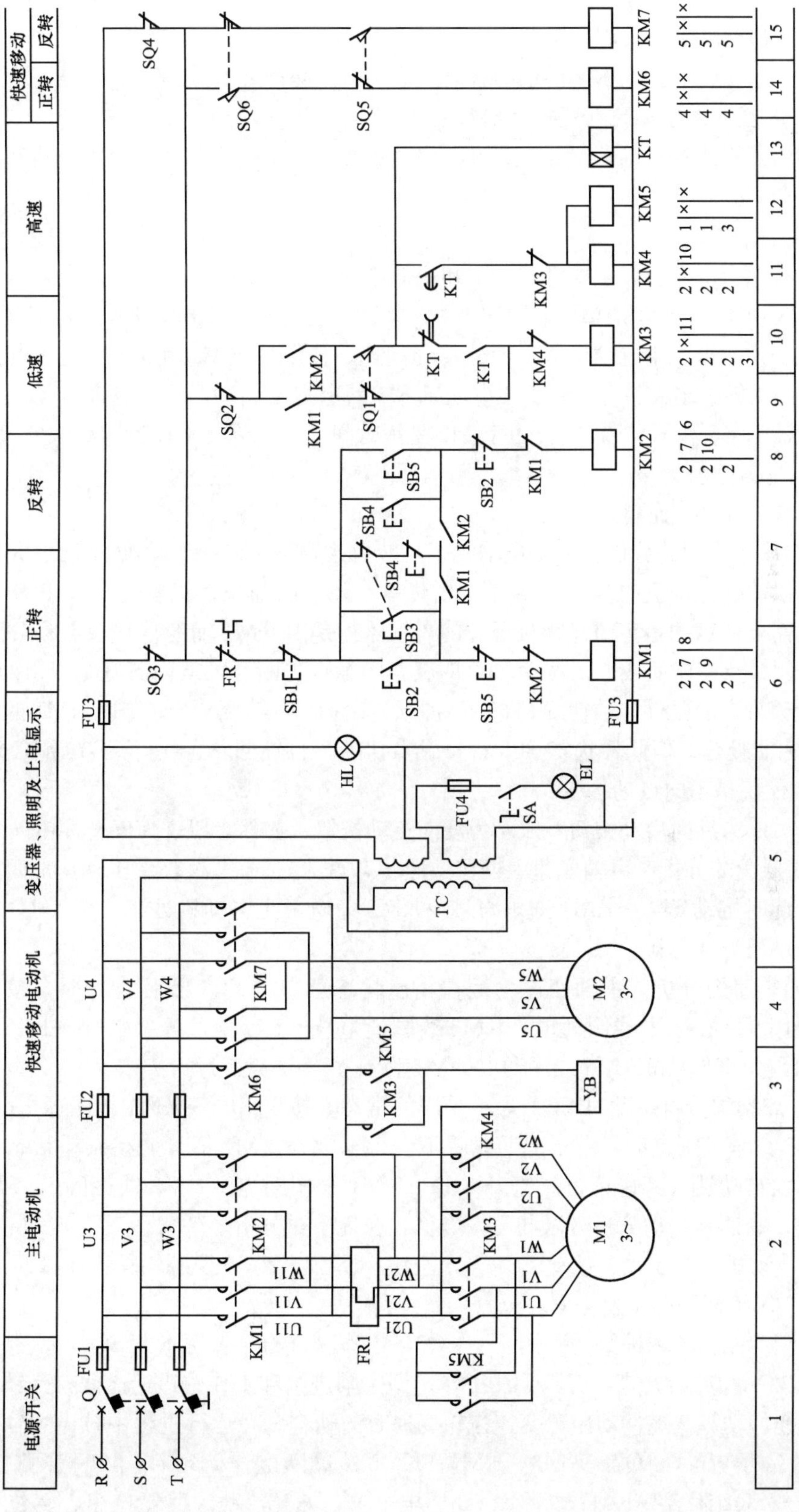

图 2 - 17　T68 型卧式镗床控制线路

（4）主轴变速应有变速冲动环节；

（5）快速移动电动机采用正反转点动控制方式；

（6）进给运动和工作台不平移动两者只能取一，且必须要有互锁。

（三）T68 型卧式镗床的电气控制线路分析

T68 型卧式镗床的运动情况比较复杂，电路如图 2-17 所示，在此分主电路和控制电路两部分加以分析。

1. 主电路分析

主电路有两台电动机，主电动机 M1 和快速移动电动机 M2。

T68 卧式镗床主电动机 M1 采用双速电动机，由接触器 KM3、KM4 和 KM5 作三角形—双星形变换，得到主电动机 M1 的低速和高速。接触器 KM1 和 KM2 主触点控制主电动机 M1 的正反转。电磁铁 YB 用于主电动机 M1 断电抱闸制动。快速移动电动机 M2 的正反转由接触器 KM6 和 KM7 控制，由于 M2 是短时间工作，因此不设置过载保护。

2. 控制电路分析

（1）主电动机启动控制。

1）所有按钮作用的分析。主轴电动机正反转由接触器 KM1 和 KM2 主触点完成电源相序的改变，以改变电动机的转向。结合前几节基本环节的知识，很容易分析出 SB2 为正向启动按钮，需要注意的是正向连续过程中的自锁路径是由 KM1 辅助常开触点和 SB4 常闭触点、SB3 常闭触点串联而成的。按动 SB3 时其常闭触点先断开，从而断开了 KM1 辅助常开触点作为自锁触点的条件，致使 SB3 按下后，尽管 SB3 常开触点能够接通 KM1 的线圈回路使 KM1 接触器吸合，但此种状态 SB3 常开触点切断了自锁回路，松开 SB3 后 KM1 不会自锁，故 SB3 仅仅是正向点动按钮。

同理，SB5 为反向启动按钮，SB4 为反向点动按钮。显然，SB1 为停止按钮。

2）正向低速的分析。主轴变速手柄在低速状态意味着 SQ1 没有受压，其常闭触点处于闭合状态，此时按动 SB2→KM1 通电自锁→KM3 通电→主电动机处于三角形连接，YB 通电松闸，电动机低速运行。

3）正向高速的分析。主轴变速手柄在高速状态意味着 SQ1 受压，此时，按动 SB2→KM1 线圈通电自锁→KT 线圈通电→KM3 线圈通电→M1 三角形连接低速→KT 延时到→KM3 线圈断电，KM4 和 KM5 线圈通电→M1 为丫丫接法高速运行。

4）正向点动的分析。此时 SQ1 为不受压的常态，按下 SB3→KM1 线圈通电→KM3 线圈通电→M1 三角形正点动，由于 KT 线圈不会得电吸合，M1 不可能在点动状态下低速运行一段时间而自动转入高速运行。松开 SB3→KM1 线圈断电→KM3 线圈断电→M1 停止。反向的低速、高速和点动分析方法与正向类似，在此不再分析。

（2）主电动机停车制动。按动 SB1 停止按钮→KM1～KM5 线圈均断电，打开自锁，YB 断电抱闸，M1 机械制动迅速停车。

（3）互锁功能。主轴进给时手柄压下 SQ3，工作台进给时手柄压下 SQ4，从电路可以看出，只能选择一种进给方式，否则无法工作，即主轴进给和工作台进给之间有互锁。

（4）变速冲动。变速冲动用于变速齿轮变速时的啮合。在运行过程中拉出主轴变速孔盘或进给变速手柄→压下 SQ2→KM3、KM4、KM5 线圈断电→YB 断电 M1 抱闸制动。孔盘及手柄复位→SQ2 闭合→KM3 线圈、YB 通电→M1 缓缓转动。反复拉出、复位孔盘及手柄，SQ2 断导致 M1 停，SQ2 通 M1 转动，直至啮合正常。

（5）快速移动控制。加工过程中，有 4 种运动（8 个方向）需要快速。由快速移动电动机 M2 驱动，快速手柄在沟通机械传动链的同时，压动位置开关 SQ5 或 SQ6，使 KM6 和 KM7 线圈通电，M2 正反转动，实现快进要求。T68 型卧式镗床电气控制电路所用电器元件的文字符号、器件名称、用途以及规格如表 2-3 所示。

表 2-3　　T68 型卧式镗床所用低压电器的文字符号、器件名称、用途以及规格

M1	主电动机、拖动主运动和进给运动用	7.5kW，2900/1400r/min
M2	快速移动用电动机	3kW，1430r/min
KM1	主电动机正转用接触器	20A，127V
KM2	主电动机反转用接触器	20A，127V
KM3	使主电动机 M1 形成三角形，低速运转用接触器	20A，127V
KM4，KM5	使主电动机 M1 形成双星丫丫连接，高速运转用接触器	20A，127V
KM6	快速移动电动机 M2 正向转动用接触器	10A，127V
KM7	快速移动电动机 M2 反向转动用接触器	10A，127V
KT	主电动机高低速转换用时间继电器	127V
YB	对主电动机 M1 进行机械制动的电磁抱闸线圈	380V，吸力 78.5N
SB1	主电动机停止按钮	500V，5A
SB2	主电动机正转启动按钮	500V，5A
SB3	正转点动按钮	500V，5A
SB4	反转点动按钮	500V，5A
SB5	反转启动按钮	500V，5A
SQ1，SQ2	高低速转换限位开关	500V，5A
SQ3，SQ4	主轴箱，工作台与主轴机动进给相互联锁用限位开关	500V，5A
SQ5，SQ6	快速移动电动机正转或反转用限位开关	500V，5A
Q	空气开关，限流，欠压保护	500V，30A
TC	降压，为照明灯 EL 和 HL 提供合适电压	380/127、36、6.3V
FU1~FU5	短路保护熔断器	40V、20V、2V、2V、2V
FR	主电动机过载保护用热继电器	16~25V

第四节　电气控制线路设计

电气控制线路的设计方法通常分为一般设计法和逻辑设计法两种，现分别加以介绍。

一、电器控制线路的一般设计方法

一般设计法，通常是根据生产工艺的控制要求，利用各种典型的控制环节，直接设计出控制线路。它要求设计人员必须掌握和熟悉大量的典型控制线路，以及各种典型线路的控制环节，同时具有丰富的设计经验，由于它主要是靠经验进行设计，因此又通常称为经验设计方法。经验设计方法的特点是没有固定的设计模式、灵活性很大，但相对来说设计方法较简单，对于具有一定工作经验的电气人员来说，容易掌握，能较快地完成设计任务，因此在电气设计中被普遍采用。用经验设计方法初步设计出来的控制线路可能有多种，也可能有一些不完善的地方，需要反复地分析、修改，有时甚至要通过实际验证，才能使控制线路符合设计要求，确定比较合理的设计方案。

（一）电气设计中应注意的问题

采用经验设计法设计线路时，需注意以下几个问题。

（1）尽量减少控制电源种类及控制电源的用量。在控制线路比较简单的情况下，可直接采用电网电压；当控制系统所用电器数量比较多时，应采用控制变压器降低控制电压，或采用直流低电压控制。

（2）尽量减少电器元件的品种、规格与数量，同一用途的器件尽可能选用相同品牌、型号的产品。注意收集各种电器新产品资料，以便及时应用于设计中，使控制线路在技术指标、先进性、稳定性、可靠性等方面得到进一步提高。

（3）在控制线路正常工作时，除必要的必须通电的电器外，尽可能减少通电电器的数量，以利节能，延长电器元件寿命以及减少故障。

（4）合理使用电器触点。在复杂的电气控制系统中，各类接触器、继电器数量较多，使用的触点也多，在设计中应注意以下几点。

1）尽可能减少触点使用数量，以简化线路。如图 2-18 所示，图（b）方案就比图（a）方案省去接触器的一个辅助触点。

2）使用的触点容量应满足控制要求，避免因使用不当而出现触点磨损、黏滞和释放不了等故障，以保证系统工作寿命和可靠性。

3）应合理安排电器元件及触点的位置。对一个串联回路，各电器元件或触点位置互换，并不影响其工作原理，但从实际连线上有时会影响到安全、节省导线等方面的问题，如图 2-19 两种接法所示，两者工作原理相同，但是采用图 2-19（a）的接法既不安全又使接线复杂。因为行程开关 SQ 的常开、常闭触点靠得很近，此种接法下，由于不是等电位，在触点断开时产生的电弧很可能在两触点间形成飞弧而造成电源短路，很不安全，而且这种接法控制柜到现场要引出 5 根线，很不合理；采用图 2-19（b）所示的接法只引出 3 根线即可，而且两触点电位相同，就不会造成飞弧了。

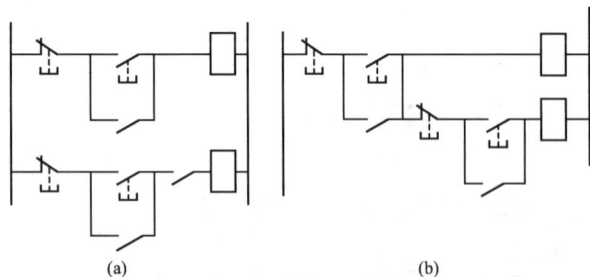

图 2-18　减少触点使用数量
(a) 不合理；(b) 合理

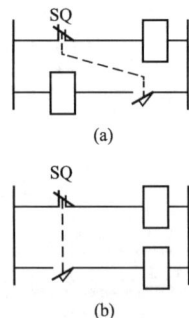

图 2-19　电器触点的连接
(a) 不合理；(b) 合理

（5）尽量缩短连接导线的数量和长度。设计控制线路时，应考虑各个元件之间的实际接线。特别要注意控制柜、操作台和按钮、限位开关等元件之间的连接线，如按钮一般均安装在控制柜或操作台上，而接触器安装在控制柜内，这就需要经控制柜端子排与按钮连接，所以一般都先将启动按钮和停止按钮的一端直接连接，另一端再与控制柜端子排连接，这样就可以减少一次引出线，如图 2-20 所示。

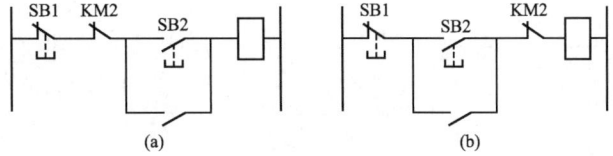

图 2-20　触点的连接

(a) 不合理；(b) 合理

(6) 正确连接电器的线圈。在交流控制电路中，两个电器元件的线圈不能串联接入，如图 2-21 所示。即使外加电压是两个线圈额定电压之和，也是不允许的。因为每个线圈上所分配到的电压与线圈阻抗成正比，由于制造上的原因，两个电器总有差异，不可能同时吸合。如图 2-21 (a) 所示假如交流接触器 KM2 先吸合，由于 KM2 的磁路闭合，线圈的电感显著增加，因而在该线圈上的电压降也相应增大，从而使另一个接触器 KM1 的线圈电压达不到动作电压。因此，两个电器需要同时动作时其线圈应并联连接，如图 2-21 (b) 所示。

(7) 在控制线路中应避免出现寄生电路。在电气控制线路的动作过程中，意外接通的电路叫寄生电路。图 2-22 所示是一个具有指示灯和热继电器保护的正反向控制电路。为了节省触点，显示电动机运转状态的指示灯 HL1 和 HL2 采用了图示接法。在正常工作时，能完成正反向启动、停止和信号指示。但当电动机在正转时，出现了过载，热继电器 FR 断开时，线路就出现了寄生电路如图 2-22 中虚线所示，由于接触器在吸合状态下的释放电压较低，因此，寄生回路电流可能使正向接触器 KM1 不能释放，起不到保护作用。如果将 FR 触点的位置移到电源进出线端，就可以避免产生寄生电路。

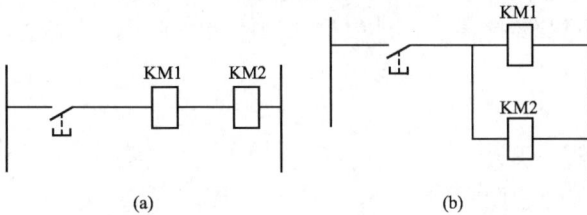

图 2-21　线圈的连接

(a) 不合理；(b) 合理

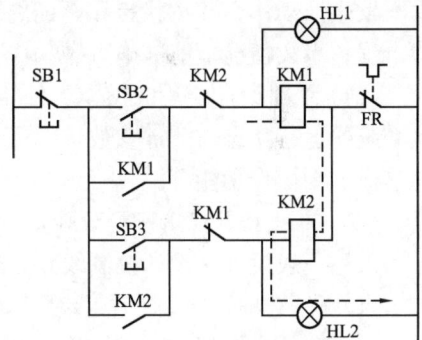

图 2-22　寄生电路

在设计电气控制线路时，严格按照"线圈、能耗元件右边接电源（零线），左边接触点"的原则，就可降低产生寄生电路的可能性。另外，还应注意消除两个电路之间可能产生联系的可能性，否则应加以区分、联锁隔离或采用多触点开关分离。如将图中的指示灯分别用 KM1 和 KM2 的另外的常开触头直接连接到左边控制母线上，加以区分就可消除寄生。

(8) 避免发生触点"竞争"与"冒险"现象。在电器控制电路中，在某一控制信号作用下，电路从一个状态转换到另一个状态时，常常有几个电器的状态发生变化，由于电器元件总有一定的固有动作时间，往往会发生不按理论设计时序动作的情况，触点争先吸合，发生振荡，这种现象称为电路的"竞争"。同样，由于电器元件在释放时，也有其固有的释放时

间，因而也会出现开关电器不按设计要求转换状态，我们称这种现象为"冒险"。"竞争"与

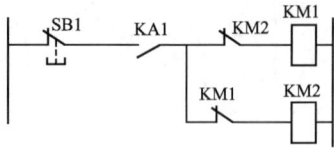

图 2-23 触点间的"竞争"与"冒险"

"冒险"现象都将造成控制回路不能按要求动作，引起控制失灵。如图 2-23 所示电路，当 KA1 闭合时，KM1 和 KM2 争先吸合，而它们之间又互锁，只有经过多次振荡吸合竞争后，才能稳定在一个状态上。当电器元件的动作时间可能影响到控制线路的动作程序时，就需要用时间继电器配合控制，这样可清晰地反映元件动作时间及它们之间的互相配合，从而消除竞争和冒险。设计时要避免发生触头"竞争"与"冒险"现象，应尽量避免许多电器依次动作才能接通另一个电器的控制线路，防止电路中因电器元件固有特性引起配合不良的后果。同样，若不可避免，则应将其区分、联锁隔离或采用多触点开关分离。

(9) 电气联锁和机械联锁共用。在频繁操作的可逆线路、自动切换线路中，正、反向控制接触器之间必须设有电气联锁，必要时要设机械联锁，以避免误操作可能带来的事故。对于一些重要设备，应仔细考虑每一控制程序之间必要的联锁，要做到即使发生误操作也不会造成设备事故。重要场合应选用机械联锁接触器，再附加电气联锁电路。

(10) 所设计的控制线路应具有完善的保护环节。电气控制系统能否安全运行，主要由完善的保护环节来保证的。除过载、短路、过流、过压、失压等电流、电压保护环节外，在控制线路的设计中，常常要对生产过程中的温度、压力、流量、转速等设置必要的保护。另外，对于生产机械的运动部件还应设有位置保护。有时还需要设置工作状态、合闸、断开、事故等必要的指示信号。保护环节应做到工作可靠、动作准确、满足负载的需要，正常操作下不发生误动作，并按整定和调试的要求可靠工作、稳定运行、能适应环境条件、抵抗外来的干扰；事故情况下能准确可靠动作，切断事故回路。

(11) 线路设计要考虑操作、使用、调试与维修的方便。例如设置必要的显示，随时反映系统的运行状态与关键参数，以便调试与维修；考虑到运动机构的调整和修理，设置必要的单机点动操作功能等。

(二) 电气控制线路一般设计法步骤

采用一般设计法设计控制线路，通常分以下几步。

(1) 首先根据生产工艺的要求，画出功能流程图；

(2) 确定适当的基本控制环节。对于某些控制要求，用一些成熟的典型控制环节来实现它；

(3) 根据生产工艺要求逐步完善线路的控制功能，并适当配置联锁和保护等环节，成为满足控制要求的完整线路。

设计过程中，要随时增减元器件和改变触点的组合方式，以满足被控系统的工作条件和控制要求，经过反复修改得到理想的控制线路。在进行具体线路设计时，一般先设计主电路，然后设计控制电路、信号线路、局部特殊电路等。初步设计完成后，应当做仔细地检查，反复验证，看线路是否符合设计的要求，并进一步使之完善和简化，最后选择恰当的电器元件的规格型号，使其能充分实现设计功能。

二、电气控制线路的逻辑设计法

对于前述的电器控制电路，通常以继电器和接触器线圈的得电或失电来判定其工作状态。而与线圈相串联和并联的常开触点、常闭触点所处的状态及供电电源决定了线圈的得电

或失电。若认为供电电源不变，则只由触点的接通或断开来决定线圈的状态。电器触点只存在接通或断开两种状态，对于接触器、继电器、电磁铁、电磁阀等元件，其线圈的状态也只存在得电和失电两种状态，因此可以使用逻辑代数这个数学工具来描述这种仅有两种稳定物理状态的过程。

逻辑设计法就是利用逻辑代数这一数学工具来实现电气控制线路的设计的。它根据生产工艺要求，将执行元件需要的工作信号以及主令电器的接通与断开状态看成逻辑变量，将它们之间根据控制要求形成的连接关系用逻辑函数关系式来描述，然后再运用逻辑函数基本公式和运算规律进行简化，使之成为所需要的最简"与"和"或"关系式，再根据最简式画出与其相对应的电气控制线路图，最后再作进一步的检查和完善，即能获得需要的控制线路。

（一）逻辑设计方法概述

1. 逻辑代数与电气控制线路的对应关系

采用逻辑代数描述电器控制线路，首先要建立它们之间的联系，即把电路的各个控制要求转化为逻辑代数命题，再经过逻辑运算构成表示电路控制行为的符合命题，以阿拉伯数字"0"、"1"表示该命题的"真"、"假"。例如：将"触点吸合"这一命题记为"A"，则A取值为"1"时，就表示该命题为"真"，即触点确实吸合；当A取值为"0"时，就表示该命题为"假"，即触点脱开。这种仅含一种内容的命题称为"基本命题"，由两个或两个以上的基本命题按某种逻辑关系组成的新命题称为"复合命题"，其组成的方式就称为"逻辑运算"。

为保证电器控制线路逻辑关系的一致性，特作如下规定：

接触器、继电器、电磁铁、电磁阀等元件，其线圈得电状态规定为"1"状态，失电状态规定为"0"状态；

接触器、继电器的触点闭合状态规定为"1"状态，触点脱开状态规定为"0"状态；

控制按钮、开关触点的闭合状态规定为"1"状态，触点脱开状态规定为"0"状态；

接触器、继电器的触点和线圈在原理图上采用同一字符标识；

常开触点的状态用字符的原变量的形式表示，如继电器K的常开触点也标识为K；

常闭触点的状态用字符的非变量的形式表示，如继电器K的常闭触点标识为$\overline{K}$。

3种基本逻辑运算所描述的电器控制过程。

1)"与"运算——触点串联。图2-24所示的串联电路就实现了逻辑与的运算，即触点A和B中只要有一个处于脱开状态，继电器线圈K都不能得电，只有当A和B同时都处于闭合状态时，K才可以得电。如果将此串联电路用逻辑命题来描述的话，可以用以下3个命题来描述这个电路的控制过程。

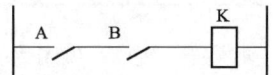

图2-24　逻辑与电路

命题一：触点A闭合；

命题二：触点B闭合；

命题三：继电器线圈K得电。

此处，命题三是由命题一和命题二构成的复合命题，即当命题一和命题二都为真时，命题三为真。此命题运算可表示为：

$$K = A \cdot B \quad 或 \quad K = AB \tag{2-1}$$

根据逻辑代数运算规则，当A和B的逻辑值均为"1"时，K的值才为"1"，此逻辑关系正好与逻辑与一致，见表2-4逻辑与的真值表，可见触点串联可用逻辑与运算来描述。

2)"或"运算——触点并联。图 2-25 所示的并联电路就实现了逻辑或的运算，即触点 A 和 B 中只要有一个处于闭合状态，或 A 和 B 都处于闭合状态时，继电器线圈 K 都可以得电；只有当 A 和 B 同时都处于脱开状态时，K 才失电。如果将此并联电路用逻辑命题来描述的话，可以用以下 3 个命题来描述这个电路的控制过程。

表 2-4　　　　　逻辑与真值表

A	B	K=A·B
0	0	0
0	1	0
1	0	0
1	1	1

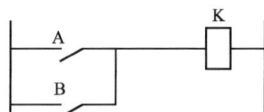
图 2-25　逻辑或电路

命题一：触点 A 闭合；
命题二：触点 B 闭合；
命题三：继电器线圈 K 得电。

同样，命题三是由命题一和命题二构成的复合命题，即当命题一和命题二都为真时，命题三为真。此命题运算可表示为

$$K=A+B \qquad (2-2)$$

根据逻辑代数运算规则，当 A 和 B 的逻辑值均为"0"时，K 的值才为"0"，此逻辑关系正好与逻辑或一致，见表 2-5 逻辑或的真值表，可见触点并联可用逻辑或运算来描述。

3)"非"运算。图 2-26 描述了触点 $\overline{A}$ 和线圈 K 之间的控制关系，其中触点 $\overline{A}$ 未动作时，线圈 K 得电；触点 $\overline{A}$ 动作时，线圈 K 失电。如此用逻辑命题来描述的话，可以用以下两个命题来描述这个电路的控制过程。

表 2-5　　　　　逻辑或真值表

A	B	K=A+B
0	0	0
0	1	1
1	0	1
1	1	1

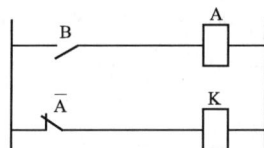
图 2-26　逻辑非电路

命题一：触点 $\overline{A}$ 闭合，即触点 A 脱开；
命题二：继电器线圈 K 得电。
此命题运算可表示为

$$K=\overline{A} \qquad (2-3)$$

当开关 B 闭合时，A=1，其常闭触点的状态 $\overline{A}$ 为"0"，则 K=0，继电器线圈失电；当开关 B 脱开，A=0，常闭触点的状态 $\overline{A}$ 为"1"，则 K=1，线圈得电。此逻辑关系正好与逻辑非一致，见表 2-6 逻辑非的真值表，可见这种控制元件和被控对象之间"互反"的控制关系可用逻辑非运算来描述。

表 2-6　　　　　逻辑非真值表

A	K=$\overline{A}$
1	0
0	1

2. 逻辑代数公理、定理与电器控制线路的关系

逻辑代数公理、定理与电器控制线路之间有一一对应的关系，即逻辑代数公理、定理在控制线路的描述中仍然适用。现举例说明如下。

【例2-1】 $A+1=1$。

此为逻辑代数中常用的"0—1"定律。若将上式中的逻辑量 A 当作有"0"、"1"两种状态取值的触点；式中的常量"1"看作是短接的导线；等式右边的"1"看作某受控元件线圈的一种状态，这样可以得到与上式对应的控制电路，如图2-27所示。由电路可看出，由于短接线的存在，无论触点 A 是否吸合，继电器线圈 K 的状态始终为得电状态，即 $K=1$。可见这一定律在控制线路的分析和设计中仍然适用。

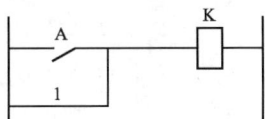
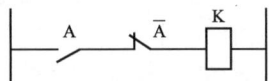

图2-27 ［例2-1］图　　　　图2-28 ［例2-2］图

【例2-2】 $A \cdot \overline{A}=0$。

上式为逻辑代数中常用的"互补"定律。同样根据上式可以得到与其对应的控制线路，如图2-28所示。由此电路可以看出，同一触点的常开和常闭触点串联，则无论触点 A 是什么状态，都无法使继电器线圈 K 得电，K 始终都是处于失电状态，即 $K=0$。可见这一互补定律在控制线路的分析和设计中仍然适用。

【例2-3】 $A+AB=A$。

上式为逻辑代数中常用的"吸收"定律。设 A 为元件 A 的常开触点，B 为元件 B 的常开触点，设 $K=A+AB$，则可以得到与其对应的控制线路，如图2-29（a）所示。A 的常开触点与 B 的常开触点串联后再与 A 的常开触点并联，作为继电器线圈 K 得电与否的控制条件。可以看出，无论 B 的状态如何，K 的得电还是失电完全取决于 A 的状态，即 A 吸合，K 得电，A 脱开 K 失电。也就是说 K 的状态与 A 的状态一致，即可以表示成 $K=A$，由此可得图2-29（b）所示的电路，它是与上式右侧电路相对应的电路，可见两式是相等的，此"吸收"定律在控制线路的分析和设计中仍然适用。

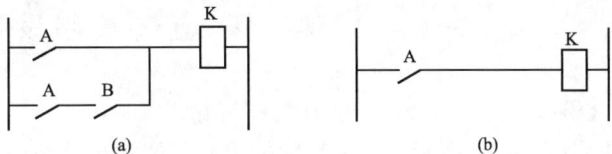

图2-29 ［例2-3］图

【例2-4】 $\overline{A \cdot B}=\overline{A}+\overline{B}$。

上式为逻辑代数中常用的摩根定律。

由等式左侧可得到图2-30（a）所示的线路。图中，常开触点 A 和 B 串联后控制继电器 KA1 的线圈，然后再由 KA1 的常闭触点来控制继电器 KA2，从而实现 A 与 B 对继电器 KA2 的反向控制。由图2-30（a）分析得知，要使 KA2 得电，则需要 KA1 不动作，即 KA1 不得电，也就是说，常开触点 A 和常开触点 B 至少有一个不动作，即处于脱开状态时，就可以使得 KA1 失电，即使得 KA2 得电；而当 A 和 B 同时都动作，即处于吸合状态时候，KA1 得电，KA2 才会失电。

由等式右侧可得到图2-30（b）所示的线路。图中，常闭触点A和B并联后控制继电器KA2的线圈。由图2-30（b）分析得知，要使KA2得电，要求A和B中至少有一个不动作，即$\overline{A}$和$\overline{B}$至少有一个是保持吸合不动的；而当A和B两触点同时都动作时，即$\overline{A}$和

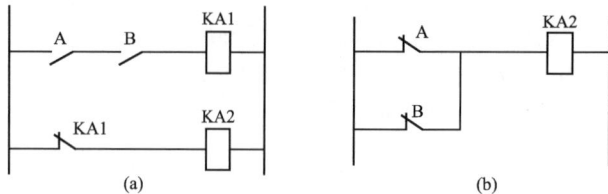

图2-30 ［例2-4］图

$\overline{B}$都处于脱开状态时，KA2才失电。可见图2-30（a）和图2-30（b）的受控元件KA2和控制元件A和B之间的控制关系完全一致，因此两式是相等的。可见摩根定律在控制线路的分析和设计中仍然适用。

通过上面的讨论，可以得知：电器线路的控制要求可以转换为逻辑命题运算，逻辑关系表达式与电器控制线路之间存在一一对应的关系。也就是说，只要建立了电器控制线路的数学模型，即逻辑表达式组，就可以按照一定的工程规范绘制出电器控制线路原理图。

（二）电器控制线路逻辑设计的步骤

本节所介绍的逻辑设计方法，属于图解设计法，其核心是将电器控制系统的控制要求、控制元件和受控元件的工作状态用示意图的形式描述出来。由于这种示意图主要用于描述控制元件与受控元件之间的逻辑关系，故通常称其为"逻辑关系图"。

图解逻辑设计法的基本步骤如下：

（1）首先将电器控制系统的工作过程和控制要求用文字的形式叙述出来，或是以图形的方式示意清楚；

（2）根据电器控制系统的工作过程及控制要求绘制逻辑关系图；

（3）布置运算元件工作区间；

（4）写出各运算元件和执行元件的逻辑表达式；

（5）根据各运算元件和执行元件的逻辑表达式绘制电器控制线路图；

（6）检查并进一步完善设计线路。

第五节 电气控制设计举例

【例2-5】 刀架自动循环控制线路。

如图2-31所示，此为切削加工时刀架的自动循环工作过程示意图。其控制要求如下。

（1）启动后，刀架由位置1移动到位置2；

（2）然后再由位置2退回到位置1处，停车。

分析过程如下。

（1）按上述控制要求，刀架具有前进、后退两个运动方向，即要求电动机要实现正反转控制；

（2）此控制要求为自动循环控制，即启

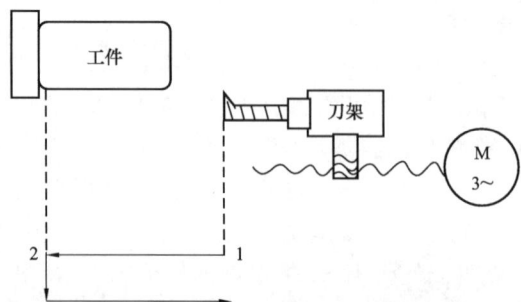

图2-31 刀架自动循环动作示意图

动后，经过一个工作周期，自动停止。刀架前进方向运行（即由位置 1 到位置 2）是由启动按钮启动的，而其后退方向运行（即由位置 2 回到位置 1）是到位置 2 后自动启动的。停车也是在退回到位置 1 处自动停止的，而不需要按下停止按钮。

（3）刀架的停止和换方向运行，都跟刀架运动过程中的行程位置有关系，因此需要引入行程作为控制参量。通常采用行程开关作为运动部件位置的检测元件。因此在位置 1 和 2 处分别设置行程开关 SQ1 和 SQ2。

根据上述控制要求设计的主电路及控制线路如图 2-32 所示。将行程开关 SQ2 的常闭触点串接入 KM1 线圈控制支路，用以切断其得电；同时 SQ2 的常开触点串接入 KM2 线圈控制支路，用以作为 KM2 线圈得电的启动信号；SQ1 常闭触点串接入 KM2 线圈控制支路，用以切断其得电，作为单循环结束的控制信号。按钮 SB1 是作为非常时刻的停止操作的按钮，在刀架正常运行时，是不需要通过 SB1 来停车的。其工作过程可用动作序列图描述如下。

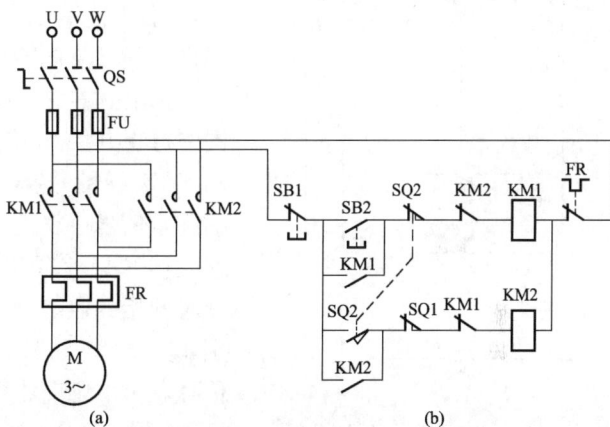

图 2-32 实现刀架自动循环的控制线路

按下 SB2$^+$→KM1√→KM1$^+$主触点吸合，M 正向启动，由 1 向 2 运动→到位置 2
→KM1$^+$辅助常开触点吸合，自锁。

→SQ2$^-$→KM1×→KM1$^-$主触点释放脱开，M 正转停止。
→SQ2$^+$→KM2√→KM2$^+$主触点吸合，M 反向启动，由 2 向 1 运动→到位置 1→SQ1$^-$
→KM2$^+$辅助常开触点吸合，自锁

→KM2×→KM2$^-$主触点释放脱开，M 反转停止。

在刀架运行过程中，如果发生意外情况，可按下 SB1，切断控制线路的各个支路，可随时中止刀架的运行。

【例 2-6】 自动往复运行控制线路。

如图 2-33 所示，小车可作左、右自动往复运行。具体控制要求如下。

（1）按下启动按钮 SB2，小车首先向右运动；

（2）小车的撞块碰到 SQ1 时，停车，并开始延时 5s；

（3）延时时间到，小车自动改变运行方向，改向左运行；

（4）小车的撞块碰到 SQ2 时，停车，并开始延时 5s；

（5）延时时间到，小车再次自动改变运行方向，改向右运行；

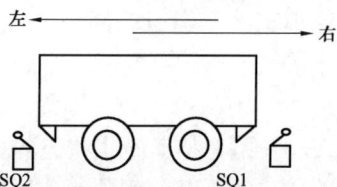

图 2-33 自动往复运行小车

（6）依次自动往复运行，直至按下停止按钮 SB1，小车停止。

分析过程如下。

（1）按上述控制要求，小车具有左、右两个运动方向，即要求其拖动电动机能实现正反转控制；

（2）刀架的停止，跟刀架运动过程中的行程位置有关系，因此需要分别设置行程开关 SQ1 和 SQ2，引入行程作为控制参量；

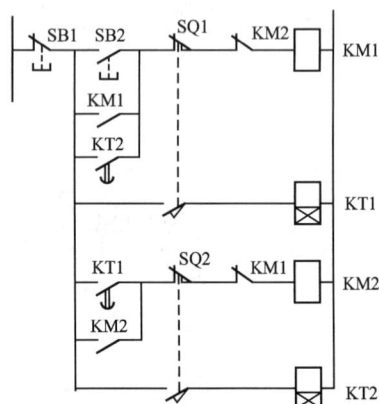

图 2-34　小车自动往复控制线路

（3）刀架换方向运行的启动，跟时间有关系，需要引入时间作为控制参量。通常选用时间继电器 KT 作为提供时间参量的器件。

按上述控制要求设计的控制线路如图 2-34 所示。图中行程开关 SQ1 和 SQ2 的常闭触点分别串接入 KM1 和 KM2 线圈的控制支路，作为 KM1 和 KM2 线圈得电的终止信号；SQ1 和 SQ2 的常开触点分别串接入时间继电器 KT1 和 KT2 线圈的控制支路，作为时间继电器延时开始的启动信号；KT1 和 KT2 的延时常开触点分别作为 KM1 和 KM2 线圈得电的启动信号。SB1 是停止信号，可以随时中断小车的自动往复运行。其工作过程可用动作序列图描述如下：

按下 SB2$^+$→KM1√→KM1$^+$主触点吸合，M 正向启动，向右运动→到 SQ1 处─
　　　↘→KM1$^+$辅助常开触点吸合，自锁。

　　　→SQ1$^-$→KM2×→KM1$^-$主触点释放脱开，M 正转停止。
　　　↘SQ1$^+$→KT1√→开始延时→时间到→KT1$^+$→KM2√─

　　　→KM2$^+$主触点吸合，M 反向启动，向左运动→到 SQ2 处─
　　　↘KM2$^+$辅助常开触点吸合，自锁。

　　　→SQ2$^-$→KM1×→KM2$^-$主触点释放脱开，M 反转停止。
　　　↘SQ2$^+$→KT2√→开始延时→时间到→KT2$^+$─

按下 SB1→切断控制线路的各支路→小车停止运行。

但上述控制线路还存在问题，当小车正好处于两端的位置处，即 SQ1 或 SQ2 处于受压的状态，这时如果按下 SB1 停止按钮，只要手抬起来，SB1 复位，就会使 KT1 或 KT2 的线圈重新得电而开始延时，最终使 KM1 或 KM2 线圈得电，而使小车继续运行。因此，SB1 停止按钮只能在小车离开两个边端位置时按下，才可以起到停止按钮的作用。要使小车处于任何位置处，都可以被停止，需对控制线路作进一步的完善。

如图 2-35 所示控制线路，其中引入了一个中间继电器 KA，来作为小车停止状态的标志继电器，即按下停止按钮 SB1，KA 就处于得电状态，而且 KA 不会由于 SB1 的复位而失电。将 KA 的常闭点分别串入时间继电器 KT1 和 KT2 的线圈控制支路，以 KA 的状态作为时间继电器线圈能否得电的约束条件，这样小车即使处于两个边端位置时，按下停止按钮 SB1，使 KA 得电并自锁，KA 的常闭触点脱开，尽管 SQ1 或 SQ2 处于被压状态，常开触点闭合，但由于 KA 常闭触点处于断开状态，故可保证 KT1 或 KT2 线圈失电，使小车无法启动。这样无论小车处于任何位置处，都可以通过停止按钮使其停下来，弥补了上一个线路存在的缺陷。

但此线路仍有不足，就是停止操作后，中间继电器 KA 始终带电。可以增设全程继电器，使其表征小车的工作状态，以 KA 作为约束时间继电器是否得电的条件，具体线路在此不作详细讨论。

【例 2 - 7】 龙门刨床横梁夹紧机构控制线路。

在龙门刨床上装有横梁夹紧机构，刀架装在横梁上，在加工不同工件时，需调整刀架的位置，因此要求横梁可以沿立柱上下移动。而在加工过程中，为保证加工质量，要求横梁被紧固在立柱上，不允许有松动。

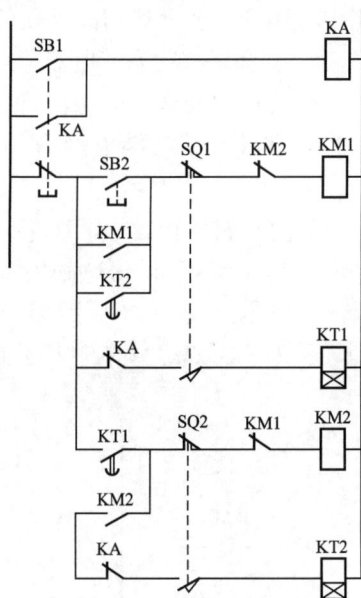

图 2 - 35 增设停止继电器小车
自动往复控制线路

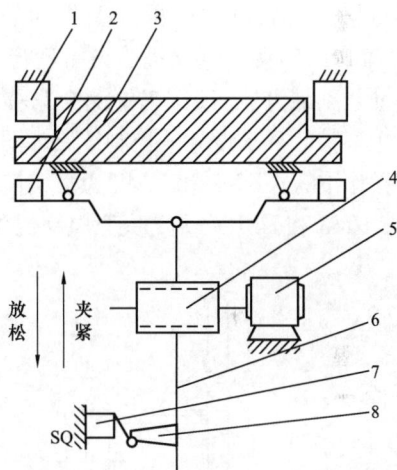

图 2 - 36 龙门刨床横梁夹紧机构示意图
1—立柱；2—压紧块；3—横梁；4—蜗轮；5—夹紧
电动机；6—蜗杆；7—行程开关；8—挡块

如图 2 - 36 所示为龙门刨床横梁夹紧机构示意图。横梁 3 的拖动电动机通常安装在龙门顶上，图中未画出。夹紧机构的工作过程：夹紧电动机 5 反向运转，带动压紧块 2 向下移动，直到挡块 8 碰到行程开关 7 后，横梁 3 沿立柱 1 上、下移动，当移动到位置后，由夹紧电动机 5 通过蜗轮 4 和蜗杆 6 传动，带动压紧块 2 向上移动，将横梁 3 压紧在立柱 1 上。

横梁夹紧机构的具体控制要求如下。

（1）横梁上、下移动的操作为点动操作；

（2）按下横梁上移/下移按钮后，首先夹紧机构自动放松；

（3）行程开关 SQ 动作，放松到位，夹紧电动机停止运转。横梁作上、下移动；

（4）移动到位后，松开按钮，横梁停止移动；

（5）夹紧电动机启动，夹紧机构自动夹紧；

（6）夹紧到位后，夹紧电动机停止运转。

分析过程如下。

（1）上述控制要求也属自动循环控制，即按下移动启动按钮，两台电动机运转的切换、启动、停止都是自动完成的。

（2）需引入一些控制量参与控制，以实现自动运行的控制要求。夹紧电动机放松到位信号，由行程开关 SQ 提供。检测夹紧电动机是否夹紧到位，可通过夹紧运转时间来控制，但时间参数不容易调整准确；还可以检测反映夹紧程度的电流值，来作为控制参量。夹紧电动机在夹紧到位后，压紧块压紧横梁，电动机继续运转，就处于"堵转"状态，随着夹紧力的增大，夹紧电动机定子绕组中的电流也增大，这样可以利用过电流继电器，来测量电动机定子绕组中的电流。如图 2-37（a）主电路所示。将过电流继电器 KI 的线圈接入夹紧电动机 M2 定子绕组中，一般将其动作电流值整定为额定电流的两倍左右。

（3）对横梁上移、下移的操作是采用点动方式，而控制中将用到上、下移动的操作信号参与控制，因此需引入两个中间继电器 KA1 和 KA2 分别作为上移和下移状态继电器。

（4）移动操作按钮实际启动的是夹紧电动机的放松运行；横梁移动的拖动电动机的启动是由检测放松是否到位的行程开关启动的；而移动操作结束，即移动状态继电器 KA1 或 KA2 失电时，启动夹紧电动机的夹紧运行。

（5）过电流继电器 KI 用来检测夹紧程度，KI 动作时，夹紧电动机停止运行。

依照上述控制要求设计的控制线路如图 2-37（b）所示。图中，SB1 和 SB2 分别为横梁上移、下移操作按钮；KM1 和 KM2 为横梁拖动电动机 M1 正转（即上移）、反转（即下移）的控制接触器；KM3 和 KM4 分别为夹紧电动机 M2 正转（即夹紧）、反转（即放松）的控制接触器。

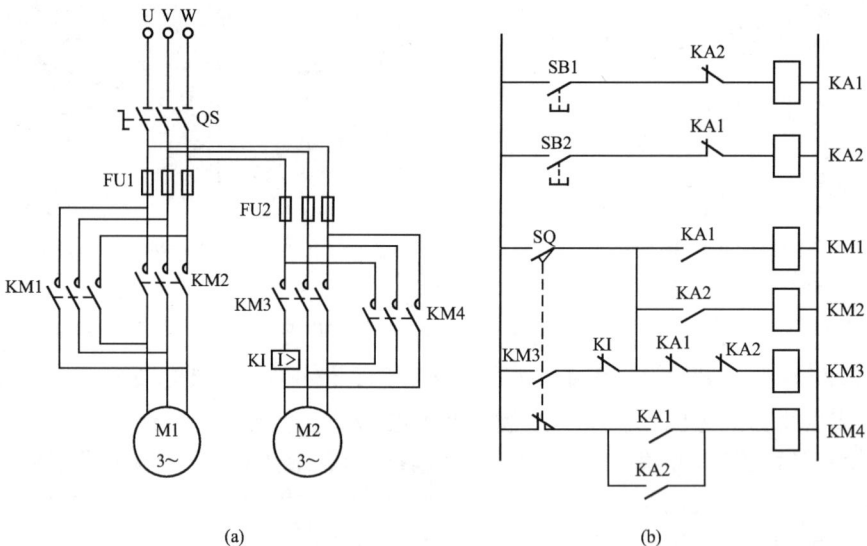

图 2-37　龙门刨床横梁夹紧机构控制线路图
（a）主电路；（b）控制线路

中间继电器 KA1 和 KA2 是否得电，由 SB1 和 SB2 的操作状态决定，即当按钮处于按下状态时，KA1 或 KA2 为得电状态；按钮一旦被松开，KA1 或 KA2 失电，因此可以由 KA1 和 KA2 来替代按钮参与控制。其线圈控制支路中串联接入的 KA1 和 KA2 常闭触点作为 M1 正、反转的互锁环节。当夹紧机构放松到位时，即 SQ 处于动作状态，其常闭触点切断 KM4 线圈控制支路，使放松运行停止；SQ 常开触点闭合，而此时按钮 SB1 和 SB2 仍处于按下状态，即 KA1 和 KA2 为得电状态，则 KM1 和 KM2 得电，横梁移动；当松开按钮时，KA1 和 KA2 失电，KM1 和 KM2 失电。此时，SQ 仍处于被压下的状态，故其常开触点吸合，这样 KM3 就会得电，M2 向夹紧方向运行，随着夹紧电动机的运行，SQ 就会脱开复位，故需设自锁环节；当夹紧力足够大时，M2 定子绕组中的电流达到 KI 的动作电流值，KI 动作，其常闭触点脱开，切断 KM3 的线圈控制支路，使 M2 夹紧运行停止。其工作过程可用动作序列图描述如下。

横梁上移：按下 SB1$^+$→KA1√→KA1$^+$→KM4√→KM4$^+$ 主触点吸合，M2 放松运行─
    SQ 未被压→SQ$^+$（常闭）↗

─→到位，SQ 被压下→SQ$^-$（常闭）→KM4×→KM4$^-$ 主触点脱开，放松停止
    ↘SQ$^+$（常开）→KM1√→KM1$^+$ 主触点吸合

─→M1 正向启动，横梁上移→上移到位，松开 SB1→KA1×─

─→KA1$^-$→KM1×→KM1$^-$ 主触点释放脱开，M1 正转停止。
─→KA1$^+$（常闭）→KM3√→KM3$^+$ 主触点吸合，M2 夹紧运行→夹紧到位─
    ↘→KM3$^+$ 辅助常开触点吸合，自锁。

─→KI√→KI$^-$ 常闭触点脱开→KM3×→KM3$^-$ 主触点释放脱开，M2 停止运行。

横梁下移的工作过程同上。另外，为安全起见，还需设置横梁上下行程的限位保护，即设置两个行程开关 SQ2 和 SQ3 分别做横梁上限位和下限位的检测信号，当横梁移动到限位位置处，就强制停止横梁的移动，即使再按下上、下移动按钮，横梁也不移动。根据此要求，在原来的控制线路上加以改进，如图 2 - 38 所示。在 KA1 和 KA2 线圈的控制支路中分别串联 SQ2 和 SQ3 的常闭触点，当横梁移动到极限位置上、下限位处，行程开关 SQ2 和 SQ3 就会被压下，其常闭触点断开，这时尽管 SB1 和 SB2 仍旧按下，但 KA1 和 KA2 线圈控制支路已被 SQ2 和 SQ3 切断，因此 KA1 和 KA2 仍处于失电状态，无法启动夹紧电动机 M2 和横梁移动电动机 M1，横梁无法移动，从而实现了上、下限位保护。

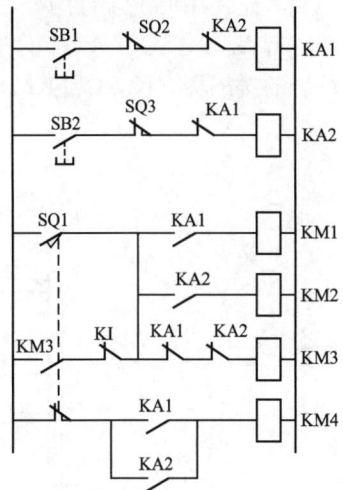

图 2 - 38 龙门刨床横梁夹紧机构控制线路图

【例 2 - 8】 加热炉自动上料机构控制线路。

如图 2 - 39 所示为加热炉自动上料机构示意图。其工作过程如下：

初始状态下，炉门 3 关闭，行程开关 SQ3 处于压下状态；推料杆 1 在原位，行程开关 SQ1 处于压下状态。按下启动按钮 SB2，首先，电动机 M1 正向启动，通过蜗轮蜗杆传动，

使炉门开启，到行程开关 SQ4 被压下时，炉门开启到位，M1 停止，炉门开启结束；接着 M2 正向启动，拖动推料杆1向前移动，直到行程开关 SQ2 被压下，工件2被推进加热炉4，上料结束；然后 M2 反向启动，拖动推料杆1后退，退回到原位，压下行程开关 SQ1，M2 停转；最后 M1 反向启动，带动炉门关闭，至初始位置处，行程开关 SQ3 被压下，M1 停转，至此，一个工作周期结束。

其工作过程可用下列状态图描述如下。

按下启动按钮 SB2→M1 正转，炉门开启→SQ4 压下→M1 停止→M2 正转，推料杆前移→SQ2 压下，上料结束→M2 反转，推料杆后退→SQ1 压下→M2 停止→M1 反转，炉门关闭→压下 SQ3→M1 停止。

不同于文字性描述，用状态图来描述系统的控制要求和工作过程，更清晰，有助于控制线路的设计。

分析过程如下。

（1）由上述工作过程的描述，可以看出，此例也属于自动循环控制，只需按下启动按钮，即可自动完成一系列的运动部件的动作状态的切换，待循环结束后，自动停止运行。停止按钮 SB1 是为非正常停止而设置的，只有当工作过程中出现意外情况，通过 SB1 使系统运行立即终止。

（2）启动按钮只启动 M1 电动机的正转，电动机 M2 的正、反转和 M1 的反转都是按运动部件的运行位置自动启停的，因此设置了4个行程开关分别作为运动部件的位置检测元件。

（3）启动之前，各运动部件需处于原位，即行程开关 SQ1 和 SQ3 都处于被压下的状态，因此，启动的条件除启动按钮外，还有行程开关 SQ1 和 SQ3 的状态需为动作状态。

依照上述控制要求设计的控制线路如图 2-40 所示。图中，SB1 为停止按钮，SB2 为启动按钮，行程开关 SQ1～SQ4 的布置如图 2-39 所示。KM1 和 KM2 分别为控制电动机 M1 正、反转的接触器，KM3 和 KM4 分别为控制电动机 M2 正、反转的接触器。

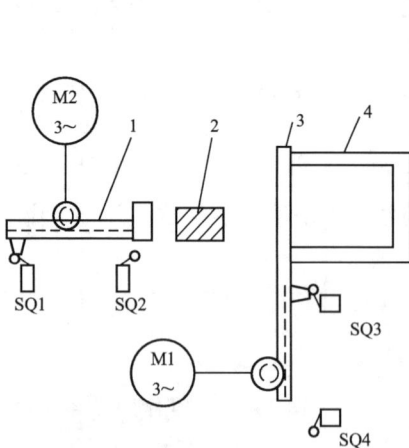

图 2-39　加热炉自动上料机构示意图
1—推料杆；2—工件；3—炉门；4—加热炉

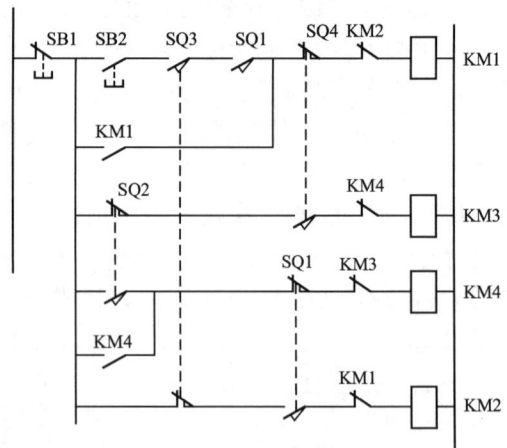

图 2-40　加热炉自动上料机构电器控制线路图

控制线路的工作过程可用动作序列图描述如下：

$$
\left.\begin{array}{l}
\text{SB2}^+ \\
\text{SQ1}^+ \\
\text{SQ3}^+
\end{array}\right\} \rightarrow \text{KM1}\sqrt{}
\begin{array}{l}
\nearrow \text{KM1}^+ \text{主触点吸合，M1 正转，炉门开启} \\
\searrow \text{KM1}^+ \text{辅助常开触点吸合，自锁。}
\end{array}
$$

→SQ4⁻→KM1×→KM1⁻主触点脱开，M1 停止，炉门开启完毕。

→SQ4⁺→KM3√→KM3⁺主触点吸合，M2 正转，推料杆前进，上料开始

→SQ2⁻→KM3×→KM3⁻主触点脱开，M2 停止，上料完毕。

→SQ2⁺→KM4√
　　　　→KM4⁺主触点吸合，M2 反转，推料杆后退
　　　　↘→KM4⁺ 辅助常开触点吸合，自锁。

→SQ1⁻→KM4×→KM4⁻主触点脱开，M2 停止。

→SQ1⁺→推料杆回到原位。
　　　↘→KM2√→KM2⁺主触点吸合，M1 反转，炉门关闭

→SQ3⁻→KM2×→KM2⁻主触点脱开，M1 停止，炉门关闭结束。
　　　　　　　　　　　　　　　　　　　　　　　　　一个循环结束。
→SQ3⁺→炉门回到原位。

在上述控制线路中，行程开关 SQ1 的常开触点闭合，使 KM2 线圈得电，启动炉门关闭。在炉门关闭过程中，推料杆将始终处于原位不动，SQ1 始终处于压下位置，因此 KM2 线圈控制支路不需要设置自锁环节。同样原因，KM3 线圈控制支路也不需要设置自锁环节。

【例 2-9】　磨床电气控制系统。

磨床是以砂轮的周边或端面对工件进行磨削加工的精密机床，利用磨削加工可以获得较好的加工精度和光洁度，而且其所需的加工裕量比其他加工方法小得多，因此磨床广泛地应用于零件的精加工中。下面以平面磨床 M7120 为例，介绍其电气控制系统。

M7120 是卧轴矩形工作台平面磨床，其结构示意图如图 2-41 所示。平面磨床的主要运动是砂轮 4 的旋转运动，通过砂轮的周边对工件进行磨削加工；工作台 6 在床身 7 的水平导轨上做往复直线运动，通过工作台上的撞块碰撞床身上的液压换向开关来实现自动换向，为了运动时换向平稳及运动速度容易调整，可采用液压传动；砂轮箱 3 可在立柱 1 的导轨上做垂直运动，以实现砂轮的垂直进给；立柱可在床身的横向导轨上做直线运动，以实现横向进给。下面首先说明平面磨床的控制要求，然后分析其电气控制线路。

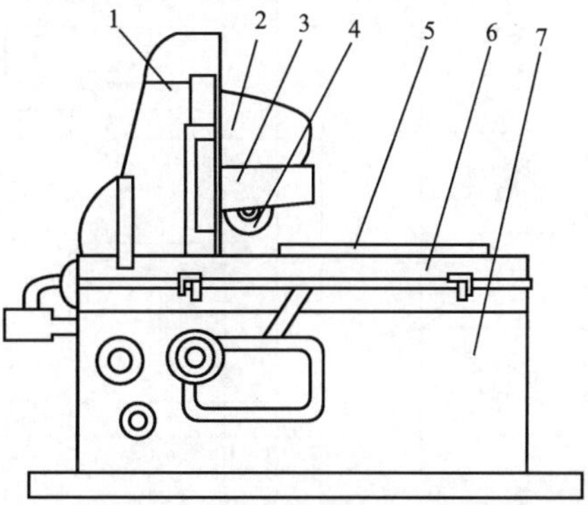

(1) 根据平面磨床的运动特点及工艺要求，对电力拖动控制系统有如下要求。

1) 砂轮的旋转运动一般不要求换向和调速，因此其拖动电机可选择单方向运行的三相异步电动机。另外液压泵电动机和冷却泵电动机均采用单方向运行。

2) 砂轮升降控制电动机要求有正、反转控制。

图 2-41　平面磨床结构示意图
1—立柱；2—滑座；3—砂轮箱；4—砂轮；
5—电磁吸盘；6—工作台；7—床身

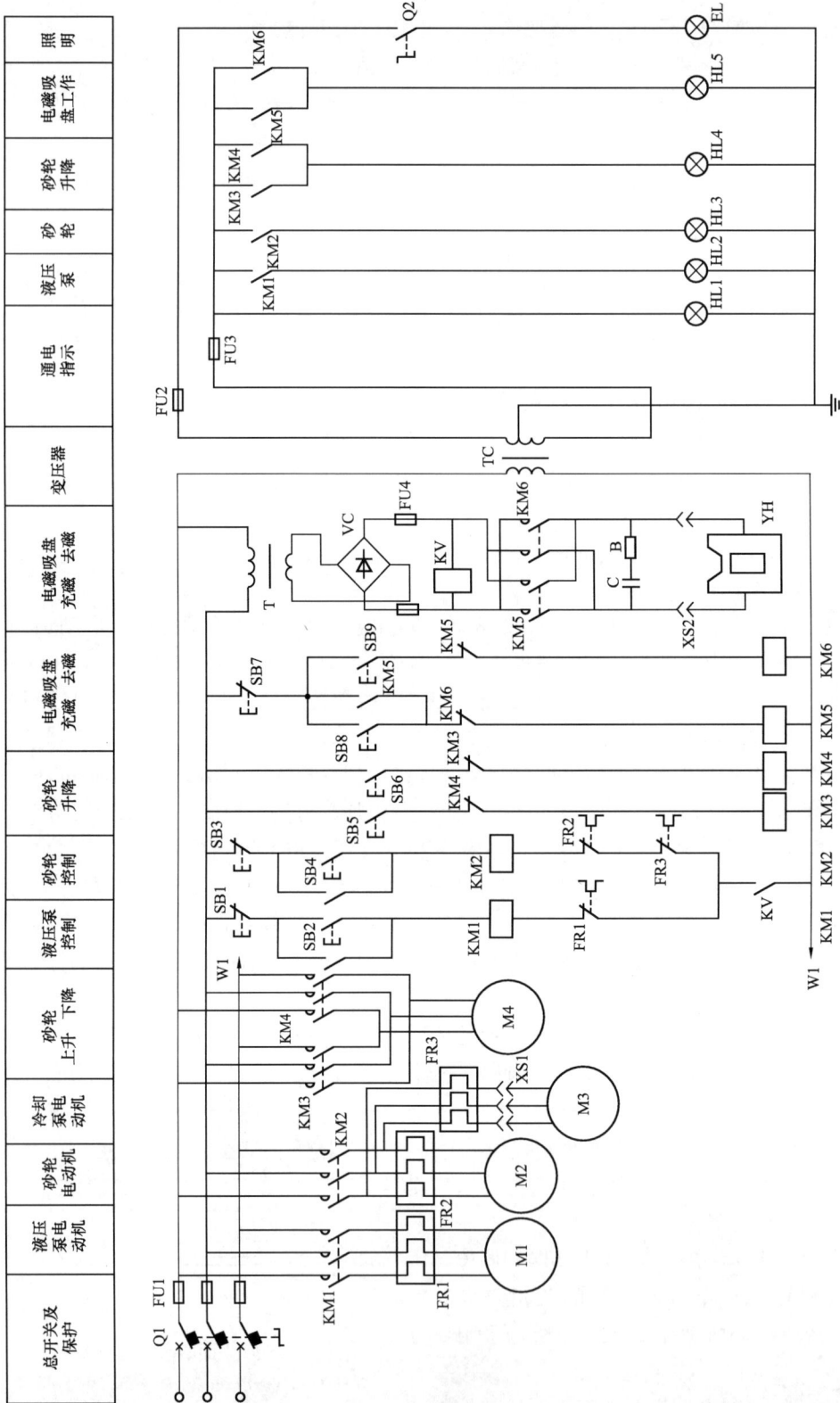

图 2 – 42　M7120 型平面磨床控制电路图

3）冷却泵电动机要求在砂轮电动机启动之后才能运行。

4）要求设置的保护环节有：短路保护、电动机过载保护、零压保护和电磁吸盘欠压保护。

5）电磁吸盘应有去磁控制。

6）应有必要的指示信号及照明灯。

（2）电气控制系统分析。如图 2-42 所示是平面磨床的电气控制电路图。图中用到的电气元件见表 2-7。下面分析其电气控制线路。

表 2-7   **M7120 型平面磨床电气元件表**

符号	名称及用途	符号	名称及用途
M1	液压泵电机 1.1kW	SB1	液压泵停止按钮
M2	砂轮旋转电动机 3kW	SB2	液压泵启动按钮
M3	冷却泵电动机 0.12kW	SB3	砂轮旋转停止按钮
M4	砂轮升降电动机 0.75kW	SB4	砂轮旋转启动按钮
Q1	电源开关	SB5	砂轮上升点动按钮
Q2	照明灯开关	SB6	砂轮下降点动按钮
KM1	液压泵电动机控制接触器	SB7	电磁吸盘充磁结束
KM2	砂轮旋转电动机控制接触器	SB8	电磁吸盘充磁启动
KM3	砂轮上升用控制接触器	SB9	电磁吸盘退磁点动
KM4	砂轮上升控制接触器	XS1	冷却泵电动机插头插座
KM5	电磁吸盘充磁控制接触器	XS2	电磁吸盘插头插座
KM6	电磁吸盘退磁控制接触器	R、C	保护用电阻、电容
FR1～FR3	热继电器	HL1	电源指示灯
FU1～FU4	熔断器	HL2	M1 工作指示灯
VC	整流器	HL3	M2 工作指示灯
YH	电磁吸盘	HL4	M3 工作指示灯
KV	欠电压继电器	HL5	M4 工作指示灯
T	整流变压器	EL	照明灯
TC	照明变压器		

1）主电路。本主电路有 4 台电动机，Q1 为电源总开关，熔断器 FU1 作为整个电气控制线路的短路保护。热继电器 FR1、FR2 和 FR3 分别作 M1、M2 和 M3 的过载保护。冷却泵电动机 M3 是通过插头插座 XS1 与电源接通的。液压泵电动机 M1 的启动由接触器 KM1 控制，砂轮旋转电动机 M2 的启动由接触器 KM2 控制，砂轮升降电动机 M4 的正转（砂轮上升）由接触器 KM3 控制，反转（砂轮下降）由接触器 KM4 控制。

2）控制线路。

① 液压泵电动机控制过程如下。

启动：按下 SB2$^+$→KM1 √→KM1$^+$→主触点吸合，M1 电机启动（正常工作时 KV 吸合）。

$$\searrow \rightarrow KM1^+ 辅助常开触点吸合、自锁。$$

停止：按下 $SB1^- \rightarrow KM1 \times \rightarrow KM1^-$ 主触点释放脱开，M1 停止。

② 砂轮旋转电动机控制过程如下。

启动：$SB4^+ \rightarrow KM2 \surd \rightarrow KM2^+ \rightarrow$ 主触点吸合，M2 电机启动 $\rightarrow$ 插头 XS1 插上，M3 启动。

$$\searrow \rightarrow KM2^+ 辅助常开触点吸合、自锁。$$

停止：$SB3^- \rightarrow KM2 \times \rightarrow KM2^-$ 主触点释放脱开，M2 停止，M3 也停止。

③ 砂轮升降电动机控制过程如下。

上升启动：按下 $SB5^+ \rightarrow KM3 \surd \rightarrow KM3^+ \rightarrow$ 主触点吸合，M4 正转启动。

上升停止：松开 $SB5^- \rightarrow KM3 \times \rightarrow KM3^-$ 主触点释放脱开，M4 正转停止。

下降启动：按下 $SB6^+ \rightarrow KM4 \surd \rightarrow KM4^+ \rightarrow$ 主触点吸合，M4 反转启动。

下降停止：松开 $SB6^- \rightarrow KM4 \times \rightarrow KM4^-$ 主触点释放脱开，M4 反转停止。

砂轮升降为点动控制。

④ 电磁吸盘控制过程如下。电磁吸盘是一种固定加工工件的工具，它是利用电磁吸盘线圈通电时产生的磁场来吸牢铁磁材料的工件的。电磁吸盘线圈采用直流供电，其整流装置由变压器 T 和桥式整流电路 VC 组成，熔断器 FU4 作为电磁吸盘线圈电路的短路保护，接触器 KM5 主触点吸合，为充磁，接触器 KM6 主触点吸合，电磁吸盘通以反方向电流，为退磁。为防止退磁时反向磁化，KM6 采用点动控制。具体工作过程如下。

充磁启动：按下 $SB8^+ \rightarrow KM5 \surd \rightarrow KM5^+ \rightarrow$ 主触点吸合，电磁吸盘充磁。

$$\searrow \rightarrow KM5^+ 辅助常开触点吸合、自锁。$$

充磁停止：按下 $SB7^- \rightarrow KM5 \times \rightarrow KM5^-$ 主触点释放脱开，充磁停止。

退磁操作：按下 $SB9^+ \rightarrow KM6 \surd \rightarrow KM6^+ \rightarrow$ 主触点吸合，电磁吸盘退磁。

松开 $SB9^- \rightarrow KM6 \times \rightarrow KM6^-$ 主触点释放脱开，退磁结束。

3）保护环节。

① M1 的过载保护：FR1 常闭触点串接于 KM1 的线圈支路，当 M1 发生过载时，FR1 动作，切断 KM1 线圈支路，KM1 主触点脱开，M1 电源被切断，从而实现对 M1 的过载保护。

② M2 和 M3 的过载保护：FR2 和 FR3 的常闭触点一起串接于 KM2 的线圈支路，M2 和 M3 中任一台电动机过载，即 FR2 和 FR3 只要有一个动作，就会切断 KM2 的线圈支路，KM2 主触点脱开，M2 和 M3 的电源均被切断，从而实现对 M2 和 M3 的过载保护。

③ 电磁吸盘欠压保护：如果电源电压过低时，吸盘吸力不足，对工件的吸力减小，这样在加工过程中会导致工件飞离吸盘的事故，因此需对此设置欠电压保护。欠电压继电器 KV 线圈并接于吸盘线圈电路中，当电压正常时，KV 处于动作状态，其串接于 KM1 和 KM2 线圈控制支路的常开触点吸合，M1 和 M2 均可正常启停。当发生电压过低情况，并低到 KV 的动作电压值时，KV 常开触点会脱开，这样就切断了 KM1 和 KM2 线圈的控制支路，使得液压泵电动机和砂轮旋转电动机同时停止，即工作台停止运动，砂轮停止旋转，从而起到欠电压保护的作用。

【例 2-10】 由逻辑关系表达式设计控制系统。

已知某控制线路的逻辑函数关系式为

$KM1 = SB1 \cdot KA1 + (\overline{SB2} + \overline{K2})KM1$；

$KM2 = (\overline{SB4} + \overline{KA2})(SB3 \cdot KA1 + KM2)$。

画出与此逻辑关系表达式相对应的电器控制线路图。

按照"与"、"或"、"非"3种基本逻辑运算所描述的电器控制过程，可知"与"对应的触点串联，"或"对应的触点并联，非变量对应的常闭触点，这样可得与上两式对应的电器控制线路如图2-43所示。

依据相同的原理，若已知某控制系统的电器控制线路，也可以得出与其对应的逻辑关系式，见下例。

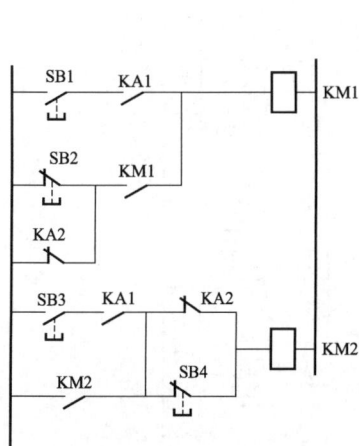

图2-43　[例2-10]图　　　　　　　　图2-44　[例2-11]图

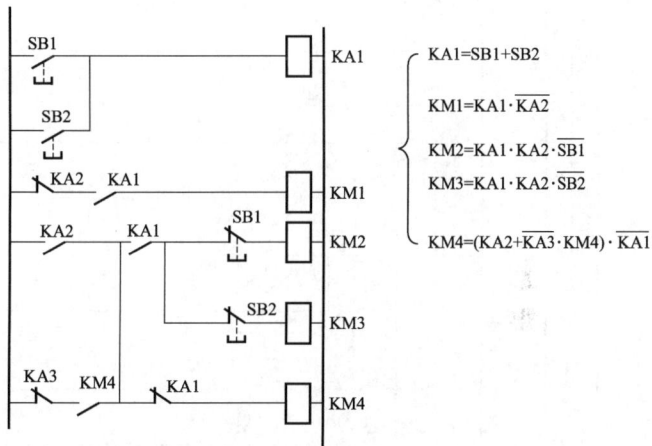

【例2-11】 由控制系统推导逻辑关系表达式。

某控制系统的电器控制线路如图2-44所示，写出与其相对应的逻辑关系表达式。

控制线路图中，每一个线圈的控制支路对应一个逻辑表达式，每个继电器/接触器的线圈对应逻辑表达式的输出，每个线圈的控制支路的连接关系对应逻辑关系表达式。此控制线路对应的逻辑关系表达式如图2-44所示。

由此可见，逻辑关系表达式和控制线路存在着对应关系，而逻辑代数中的定理在此也都适用，用逻辑设计法得到逻辑关系表达式后，可先利用逻辑代数的定理进行化简，然后再画出与之相对应的电器控制线路，这样得到的控制线路也将是最简的。

本 章 小 结

本章详细讲述了电气控制系统中常用的启动控制、制动控制及顺序控制等基本控制环节，并进一步利用这些基本环节分析了较复杂设备的电气控制系统，在此基础之上讲述了两种设计方法。总之，本章系统讲述了继电接触器控制系统电气原理图的分析和设计方法，为后续讲述可编程控制器准备了必备的基础知识。

习　　题

1. 详细分析图2-45所示的Z3040型摇臂钻床控制电路，试回答下列问题。

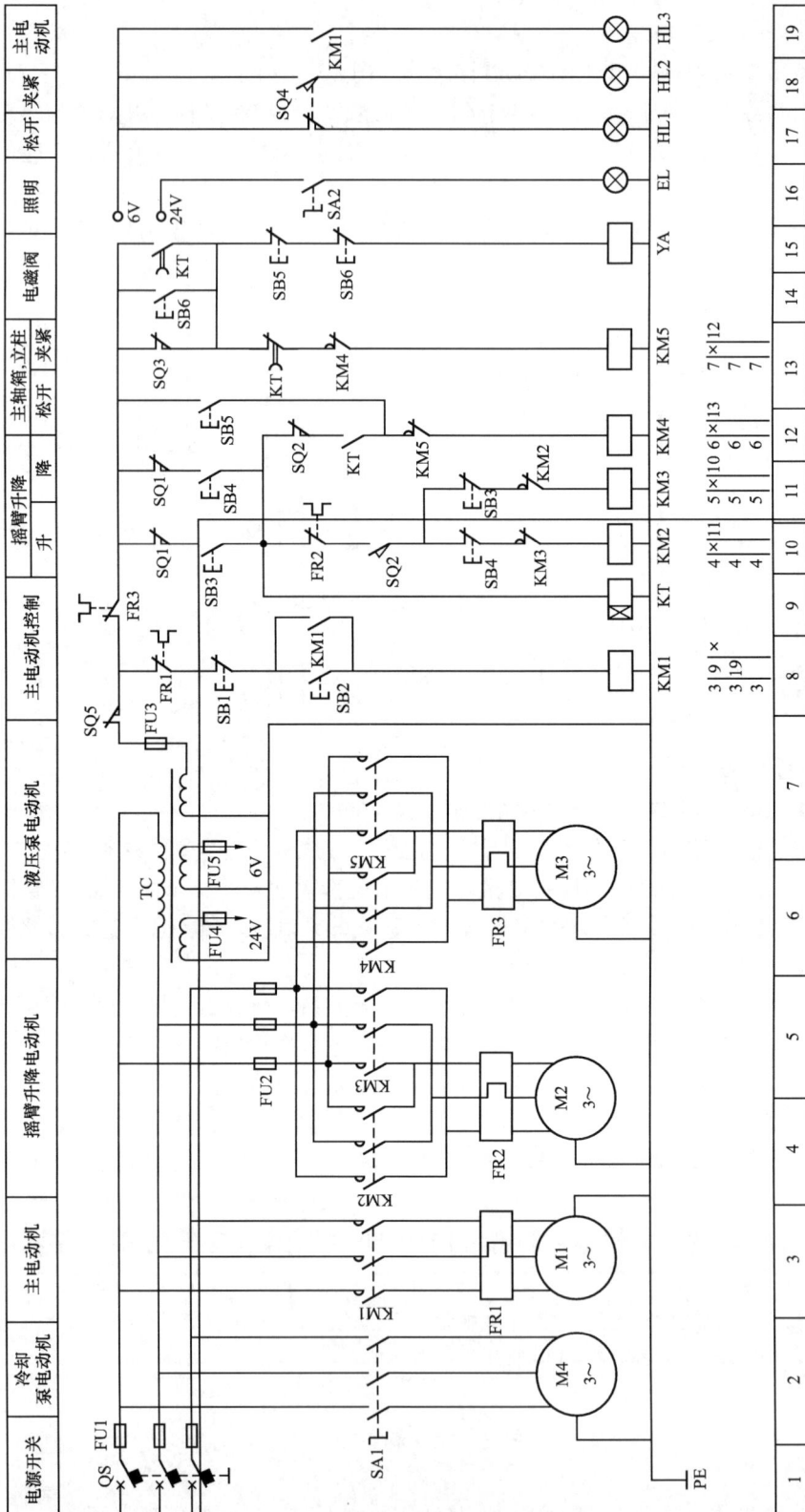

图 2 - 45　习题 1 图

（1）立柱的夹紧与放松是如何实现的？

（2）摇臂要下降到一定位置有哪几台电动机工作？并叙述电路的工作过程。

（3）要使摇臂上升到一定位置后进行钻削加工，应该如何操作有关电器？

2. 三相笼型异步电动机在什么条件下可以全压启动？试设计带有短路、过载、失压保护的三相笼型异步电动机全压启动的主电路与控制电路。

3. 某机床主轴由 M1 拖动，油泵由 M2 拖动，均采用直接启动，工艺要求：

（1）主轴必须在油泵启动后才能启动。

（2）主轴正常为正转，但为了调试方便，要求能够正、反向点动。

（3）主轴停止后才允许油泵停止。

（4）有短路、过载及失压保护。

试设计主电路和控制电路原理图。

4. M1 和 M2 均为笼型电动机，都可以直接启动，控制要求为：

（1）M1 先启动，经 30s 后，M2 自动启动；

（2）M2 启动后，M1 立即停车；

（3）M2 可以单独停车；

（4）M1 和 M2 均能点动。

请画出主电路和控制电路原理图。

5. 现有 3 台电动机 M1、M2 和 M3，控制要求如下：M1 启动 10s 后，M2 自动启动，运行 5s 后，M1 停止，同时 M3 自动启动，再运行 15s 后，M2 和 M3 同时停车。试设计其主电路和控制线路。

6. 某电动机只有在继电器 KA1、KA2、KA3 和 KA4 中任一个或两个动作时，才可以启动，而在其他条件下都不运行，试用逻辑设计法设计其控制线路。

第三章　可编程控制器概述

可编程控制器即可编程逻辑控制器（Programmable Logic Controller，PLC）。PLC 产生的目的是取代以中间继电器和时间继电器为主的传统的继电器控制逻辑，实现自动化控制。PLC 的基本设计思想是把计算机的功能完善、灵活、通用等优点同继电器控制系统的简单易懂、操作方便、价格便宜等优点结合起来，控制器的硬件是标准的、通用的。根据实际应用对象，将控制内容编成软件写入控制器的用户程序存储器内，控制器和被控对象连接十分方便。PLC 可以组成控制系统对执行元件进行控制，实现各种工业控制要求。PLC 控制系统对执行元件控制的原理如图 3 - 1 所示。

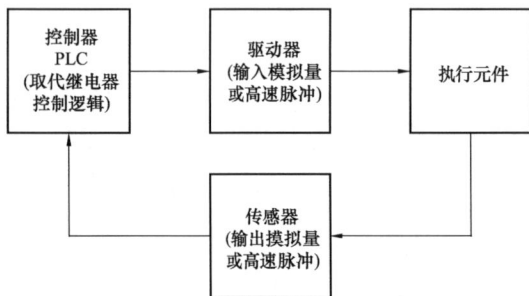

图 3 - 1　PLC 控制系统对执行元件控制原理框图

第一节　可编程控制器的产生与定义

一、可编程控制器的产生

继电器逻辑控制在 PLC 没有产生之前占据着工业控制的主导地位，继电器控制系统存在着明显的缺点，如体积大、能耗高、速度慢、线路复杂、可靠性差和适应性差等，其系统一经设计完成，如果想改变或增加其功能就非常困难。继电器控制系统已不适应工业生产的要求，这种情况下世界上许多公司都积极寻求解决的办法，1968 年美国通用汽车公司（GM）提出研究一种新型的工业控制装置取代继电器控制装置，并提出 10 项基本要求。

(1) 编程简单，可现场修改；

(2) 硬件易维护，最好是插件式结构；

(3) 可靠性高于继电器控制装置；

(4) 体积小于继电器控制装置；

(5) 可直接向管理计算机传送数据；

(6) 成本可与继电器控制装置竞争；

(7) 输入可以是交流 115V；

(8) 输出可以是交流 115V，2A 以上，能直接驱动电磁阀；

(9) 扩展时原有系统只需作很小的改动；

(10) 程序存储器容量至少可扩展到 4kB。

这就是著名的 GM 十条。1969 年美国数字设备公司（DEC）研制出世界上第一台 PLC（PDP - 14 型），并成功应用在汽车自动化装配生产线上，从此 PLC 作为一种新型工业控制装置开创了工业控制的新时代，并成为现代工业控制的三大支柱（PLC、工业机器人和

CAD/CAM）之一。

二、可编程控制器的定义

在 PLC 的发展过程中，定义有多个版本。最初几年没有确切的定义，仅仅有对其特点的简单概括。1980 年美国电气制造商协会（NEMA）把 PLC 定义为可编程序控制器（Programmable Controller，PC）。具体定义为："可编程序控制器是一种数字式的电子装置，它使用可编程序的存储器来存储指令，并实现逻辑运算、顺序控制、定时、计数和算术运算功能，用来对各种机械或生产过程进行控制。"后来由于个人计算机的飞速发展，PC 被更多的人接受为 Personal Computer 的英文缩写，可编程控制器改为 PLC。

1982 年、1985 年和 1987 年，国际电工委员会（IEC）分别颁布了 PLC 标准的 3 个草稿，不断对 PLC 定义进行完善。其定义是："可编程控制器是一种数字运算操作的电子系统，专为工业环境而设计。它采用了可编程序的存储器，用来在其内部存储执行逻辑运算、顺序控制、定时、计数和算术运算等操作的指令，并通过数字式和模拟式的输入和输出，控制各种类型机械的生产过程。而有关的外围设备，都应按易于与工业系统连成一个整体，易于扩充其功能的原则设计。"

第二节 可编程控制器的发展

一、可编程控制器的发展概况

可编程控制器作为一种计算机，随着以大规模集成电路为代表的微电子技术的发展也得到了不断的进步。

（1）初创阶段：1969～1972 年，PLC 刚刚产生，CPU 采用中、小规模集成电路，应用计算机的程序存储技术。主要进行逻辑运算、定时、计数和顺序控制，仅仅完成了对继电器控制逻辑的取代。

（2）成熟阶段：1973～1978 年，伴随着大规模集成电路的产生与发展，PLC 采用微处理器为核心，功能得到增强。除上述功能外，增加了数学运算、数据处理、数据传送、记录显示、模拟量控制和简单通信等功能。我国 PLC 的研制于 1974 年开始，并且第一台 PLC 就是在这一年研制成功的。

（3）大发展阶段：1979～1984 年，PLC 的 CPU 采用 8 位和 16 位微处理器，甚至采用多处理器，功能进一步增强，处理速度大大提高。例如，增加了多种特殊功能指令，如平方、三角函数、查表、中断、脉宽调制、高速计数和 PID 控制等；自诊断和容错功能；通信功能和远程 I/O 功能等。

（4）大规模应用阶段：从 1984 年至今，随着微处理器技术的发展，PLC 的 CPU 运算能力和处理速度等方面与主流计算机非常接近。PLC 在编程语言、控制功能、人机接口和网络通信等方面与工业计算机已不相上下。PLC 渐渐成为工业控制领域的主流计算机。

二、可编程控制器的未来发展

（1）向小型化、低成本方向发展。随着超大规模集成电路的发展，集成度更高的新型器件大幅度地提高功能和降低价格，使 PLC 结构更加紧凑，操作使用更加简单。PLC 的功能不断增加，小型 PLC 已经达到甚至超过原来大、中型 PLC 才有的功能，但价格下降很多，真正成为现代工业控制中不可替代的控制装置。

（2）向大型化、大容量、高速度方向发展。大、中型 PLC 采用最先进的 CPU，有的采用多微处理器系统，可同时进行多任务操作，处理速度提高，容量增大，性能大大增强。

（3）向网络化方面发展。网络化已成为当今自动化发展的重要标志之一，联网通信功能使 PLC 能与个人计算机和其他智能控制设备交换数字信息，使系统形成一个统一的整体。PLC 的通信功能发达，有自由口通信、PPI 通信、MPI 通信、Profibus 现场总线通信和工业以太网通信等形式。PLC 通过主机或专门的扩展模块方便地接入现场总线和工业以太网中，通过 MODEM 接入 Internet 中，这样使 PLC 成为网络化工厂的一个信息节点，更加适合现代化工业大生产的要求。

（4）智能模块的发展。智能模块是以微处理器和存储器为基础的功能部件，其 CPU 与 PLC 主机 CPU 并行工作，占用主机 CPU 的时间少，有利于提高 PLC 的扫描速度。智能模块本身就是一个小的微型计算机系统，有很强的信息处理能力和控制功能，有的模块甚至可以自成系统、单独工作。智能模块可以完成 PLC 主 CPU 难以兼顾的功能，简化了控制系统的硬件设计和编程，其功能包括运动控制、模拟量输入/输出、热电阻输入、PID 控制、模糊控制和各种通信功能等。

（5）高可靠性方面发展。PLC 的容错技术、冗余技术、自诊断技术和抗干扰技术不断发展，提高了 PLC 的可靠性，使其更适于各种复杂的工业现场环境。

（6）软 PLC 的发展。将人机接口、软逻辑控制和 Internet 功能集成到一起，把 PLC 的功能用软件在 PC 机上实现，就实现了所谓"软 PLC"的功能。加之智能 I/O 终端的发展，软 PLC 发展非常迅速。目前已有很多厂家推出了在 PC 上运行的可实现 PLC 功能的软件包，软件包有不同的功能模块，可进行不同的组合。

（7）可编程自动控制器（PAC）的发展。可编程自动控制器结合了 PC 的处理器、RAM 和软件的优势，以及 PLC 固有的可靠性、坚固性和分布特性。PAC 采用现有的商业化技术，非常适合于工业化环境，具有易于维护和较低的发生故障时间等特性。

1）在一种平台上实现逻辑控制、传动控制、运动控制和过程控制等多种功能；

2）具有公用对象标记和统一数据库的多学科开发平台；

3）控制软件允许用户根据多个设备或多个过程单元之间的过程流进行控制设计；

4）具有开放和模块化的结构，无论是工厂的机械设备还是过程行业的单元运行，都能满足其生产过程要求；

5）网络接口和编程语言等都采用事实上的工业标准，能够实现不同供应商的自动化系统之间的数据交换，有利于实现多种产品的网络化集成。

概括地说，PAC 使过程控制、离散控制、运动控制和人机接口（HMI）功能都合并到一个平台上，通过一种语言进行编程，实现了多个硬件平台的便捷互操作，并真正实现了多种控制选择的集成。

（8）软件、硬件标准化。PLC 的研制长期以来一直走的是专门化的道路，各个厂家的 PLC 硬件和软件的体系结构都是封闭的。不同厂家 PLC 的 CPU 和各种扩展模块互不通用，编程语言和指令系统的功能及表达方式也不相同。各个厂家的 PLC 互不兼容，制定出 PLC 的国际标准势在必行。

1978 年起国际电工委员会（IEC）已颁布 PLC 的标准有：IEC1131－1 一般信息；IEC1131－2 设备特性与测试要求；IEC1131－3 编程语言；IEC1131－4 用户规则；IEC1131－5 制造信息规范伴随标准。我国于 1992 年组建了 PLC 标准委员会，制定了 PLC 的国家标准。

第三节　可编程控制器的特性

一、可编程控制器的特性

（1）可靠性高。可编程控制器在电子线路、机械结构及软件上都吸取了生产厂家长期积累的生产控制经验，主要模块均采用大规模与超大规模集成电路，I/O 系统设计有完善的通道保护和信号调理电路；在结构上面对耐热、防潮、防尘和抗震等都有周到的考虑；在硬件上采用隔离、屏蔽、滤波和接地等抗干扰措施；在软件上采用数字滤波等抗干扰措施和故障诊断措施。所有这些使 PLC 具有较强的抗干扰能力。PLC 的平均无故障时间通常在几万小时以上，这是一般微机所无法比拟的。

（2）通用性强。PLC 及外围扩展模块种类繁多，可由各种模块灵活组成各种大小和不同要求的控制系统。在 PLC 组成的控制系统中，只需在 PLC 端子上接入相应的输入/输出信号线即可。当控制要求改变，需要变更控制系统的功能时，可以用编程器在线或离线修改程序。同一个 PLC 用于不同的控制对象，只是输入/输出组件和应用软件不同。PLC 的输入和输出可直接与交流 220V 强电相连，输出具有较强的带负载能力。

（3）编程简单。PLC 梯形图语言具有与继电器控制逻辑线路类似的结构，符合工程技术人员的技能和习惯。梯形图语言形象直观，不需要专门的计算机知识和编程能力，使初学者上手快，容易掌握。

（4）功能完善。PLC 的输入/输出系统功能完善、性能可靠，能够适应于各种形式的开关量和模拟量的输入/输出。在 PLC 内部具有很多控制功能，诸如时序、计算器、主控继电器以及移位寄存器、中间寄存器等。由于采用了微处理器，它能够方便地实现延时、锁存、比较、跳转和强制 I/O 等诸多功能，不仅具有逻辑运算、算术运算、数制转换以及顺序控制功能，而且还具有模拟运算、显示、监控、打印及报表生成功能。此外，它还可以和其他微机系统、控制设备共同组成分布式或分散式控制系统，具有强大的网络化功能。因此，PLC 具有极强的适应性，能够很好地满足各种类型控制的需要。

（5）体积小。比起传统的继电器控制系统，PLC 系统的体积小、质量轻。这一点在当今工业控制中非常重要，控制系统不需要大型的配电柜，而只占用较小的空间。

（6）便于维护。PLC 采用微电子技术，大量的开关动作由无触点的电子存储器件来完成，大部分继电器和复杂的连线被软件程序所取代。PLC 的输入/输出系统能够直观地反映现场信号的变化状态，还能够通过各种方式直观地反映控制系统的运行状态，如内部工作状态、通信状态、异常状态、I/O 点状态和电源状态等，并且对此均有醒目的指示，非常有利于运行和维护人员对系统进行监视。

（7）设计、施工、调试的周期短。设计 PLC 系统，由于其硬、软件齐全，为积木式模块化结构，故仅需按性能、容量等进行选用组装。设计中大量具体的编程工作也可以在 PLC 到货前进行，因而缩短了设计周期，使设计和施工同时进行。由于用软件编程代替了硬接线实现控制功能，大大减轻了繁重的安装接线工作，缩短了施工周期。而且 PLC 是通过程序完成控制任务的，采用了方便用户的工业编程语言，编程软件具有强制和仿真的功能，故程序的设计、修改和调试都很方便，这样可大大缩短设计和投运周期。

二、可编程控制器控制与继电器控制的区别

PLC 控制与继电器控制有相似之处，但二者有着根本的不同，主要表现在以下几方面。

(1) 控制逻辑。继电器控制逻辑采用硬接线逻辑，使用了大量的机械触点，使设备接线复杂，继电器控制系统一旦完成想再改变或增加功能都很困难。PLC 采用存储器逻辑，其控制以程序方式存储在内存中，要改变控制逻辑只需改变程序即可，一般称为"软接线"，灵活性和可扩展性都比较好。

(2) 工作方式。电源接通后，继电器控制线路中凡有电流流过的继电器均同时得电，所以继电器属并行工作方式。而 PLC 的 CPU 是以分时操作方式来处理各项任务的，在每一瞬间只能做一件事，所以程序的执行是按程序顺序依次完成相应各电器的动作，控制逻辑中内部各器件都处于周期性循环扫描工作过程中，属于串行工作方式。

(3) 触点数量。继电器触点一般只有 4~8 对，PLC 在理论上触点数为无限多个。

(4) 可靠性。继电器控制逻辑使用大量的机械触点，连线多而复杂。触点开闭时会受到电弧的影响，并有机械磨损，寿命短。PLC 开关动作由无触点的半导体电路完成，无机械磨损，可靠性高，理论上可无限次使用。

(5) 控制速度。继电器控制逻辑靠触点的机械动作实现控制，工作频率低，触点开闭动作时间一般在几十毫秒，且易出现抖动。PLC 是由程序指令控制半导体电路来实现控制，速度极快，且不会抖动。PLC 一条指令执行时间在微秒级，扫描周期一般在几十毫秒。

(6) 定时控制。继电器控制逻辑利用时间继电器进行时间控制，定时精度低，易受环境影响，调整时间也较困难。PLC 使用集成电路做定时器，定时精度高，精度可达 1ms。

(7) 设计和施工。继电器控制系统设计、施工、调试必须按部就班地依次进行，时间较长，而且修改困难、费时。PLC 系统设计现场施工和程序设计可以同时进行，周期短，且调试和修改都很容易。

三、PLC 与工业控制计算机相比具有的优点

个人计算机应用于工业控制中一般称为工业控制计算机（IPC）。IPC 是由通用微机的推广应用而发展起来的，其硬件结构和总线的标准化程度高，品种兼容性强，软件资源丰富，特别是有实时操作系统的支持，在要求实时性强、系统模型复杂的领域占有优势。

(1) 低端应用时 PLC 具有性价比优势；

(2) PLC 故障停机时间少，可靠性高；

(3) PLC 编程语言简单易学，编程效率高；

(4) PLC 产品可长期供货和技术支持。

四、PLC 与单片机相比具有的优点

(1) 高端应用 PLC 具有性价比优势；

（2）PLC 系统可靠性高；

（3）PLC 系统调试容易，开发周期短；

（4）PLC 编程语言比汇编语言或 C 语言简单，初学者容易接受。

第四节 可编程控制器的应用

一、可编程控制器的主要功能

可编程控制器在初期由于其价格高于继电器控制装置，使得其应用受到限制。但是最近十多年来，PLC 的应用面越来越广，PLC 的功能概括为以下 5 个方面。

（1）顺序控制。这是 PLC 应用最广泛的功能，也是最适合 PLC 使用的功能。它用来取代传统的继电器顺序控制，可应用于单机控制、多机群控。典型应用有电梯、传送带、自动化仓库和自动化生产线等。

（2）运动控制。运动控制是指在复杂条件下，将预定的控制目标转变为期望的机械运动。运动控制包括精确的位置控制、速度控制、加速度控制、转矩或力的控制等。PLC 制造商目前已提供了伺服电动机或步进电动机的单轴或多轴位置控制模块，PLC 把描述目标位置的数据送给模块，其输出移动一轴或多轴到达目标位置。每个轴移动时，位置控制模块保持适当的速度和加速度，确保运动平滑。典型应用有金属切削机床、金属成形机械、装配机械和工业机器人等。

（3）过程控制。过程控制是指模拟量闭环控制，PLC 能控制大量的过程参数，例如温度、流量、压力、液位和速度等。PID 指令和 PID 模块使 PLC 具有优良的闭环调节功能，当过程控制中某个变量出现偏差时，PID 控制算法会计算出正确的输出，把变量保持在设定值上。典型应用有发酵罐、锅炉、热处理炉和供水站等。

（4）网络通信。PLC 的通信包括 PLC 与 PLC、远程 I/O 和其他智能控制设备之间的通信。PLC 与其他智能控制设备一起，可以组成"集中管理、分散控制"的分布式控制系统。PLC 与现场总线技术结合可组成现场总线控制系统。典型应用是集散控制系统、现场总线控制系统和计算机集成制造系统等。

（5）数据处理。PLC 具有数学运算、数据传送、转换、排序、位操作和查表等功能，可完成数据的采集、分析和处理。在以上 4 种应用中都有数据处理，是 PLC 功能增强的一个重要标志，即 PLC 也可像一台计算机一样进行数据处理工作。在机械加工中，PLC 作为主要的控制和管理系统用于 CNC 和 NC 系统中，可以完成大量的数据处理工作。典型应用是数控加工中心、柔性制造系统和大型过程控制系统等。

二、可编程控制器的应用领域

可编程控制器可用于所有的工业领域，现在已经扩展到商业、农业、民用和智能建筑等领域。

（1）电力工业：输煤系统控制、锅炉燃烧控制、灰渣和飞灰处理控制、汽轮机控制、化学补水、冷凝水和废水程序控制等。

（2）机械工业：数控机床、装卸机械、移送机械、工业机器人、自动仓库和传送带控制、铸造、热处理和电镀等生产工艺控制等。

（3）汽车工业：移送机械控制、焊接控制、装配生产线控制、喷漆流水线控制等。

（4）钢铁工业：加热炉控制，高炉上料、配料控制，钢板卷曲控制，飞剪控制，搬运控制，料场进料、出料自动分配控制，翻砂造型控制等。

（5）化学工业：化学反应控制、化学水净化处理控制、自动配料控制、化工流程控制、硫化机控制、煤气燃烧控制等。

（6）食品工业：发酵罐过程控制、配比控制、净化控制、包装机控制、搅拌机控制、啤酒灌装生产线控制等。

（7）造纸工业：纸浆搅拌控制、抄纸机控制、卷曲机控制等。

（8）纺织工业：细纱机控制、落纱机控制、高温高压染缸群控、手套机控制、羊毛衫针织机控制等。

（9）建材工业：水泥生产工艺控制、水泥包装控制、水泥料位控制、单板干燥机控制、人造板生产线控制、胶板热压机控制等。

（10）其他轻工业：自动制瓶控制、注塑机控制、搪瓷喷花控制、印刷机控制、制鞋机控制等。

（11）交通运输业：交通灯控制、电动轮胎起重机控制、城市交通管理、地铁站监控、轮船主机控制、船上锅炉控制等。

（12）公用事业：水处理控制、采暖锅炉控制、恒压供水控制、喷泉控制、学校自动铃控制、隧道排气控制、剧院舞台灯光控制、电视台新闻转播控制等。

（13）智能建筑：高速电梯控制、中央空调控制、大楼防火监控、楼宇安全监控、智能小区监控等。

第五节　可编程控制器的结构

不同种类的可编程控制器结构多种多样，但其一般结构基本相同，都是以微处理器为核心，连接各种外围扩展电路。整体式结构PLC通常由中央处理单元（CPU）、存储器（RAM、ROM）、输入/输出单元（I/O）、电源、扩展接口和通信接口等几个部分构成。PLC的编程器也算作PLC的一部分，有专用的编程器，用计算机安装编程软件也可以实现编程。可编程控制器结构图如图3-2所示。

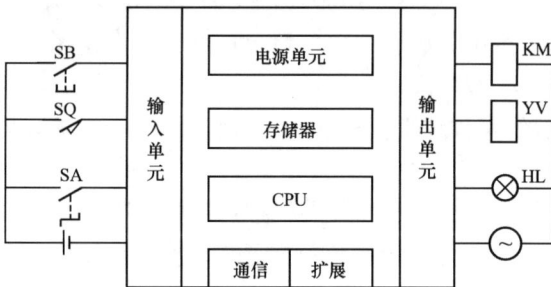

图3-2　PLC结构图

一、中央处理单元（CPU）

CPU作为PLC的核心，发挥着类似人类大脑的作用。CPU一般由控制器、运算器和寄存器组成，还包括必要的控制接口电路，这些电路都被封装在一个芯片上。CPU通过地址总线、数据总线、控制总线与存储单元、输入/输出接口电路连接。微处理器是可编程序控制器的运算控制中心，由它实现逻辑运算、数学运算，协调控制系统内部各部分的工作。它的运行是按照系统程序所赋予的任务进行的。控制接口电路是微处理器与主机内部其他单元进行联系的部件，用来实现信息交换、时序配合等，它的主要功能有数据缓冲、单元选择、信号匹配和中断管理等。CPU 的主要任务有以下几个。

（1）控制接收与存储用户的程序和数据；

（2）用扫描的方式通过 I/O 不断接收现场信号的状态或数据（开关量、模拟量），并存入相应的数据映像寄存器或数据存储器；

（3）诊断 PLC 内部电路的工作故障和编程中的语法错误等；

（4）PLC 进入运行状态后，从存储器逐条读取用户指令，经过命令解释后按命令规定的任务进行数据传送、逻辑或算术运算等；

（5）根据运算结果，更新有关标志位的状态和输出映像寄存器的内容，经输出部件实现输出控制或数据通信等功能；

（6）在双处理器系统中，CPU 还与数字处理器交换信息。

不同型号的 PLC 其 CPU 芯片是不同的，有采用通用 CPU 芯片的，有采用厂家自行设计的专用 CPU 芯片的。CPU 芯片的性能关系到 PLC 处理控制信号的能力与速度，CPU 位数越高，系统处理的信息量越大，运算速度也越快。PLC 的功能是随着 CPU 芯片技术的发展而提高和增强的。

二、存储单元

PLC 的存储器包括系统存储器和用户存储器两部分。

（一）系统存储器

系统存储器用来存放由 PLC 生产厂家编写的系统程序，并固化在 ROM 内，用户不能直接更改。该区用于存放监控程序、用户指令解释、标准程序模块和系统调用管理等程序，以及各种系统参数。系统程序类似于计算机的操作系统，它使 PLC 具有基本的功能，能够完成 PLC 设计者规定的各项工作。系统程序质量的好坏，直接决定 PLC 的性能，其内容主要包括以下 3 部分。

（1）系统管理程序：主要控制 PLC 的运行，使整个 PLC 按部就班地工作。

（2）指令解释程序：通过用户指令解释程序，将 PLC 的编程语言变为机器语言指令，再由 CPU 执行这些指令。

（3）标准程序模块与系统调用：包括许多不同功能的子程序及其调用管理程序，如完成输入、输出及特殊运算等子程序。PLC 的具体工作都是由这部分程序来完成的，这部分程序的多少也决定了 PLC 性能的优劣。

（二）用户存储器

用户存储器包括用户程序存储器（程序区）和用户数据存储器（数据区）两部分。

用户程序存储器用来存放用户针对各种具体控制任务，用 PLC 的编程语言编写的各种应用程序。用户程序存储器根据所选用的存储器单元类型的不同，可以是 RAM 和 EPROM 存储器，其内容可以由用户任意修改或增减。

用户数据存储器可以用来存放用户程序中所使用器件的 ON/OFF 状态和各种数据等。其中有重要的 CPU 组态数据，包括主机和扩展模块的 I/O 点数配置及 I/O 编址参数，输入滤波、脉冲捕捉、输出表配置、存储区保持范围定义、模拟电位器的设置、高速计数器配置、高速脉冲输出配置和通信组态等功能的设置参数。它的大小关系到用户程序容量的大小，是反映 PLC 性能的重要指标之一。

三、输入/输出单元（I/O单元）

输入/输出单元是PLC的CPU与现场I/O装置或其他外部设备之间连接的接口部件。输入/输出单元包括两部分：一是与被控设备相连的接口电路；另一部分是输入和输出映像寄存器。

输入单元接收来自用户设备的各种控制信号，如限位开关、操作按钮、选择开关、行程开关以及其他一些传感器的信号。通过接口电路将这些信号转换成中央处理器能够识别和处理的信号，并存到输入映像寄存器。运行时CPU从输入映像寄存器读取输入信号并进行处理，将处理结果存放到输出映像寄存器。输出映像寄存器由与输出点相对应的触发器组成，输出接口电路将其由弱电控制信号转换成现场需要的强电信号输出，以驱动电磁阀、接触器和指示灯等被控设备的执行元件。输入/输出单元实际上是PLC与被控对象间传递输入/输出信号的接口部件，I/O单元有良好的光电隔离和滤波作用。

（一）输入接口电路

输入单元将现场的输入信号，经过输入单元接口电路的转换，变换成CPU能接受和识别的低电压信号，送给CPU进行运算处理。通常PLC的输入类型可以是直流或交流。输入电路的电源可由外部提供，也可由内部提供。CPU的输入接口电路，可以防止各种干扰信号进入PLC，现场输入接口电路一般由光电耦合电路进行隔离。

（1）直流输入接口电路：如图3-3所示，右侧框内为PLC内部结构，左侧为用户外部连线。外接直流24V电源极性正反都可以，内部两组反向并联的二极管，使电路两个方向都可以导通，当开关SB闭合后可以顺利地接通电源。R_1为限流电阻；电阻R_2和电容C组成滤波电路，滤除高频干扰；LED用来指示输入点的状态，电流两个方向导通时都能发光指示；T为光电耦合器，起光电隔离作用。为防止各种干扰信号和高压信号进入PLC，影响其可靠性或造成设备损坏，现场输入接口电路由光电耦合电路进行隔离。

（2）交流输入接口电路：如图3-4所示，电容C对交流电相当于短路，为隔直电容。电阻R_1和R_2组成分压电路，降低内部输入电压。左侧为外接线路，接交流220V。其工作原理与直流输入型相似。

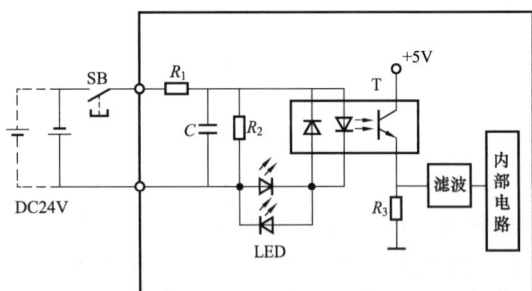

图3-3　直流输入接口电路　　　　图3-4　交流输入接口电路

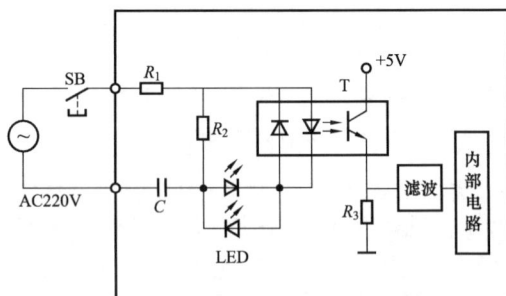

（二）输出接口电路

输出单元将CPU输出的低电压信号变换为控制器件所能接受的电压、电流信号，以驱动接触器、信号灯、电磁阀和电磁开关等，进行必要的功率放大。输出接口电路通常有3种类型：继电器输出型、晶体管输出型和晶闸管输出型。

（1）继电器输出型电路如图 3-5 所示，K 为小型继电器，其工作特性与普通继电器相同，开关频率和工作寿命都比晶体管输出型低。为使 PLC 避免受瞬间大电流的作用而损坏，输出端外部接线必须采用保护措施：一是输出公共端接熔断器；二是采用保护电路，对交流感性负载用阻容吸收回路，对直流感性负载用续流二极管。

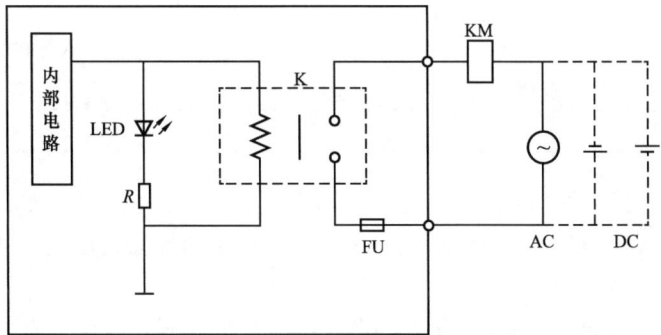

图 3-5 继电器输出型电路

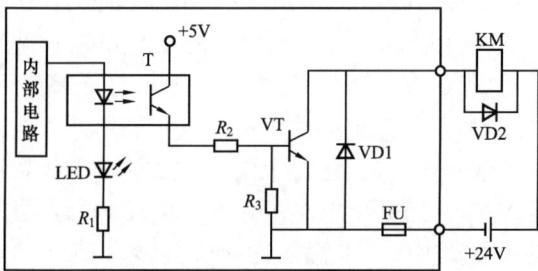

图 3-6 晶体管输出型电路

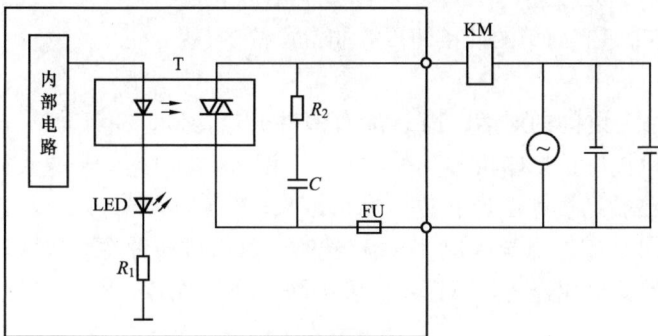

图 3-7 晶闸管输出型电路

（2）晶体管输出型电路如图 3-6 所示，VT 为输出晶体管，内部输出继电器状态为 1 时导通，形成电流回路，负载得电。VD1 为保护二极管，防止负载电压极性接反或电压过高。FU 为熔断器，起短路保护作用。晶体管为无触点开关，寿命长，可关断次数多。

（3）晶闸管输出型一般应用较少，电路如图 3-7 所示。T 为光控双向晶闸管，R_2 和 C 组成阻容吸收电路。

每种输出电路都采用电气隔离技术，电源由外部提供，输出电流一般为 0.5~2A，输出电流的额定值与负载的性质有关。由于输入和输出端是靠光信号耦合的，在电气上是完全隔离的，因此输出端的信号不会反馈到输入端，也不会产生地线干扰或其他干扰，因此 PLC 具有很高的可靠性和极强的抗干扰能力。3 种不同输出电路的特性比较见表 3-1。

表 3-1　　　　　　　　　　　　　输出电路输出特性比较表

输出电路类型	继电器输出型	晶体管输出型	晶闸管输出型
输出电压类型	交流、直流	直流	交流、直流
输出电压等级	中（220V）	低（24V）	高（600V）
输出频率	低（1Hz）	高（100kHz）	中

输出电路类型	继电器输出型	晶体管输出型	晶闸管输出型
可关断次数	少	多	多
响应时间	长	短	中

可编程控制器的输入/输出电路分为共点式、分组式和隔离式 3 种。

（1）输入/输出单元只有一个公共端子的称为共点式，外部输入的元件均有一个端子与公共端相接；

（2）输入/输出端子分为若干组称为分组式，每组分别共用一个公共端子；

（3）具有公共端子，各组输入/输出点之间互相隔离称为隔离式，可各自使用独立的电源。

四、电源单元

可编程控制器电源单元包括系统的电源、保护电路及备用电池。电源单元的作用是把外部电源转换成内部工作电压。PLC 电源一般使用 220V 的交流电，内部的开关电源为 PLC 的 CPU、存储器和其他电路提供 DC 5V、DC±12V、DC 24V 电源，使 PLC 能够正常运行。电源单元还向外部提供 24V 直流电源，可作为某些传感器的电源。电源采用开关电源，其特点是输入电压范围宽、体积小、质量轻、效率高、抗干扰性能好。电源部件的位置形式可有多种，对于整体式结构的 PLC，通常电源封装到机壳内部；对于模块式 PLC，可采用单独电源模块，也可将电源与 CPU 封装到一个模块中。电源的性能直接影响 PLC 的抗干扰能力。

五、扩展接口单元

扩展接口用于将扩展模块与基本单元相连，使 PLC 的配置灵活以满足不同控制系统的需要。各功能模块与 PLC 主机连接时只需简单的插接即可，非常方便。

六、通信接口单元

为了实现"人—机"或"机—机"之间的对话，PLC 配有多种通信接口。并且 PLC 通过这些通信接口可以与编程器、人机接口、打印机和其他的 PLC 或计算机相连。当与人机接口相连时，可接收设置的控制参数或将过程图像和数据显示出来；当 PLC 与打印机相连时，可将过程信息、系统参数等输出打印；当与其他 PLC 相连时，可组成多种系统或联成网络，实现更大规模的控制；当与计算机相连时，可以组成多级网络控制系统，实现控制与管理相结合的综合控制。

七、编程器

PLC 的编程器是用来生成 PLC 的用户程序，并对程序进行编辑、修改、调试的外部专用设备，编程器实现了人与 PLC 的对话。通过编程器可以把用户程序输入到 PLC 的 RAM 中，可以对 PLC 的工作状态进行监视和跟踪。编程器分为简易型和智能型。简易型编程器体积很小，由键盘和液晶显示器组成，只能输入和编辑助记符语句程序。简易编程可直接插在 PLC 的插座上，有的要用电缆与 PLC 相接。智能型编程器实际是一台专用计算机，可以直接输入梯形图程序。它可以在线（联机）编程，也可以离线（脱机）编程。离线编程不影响 PLC 的现行工作，待程序编写完后再与 PLC 相接。近年来，智能型编程器一般采用个人计算机装上相应的编程软件构成，世界上各主要的 PLC 生产厂家现生产的 PLC 都采用了这种计算机编程。

第六节　可编程控制器的工作原理

一、可编程控制器取代继电器实例

电动机启/停控制线路如图 3-8 所示。SB0 为启动按钮，SB1 为停止按钮，通过中间继电器 KA 控制接触器 KM 来实现对电动机的启/停控制。电动机主电路在此处省略未画。

PLC 控制取代继电器控制时，电动机启/停控制线路中输入器件 SB0、SB1 和输出器件 KM 等元件是必不可少的，是不能被取代的。中间继电器的线圈和常开触点完成的控制逻辑可由 PLC 程序代替，对于非常复杂的继电器逻辑控制效果会更加明显。PLC 控制电动机启/停线路如图 3-9 所示。

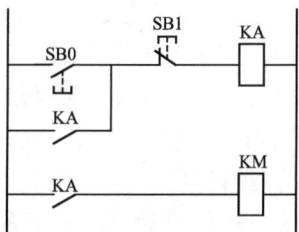

图 3-8　电动机启/停控制线路　　　　图 3-9　PLC 控制电动机启/停线路图

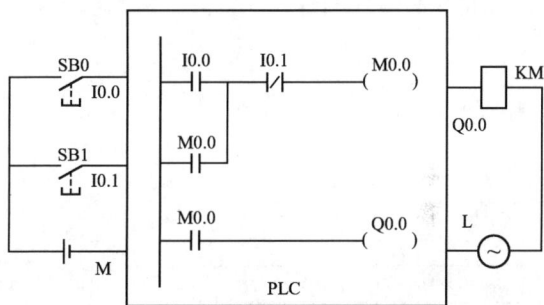

PLC 控制电动机启/停线路图中 PLC 内部为梯形图程序，可以实现电动机启/停控制。图中 I0.0 和 I0.1 为 PLC 的输入继电器，对应输入端子分别接 SB0 和 SB1。Q0.0 为输出继电器，对应的输出端子接 KM。M 为输入公共端子，L 分别为输出公共端子。M0.0 为中间继电器，不对应任何外部端子。按钮 SB1 的触点要用常开触点，而不是继电器控制线路中的常闭触点。在实际的 PLC 系统中，按钮大多使用其常开触点。假设用按钮 SB1 常闭触点，电源电流直接接入后，输入继电器 I0.1 常闭触点必然断开，这样接通 I0.0 也无法使 M0.0 线圈得电。外部按钮 SB1 的触点用常闭触点时，梯形图程序中输入继电器 I0.1 要使用常开触点，这样也可以实现控制，一般很少这样应用。

分析梯形图程序可参考继电器控制线路，二者有相似之处。梯形图程序中 I0.0 为常开触点，I0.1 为常闭触点。外部启动按钮 SB0 按下，输入端子 I0.0 接入直流电，内部电路接到输入信号，输入继电器 I0.0 闭合。由于 I0.1 已经闭合，因此有能流从左边母线流到 M0.0 线圈，线圈得电并自锁。M0.0 常开触点闭合使能流流到 Q0.0 线圈，Q0.0 线圈得电，接通外部接触器 KM 线圈与交流电源构成的回路，使线圈得电，主触点闭合后电动机启动。当外部按钮 SB1 按下，输入端子 I0.1 接入直流电，内部电路接到信号，输入继电器 I0.1 常闭触点断开，M0.0 线圈失电，电动机停转。

梯形图与继电器控制电路有相似之处，但不是一一对应的。梯形图与继电器控制电路的差异有以下 5 点。

（1）软继电器不是物理继电器。梯形图内各种元件沿用了继电器的叫法，称之为软继电器，即后面要介绍的软元件。梯形图中的输入继电器和输出继电器不是物理继电器，每个软继电器各为存储器中的一位，相应位为"1"状态，表示该继电器线圈通电，相应位为"0"状态，表示该继电器线圈断电，故称之为软继电器。用软继电器就可以按继电器控制系统的形式来设计梯形图。

（2）能流的表示方式。能流是用户程序解释中满足输出执行条件的形象表示方式，梯形图流过的能流不是物理电流。它只能从左到右、自上而下流动，能流决不允许倒流。能流流到线圈，则线圈接通。STEP7编程软件中有类似的功能，有能流流过的器件可以显示高亮蓝色。而继电器控制系统中的电流是不受方向限制的，畅通的带电源的回路即有电流。

（3）梯形图中的常开、常闭触点不是现场物理开关的，触点对应输入、输出映像寄存器或数据寄存器中的相应位的状态，而不是现场物理开关的触点状态。PLC认为常开触点是取位状态操作，常闭触点应理解为位取反操作。因此在梯形图中同一元件的一对常开、常闭触点的切换没有时间的延迟，常开、常闭触点只是互为相反状态。而继电器控制系统绝大多数的电器是属于先断后合型的电器，常闭与常开触点动作稍有一定时间延迟。

（4）梯形图中的输出线圈不是物理线圈。输出线圈的状态对应输出映像寄存器相应位的状态，不是现场电磁线圈的实际状态，不能用它直接驱动外部负载。

（5）梯形图中的触点原则上可无限次使用，线圈通常只引用一次。编程时PLC内部继电器的触点原则上可无限次反复使用，因为存储单元中的位状态可取用任意次，而继电器控制系统中的继电器触点应用次数是有限的，且数目较少。可编程序控制器内部的线圈通常作为输出只用一次，不宜重复使用同一地址编号的线圈。否则会出现操作异常，导致事故发生。

二、可编程控制器的工作原理

（一）可编程控制器工作方式与运行框图

可编程控制器是一种工业控制计算机，它的工作原理是建立在计算机工作原理基础上，即通过执行反映控制要求的用户程序来实现的。PLC是按集中输入、集中输出、周期性循环扫描的方式进行工作的。CPU从第一次指令执行开始，按顺序逐条地执行用户程序直到结束，然后返回第一条指令开始新的一轮扫描。PLC就是这样周而复始地重复上述循环扫描的。每一次扫描所用的时间称为扫描周期或工作周期。

PLC工作的全部过程可用图3-10所示

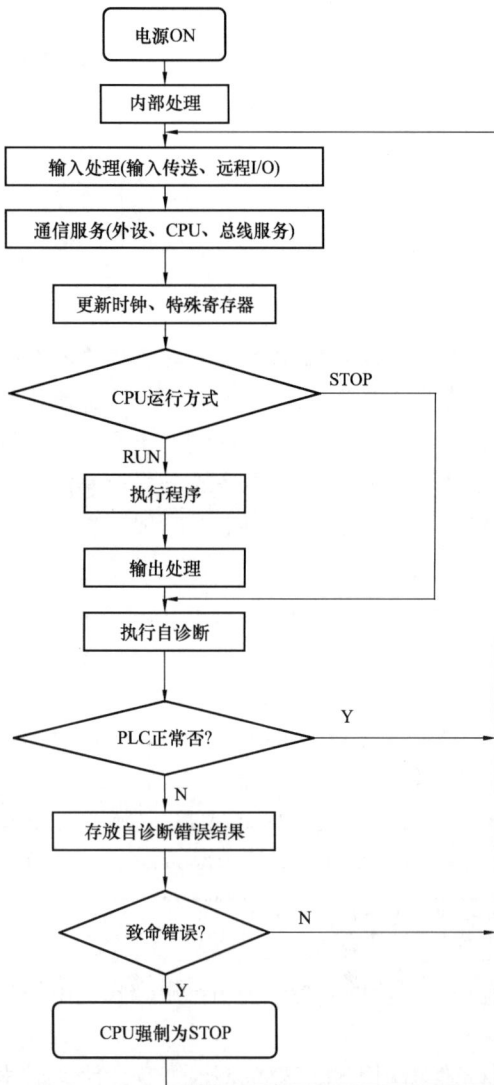

图3-10　PLC运行框图

的运行框图来表示，整个过程可分为 3 部分，即上电处理、扫描过程和出错处理。

1. 上电处理

PLC 上电后对系统进行一次初始化，包括硬件初始化，I/O 模块配置检查、停电保持范围设定及其他初始化处理等。

2. 扫描过程

PLC 上电处理完后进入扫描工作过程。先进行输入处理，其次完成与其他外设的通信处理，再次进行时钟、特殊寄存器更新。当 CPU 处于 STOP 方式时，转入执行自诊断检查。当 CPU 处于 RUN 方式时，还要完成用户程序的执行和输出处理，再转入执行自诊断检查。PLC 工作的中心任务都在此阶段完成。

3. 出错处理

PLC 每扫描一次，执行一次自诊断检查，确定 PLC 自身的状态是否正常，如 CPU、电池电压、程序存储器、I/O 和通信等是否异常或出错。如检查出错异常时，CPU 面板上的各种指示 LED 及异常继电器会接通，在特殊寄存器中会存入出错代码；当出现致命错误时，CPU 被强制为 STOP 方式，所有的扫描都停止。

PLC 运行正常时，扫描周期的长短与 CPU 的运算速度、I/O 点的情况、用户应用程序的长短及编程情况等有关。通常用 PLC 执行 1KB 指令所需要时间来说明其扫描速度（一般为 1~10ms/KB）。值得注意的是，不同指令其执行时间是不同的，从零点几微秒到上百微秒不等，故选用不同指令所用的扫描时间将会不同。若用于高速系统要缩短扫描周期时，可从软件和硬件上同时考虑。

（二）PLC 工作过程的中心内容

PLC 工作过程的中心内容如图 3-11 所示，分为输入采样、程序执行和输出刷新 3 个阶段。

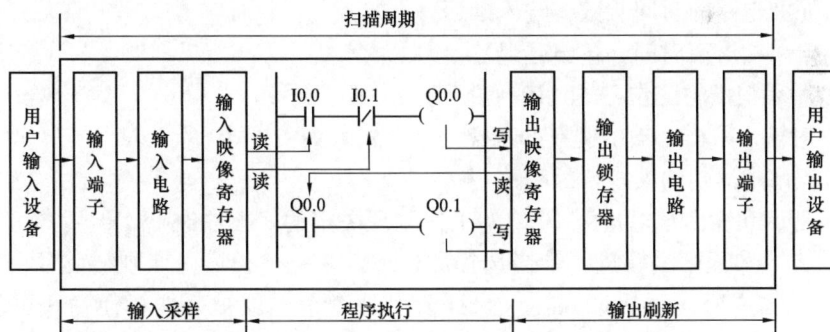

图 3-11　PLC 工作过程的中心内容图

1. 输入采样

PLC 在输入采样阶段，首先扫描所有输入端子，顺序读入所有输入端子的通电状态，并将读入的信息存入内存中相对应的映像寄存器。输入映像寄存器被刷新后进入程序执行阶段。程序执行阶段和输出刷新阶段输入映像寄存器与外界隔离，无论输入信号如何变化，其映象寄存器内容均保持不变，直到下一个扫描周期的输入采样阶段，才重新写入输入端的新内容。所以，一般情况下输入信号的宽度要大于一个扫描周期，否则很可能造成信号的丢失。

2. 程序执行

根据 PLC 梯形图程序扫描原则，PLC 按从左到右、从上到下的步骤顺序执行程序。当指令中涉及输入、输出状态时，PLC 就从输入映像寄存器中读入对应输入端子状态，从元件映像寄存器读入对应元件的当前状态。然后，进行相应的运算，运算结果再存入元件映像寄存器中。对于每个元件来说，元件映像寄存器中所寄存的内容会随着程序执行过程而变化。对元件映像寄存器来说，每一个元件的状态会随着程序执行过程而变化。

3. 输出刷新

在所有指令执行完毕后，元件映像寄存器中所有输出继电器的状态（接通/断开）在输出刷新阶段转存到输出锁存器中，通过隔离电路，最后经过输出端子驱动外部负载。

在用户程序执行阶段 PLC 对输入、输出的处理必须遵守以下规则。

（1）输入映像寄存器的内容，由上一个扫描周期输入端子在输入采样期间的状态决定；

（2）输出映像寄存器的状态，由程序执行期间输出指令的执行结果决定；

（3）输出锁存器的状态，由上一次输出刷新期间输出映像寄存器的状态决定；

（4）输出端子的状态，由输出锁存器来决定；

（5）执行程序时所用的 I/O 状态值，取用于输入、输出映像寄存器的状态。

PLC 以扫描的方式处理信息，连续地、顺序地、循环地逐条执行程序。在任何时刻它只能执行一条指令，即以"串行"处理方式进行工作，这样会导致输入/输出延迟响应。输入/输出延迟响应时间是指当 PLC 的输入端的信号发生变化到 PLC 输出端对该变化作出反应需要一段时间，也称滞后时间。电磁式电器的固有动作时间为几十至几百毫秒，输入/输出延迟响应时间一般仅为 1～2 个扫描周期，故一般是允许的。但是对那些要求响应速度快的场合，如响应时间小于一个扫描周期的场合，则不能满足。这时可考虑使用快速响应模块或专门立即 I/O 指令，通过与扫描周期脱离的方式来解决。

响应时间是设计 PLC 控制系统时应了解的一个重要参数。响应时间与以下因素有关。

（1）输入滤波电路的时间常数（输入延迟）；

（2）输出电路的滞后时间（输出延迟）；

（3）PLC 循环扫描的工作方式（串行处理方式）；

（4）PLC 对输入采样、输出刷新的特殊处理方式（集中方式）；

（5）用户程序中语句的安排（编程技巧）。

其中输入延迟和输出延迟是由 PLC 的工作原理决定的，无法改变，但用户可对串行处理方式、集中方式和程序编写进行恰当选择和处理。在一个扫描周期刚结束时收到一个输入信号，下一扫描周期一开始进入输入采样阶段这个信号就被采样，使输入更新，这时响应时间最短。最短响应时间等于输入延迟时间、一个扫描周期和输出延迟时间三者之和。如果收到的一个输入信号，经输入延迟后，刚好错过 I/O 刷新时间，在该扫描周期内这个输入信号不会起作用，要到下一个扫描周期输入采样阶段才被读入，使输入更新，这时响应时间最长。最长响应时间是输入/输出延迟时间与两个扫描时间输出延迟时间相加之和。

第七节　可编程控制器的软元件

一、软元件

软元件是由存储器单元和电子电路组成的具有一定功能的器件，在可编程控制器中使用的每个输入/输出、内部存储单元、定时器和计数器等都称为软元件。各元件都有其不同的功能，有固定的地址。软元件的数量决定了可编程控制器的规模和数据处理能力，每一种 PLC 的软元件是有限的。各种型号 PLC 的软元件表示符号不尽相同，下边以 S7 - 200 为例加以介绍。

（1）输入继电器（I）：一般都有一个 PLC 的输入端子与之对应，它用于接收外部的开关信号。当外部的开关信号闭合，则输入继电器的线圈得电，在程序中其常开触点闭合，常闭触点断开。这些触点可以在编程时任意使用，使用次数不受限制，即无限次使用。在每个扫描周期的开始，PLC 对各输入点进行采样，并把采样值送到相应的输入映像寄存器。PLC 在接下来的本周期的其他阶段不再改变输入映像寄存器中的值，直到下一个扫描周期的输入采样阶段。PLC 输入映像寄存器区的大小可以在 PLC 的使用手册上查到，实际输入点数不能超过这个数量，未用的输入映像区可以作其他编程元件使用，如可以当通用辅助继电器或数据寄存器，但这只有在寄存器的整个字节的所有位都未占用的情况下才可作他用，否则会出现错误的执行结果。

（2）输出继电器（Q）：在每个扫描周期的输入采样、程序执行等阶段，并不把输出结果信号直接送到输出继电器，而只是送到输出映像寄存器，只有在每个扫描周期的末尾才将输出映像寄存器中的结果几乎同时送到输出锁存器，对输出点进行刷新。实际未用的输出映像区可作他用，用法与输入继电器相同。输出继电器一般都有一个 PLC 的输出端子与之对应，当通过程序使得输入继电器线圈得电时，PLC 上的输出端开关闭合，它可以作为控制外部负载的开关信号。同时在程序中其常开触点闭合，常闭触点断开。这些触点可以在编程时任意使用，使用次数不受限制。

（3）通用辅助继电器（M）：其作用和继电器控制系统中的中间继电器类似，主要起逻辑控制作用，在设计中它被大量的使用来计算一些中间变量的逻辑关系。它在 PLC 中没有外部输入/输出端与之对应，因此它的触点不能驱动外部负载。

（4）计数器（C）：用来累计输入脉冲的个数，经常用来对产品进行计数或进行特定功能的编程。计数器的计数脉冲由外部输入，计数脉冲的有效沿是输入脉冲的上升沿或下降沿，计数的方式有累加、减和加减 3 种。使用时要提前输入它的设定值（计数个数）。当输入触发条件满足时，计数器开始累计它的输入端脉冲电位上升沿（正跳变）的次数；当计数器计数达到预定的设定值时，其常开触点闭合，常闭触点断开。

（5）定时器（T）：是可编程控制器中重要的编程元件，是累计时间增量的内部器件。定时器的工作过程与继电器控制系统中时间继电器基本相同，但它没有瞬动触点。使用时要提前输入时间预定值，当定时器的输入条件满足时开始计时，当前值从 0 开始按一定的时间单位增加；当定时器的当前值达到预设值时，定时器触点动作，利用定时器的触点就可以控制所需的延时时间。定时器的定时精度高，分为 1ms，10ms 和 100ms 3 种，由编程者根据精度需要选用。

（6）顺序控制继电器（S）：有些 PLC 中也把顺序控制继电器称为状态器。顺序控制继电器用在顺序控制或步进控制中。

（7）特殊标志位（SM）：用来存储系统的状态变量和有关控制信息，特殊标志位分为只读区和可写区，具体划分随 CPU 的不同而不同。

（8）变量存储器（V）和局部变量存储器（L）：变量存储器是保存程序执行过程中控制

逻辑操作的中间结果，所有的 V 存储器都可以存储在永久存储器区内。局部变量存储器存储局部变量，不是全局有效的。

（9）高速计数器（HC）：与一般计数器不同之处在于，计数脉冲频率可达 100kHz，计数容量大。一般计数器为 16 位，而高速计数器为 32 位。一般计数器可读可写，而高速计数器一般只能作读操作。

（10）累加器（AC）：在 S7 - 200 CPU 中有 4 个 32 位累加器，即 AC0～AC3，用它可把参数传给子程序或任何带参数的指令和指令块。此外，PLC 在响应外部或内部的中断请求而调用中断服务程序时，累加器中的数据不会丢失，即 PLC 会将其中的内容压入堆栈。因此，用户在中断服务程序中仍可使用这些累加器，待中断程序执行完返回时，将自动从堆栈中弹出原来的内容，以恢复中断前累加器的内容。但应注意，不能利用累加器作主程序和中断服务子程序之间的参数传递。

（11）模拟量输入映像寄存器/模拟量输出映像寄存器（AI/AQ）。模拟量输入/输出电路可实现模拟量的 A/D 和 D/A 转换，而 PLC 所处理的是其中的数字量。模拟量输入/输出寄存器中数字量长度为 1 个字长（16 位），且从偶数字节进行编址来存储转换过的模拟量值，如 0、2、4、6 等。编址内容包括元件名称、数据长度和起始字节的地址，如 AIW0 和 AQW12 等。

二、CPU 存储器区域的直接寻址

在 S7 - 200 PLC 中所处理数据有 3 种，即常数、数据存储器中的数据和数据对象中的数据。

（一）常数及类型

在 S7 - 200 的指令中可以使用字节、字、双字类型的常数，常数的类型为十进制、十六进制（16#7AB4）、二进制（2#10001100）或 ASCII 字符（"SIMATIC"）。PLC 不支持数据类型的处理和检查，因此在有些指令隐含规定字符类型的条件下，必须注意输入数据的格式。

数据类型：b（bit 1 位）、B（Byte 8bit）、W（Word 16bit）、DW（DWord 32bit）、R（Real 32bit）。b 为布尔量，其他可以是十进制、十六进制或 ASCII 字符，默认为十进制。

（二）数据存储器的寻址

（1）数据地址的一般格式。数据地址一般由两个部分组成，格式为 Aa1. a2。其中：A 区域代码（I、Q、M、SM、V），a1 为字节首址，a2 为位地址（0～7）。例如 I10. 1 表示该数据在 I 存储区 10 号地址的第 1 位。

（2）数据类型符的使用。在使用以字节、字或双字类型的数据时，除了所用指令已隐含有规定的类型外，一般都应使用数据类型符来指明所取数据的类型。数据类型符共有 3 个，即 B（字节）、W（字）和 D（双字），它的位置应紧跟在数据区域地址符后面。例如对变量存储器有 VB100、VW100 和 VD100。同一个地址，在使用不同的数据类型后，所取出数据占用的内存量是不同的。

（三）数据对象的寻址

数据对象的地址基本格式为：An，其中 A 为该数据对象所在的区域地址。A 共有 6 种：T（定时器）、C（计数器）、HC（高速计数器）、AC（累加器）、AIW（模拟量输入）和 AQW（模拟量输出）。

直接寻址按位寻址的格式为：Ax.y。CPU 存储器中位数据表示方法如图 3-12 所示。存储区内另有一些元件是具有一定功能的硬件，由于元件数量很少，因此不用指出元件所在存储区域的字节，而是直接指出它的编号。其寻址格式为 Ax。数据寻址格式为 ATx。

S7-200 PLC 元件名称及直接寻址格式见表 3-2 所示。

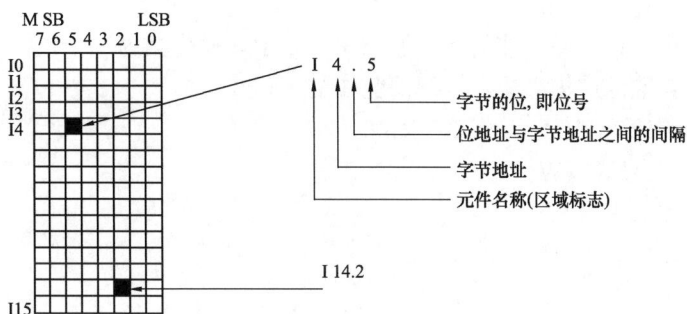

图 3-12　CPU 存储器中位数据表示方法举例

表 3-2　　　　　　　　　　　　S7-200 PLC 元件名称及直接寻址格式

元件符号（名称）	所在数据区域	位寻址格式	其他寻址格式
I（输入继电器）	数字量输入映像区	Ax.y	ATx
Q（输出继电器）	数字量输出映像区	Ax.y	ATx
M（通用辅助继电器）	内部存储器区	Ax.y	ATx
SM（特殊继电器）	特殊存储器区	Ax.y	ATx
S（顺序控制继电器）	顺序控制继电器存储器区	Ax.y	ATx
V（变量存储器）	变量存储器区	Ax.y	ATx
L（局部变量存储器）	局部变量存储器区	Ax.y	ATx
T（定时器）	定时器存储器区	Ax	Ax（仅字）
C（计数器）	计数器存储器区	Ax	Ax（仅字）
AI（模拟量输入映像寄存器）	模拟量输入存储器区	无	Ax（仅字）
AQ（模拟量输出映像寄存器）	模拟量输出存储器区	无	Ax（仅字）
AC（累加器）	累加器区	无	Ax（任意）
HC（高速计数器）	高速计数器区	无	Ax（仅双字）

三、CPU 存储器区域的间接寻址方式

间接寻址方式是数据存放在存储器或寄存器中，在指令中只出现所需数据所在单元的内存地址的地址。存储单元地址的地址又称为地址指针。这种间接寻址方式与计算机的间接寻址方式相同。间接寻址在处理内存连续地址中的数据时非常方便，而且可以缩短程序所生成的代码的长度，使编程更加灵活。用间接寻址方式存取数据需要做的工作有 3 步：建立指针、间接存取和修改指针。

（一）建立指针

建立指针必须用双字传送指令（MOVD），将存储器所要访问的单元的地址装入用来作为指针的存储器单元或寄存器，装入的是地址而不是数据本身，格式如下。

例：MOVD　　　　&VB200，VD302

　　MOVD　　　　&MB10，AC2

```
MOVD            &C2，LD14
```

（二）间接存取

指令中在操作数的前面加"∗"表示该操作数为一个指针。下面两条指令是建立指针和间接存取的应用方法，执行情况如图 3-13 所示。

```
MOVD            &VB200，AC0
MOVW            ∗AC0，AC1
```

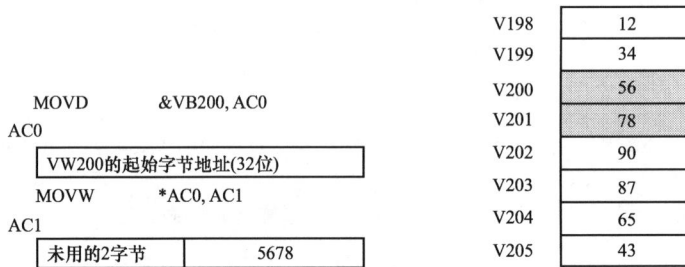

图 3-13　间接存取

（三）修改指针

下面的指令可以修改指针，执行情况如图 3-14 所示。

```
INCD            AC0
INCD            AC0
MOVW            ∗AC0，AC1
```

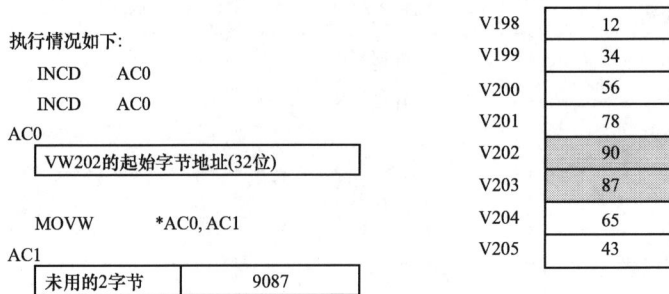

图 3-14　修改指针

本 章 小 结

本章着重介绍了可编程控制器的产生、定义、发展、应用、特点、结构和原理。PLC的发展紧随现代化工业的发展，其技术也主要应用于工业自动化系统中，是专为工业环境设计的计算机。PLC结构中输入/输出接口电路形式多样，相应电路针对不同的输入/输出设备。PLC控制取代传统的继电器控制主要是取代以中间继电器和时间继电器为主的继电器控制逻辑，梯形图与继电器线路既有相似之处又有明显的不同。PLC是按集中输入、集中输出、周期性循环扫描的方式进行工作的，理解其工作原理对今后学习PLC指令非常有益。

习　　题

1. PLC 是怎样定义的?

2. PLC 的特点有哪些?

3. 与继电器控制系统相比 PLC 控制系统有哪些优势?

4. PLC 与工业计算机或单片机相比有什么优势?

5. PLC 的功能有哪几项? 应用 PLC 设计的具体产品有哪些?

6. PLC 的主要部件有哪些? 各部分的作用是什么?

7. PLC 开关量输出接口按输出开关器件的种类不同有几种形式? 各有什么样的特点?

8. PLC 梯形图程序与继电器控制线路有什么不同?

9. PLC 是按什么样的工作方式工作的? 工作的中心任务是什么? 扫描工作过程各阶段的主要任务是什么?

10. 怎样理解 PLC 的循环扫描工作方式?

11. PLC 中软继电器的主要特点是什么?

第四章 S7 - 200 PLC 的硬件介绍

S7 - 200 系列 PLC 是 SIEMENS 公司推出的一种小型 PLC。它具有紧凑的结构，良好的扩展性能，丰富的指令功能，低廉的价格，极高的可靠性，强大的通信能力等，已经成为现代工业各种小型控制工程的理想控制器。S7 - 200 的 STEP7 - Micro/WIN32 编程软件可以方便地在 Windows 环境下对 PLC 编程、调试、监视和控制，使得 PLC 的编程更加方便、快捷。本书以 S7 - 200 系列 PLC 主机 CPU224 作为主要机型，介绍 PLC 及其系统的硬件知识。

第一节 可编程控制器的分类

可编程控制器的品种繁多，型号规格也不统一，分类方法也有多种。按 PLC 结构形式、I/O 点数和功能的不同，PLC 有以下分类方法。

一、按结构形式分类

按结构形式可以分为以下 3 种。

（1）整体式结构 PLC 是将输入/输出接口路、CPU、存储器、稳压电源封装在一个壳体内，壳体外侧分装有 I/O 接线端子、电源进线端子、扩展接口和通信接口。S7 - 200 系列 PLC 就属于整体式结构 PLC。

（2）模块式结构 PLC 为总线结构，在总线板上有若干个总线插槽，每个插槽上可安装一个 PLC 模块。不同的模块实现不同的功能，根据控制系统的要求配置相应的模块，如 CPU 模块（包括存储器）、电源模块、输入模块、输出模块、通信模块以及其他特殊功能模块等。S7 - 300 和 S7 - 400 系列 PLC 属模块式 PLC。

（3）分散式结构是将 PLC 的 CPU、电源、存储器集中放置在控制室内，将各扩展模块分散放置在各个工作站，用通信接口进行连接，由 CPU 集中控制。

3 种 PLC 结构框图如图 4 - 1 所示。

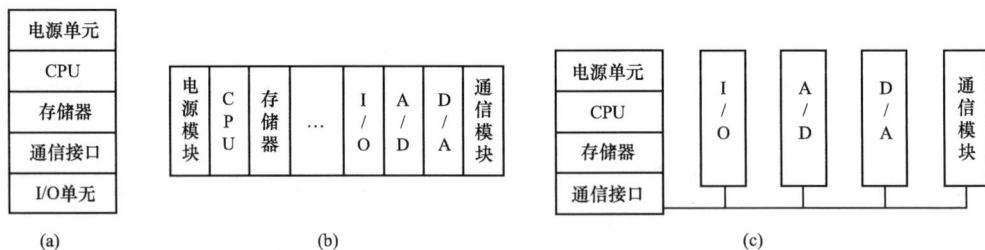

图 4 - 1 PLC 3 种不同的结构图
(a) 整体式；(b) 模块式；(c) 分散式

整体式 PLC 的每一个 I/O 点的平均价格比模块式的便宜，且体积相对较小，一般用于系统工艺过程较为固定的小型控制系统中；而模块式 PLC 的功能扩展灵活方便，在 I/O 点数、输入点数与输出点数的比例和 I/O 模块的种类等方面选择余地大，且维修方便，一般应用于较复杂的控制系统。

二、按 I/O 点数分类

按 I/O 点数可分为微型机、小型机、中型机和大型机 4 类。

（1）微型机：I/O 总点数在 64 点以内，程序存储容量小于 1K 字节。具有逻辑运算功能，并有定时、计数等功能。SIEMENS LOGO! PLC 属微型机。

（2）小型机：I/O 总点数在 64～256 点之间，程序存储容量小于 4K 字节。它不但有逻辑运算、定时、计数等基本功能，而且有少量模拟量 I/O、通信等功能，结构形式多为整体式。小型机适于单机控制和组成简单网络控制，是 PLC 中应用最多的产品。S7－200 系列 PLC 属于小型机。

（3）中型机：I/O 点数在 256～2048 点之间，程序存储容量可达 16K 字节，结构形式多为模块式。中型机适于较为复杂的逻辑控制和连续的生产线控制，可组成较为复杂的过程控制系统。S7－300 系列 PLC 属中型机。

（4）大型机：I/O 点数在 2048 点以上，程序存储容量大于 16K 字节。强大的通信联网功能使 PLC 组成集散控制系统、现场总线控制系统，以及更大规模的工业自动化网络。大型机结构形式为模块式和分散式。S7－400 系列 PLC 属大型机。

进入 21 世纪以来 PLC 发展更加迅速，大型机的计算机化已成为当今的发展趋势。微型机、小型机功能有的已达到原来大、中型机的水平。各种档次的机型也是不断推陈出新，变化非常快的，因此以上分类并不严格。

第二节　S7－200 PLC 系统硬件组成

S7－200 PLC 包含了一个单独的 CPU 主机和各种可选择的扩展模块，可以十分方便地组成不同规模的控制器。也可以方便地组成 PLC-PLC 网络和 PLC-微机网络，完成规模更大的工程。S7－200 PLC 系统硬件组成如图 4－2 所示。

1. CPU 主机

CPU 主机又称作 CPU 模块，也称为本机。它包括 CPU、存储器、基本输入/输出点和电源等，是 PLC 的最主要部分。CPU 主机本身就是一个完整的控制系统，可以

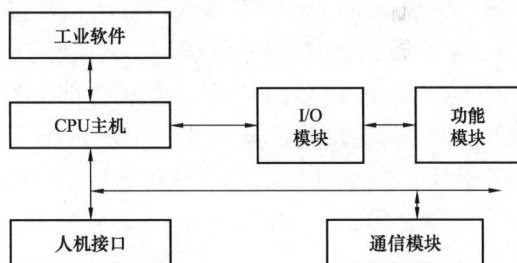

图 4－2　PLC 系统组成

单独完成一定的控制任务。S7－200PLC 主机型号有 CPU221、CPU222、CPU224、CPU224XP、CPU226、CPU226XM 等。CPU224XP 为 CPU224 的改进型，CPU226XM 为 CPU226 的增强型，功能都有所加强。

2. I/O 模块

主机 I/O 点数量不能满足控制系统的要求时，用户可以根据需要扩展各种 I/O 模块，I/O 模块包括输入模块 EM221、输出模块 EM222 和输入/输出模块 EM223 等。

3. 功能模块

当需要完成某些特殊功能的控制任务时，需要扩展功能模块。包括模拟量输入模块

EM231、模拟量输出模块 EM232、模拟量输入/输出模块 EM235、热电偶温度测量模块 EM231TC、热电阻温度测量模块 EM231RTD 和位置控制模块 EM253 等。

4. 通信模块

为组成各种层次的网络而扩展的专门应用于通信的模块为通信模块。通信模块包括 PROFIBUS－DP 现场总线模块 EM277、调制解调器模块 EM241、AS－i 接口模块 CP243－2、以太网模块 CP243－1 和 CP243－1 IT 等。

5. 人机接口

人机接口是近些年 PLC 发展进步的重要标志之一，可以充分和方便地利用系统的硬件和软件资源，通过友好的界面轻松地完成各种监视、调整和控制任务。人机操作接口有文本显示器 TD200 和 TD400，触摸屏 TP170 和 TP270 等，操作员面板 OP27 和 OP37 等。

6. 工业软件

工业软件是为了更好地管理和使用上述设备而开发的与之相配套的程序，它主要由标准工具、工程工具、运行软件和人机接口软件等几大类构成。SIEMENS 公司开发的 STEP－7 V3.2、V4.0 和 V5.2 3 种编程软件分别用于 CPU224、CPU224XP 和 CPU315－2DP；PROTOOL 人机接口组态软件可用于 TP170 和 TP270 等人机接口设备；组态软件 WINCC V6 可用于更广泛的工业控制。

第三节　S7－200 PLC 主机技术规范

一、S7－200 的主要机型

从 CPU 主机的功能来看，S7－200 系列小型可编程序控制器发展至今，经历了两代产品。

第一代产品的 CPU 模块为 CPU21*，现已基本退出市场；第二代产品的 CPU 模块为 CPU22*，是 21 世纪初投放市场的。其速度快、功能强，具有极强的通信功能。

S7－200 系列 PLC 的 CPU 主机的外部结构大体相同，都有牢固而紧凑的塑料外壳。顶部端子盖下边为输出端子和 PLC 供电电源端子。输出端子的运行状态可以由顶部端子盖下方一排指示灯显示，ON 状态对应指示灯亮。底部端子盖下边为输入端子和传感器电源输出端子。输入端子的运行状态可以由底部端子盖上方一排指示灯显示，ON 状态对应指示灯亮。

前盖下面有运行、停止开关和接口模块插座。将开关拨向停止位置时，PLC 处于停止状态，此时可以对其编写程序。将开关拨向运行位置时，PLC 处于运行状态，此时不能对其编写程序。将开关拨向监控状态，可以运行程序，同时还可以监控程序运行的状态。接口插座用于连接扩展模块，实现 I/O 模块等的扩展。

二、S7－200 主机的技术规范

（一）S7－200 主机的技术指标

CPU224 集成了 14 点输入/10 点输出，共有 24 点数字量 I/O。它可连接 7 个扩展模块，最大扩展到 168 点数字量 I/O 或 35 路模拟量 I/O。6 个独立的 30kHz 高速计数器，两路独立的 20kHz 高速脉冲输出，具有 PID 控制器。1 个 RS－485 通信/编程口，具有 PPI 通信协议、MPI 通信协议和自由方式通信能力。

S7－200 系列 PLC 的存储系统由 RAM 和 EEPROM 两种存储器构成，CPU224 有 13KB 程序和数据存储空间。CPU 模块内部配备一定容量的 RAM 和 EEPROM，CPU 主机还支持外插可选的 EEPROM 存储器卡。超级电容和电池模块用于长时间保持数据，用户数据可通过主机的超级电容存储若干天；电池模块可选，可使数据的存储时间延长到 200 天。

当 CPU 的 I/O 点数不够用或需要进行特殊功能的控制时，就要进行扩展。不同的 CPU 有不同的扩展规范，它主要受 CPU 的功能限制。

S7－200 PLC 的电源电压有（20.4～28.8）V DC 和（85～264）V AC 两种，主机上还集成了 24V 直流电源，可以直接用于连接传感器和小容量负载。S7－200 的输出类型有晶体管（DC）、继电器（DC/AC）两种输出方式。它可以用普通输入端子捕捉比 CPU 扫描周期更快的脉冲信号，实现高速计数。两路最大可达 20kHz 的高频脉冲输出，可用于驱动步进电动机和伺服电动机以实现精确定位任务。可以用模块上的电位器来改变它对应的特殊寄存器中的数值，可以实时更改程序运行中的一些参数，如定时器/计数器的设定值、过程量的控制参数等。实时时钟可用于对信息加注时间标记，记录机器运行时间或对过程进行时间控制。

（二）S7－200 PLC 的输入规范

PLC 主机应用最多的输入形式是直流输入型，CPU 输入规范有助于了解 PLC 性能和进行 PLC 选择。CPU 直流输入规范见附录表 A－1。

（三）S7－200 PLC 的输出规范

CPU 的输出接口电路有继电器输出和晶体管输出两种类型。每种输出电路都采用电气隔离技术，电源由外部提供，输出电流一般为 0.5～2A，输出电流的额定值与负载的性质有关。为使 PLC 避免受瞬间大电流的作用而损坏，输出端外部接线必须采用保护措施，这样就不会产生地线干扰或其他串扰。CPU 输出规范见附录表 A－2。

三、CPU224XP 的技术指标

CPU224XP 是 CPU224 的改进型，功能更加完善。其最大特点是除具有数字量的输入/输出端口外，还具有 1 路模拟量输出和 2 路模拟量输入端口。模拟量输入端口可直接接收模拟电压和电流信号，进行现场检测。模拟量输出端口输出模拟电压控制变频器或交流伺服电动机驱动器，控制电动机运行速度。高速脉冲输出端子输出脉冲频率达 100kHz，可以控制直流电动机 PWM 调速和步进电动机调速。CPU224XP 的高速计数器输入端口可接收增量式编码器输出的高速脉冲信号，频率高达 100kHz，进行速度或位置检测，实现运动闭环控制。CPU224XP DC/DC/DC 的规范见附录表 A－3。

第四节　S7－200 PLC 扩展模块

一、开关量 I/O 扩展模块

S7－200 系列 CPU 主机提供一定数量的数字量 I/O 点，但在主机 I/O 点数不够的情况下，就必须使用扩展模块来增加 I/O 点。开关量 I/O 扩展模块一般也叫数字量扩展模块。开关量输入模块是用来接收现场输入设备的开关信号，将信号转换为 PLC 内部接受的低电压信号，并实现 PLC 内、外信号的电气隔离。分组式的开关量输入模块是将输入点分成若干组，每一组（几个输入点）有一个公共端，各组之间是分隔的。开关量输出模块是将

PLC 内部低电压信号转换成驱动外部输出设备的开关信号，并实现 PLC 内外信号的电气隔离。

（一）典型的开关量输入模块和输出模块种类

（1）输入扩展模块 EM221 有 2 种：8 点 DC 输入和 8 点 AC 输出。

（2）输出扩展模块 EM222 有 3 种：8 点 DC 晶体管输出、8 点 AC 输出和 8 点继电器输出。

（3）输入/输出混合扩展模块 EM223 有 6 种：分别为 4 点（8 点、16 点）DC 输入/4 点（8 点、16 点）DC 输出和 4 点（8 点、16 点）DC 输入/4 点（8 点、16 点）继电器输出。

对于开关量输入模块，在选择时没有特殊要求，输入端电源也可用 PLC 自带的传感器电源。

（二）开关量输出模块的选择方法

（1）输出方式。S7 - 200 PLC 的开关量输出模块主要有继电器输出和晶体管输出两种方式。继电器输出方式既可以用于驱动交流负载，又可用于驱动直流负载，而且适用的电压大小范围较宽、导通压降小，同时承受瞬时过电压和过电流的能力较强。但其属于有触点元件，动作速度较慢（驱动感性负载时，触点动作频率不得超过 1Hz）、寿命较短、可靠性较差，只适用于不频繁通断的场合。晶体管输出方式属无触点输出，开关频率高，多用于频繁通断的负载。晶体管输出方式只能用于直流负载。

（2）驱动能力。开关量输出模块的输出电流的驱动能力必须大于 PLC 外接输出设备的额定电流。根据实际输出设备的电流大小来选择输出模块的输出电流，如果实际输出设备的电流比较大，输出模块无法直接驱动，则可增加功率放大环节。输出的最大电流与负载类型、环境温度等因素有关。

（3）同时接通的输出点数量。同时接通输出设备的累计电流值必须小于公共端所允许通过的电流值。例如一个 AC 220V/2A 的 8 点输出模块，每个输出点可承受 2A 的电流，但输出公共端允许通过的电流并不是 16A，通常要比这个值要小很多，应用时一定要注意。

二、模拟量扩展模块

在工业控制中，压力、温度、流量和转速等输入量是模拟量，变频器、电动调节阀和晶闸管调速装置等设备要求输出模拟量信号进行控制。CPU 主机一般只具有数字量 I/O 接口，或者是仅具有少量的模拟量接口，所以就要进行模拟量输入和输出模块的扩展才能满足控制要求。模拟量扩展模块的主要功能是数据转换，并与 PLC 内部总线相连，也有电气隔离功能。模拟量输入（A/D）模块是将现场由传感器检测而产生的连续的模拟量信号转换成 PLC 内部可接受的数字量；模拟量输出（D/A）模块是将 PLC 内部的数字量转换为模拟量信号输出。

（一）模拟量扩展模块的类型

（1）模拟量输入扩展模块 EM231；

（2）模拟量输出扩展模块 EM232；

（3）模拟量输入/输出混合模块 EM235。

（二）模拟量扩展模块的优点

模拟量扩展模块提供了模拟量输入/输出的功能，优点如下。

（1）适应性强，多种输入/输出范围，可适用于复杂的控制场合，能够直接与传感器和执行器相连。

（2）灵活性大，当实际应用变化时，PLC 可以相应地进行扩展，并可非常容易地调整用户程序。

（3）标准化程度高，输入和输出信号符合标准信号要求。即 0～20mA 电流信号，0～5V 和 0～10V 电压信号等。

（三）模拟量扩展模块的技术参数

EM232 的模拟量输出点数为 2，信号输出范围：电压−10～+10V，电流 0～20mA。

EM231 模拟量输入点数为 4，输入阻抗大于等于 10M，最大输入电压 30V DC，最大输入电流 32mA。

模拟量扩展模块的主要技术参数见附录表 A-4，A-5，A-6。

典型模拟量扩展模块的量程为−10～+10V、−5～+5V 和 4～20mA 等，可根据实际需要选用不同等级，同时还应考虑其分辨率和转换精度等因素。特殊模拟量输入模块可用来直接接收传感器信号（如热电阻、热电偶等的信号）。

三、温度测量模块

温度测量模块专门为检测温度而设计的。温度测量扩展模块有热电偶温度测量模块 EM231 TC 和热电阻温度测量模块 EM231RTD 两种。热电耦模块用于 J、K、E、N、S、T 和 R 型热电耦；热电阻模块用于 Pt-100、Pt-1000、Cu-9.035、Ni-10 和 R-150 等多种热电阻，通过模块下方的 DIP 开关可进行选择传感器类型。

EM231 TC 和 EM231 RTD 的一些主要的技术参数见附录表 A-7。

四、位控制模块

EM253 位控模块是 S7-200 的特殊功能模块，它能够产生脉冲串用于步进电动机或伺服电动机的速度和位置开环控制。它与 S7-200 通过扩展的 I/O 总线通信，它带有 8 个数字输出。位控模块能够产生移动控制所需的脉冲串，其组态信息存储在 S7-200 的 V 存储区中。为了简化应用程序中位控功能的使用，STEP 7 软件提供的位控向导能够很快完成对位控模块的组态，可以控制监控和测试位控操作。

位控模块的特性如下。

（1）位控模块可提供单轴开环移动控制所需要的功能和性能；

（2）提供高速控制从每秒 12 个脉冲至每秒 200000 个脉冲；

（3）支持急停 S 曲线或线性的加速减速功能；

（4）供可组态的测量系统既可以使用工程单位如英寸（1 英寸＝25.4 厘米）或厘米，也可以使用脉冲数；

（5）提供可组态的补偿；

（6）支持绝对、相对和手动的位控方式；

（7）提供连续操作；

（8）提供多达 25 组的移动包络 Profile，每组最多可有 4 种速度；

（9）提供 4 种不同的参考点寻找模式，每种模式都可对起始的寻找方向和最终的接近方向进行选择；

（10）提供可拆卸的现场接线端子便于安装和拆卸。

五、通信模块

（一）PROFIBUS-DP 现场总线通信模块

EM277 是 PROFIBUS-DP 现场总线通信模块，用来将 CPU224 连接到 PROFIBUS-

DP 现场总线网络，EM277 通过扩展总线接口与 CPU224 相连的，用专用扁平电缆连接。EM277 通过 RS-485 通信接口连接到 PROFIBUS-DP 网络的其他设备上，此端口可按 9600bps～12Mbps 之间的 PROFIBUS 波特率运行。网络段最多站数为 32 个，每个网络最多站数达 126。EM277 模块接收从站来的 I/O 配置，向主站发送数据和接收来自主站的数据。EM277 可以读写 CPU224 中定义的变量存储器中的数据块，从而用户能与主站交换数据参数等各种类型的数据。同样，从主站传来的数据存储在 CPU224 的变量存储区后，可以传送到其他数据区，这在工业控制中进行参数改变比较灵活方便。

（二）AS-i 接口模块

AS-i 接口模块 CP243-2 是专门用于现场执行器和传感器接口的模块，并具有集成模拟量处理和传送单元。CP243-2 模块前面板上的 LED 可显示运行状态及所连接从站的准备情况，通过 LED 指示错误，包括 AS-i 电压错误和组态错误等。每台 S7-200 可同时处理 2 台 CP243-2，CP243-2 最多连接 31 个 AS-i 从站，这样可明显增加 S7-200 的数字量输入和输出点数。S7-200 与 CP243-2 的连接方法同其他扩展模块相同。

（三）工业以太网模块

工业以太网根据国际标准 IEEE 802.3 定义。S7-200 PLC 所应用的工业以太网模块主要有 CP243-1 和 CP243-1 IT 两种。在技术上，工业以太网是一种基于屏蔽同轴电缆、双绞电缆而建立的电气网络，或是一种基于光缆的光网络。CP243-1 可用于将 S7-200 系统连接到工业以太网（IE）中，可用于实现 S7 低端性能产品的以太网通信。因此，可以使用 STEP7 Micro/WIN 32，对 S7-200 进行远程组态、编程和诊断。S7-200 还可通过以太网与其他 S7-200、S7-300 或 S7-400PLC 进行通信。在开放式 SIMATIC NET 通信系统中，工业以太网可以用作协调级和单元级网络。

（四）调制解调器模块

调制解调器模块 EM241，可连接到模拟电话线，应用 Modbus 主/从协议实现 S7-200PLC 主机与远程 PC 机进行通信，即实现 PLC-TO-PC 通信。通过电话线，应用 Modbus 或 PPI 协议进行 PLC-TO-PLC 通信。也可向手机和寻呼机发送短消息，实现远程维护和诊断。不占用 PLC 主机通信接口、导轨安装、标准电源供电，安装经济简便。

第五节　CPU224 及其扩展模块的应用

一、PLC 主机接线

（1）CPU224 DC/DC/DC（晶体管）外围接线如图 4-3 所示。主机电源为 DC 24V，输入和输出端电源都是 DC 24V。

PLC 常用的输入设备有按钮、继电器触点、行程开关、接近开关、光电开关、转换开关、拨码器和各种开关量传感器等。图中的 PLC 为直流输入，即所有输入点共用 M，M 端和 L＋端接 DC 24V 电源。I0.0 接光电码盘，高速脉冲输入。接近开关和光电传感器有两种接线方式，即三线式和二线式。三线式传感器有两个端子接直流电源的正极和负极，另一端子是传感器的输出端。传感器没有动作时，输出电流近似为 0。传感器动作时，输出晶体管饱和导通，管压降近似为 0，传感器的输出晶体管相当于一个触点。三线式传感器的电源可直接接 PLC 主机的传感器电源输出端。二线式传感器的两根线既作为电源线又作为信号线，

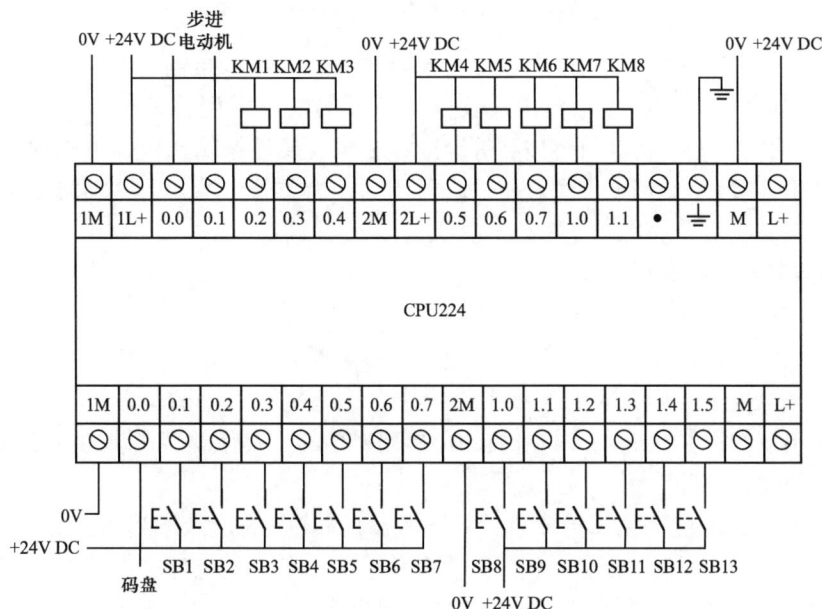

图 4-3 CPU224 DC/DC/DC（晶体管）外围接线图

传感器没有动作时，需要一定的电流来维持电路的工作。二线式传感器接线方便，可以直接连接到 PLC 的输入端。

输出设备有继电器、接触器和电磁阀等。正确地连接输入和输出电路，是保证 PLC 安全可靠工作的前提。Q0.0 和 Q0.1 接步进电动机驱动器，高速脉冲输出控制步进电动机速度。其他输出端所接的接触器线圈工作电压要求是 DC 24V。

（2）CPU224 AC/DC/RELAY（继电器）外围接线如图 4-4 所示。

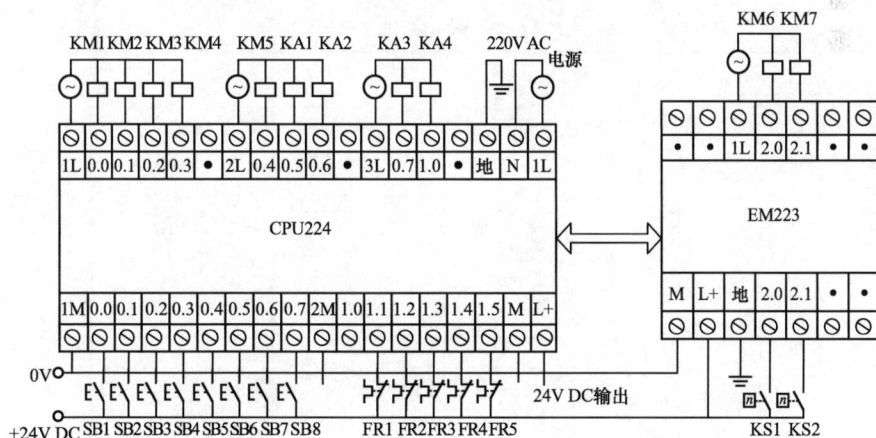

图 4-4 CPU224 AC/DC/RELAY（继电器）与 EM223 外围接线图

CPU224 输入端电源为 DC 24V，输出端电源为 AC 220V。图中输入/输出扩展模块 EM223 的输入/输出点形式有多种，输入/输出规范与 CPU224 相同，只画出 4 个点。输入接有热继电器的常闭触点和速度继电器的常开触点。输出接有接触器和中间继电器，线圈电压都是 AC 220V。右下方 L＋和 M 端可输出 DC 24V 传感器电源，可给外部传感器供电，在容量允许的情况下可作主机和扩展模块的电源。

一般整体式 PLC 既有分组式输出，也有分隔式输出。PLC 与输出设备连接时，不同组（不同公共端）的输出点，其对应输出设备（负载）的电压类型、等级可以不同，但同组（相同公共端）的输出点，其电压类型和等级应该相同。要根据输出设备电压的类型和等级来决定是否分组连接。除了 PLC 输入和输出共用同一电源外，输入公共端与输出公共端一般不能接在一起。扩展模块接地点一般与主机的接地点接在一起。

二、I/O 点数扩展和编址

CPU22* 系列的每种主机所提供的本机 I/O 点的 I/O 地址是固定的，当系统输入/输出点数增加而进行扩展时，可以在 CPU 右边通过扁平电缆连接多个扩展模块，每个扩展模块的组态地址编号取决于各个模块的类型和该模块在 I/O 链中所处的位置。编程方法是同种类型输入或输出点的模块在链中按与主机的位置而递增的，其他类型模块的有无以及所处的位置不影响本类型模块的编号。

例如，某一控制系统选用 CPU224，系统所需的输入/输出点数各为：数字量输入 24 点、数字量输出 20 点、模拟量输入 6 点和模拟量输出 2 点。系统可有多种不同模块的选取组合，并且各模块在 I/O 链中的位置排列方式也可能有多种，模块连接形式如图 4-5 所示，其对应的各模块的编址情况见表 4-1。注意 EM235 的模拟量输出点编址，其输出点只有 1 个，但占用 2 路输出地址。

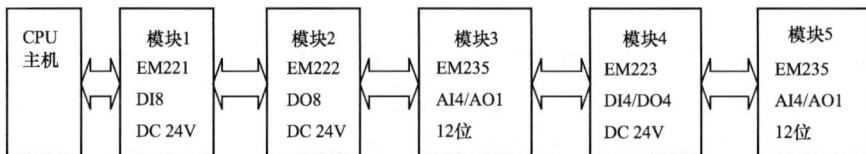

图 4-5　模块连接方式

表 4-1　　　　　　　　　　　　　　各 模 块 编 址

主机 I/O	模块 1 I/O	模块 2 I/O	模块 3 I/O		模块 4 I/O		模块 5 I/O	
I0.0　Q0.0	I2.0	Q2.0	AIW0	AQW0	I3.0	Q3.0	AIW8	AQW4
I0.1　Q0.1	I2.1	Q2.1	AIW2	(AQW2)	I3.1	Q3.1	AIW10	(AQW6)
I0.2　Q0.2	I2.2	Q2.2	AIW4		I3.2	Q3.2	AIW12	
I0.3　Q0.3	I2.3	Q2.3	AIW6		I3.3	Q3.3	AIW14	
I0.4　Q0.4	I2.4	Q2.4						
I0.5　Q0.5	I2.5	Q2.5						
I0.6　Q0.6	I2.6	Q2.6						
I0.7　Q0.7	I2.7	Q2.7						
I1.0　Q1.0								
I1.1　Q1.1								
I1.2								
I1.3								
I1.4								
I1.5								

S7-200 系统扩展数字量模块和模拟量模块的组态规则为：

（1）同类型输入或输出点的模块进行顺序编址；

（2）对于数字量，输入/输出映像寄存器的单位长度为 8 位（1 个字节），本模块高位实际位数未满 8 位的，未用位不能分配给 I/O 链的后续模块；

（3）对于模拟量，输入/输出以 2 个字节（1 个字）递增方式来分配空间。

三、模拟量扩展模块应用

模拟量输入扩展模块内总结构框图如图 4－6 所示。

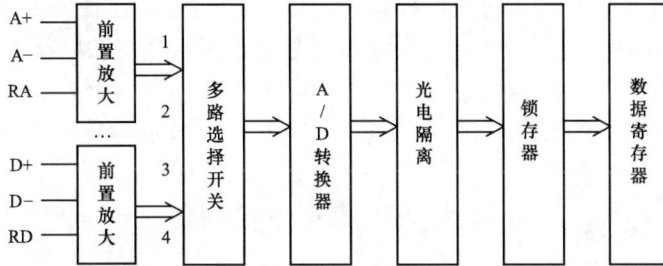

图 4－6　模拟量输入扩展模块内部结构框图

模拟量扩展模块的接线图如图 4－7 和图 4－8 所示。

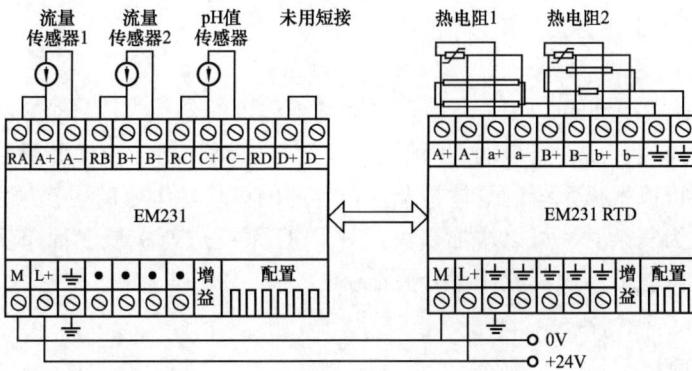

图 4－7　EM231 的外围接线图

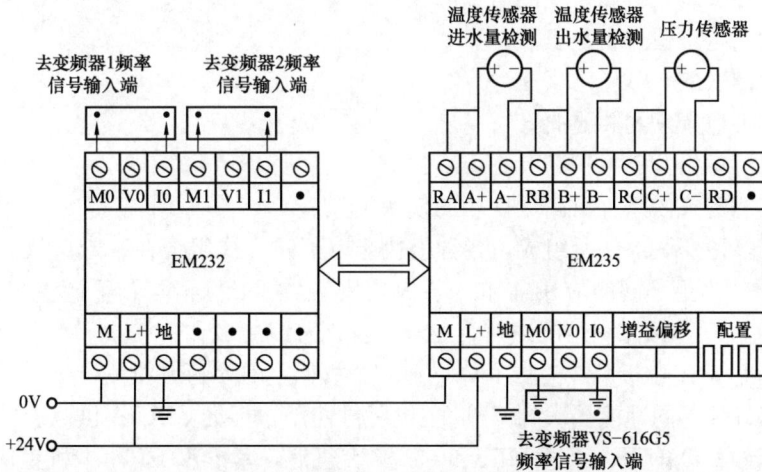

图 4－8　模拟量扩展模块 EM232 和 EM235 外围接线

电压型与电流型信号的输入和输出接线方式有所不同，图 4－7 中 EM231 所接的是 3 个电流输出型的传感器的信号，电流信号传输距离较远。如接电压输出型传感器，接线由 3 根变为 2 根，不接 RA、RB 和 RC 端。EM231RTD 接热电阻，可接不同类型热电阻。

图 4－8 中，EM232 输出模拟电流给变频器，控制三相交流电动机进行无级调速。如果要输出模拟电压可用 M 端和 V0 端进行输出。一般情况下电流输出应用于较远距离的控制。

模拟量模块输出信号的选择通过对模拟量模块连接端子的选择，可以得到两种信号，0～10V 或 0～5V 电压信号以及 4～20mA 电流信号。模拟量模块的增益及偏置调节模块的增益可设定为任意值。如果要得到最大 12 位的分辨率可使用 0～32000 的数字量对应 0～5V 的电压输出。可对模块进行偏置调节，例如数字量 6400～32000 对应 4～20mA。

第六节　S7－300 PLC 简介

S7 系列 PLC 主要有三大类：大型机 S7－400、中型机 S7－300 和小型机 S7－200。S7－400 主要应用于工厂级的网络控制，S7－200 适合于单台设备控制，S7－300 比较适合中小型控制网络。S7－300PLC 编程软件具有组态功能，组态结束后将数据下载到 PLC 中，系统中相应的 PLC 会自动识别各自的组态信息。

1. S7－300 的特点

S7－300 是一种通用型的 PLC，能适合自动化工程中的各种应用场合，尤其是在机械制造和过程控制中的应用。品种繁多的 CPU 模块、信号模块和功能模块能满足各种领域的自动控制任务，用户可以根据系统的具体情况选择合适的模块，维修时更换模块也很方便。当系统规模扩大和更为复杂时，可以增加模块，对 PLC 系统进行扩展。简单实用的分布式结构和强大的通信联网能力，使其应用十分灵活。

S7－300 具有以下显著特点。

（1）处理速度快；

（2）指令集功能强大，可用于复杂功能；

（3）产品设计紧凑，可用于空间有限的场合；

（4）模块化结构，适合密集安装；

（5）有不同档次的 CPU；

（6）模块和 I/O 模块可供选择；

（7）无须电池备份，免维护；

（8）有可在恶劣气候条件下露天使用的模块类型。

S7－300 由多种模块部件所组成，各种模块能以不同方式组合在一起，从而可使控制系统设计更加灵活，满足不同的应用需求。各模块安装在 DIN 标准导轨上，并用螺丝固定。这种结构形式既可靠，又能满足电磁兼容要求。背板总线集成在各模块上，通过将总线连接器插在模块的背后，使背板总线连成一体。在一个机架上最多可并排安装 8 个模块。

S7－300 有各种不同性能档次的 CPU 主机可供使用。标准 CPU 提供范围广泛的基本功能，如指令执行、I/O 读写、通过 MPI 和 CP 模块通信，紧凑型 CPU 本机集成 I/O，并带有高速计数、频率测量、定位和 PID 调节等技术功能。每个 CPU 都有一个编程用的 RS－485 接口，有的还带有集成的现场总线 PROFIBUS－DP 接口或 PtP（点对点）串行通信接口。S7 - 300 不需要附加任何硬件、软件和编程，就可以建立一个 MPI（多点接口）网络，如果有 PROFIBUS - DP 接口，则可以建立一个 DP 网络。

STEP7 是用于 SIMATIC PLC 组态和编程的基本软件包，可对 S7 - 300 进行编程。它包括功能强大、适用于各种自动化项目任务的工具。STEP7 包含了自动化项目中从项目的启动、实施到测试以及服务每一阶段所需要的全部功能。PLCSIM 软件包可进行程序模拟调试。

2. CPU315 - 2DP 技术规范

S7 - 300PLC 的 CPU 主机有 CPU314、CPU315 - 2DP 和 CPU317 - 2DP 等。CPU315 - 2DP 属故障安全型 CPU，较标准型 CPU 更适合于工业现场环境。CPU315 - 2DP 是具有一个 MPI 通信口和一个 PROFIBUS - DP 通信口的 PLC，比其他型号的 PLC 所用模块少，应用系统比较简单。在电源模块与 CPU 之间插入两根短导线，电源出厂时的缺省线电压设置为 230V AC。

CPU315 _ 2DP 与 CPU224XP 的接线图如图 4 - 9 所示。

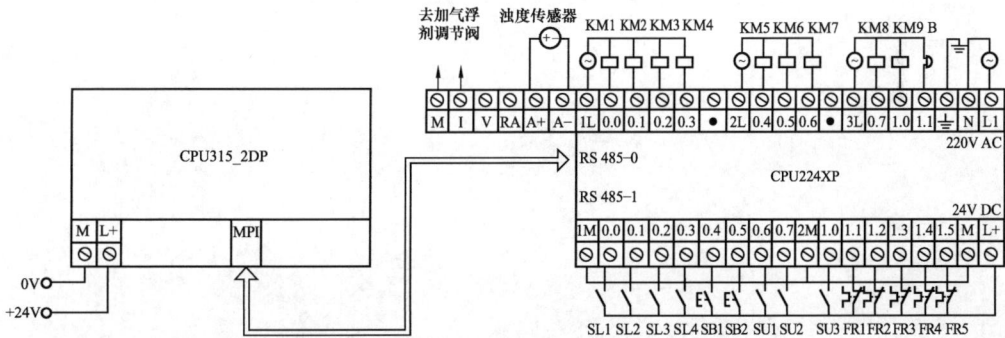

图 4 - 9　CPU315 _ 2DP 与 CPU224XP 的接线图

本 章 小 结

本章介绍了 PLC 的结构和分类，S7 - 200 系列 PLC 及其外围扩展模块的功能和技术参数。PLC 不同类型主机在功能上区别很大，最新型的 CPU224XP 功能较强，且带有模拟量输入/输出扩展模块，应用会越来越广。PLC 及其扩展模块的技术指标数据较多，有专门的操作手册可供查找。对于不同的主机或扩展模块进行应用时要有针对性地查阅相关操作手册，只有这样才能正确应用。重视 PLC 外围接线，不同的输入和输出形式接线方法有很大不同。S7 - 300 属于中型 PLC，在学习 S7 - 200 的基础上进行 S7 - 300 的学习会更加容易。

习　　　题

1. PLC 按 I/O 点数和结构形式可分为几类？
2. 整体式 PLC 和模块式 PLC 各有什么特点？分别适用于什么场合？
3. PLC 系统组成包括哪几部分？各有什么样的功能？

4. CPU224XP 与 CPU224 结构上和功能上有何不同？

5. 模拟量模块有哪几种类型，其主要功能是什么？

6. PLC 的开关量输入单元一般有哪几种输入方式？它们分别适用于什么场合？

7. PLC 的开关量输出单元一般有哪几种输出方式？各有什么特点？

8. PLC 输入/输出有哪几种接线方式？为什么？

第五章　S7－200 PLC 基本指令及应用

从 PLC 产生原因（替代继电接触控制系统）和广大工程技术人员的使用习惯来说，在国际电工委员会规定的 PLC 5 种标准语言（IEC1131－3）中，梯形图和语句表是最基本、最常用的编程语言。本章以 S7－200 系列 PLC 的指令系统为对象，结合例子来说明 PLC 的基本指令系统及梯形图和语句表构成的基本原则，并介绍了基本指令的一些简单应用。

第一节　基 本 逻 辑 指 令

一、基本位操作指令

（一）逻辑取及线圈驱动指令 LD、LDN、＝

（1）LD（Load）：用于网络块逻辑运算开始时常开触点与左母线的连接，对应梯形图即是从左侧母线连接常开触点，称之为取指令。

（2）LDN（Load Not）：用于网络块逻辑运算开始时常闭触点与左母线的连接，对应梯形图即是从左侧母线连接常闭触点，称之为取反指令。

LD 和 LDN 不仅用于从左母线取单个触点，也可以与后边说明的 ALD 和 OLD 指令配合用于分支回路的起点。其操作数为 I、Q、V、M、SM、S、T、C 和 L。

（3）＝（Out）：线圈驱动指令，其功能是将运算结果输出到某个继电器。

图 5-1 为上述 3 条指令的使用举例。

使用说明如下。

（1）在分支电路块的开始也要使用 LD 和 LDN 指令，与后面要讲的 ALD 和 OLD 指令配合完成块电路的编程。

（2）并联的线圈驱动指令可以连续使用任意次。

（3）在同一程序中不能使用双线圈输出，即一个元器件在同一程序中只能使用一次＝指令。

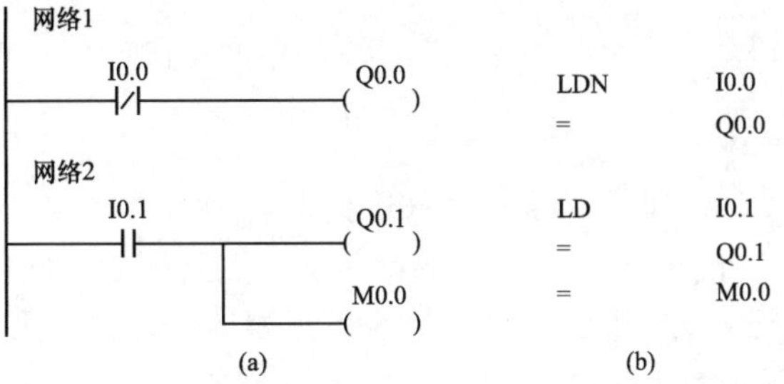

图 5-1　LD、LDN 及＝指令使用
(a) 梯形图；(b) 语句表

（4）因为输入继电器的状态只能由外部决定，不能用用户程序决定，所以对输入继电器不能使用线圈驱动指令。

（二）触点串联指令 A 和 AN

（1）A（And）：与操作指令，用于单个常开触点的串联。

（2）AN（And Not）：与反操作指令，用于单个常闭触点的串联。

图 5-2 为上述两条指令的使用举例。

使用说明如下。

（1）A 和 AN 是单个触点串联指令，可以连续使用多次。但编程时由于会受到屏幕显示的限制，编程软件规定的串联触点使用上限为 11 个。

（2）A 和 AN 的操作数为：I、Q、M、SM、T、C、V、S 和 L。

（3）一个触点或几个触点串联后驱动一个线圈的电路与上边一个线圈并联称之为连续输出，可以连续使用 = 指令编程。如果顺序颠倒，则需要用到后边讲述的逻辑堆栈操作指令。

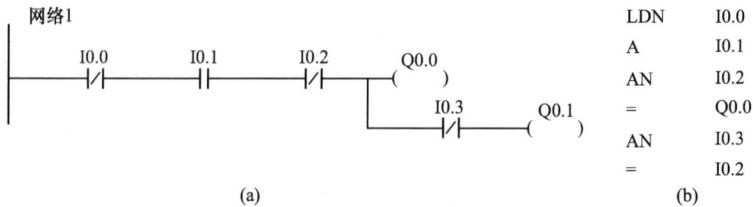

图 5-2　A 和 AN 指令使用

（a）梯形图；（b）语句表

（三）触点并联指令 O 和 ON

（1）O（Or）：或操作指令，用于单个常开触点的并联。

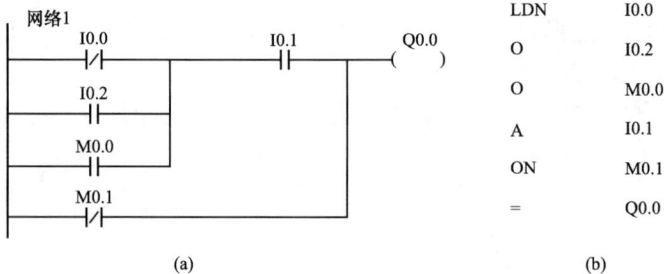

图 5-3　O 和 ON 指令使用

（a）梯形图；（b）语句表

（2）ON（Or Not）：或反操作指令，用于单个常闭触点的并联。

图 5-3 为上述两条指令的使用举例。

使用说明如下。

（1）O 和 ON 是单个触点并联指令，可以连续使用多次。

（2）O 和 ON 指令的操作数为 I、Q、M、SM、T、C、V、S 和 L。

（四）串联路块的并联连接指令 OLD

两个或两个以上的触点形成的支路称为串联电路块，这样的电路进行并联需用到 OLD（Or Load）指令。OLD 指令不需要地址，在梯形图中它相当于需要并联的两块电路右端的一段垂直连线。每完成一次块电路的并联时必须写一次 OLD 指令。

图 5-4 为上述指令的使用举例。

使用说明如下。

（1）每个串联电路块的开始要使用 LD 和 LDN 指令。

（2）每完成一次块电路的并联时要写上 OLD 指令。

（3）OLD 指令无操作数，它是

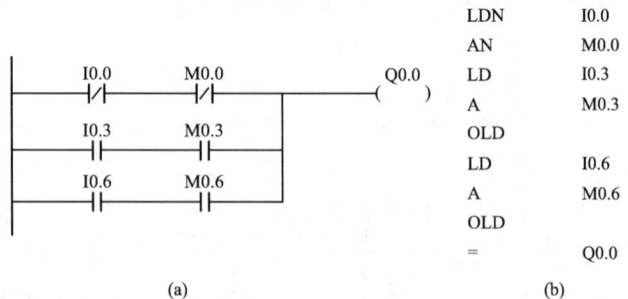

图 5-4　OLD 指令使用

（a）梯形图；（b）语句表

对刚写完的块电路进行并联操作。

（五）并联路块的串联连接指令 ALD

两条或两条以上的支路并联形成的电路称为并联电路块，这样的电路块进行串联需用到 ALD（And Load）指令。OLD 指令也不需要地址，在梯形图中它相当于需要串联的两块电路的中间一段垂直连线，此垂直连线相当于一条分支母线，所以块开始时要使用 LD 和 LDN 指令。每完成一次块电路的串联时必须写一次 ALD 指令。

图 5-5 为上述指令的使用举例。

使用说明如下。

（1）并联电路块的开始支路要使用 LD 和 LDN 指令，并联电路块的其他支路（不是单个触点）也要使用 LD 和 LDN 指令（如图中的 I1.3 常闭触点使用了 LDN 指令）。

（2）每完成一次块电路的串联时要写上 ALD 指令。

（3）ALD 指令无操作数，它是对刚写完的块电路进行操作。

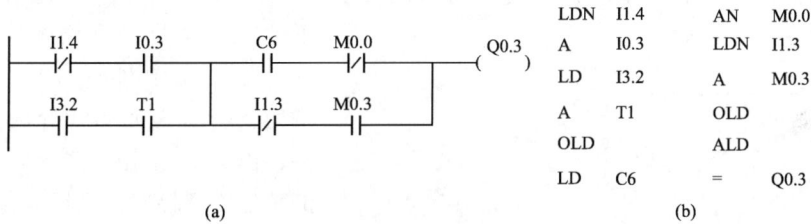

图 5-5　ALD 指令使用

(a) 梯形图；(b) 语句表

二、置位指令 S、复位指令 R

执行 S（Set）指令时，从指定的位地址开始的 N 个位地址都被置位（变为 1）并保持，而执行 R（Reset）指令时，从指定的位地址开始的 N 个位地址都被复位（变为 0）并保持。

如果被指定复位的是定时器位或计数器位，则定时器和计数器的当前值被清零。

图 5-6 所示为上述指令的使用举例。

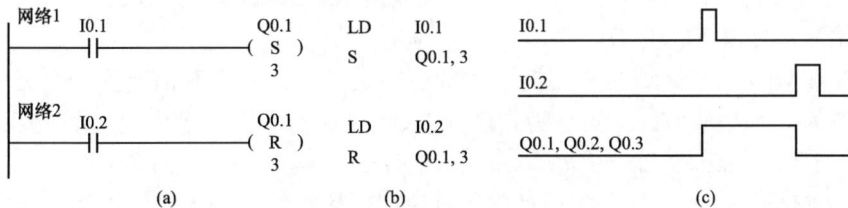

图 5-6　S/R 指令使用

(a) 梯形图；(b) 语句表；(c) 时序图

使用说明如下。

（1）位元件一旦被置位就保持在通电状态，除非对它复位；而一旦被复位就保持在断电状态，除非再对它置位。

(2) S 指令和 R 指令可以互换次序使用，但由于 PLC 采用的是从上到下、从左到右的扫描工作方式，因此写在后面的指令具有优先权。

(3) N 的常数范围为 1～255，也可以为：VB、IB、QB、MB、SMB、SB、LB、AC、* VD、* AC、* LD，一般情况下使用常数。

(4) R/S 指令的操作数为：I、Q、M、SM、T、C、V、S 和 L。

三、立即指令 I

为了提高 PLC 对输入和输出的响应速度，系统设置有立即指令 I（Immediate）。它不受 PLC 扫描工作方式的影响，能够对输入和输出进行快速的取和存操作。

当用立即指令读取输入点状态时，根据具体情况可分为立即取 LDI、立即取反 LDNI、立即或 OI、立即或反 ONI、立即与 AI、立即与反 ANI 等 6 种指令，这些指令对应的触点称之为立即触点。显而易见，立即触点是针对快速输入需要而设计的，操作数只能是 I。这些立即触点不受扫描周期的影响即时地反映输入状态的变化。

当用立即指令访问输出点时，对 Q 进行操作。根据具体情况可分为立即输出＝I、立即置位 SI 和立即复位 SI 3 种指令。

图 5-7 中网络 1 的 Q0.1 是普通输出，它由普通的常开触点 I0.0 控制，由 PLC 工作方式可以知道 Q0.1 的映像寄存器状态会随本扫描周期采集到的 I0.0 状态在执行到 Q0.1 的线圈驱动指令时加以改变，而 Q0.1 的物理触点需等到本周期的输出刷新阶段才改变。

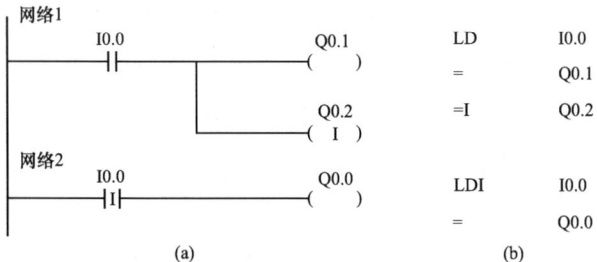

图 5-7 立即指令的使用
(a) 梯形图；(b) 语句表

图中网络 1 的 Q0.2 使用的是立即输出指令，在程序执行到这条指令时 Q0.2 的映像寄存器和物理触点同时随本扫描周期采集到的 I0.0 状态改变，物理接点不会等到本周期的输出刷新阶段才改变。

图中网络 2 的 Q0.0 是普通输出，但它的输入逻辑是 I0.0 的立即触点，所以在程序执行到它时，Q0.0 的映像寄存器状态会随 I0.0 的即时状态（不是本周期输入采样阶段采集到的状态）而改变，而它的物理触点要等到本扫描周期的输出刷新阶段才改变。

四、边沿脉冲指令 EU 和 ED

EU（Edge Up）指令的功能是对它之前的逻辑运算结果的上升沿产生一个宽度为一个扫描周期的脉冲，所以它有时又被称为正跳变指令。EU 指令没有操作数，在梯形图的触点符号中间用"P"（Positive Transition）来表示正跳变。

ED（Edge Down）指令的功能是对它之前的逻辑运算结果的上升沿产生一个宽度为一个扫描周期的脉冲，有时也称为负跳变指令。EU 指令同样没有操作数，在梯形图的触点符号中间用"N"（Negative Transition）来表示负跳变。

图 5-8 所示为上述两条指令的使用举例。

五、逻辑堆栈指令

S7-200 系列 PLC 有一个 9 层的堆栈，栈顶用来存储逻辑运算结果，下面的 8 位用来存储中间运算结果。堆栈是一组能够存储和取出数据的暂存单元，它的数据一般按"先进后

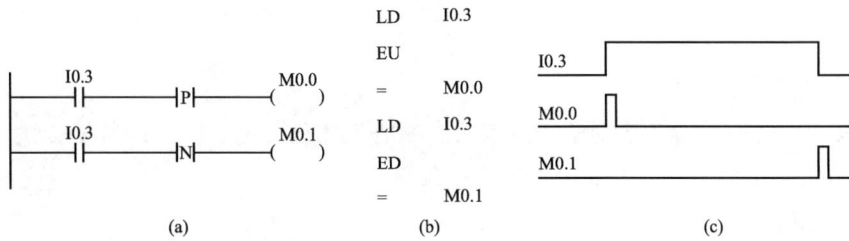

图 5－8　边沿脉冲指令 EU/ED 使用

(a) 梯形图；(b) 语句表；(c) 时序图

出”的原则存取。每进行一次入栈操作，新值放入栈顶，栈底值丢失。每进行一次出栈操作，栈顶值弹出，栈底值补进随机数。

西门子公司的 PLC 系统手册中把 ALD、OLD、LPS、LRD、LPP 和 LDS 全部归纳为栈操作指令。前两条指令已经介绍，下面介绍其余 4 条指令。

（一）逻辑入栈指令 LPS、逻辑读栈指令 LRD、逻辑出栈指令 LPP

这 3 条指令也称为多重输出指令，主要用于一些复杂逻辑的输出处理。

（1）LPS（Logic Push）指令复制栈顶的值并将其压入堆栈的下一层，栈中原来的数据依次向下一层推移，栈底值被推出丢失。从梯形图上看，LPS 也可以称为分支电路开始指令，它用于生成一条新的母线，新母线的左侧为原来的主逻辑块，右侧为新的从逻辑块。

（2）LRD（Logic Read）指令将堆栈中第二层的数据复制到栈顶，第 2～9 层的数据不变，但原栈顶值消失。堆栈没有入栈或者出栈操作。从梯形图上看，LPS 开始右侧的第一个从逻辑块编程，LRD 开始第 2 个以后的从逻辑块。

（3）LPP（Logic Pop）指令使栈中各层的数据向上移动一层，第 2 层的数据成为堆栈的栈顶值，栈顶原来的数据从栈内消失。从梯形图上看，它用于 LPS 产生的新母线右侧的最后一个从逻辑块的编程。3 条指令的用法如图 5－9 所示。

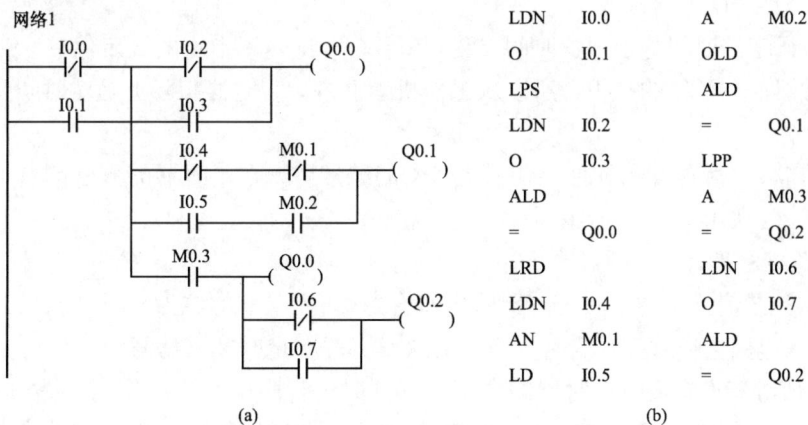

图 5－9　LPS/LRD/LPP 指令使用

(a) 梯形图；(b) 语句表

使用说明如下。

（1）由于受堆栈空间的限制，LPS 和 LPP 指令连续使用时应该少于 9 次。

（2）LPS 和 LPP 指令必须成对使用，它们之间可以多次使用 LRD 指令。

（3）LPS、LRD 和 LPP 3 条指令都无操作数。

（二）装入堆栈指令 LDS

LDS（Load Stack）指令复制堆栈内第 n 层的值到栈顶，栈中原来的数据依次向下一层推移，栈底值被推出丢失。但一般很少使用这条指令。

六、定时器指令

S7 - 200 系列 PLC 为用户提供了接通延时定时器 TON（On-Delay Timer）、断开延时定时器 TOF（Off-Delay Timer）和有记忆接通延时定时器 TONR（Retentive On-Delay Timer）3 种类型的定时器。

每个定时器的当前值和设定值均为 16 位有符号整数（INT），所以允许的最大设定值为 32767。除了常数外还可以用 VW 和 IW 等作为定时器的设定值。

定时器用名称和它的常数编号（最大为 255）来表示，如 T66。编号能够反映定时器的类型和分辨率。类型、分辨率和编号三者之间的关系如表 5 - 1 所示。

表 5 - 1 定时器编号与分辨率

类型	分辨率	最大定时范围	编 号
TONR	1ms	32.767s	T0 和 T64
	10ms	327.67s	T1～T4 和 T65～T68
	100ms	3276.7s	T5～T31 和 T69～T95
TON TOF	1ms	32.767s	T32 和 T96
	10ms	327.67s	T33～T36 和 T97～T100
	100ms	3276.7s	T37～T63 和 T101～T255

从表中可以看出 TON 和 TOF 使用的是相同的编号，但在程序中绝对不能 TON 和 TOF 使用同一个编号。

定时器所设定的时间等于预置时间 PT（Preset Time）端指定的设定值（1～32767）与所使用的定时器的分辨率的乘积，所以从工作机理上讲，定时器实际上是对时间间隔计数的计数器。

如果使用 V4.0 版的编程软件，输入定时器的编号后，在定时器的方框的右下角会出现定时器的分辨率，如图 5 - 10 所示。

（一）接通延时定时器 TON

PLC 首次扫描时，接通延时定时器的当前值为 0，定时器的位为 OFF。定时器在使能输入端 IN 的输入电路接通时开始定时，当前值从 0 每过一定时间（编号对应的分辨率）自动加 1，当当前值等于设定值时定时器的位变为 ON 时，程序中对应的定时器常开触点闭合，常闭触点断开。当前值达到设定值后，如 IN 的输入电路继续保持接通，当前值继续计数直到 32767。

输入电路断开，定时器自动复位，当前值被清零，定时器位变为 OFF。在图 5 - 10 中，定时器设定值为 6.6s，在 I0.3 为 ON 不足 6.6s 的时候 I0.3 又变为 OFF，则定时器当前值被清零。

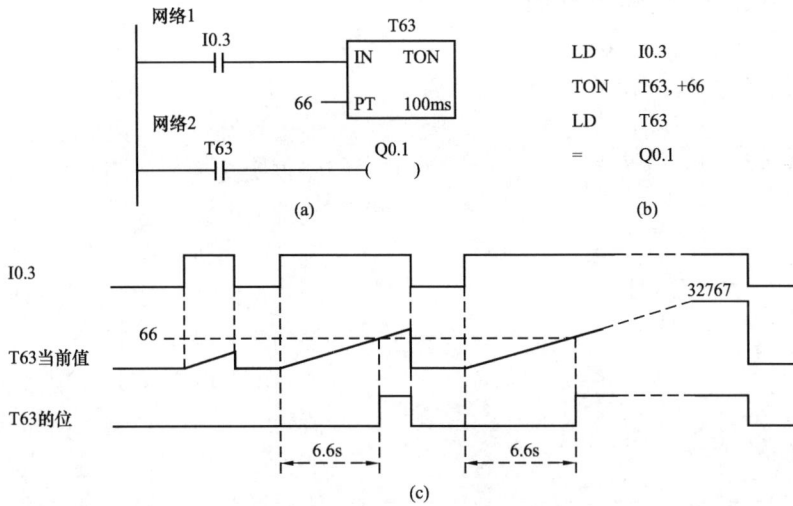

网络1

```
    I0.3            T63
    ─┤├─        ┌─IN   TON─┐          LD    I0.3
                │            │          TON   T63, +66
网络2       66 ─┤PT  100ms  │          LD    T63
    T63       Q0.1          └─┘        =     Q0.1
    ─┤├─      ─( )─
```

```
(a)                      (b)
```

```
(c)
```

图5-10　接通延时定时器TON

(a) 梯形图；(b) 语句表；(c) 时序图

（二）断开延时定时器TOF

PLC首次扫描时，TOF定时器的当前值和位均被清零。使能输入端IN的输入电路接通时定时器的位变为ON，当前值被清零（见图5-11的例子）。IN的输入电路由接通变为断开时，定时器开始定时，从零每过一定时间（编号对应的分辨率）自动加1。当当前值等于设定值时定时器的位变为OFF，当前值保持不变，直到输入电路再次被接通、当前值被清零为止。

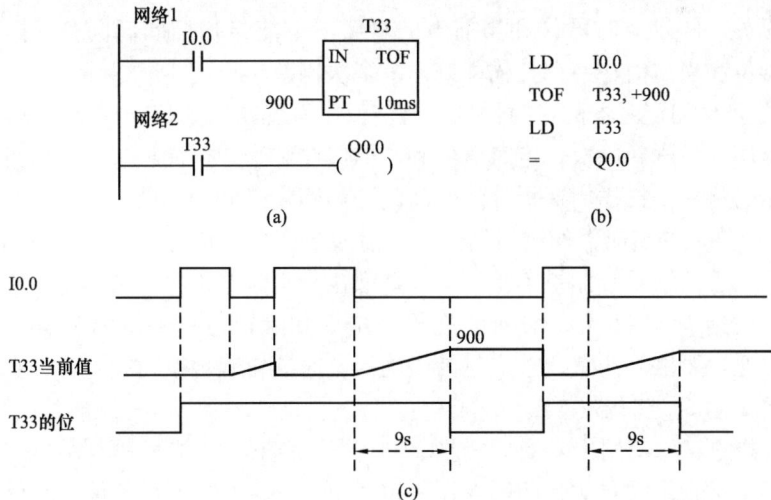

网络1

```
    I0.0            T33
    ─┤├─        ┌─IN   TOF─┐          LD    I0.0
                │            │          TOF   T33, +900
网络2      900 ─┤PT  10ms   │          LD    T33
    T33       Q0.0          └─┘        =     Q0.0
    ─┤├─      ─( )─
```

```
(a)                      (b)
```

```
(c)
```

图5-11　断开延时定时器TOF

(a) 梯形图；(b) 语句表；(c) 时序图

TOF可以用于某些设备停机后的延时，例如电梯轿厢停止运行一定时间后轿厢内的风扇才停止转动。

（三）记忆接通延时定时器 TONR

TONR 用于累计输入电路接通的若干个时间间隔。

当输入电路接通时，当前值递增开始计时。如果当前值小于设定值时输入电路断开，当前值保持不变（记忆之意）。当输入电路再次接通后，当前值在原保持值的基础上继续递增计时。当前值大于 PT 端指定的设定值，定时器位变为 ON。达到设定值后如果条件满足继续计数，直到最大值 32767。

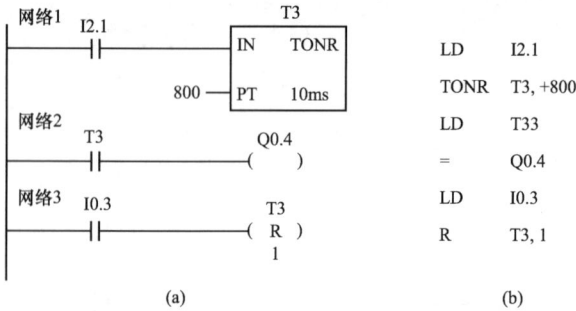

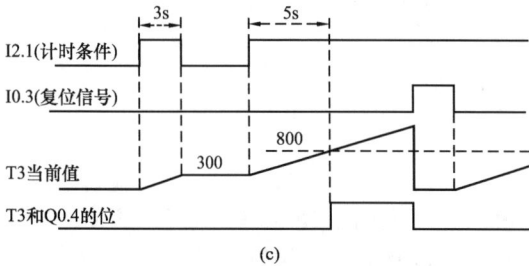

```
网络1  I2.1            T3
        ├─┤├─────┤IN   TONR│
                 │         │
          800 ───┤PT  10ms │

网络2  T3              Q0.4
        ├─┤├───────────( )

网络3  I0.3             T3
        ├─┤├───────────( R )
                        1
            (a)
```

```
LD    I2.1
TONR  T3, +800
LD    T33
=     Q0.4
LD    I0.3
R     T3, 1
      (b)
```

由上可知 TON 输入电路断开当前值变为 0，TOF 输入电路接通当前值变为 0，而 TONR 输入电路接通当前值递增计数、输入电路断开当前值保持不变，所以依靠输入电路的通和断不可能使 TONR 的当前值变为 0，只能使用复位指令 R 来复位 TONR，使它的当前值变为零，同时使定时器位为 OFF，如图 5-12 所示。掌握好对 TONR 的复位及启动是使用好 TONR 指令的关键。

图 5-12　记忆接通延时定时器 TONR

(a) 梯形图；(b) 语句表；(b) 时序图

（四）分辨率对定时器的影响以及编程注意事项

（1）1ms 分辨率的定时器采用的是中断刷新方式，由系统每隔 1ms 刷新一次，与扫描周期及程序处理无关，所以定时器位和当前值的更新不可能与扫描周期同步。扫描周期大于 1ms 时，定时器位和当前值在一个扫描周期内被多次刷新。

（2）10ms 分辨率的定时器的定时器位和当前值由系统在每个扫描周期开始时自动刷新，由于是每个扫描周期只刷新一次，定时器位和当前值在整个扫描周期过程中保持不变。在每个扫描周期开始时将一个扫描周期累计的时间间隔加到定时器的当前值上。

（3）100ms 分辨率的定时器的定时器位和当前值在执行该定时器指令时被刷新，后边的指令即可使用刷新后的结果。如果不是每个周期都执行定时器指令或者一个周期内多次执行定时器指令，就会造成计时出错。比如，在循环指令和跳转指令中使用 100ms 定时器时就容易出现这种情况，要格外注意。总之，为了确保定时器正确地定时，要保证在一个扫描周期中只执行一次 100ms 定时器指令。

（4）在定时器的实际使用中，有时需要产生某个周期的脉宽为一个程序扫描周期的脉冲，这时设计者常常把定时器的常闭触点作为定时器 IN 端子的逻辑条件，然后把定时器的常开触点作为脉冲的输出控制其他软继电器。由于各种分辨率的定时器刷新方式截然不同，导致这种自己常闭触点作为计时逻辑条件而自己常开作为脉冲输出的电路，对不同分辨率的定时器有不同的结果。

对利用 1ms 定时器产生脉冲输出的程序而言，如图 5-13（a）所示，只有系统刷新 1ms 定时器时程序正执行在定时器常开触点和常闭触点之间时才能正确输出 Q0.6 的脉冲，这在一定程度上取决于定时器常开触点和常闭触点之间程序占整个程序的百分比。其他情况，这个脉冲产生不了。所以这个产生脉冲的程序是错误的。

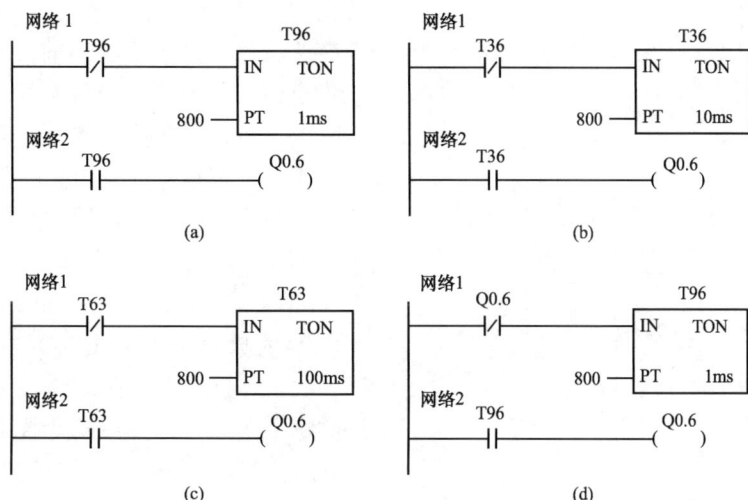

图5-13　定时器的使用

(a) 1ms定时器的使用；(b) 10ms定时器的使用；(c) 100ms定时器的使用；(d) 定时器的正确使用

对利用10ms定时器产生脉冲输出的程序而言，如图5-13（b）所示，当定时器计时到了以后，由于系统在每个扫描周期开始时自动刷新，因此执行到T33常闭触点对应的指令时，常闭触点断开，定时器将被复位。当定时器常开触点被执行时，读取的定时器状态永远是OFF状态，该电路的Q0.6永远不会产生脉冲。所以这个产生脉冲的程序也是错误的。

对利用100ms定时器产生脉冲输出的程序而言，如图5-13（c）所示，由于系统在执行定时器指令时刷新，该脉冲输出电路肯定会正确输出脉冲。

在使用定时器用作上述脉冲输出电路时，为了确保程序的正确性，可以把定时器到达设定值产生结果的元器件的常闭触点用作定时器的IN逻辑输入，如图5-13（d）所示，则不论利用哪种分辨率的定时器都能保证定时器达到设定值时Q0.6产生宽度为一个扫描周期的脉冲，读者可以结合PLC的工作原理自行加以分析。

七、计数器指令

S7-200系列PLC有加计数器、减计数器和加减计数器三类计数器指令。用户编程时输入计数设定值，计数器累计它的脉冲输入端信号上升沿的个数，当当前值等于设定值时计数器动作，计数器的位被置为ON。

计数器由名称C和编号（0～255）组成。不同类型的计数器不能共用同一编号。

计数器当前值是指计数器当前所累计的脉冲个数，由16位符号整数表示，最大数值为32767。

计数器的设定值数据类型为INT型，寻址范围：VW、IW、QW、MW、SW、SMW、LW、AIW、T、C、AC、* VD、* AV、* LD和常数。一般情况使用常数作为计数器的设定值。

（一）加计数器CTU（Count Up）

CTU的用法如图5-14所示。

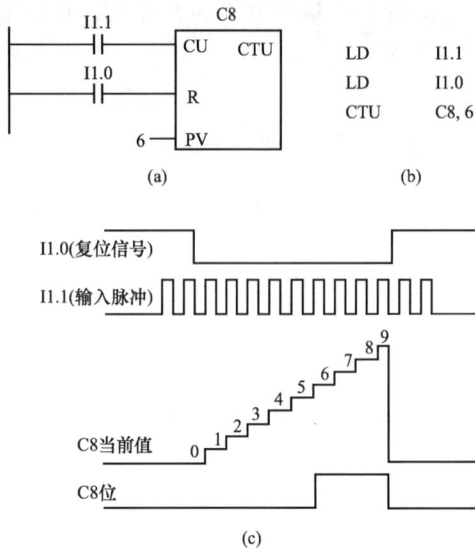

图 5-14　加计数器指令举例

(a) 梯形图; (b) 语句表; (c) 时序图

PLC 首次扫描时, 计数器的位为 OFF, 当前值为 0。当计数器复位输入端（R）电路断开情况下, CTU 脉冲输入端（CU）电路由断开变为接通, 计数器的当前值加 1。当前值等于设定值时, 计数器的位为 ON, 如果继续有 CU 上升沿, 当前值可继续计数到 32767 后停止计数。当复位输入端（R）有效或对计数器执行复位指令时, 计数器被复位, 即计数器位为 OFF, 当前值被清零。

（二）减计数器 CTD (Count Down)

CTD 的脉冲输入端（CU）电路从断开到接通一次, 计数器的当前值减 1, 亦即对 CD 输入端的每个上升沿计数器减计数 1 次, 当前值减到 0 时, 停止计数, 计数器位被置为 ON。当复位输入端（LD）有效或对计数器执行复位指令时, 计数器被复位, 即计数器位为 OFF, 当前值复位为设定值。需注意的是 CTD 的复位端为 LD, 与 CTU 的复位端子（R）不同。

减计数器 CTD 的用法如图 5-15 所示。

（三）加减计数器 CTUD (Count Up /Down)

CTUD 有两个计数脉冲输入端, 一个是用于加计数的输入端 CU, 另一个是用于减计数的输入端 CD。首次扫描时计数当前值为 0, 计数位为 OFF。在 CU 输入的每个上升沿, 计数器当前值加 1; 在 CD 输入的每个上升沿, 计数器当前值减 1。当当前值大于等于设定值（PV）时, 计数器位被置为 ON。若复位输入端（R）的电路接通或对计数器执行复位指令（R）, 计数器被复位, 亦即当前值为 0, 计数器位为 OFF。加减计数器 CTUD 的用法如图 5-16 所示。

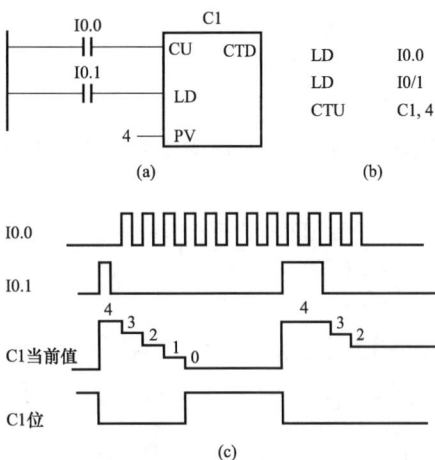

图 5-15　减计数器指令举例

(a) 梯形图; (b) 语句表; (c) 时序图

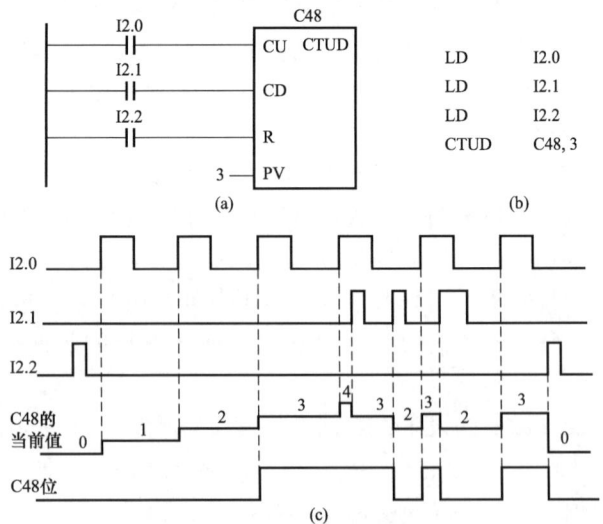

图 5-16　加减计数器指令举例

(a) 梯形图; (b) 语句表; (c) 时序图

只要 CU 或 CD 端输入上升沿，计数器当前值就会随之变化，和当前值是否大于等于设定值（PV）及计数器位是否为 ON 无关。当当前值达到最大值 32767 时，下一个 CU 输入的上升沿会使当前值变为最小值 -32767；同样，当当前值达到最小值 -32767 时，下一个 CD 输入的上升沿会使当前值变为最大值 32767。

八、RS 触发器指令

RS 触发器指令的基本功能与置位指令 S 和复位指令 R 的功能相同。此指令只在编程软件 Micro/WIN32 V3.2 版本中才有。它包括置位优先触发器指令 SR（Set Dominant Bistable）和复位优先触发器指令 RS（Reset Dominant Bistable）。

SR 触发器的置位信号 SI 和复位信号 R 同时为 1 时，输出 OUT 信号为 1。

RS 触发器的置位信号 S 和复位信号 RI 同时为 1 时，输出 OUT 信号为 0。

RS 触发器指令的使用举例如图 5-17 所示。

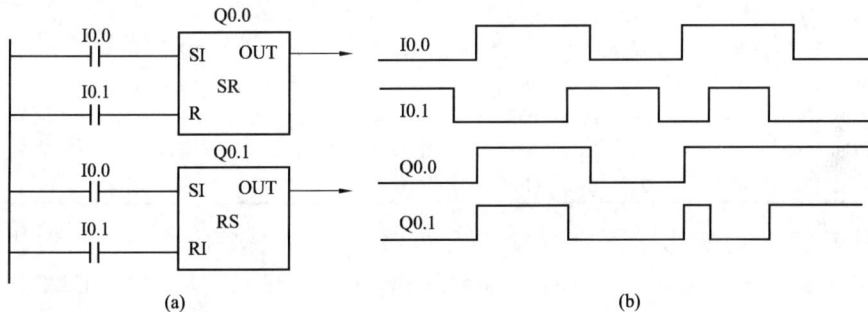

图 5-17 RS 触发器指令举例

(a) 梯形图；(b) 时序图

九、比较指令

比较指令用来比较两个数 IN1 和 IN2 的大小，当满足比较关系式给出的条件时，触点就闭合。在实际应用中，比较指令为位置控制和数值条件判断提供了方便。

梯形图中比较指令对应的触点中间有 6 种运算符：=、>=、<=、>、<和< >，其中< >表示不等于。IN1 和 IN2 可以是数值，也可以是字符串。IN1 和 IN2 如果是字符串则运算符只能是=和< >两种中的一种。

以 LD、A 和 O 开始的比较指令分别表示开始、串联和并联的比较触点，其后加 B 表示字节比较（触点中间用运算符加 B 表示），加 W 表示整数比较（触点中间用运算符加 I 表示），加 D 表示双字节整数比较（触点中间用运算符加 D 表示），加 R 表示实数比较（触点中间用运算符加 R 表示），加 S 表示字符串比较（触点中间用运算符加 S 表示）。比较指令的 STL 形式如表 5-2 所示。

字节比较用来比较两个字节型整数值 IN1 和 IN2 的大小，字节比较是无符号的。

整数比较用来比较两个一个字长的整数值 IN1 和 IN2 的大小，最高位为符号位，其范围是 16#8000~16#7FFF。

双字整数比较指令用来比较两个双字 IN1 和 IN2 的大小，双字整数比较是有符号的，其范围是 16#80000000~16#7FFFFFFF。

表 5 - 2　　　　　　　　　　　　　比较指令的 STL 形式

字节比较		整数比较		双字节整数比较		实数比较		字符串比较	
LDB=	IN1, IN2	LDW=	IN1, IN2	LDD=	IN1, IN2	LDR=	IN1, IN2	LDS=	IN1, IN2
AB=	IN1, IN2	AW=	IN1, IN2	AD=	IN1, IN2	AR=	IN1, IN2	AS=	IN1, IN2
OB=	IN1, IN2	OW=	IN1, IN2	OD=	IN1, IN2	OR=	IN1, IN2	OS=	IN1, IN2
LDB<>	IN1, IN2	LDW<>	IN1, IN2	LDD<>	IN1, IN2	LDR<>	IN1, IN2	LDS<>	IN1, IN2
AB<>	IN1, IN2	AW<>	IN1, IN2	AD<>	IN1, IN2	AR<>	IN1, IN2	AS<>	IN1, IN2
OB<>	IN1, IN2	OW<>	IN1, IN2	OD<>	IN1, IN2	OR<>	IN1, IN2	OS<>	IN1, IN2
LDB<	IN1, IN2	LDW<	IN1, IN2	LDD<	IN1, IN2	LDR<	IN1, IN2		
AB<	IN1, IN2	AW<	IN1, IN2	AD<	IN1, IN2	AR<	IN1, IN2		
OB<	IN1, IN2	OW<	IN1, IN2	OD<	IN1, IN2	OR<	IN1, IN2		
LDB<=	IN1, IN2	LDW<=	IN1, IN2	LDD<=	IN1, IN2	LDR<=	IN1, IN2		
AB<=	IN1, IN2	AW<=	IN1, IN2	AD<=	IN1, IN2	AR<=	IN1, IN2		
OB<=	IN1, IN2	OW<=	IN1, IN2	OD<=	IN1, IN2	OR<=	IN1, IN2		
LDB>	IN1, IN2	LDW>	IN1, IN2	LDD>	IN1, IN2	LDR>	IN1, IN2		
AB>	IN1, IN2	AW>	IN1, IN2	AD>	IN1, IN2	AR>	IN1, IN2		
OB>	IN1, IN2	OW>	IN1, IN2	OD>	IN1, IN2	OR>	IN1, IN2		
LDB>=	IN1, IN2	LDW>=	IN1, IN2	LDD>=	IN1, IN2	LDR>=	IN1, IN2		
AB>=	IN1, IN2	AW>=	IN1, IN2	AD>=	IN1, IN2	AR>=	IN1, IN2		
OB>=	IN1, IN2	OW>=	IN1, IN2	OD>=	IN1, IN2	OR>=	IN1, IN2		

实数比较指令用来比较两个双字长实数值 IN1 和 IN2 的大小, 负实数范围是 $-1.175495E-38\sim-3.402823E+38$, 正实数范围是 $+1.175495E-38\sim+3.402823E+38$。

字符串比较指令是比较两个字符串的 ASCII 码字符是否相等。字符串长度不超过 254 个字符。

举两个例子对比较指令的使用加以说明。

图 5 - 18 为比较指令的一般用法。

计数器 C30 的当前值大于等于 36 时, Q0.0 的状态为 ON; I0.0 为 ON, 且 VD1 中的实数小于 96.3 时 Q0.1 状态为 ON; VB1 中的值大于 VB2 中的值或者 I0.1 状态为 ON 时, Q0.2 为 ON。

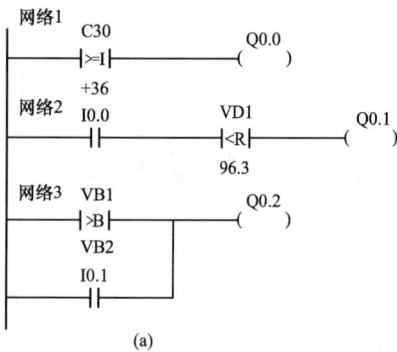

图 5 - 18　比较指令的使用举例一
(a) 梯形图; (b) 语句表

图 5 - 19 为比较指令用于调节脉冲发生器占空比的例子。

M0.3 和 T36 组成了一个脉冲发生器, 脉冲周期为 $600\times0.01s=6s$。当 T36 的当前值大于等于 350 时即 T36 开始计时 3.5s 后 Q0.0 为 ON。当 T36 的当前值等于设定值 600 时, T36 状态为 ON, M0.3 亦为 ON, PLC 的下一个程序执行周期 M0.3 常闭触点打开使 T36 的状态为 OFF, T36 的当前值回零, 比较触点断开, 使 Q0.0 状态为 OFF。所以, 定时器的设定值决定了 Q0.0 输出脉冲的周期, 比较指令 "LDW >= T36, 350" 中的第二个操作数的值决定了 Q0.0 为 OFF 的时间。

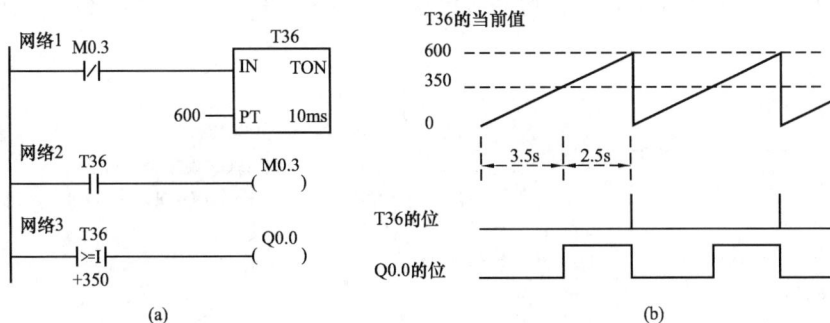

图 5-19 比较指令的使用举例二
(a) 梯形图；(b) 时序图

十、取反指令 NOT

取反触点能够将它左边电路的逻辑运算结果取反，为用户使用反逻辑提供方便。运算结果若为 1 则变为 0，为 0 则变为 1，该指令没有操作数。能流到达该触点的时候即停止；若能流未到达该触点，则该触点给右侧提供能流。该指令的 STL 形式、LAD 形式以及使用如图 5-20 所示。

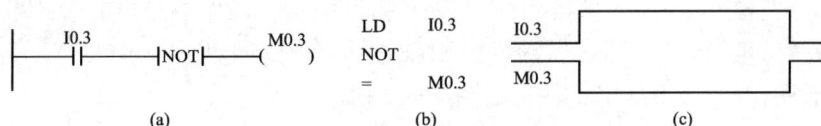

图 5-20 NOT 指令 STL/LAD 形式以及使用
(a) 梯形图；(b) 语句表；(c) 时序图

十一、空操作指令 NOP（Nop Operation）

该指令很少使用。最有可能是用在跳转指令的结束处，或在调试程序中使用。它的使用对用户程序的执行没有影响。它的形式如下。

STL 形式：NOP　N

LAD 形式：

N 的范围是 0～255。

第二节 程 序 控 制 指 令

一、结束指令 END 和 MEND

结束指令分为条件结束指令 END 和无条件结束指令 MEND 两种。

这两条指令在梯形图中以线圈的形式编程。结束指令只能用在主程序中，而不能用在子程序和中断程序中，执行完结束指令后，系统结束主程序，返回到主程序的起点。

条件结束指令 END 根据前面的逻辑关系终止当前的扫描周期，亦即可以利用程序执行的结果状态、系统状态或外部设置切换条件来调用有条件结束指令，使程序结束。有条件结束指令可以用在无条件结束指令 MEND 前结束主程序。

在调试程序时，在程序的适当位置插入无条件结束指令可以实现程序的分段调试。结束指令 END 的用法如图 5-21 所示。

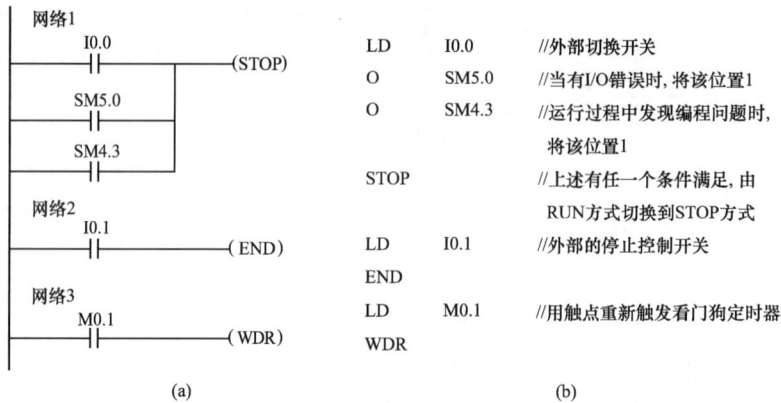

LD I0.0	//外部切换开关
O SM5.0	//当有 I/O 错误时，将该位置 1
O SM4.3	//运行过程中发现编程问题时，将该位置 1
STOP	//上述有任一个条件满足，由 RUN 方式切换到 STOP 方式
LD I0.1	//外部的停止控制开关
END	
LD M0.1	//用触点重新触发看门狗定时器
WDR	

图 5-21　STOP/END/WDR 指令举例

(a) 梯形图；(b) 语句表

二、停止指令 STOP

STOP 指令在梯形图中以线圈的形式编程，指令中不含操作数。当前边的条件满足时 STOP 指令有效，可以使 PLC 从运行模式（RUN）切换到停止模式（STOP），立即终止用户程序的执行。停止指令 STOP 的用法如图 5-21 所示。

STOP 指令既可以用在主程序中，也可以用在子程序和中断程序中。如果在中断程序中执行停止指令，中断程序立即终止，并且忽略所有等待执行的中断，继续执行主程序中的剩余部分，并且在主程序的结束处完成从 RUN 到 STOP 的转换。

上述讲述的停止指令 STOP 和条件结束指令 END 经常在用户程序中对突发紧急事件进行处理，以避免产生重大生产及安全事故。

三、监控定时器复位指令 WDR

WDR（Watchdog Reset）又称为看门狗复位指令，也称为警戒时钟刷新指令。看门狗每次扫描都被自动复位一次，WDR 的定时时间为 500ms，如果正常工作时扫描周期小于这个时间，则它不会起作用。当用户程序很长或循环指令使扫描时间过分延长以及执行中断程序的时间较长等原因使扫描用户程序时间大于 WDR 定时时间时，监控定时器会停止执行用户程序。为防止上述正常情况下监控定时器的误动作，可以将监控定时器复位指令插入到程序中的适当地方，使监控定时器复位，即延长了允许的扫描周期，从而有效地避免了看门狗超时的错误。监控定时器复位指令 WDR 的用法如图 5-21 所示。

如果在 FOR-NEXT 循环程序的执行时间太长，那么在终止本次扫描之前，下列操作过程将被禁止。

(1) 通信（自由口模式除外）；

(2) I/O 更新（立即 I/O 除外）；

(3) 强制更新；

(4) SM 位更新（不能更新 SM0 和 SM5～SM29）；

(5) 运行时间诊断；

（6）中断程序中的 STOP 指令。

带数字量输出的扩展模块也有一个监控定时器，每次使用 WDR 指令时，应该对每个扩展模块的某一个输出字节使用立即写（BIW）指令来复位每个扩展模块的监控定时器。

四、循环指令

在生产实际中经常遇到需要重复执行若干次同样任务的情况，这时可以使用循环指令。

循环开始指令 FOR：用来标记循环体的开始。

循环结束指令 NEXT：用来标记循环体的结束。

FOR 指令和 NEXT 指令之间的指令我们称之为循环体，每执行一次循环体，当前计数器加 1，并且将其结果和循环终值作比较，如果二者相等，则停止循环。

如图 5-22 所示，循环指令块中有 3 个数据输入端：当前循环计数 INDX（index value or current loop count）、循环初值 INIT（starting value）和循环终值 FINAL（ending value），它们的数据类型均为整数。使用 FOR 指令时必须指定 IN-DX、INIT 和 FINAL 3 个数值。

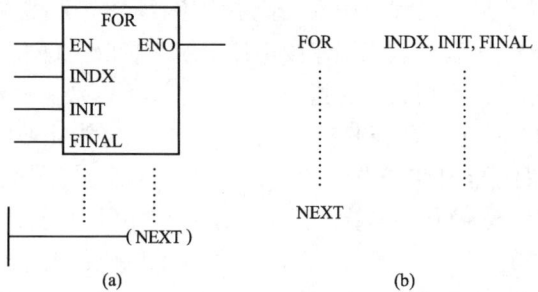

图 5-22　循环指令的 LAD 和 STL 形式
(a) 梯形图；(b) 语句表

使用 FOR/NEXT 循环的注意事项如下。

（1）如果启动了 FOR/NEXT 循环，除非在循环内部修改了循环终值 FINAL，否则循环就一直进行，直至循环结束。在循环的执行过程中，可以改变循环的参数。

（2）FOR/NEXT 指令必须成对使用。

（3）FOR 和 NEXT 允许循环嵌套，即 FOR/NEXT 循环在另一个 FOR/NEXT 循环之中，最多可以嵌套 8 层，但各个嵌套之间一定不可有交叉现象。

（4）如果 INIT 大于 FINAL，则循环不被执行。

五、跳转与标号指令

跳转指令能够使 PLC 可以根据不同的控制要求去执行不同的程序段，从而使编程的灵活性大大提高。

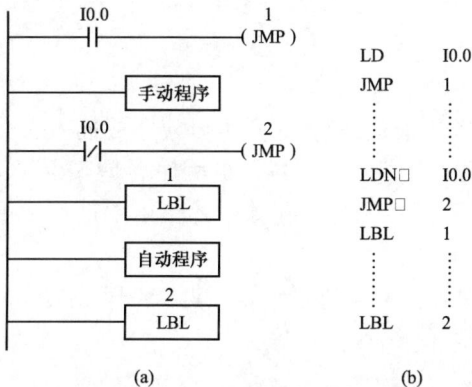

图 5-23　跳转指令的应用举例
(a) 梯形图；(b) 语句表

跳转指令 JMP（Jump to Label）：当输入端有效执行该指令时，使程序跳转到指定标号处执行。

标号指令 LBL（Label）：指令跳转的目的地的位置标号。JMP 与 LBL 指令中的操作数 n 为常数 0～255。

跳转指令最常见的例子是对设备的自动工作方式、手动工作方式进行切换，如图 5-23 所示。图中 I0.0 的状态为 OFF 时，其常开触点断开，第一个跳步指令不执行，意味着执行手动程序；I0.0 的常闭触点闭合，执行第二个跳步指令，跳到 2 处不会往下执行程序，意味着不会执行自动程序，所以 I0.0 状态为 OFF 是系统的手动工作方式。反之，同理可以分析出 I0.0 为 ON 时是系统的自动工作方式。

使用 JMP/LBL 指令的注意事项如下。

（1）由于跳转指令具有选择程序段的功能，在同一程序且位于因跳转而不会被同时执行的程序段中的同一线圈不被视为双线圈。

（2）可以有多条跳转指令使用同一标号，但不允许一个跳转指令对应两个标号的情况出现，也就是说在同一个程序中不允许存在两个相同的标号。

（3）可以在主程序、子程序或者中断服务程序中使用跳转指令，跳转与之相应的标号必须位于同一段程序中（无论主程序、子程序还是中断程序），即不能在不同的程序块中互相跳转。可以在状态程序段中使用跳转指令，但相应的标号也必须在同一个 SCR 段中。一般将标号设在相关跳转指令之后，这样可以减少程序的执行时间。

（4）在跳转条件中引入上升沿或下降沿指令时，跳转只执行一个跳转周期，若用特殊辅助继电器 SM0.0 作为跳转的工作条件时，跳转就变为无条件跳转。

（5）执行跳转指令后，被跳过程序段中的各元器件的状态为：

1）Q、M、S、C 等元件的位保持跳转前的状态。

2）计数器 C 停止计数，当前值存储器保持跳转前的计数值。

3）在跳转期间，分辨率为 1ms 和 10ms 的定时器会一直保持跳转前的工作状态，即原来工作的继续工作，到达设定之后，其位的状态也会变为 ON，其输出触点也会动作，它的当前值存储器会一直累计到最大值 32767 才停止。对于分辨率为 100ms 的定时器来说，跳转期间停止工作，但不会复位，存储器里的值为跳转时的值，跳转结束后，如果输入条件允许，可以继续计时。总之，跳转段里的定时器要格外注意。

六、子程序

子程序常用于需要多次反复执行相同任务的地方，只需要写一次子程序，别的程序在需要的时候调用它，而不需要重新写该程序。子程序的调用是有条件的，如果不调用则不会执行子程序中的指令，因此使用了子程序在不调用它时可以减少扫描时间。

使用子程序可以将程序分成容易管理的小块，使程序结构简单清晰，容易查出错误和进行程序的维护。S7 - 200 PLC 的指令系统具有简单、方便、灵活的子程序调用功能。与子程序有关的操作有：建立子程序、子程序调用和返回。

1. 建立子程序

可以用以下方法建立子程序：

在编程软件"编辑"菜单中的"插入"选项选择"子程序"，这样可以建立或插入一个新的子程序，同时在指令树窗口可以看到新建的子程序图标，图标默认的程序名是 SBR_N，编号 N 从 0 开始按递增顺序生产。右击指令树中子程序的图标，在弹出的菜单中选择"重新命名"，可以修改原来的名字。

在指令树窗口双击子程序图标就可以进入子程序，并对它进行编辑。对于 CPU226XM，最多可以有 128 个子程序；对其余的 CPU，最多可以有 64 个子程序。

2. 子程序的调用

（1）子程序调用指令 CALL。在使能输入有效时，主程序把程序控制权交给子程序。子程序的调用既可以带参数也可以不带参数。子程序调用指令梯形图及指令表形式如图 5 - 24

所示。

（2）子程序条件返回指令 CRET。在子
程序中用触点电路控制 CRET 指令，触点电
路接通时条件满足，结束子程序的执行，返
回到调用此子程序的下一条指令。梯形图中
以线圈的形式编程，指令不带参数。在 STL
中为 CRET。

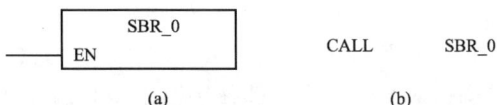

图 5-24　子程序调用指令 LAD/STL 形式
(a) 梯形图；(b) 指令表

子程序调用说明：

1）CRET 多用于子程序的内部，由判断条件决定是否结束子程序调用，RET 用于子程
序的结束。用 Micro/Win32 编程时，设计人员不需要手工输入 RET 指令，而是由软件自动
在内部加到每个子程序结尾。

2）如果在子程序的内部又对另一子程序执行调用指令，则这种调用称为子程序的嵌套。
子程序的嵌套深度最多为 8 级。

3）当一个子程序被调用时，系统自动保存当前的逻辑堆栈数据，并把栈顶置 1，堆栈中
的其他位置为 0，子程序占有控制权。子程序执行结束，通过返回指令自动恢复原来的逻辑
堆栈值，调用程序又重新取得控制权。

4）累加器可在调用程序和被调用子程序之间自由传递，所以累加器的值在子程序调用
时既不保存也不恢复。

3. 带参数的子程序调用

子程序中可以有参变量，带参数的子程序调用极大地扩大了子程序的使用范围，增加了
调用的灵活性。

调用带参数的子程序时需要设置调用的参数，参数在子程序的局部变量表中定义（见
表 5-3）。参数由地址、参数名称（最多 8 个字符）、变量类型和数据类型描述。子程序最
多可以传递 16 个参数，参数的变量名最多为 23 个字符。

表 5-3　　　　　　　　　STEP7-Micro/WIN32 局部变量表

L 地址	参数名称	变量类型	数据类型	注　释
	EN	IN	BOOL	指令使能输入参数
L0.0	IN1	IN	BOOL	第 1 个输入参数，布尔型
LB1	IN2	IN	BYTE	第 2 个输入参数，字节型
L2.0	IN3	IN	BOOL	第 3 个输入参数，布尔型
LD3	IN4	IN	DWORD	第 4 个输入参数，双字型
LW7	IN/OUT1	IN/OUT	WORD	第 1 个输入/输出参数，字型
LD9	OUT1	OUT	DWORD	第 1 个输出参数，双字型

局部变量表中的变量类型区定义的变量有：传入子程序参数（IN）、传入/传出子程序
参数（IN/OUT）、传出子程序参数（OUT）、暂时变量（TEMP）4 种类型。

IN：传入子程序参数。如果参数是直接寻址数据，例如 VB10，则指定地址的值被传
入子程序。如果参数是间接寻址，例如 *AC1，则用指针指定的地址的值被传入子程序。
如果参数是常数（例如 D♯12345）或地址（例如 &VB100），常数或地址的值被传入子

程序。

IN/OUT：传入/传出子程序参数。调用子程序时，将指定参数位置的初始值传给子程序，并将子程序的执行结果返回给同一地址。参数可采用直接寻址和间接寻址，但常数和地址（例如 &VB100）不能作为输出量和输入/输出参数。

OUT：传出子程序参数，是子程序的执行结果，将从子程序来的结果返回到指定参数的位置。输出参数可以采用直接寻址和间接寻址，但不可以是常数或地址。

TEMP：暂时变量。只能在子程序内部暂时存储数据，不能用来传输参数。

在带参数调用子程序指令中，参数必须按照一定顺序排列，输入参数（IN）在最前面，其次是输入/输出参数（IN/OUT），最后是输出参数（OUT）。

局部变量表使用局部变量存储器，在局部变量表中加入一个参数时，系统自动给该参数分配局部变量存储空间。当给子程序传递值时，参数放在子程序的局部变量存储器中。局部变量表中最左列是每个被传递参数的局部变量存储器地址。当子程序调用时，输入参数值被拷贝到子程序的局部变量存储器。当子程序完成时，从局部变量存储器拷贝输出参数值到指定的输出参数地址。

在子程序中，局部变量存储器的参数值的分配如下：

按照子程序指令的调用顺序，参数值分配给局部变量存储器，起始地址是 L0.0；8 个连续位的参数值分配一个字节，从 LX.0 到 LX.7。字节、字和双字节按照字节顺序分配在局部变量存储器中。

七、与 ENO 指令

ENO 是梯形图中指令盒的布尔能流输出端。如果指令盒的能流输入有效，则执行没有错误，ENO 就置位，并将能流向下传递。ENO 可以作为允许位表示指令成功执行。

STL 指令没有 EN 输入，但对要执行的指令，其栈顶值必须为 1。可用"与"ENO（即 AENO）指令来产生和指令盒中 ENO 位相同的功能。

指令格式：AENO。

AENO 指令无操作数，并且只在 STL 中使用，它将栈顶值和 ENO 位的逻辑进行与运算，运算结果保存到栈顶。

AENO 指令用法如图 5-25 所示。

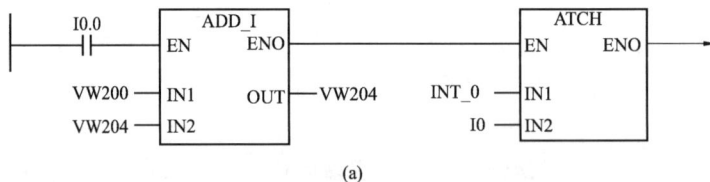

(a)

```
LD    I0.0                //使能输入
+I    VW200, VW204        //整数加法, VW200+VW204=VW204
AENO                      //与NEO指令
ATCH  INT_0  I0           //如果+I指令执行正确，则调用中断程序INT_0，中断事件号为I0
```

(b)

图 5-25　AENO 指令用法

(a) 梯形图；(b) 指令表

第三节 PLC初步编程指导

一、梯形图的结构规则

梯形图作为一种编程语言，绘制时应当有一定的规则。这是因为梯形图能够被指令的组合所表达，而任何型号 PLC 的指令都具有有限的数量，所以梯形图只能有有限的符号组合可以为指令所表达。不能被指令表达的梯形图从语法上来说是不正确的，尽管这些不正确的梯形图有时能表达控制所需的逻辑关系。为此，在绘制梯形图时，要注意以下基本规则：

（1）PLC 内部软器件触点的使用次数是无限制的。

（2）梯形图的各支路，要以左母线为起点，从左向右分行绘出。每一行的前部是触点群组成的工作条件，最右边是线圈或功能框表达的工作结果，亦即触点不能放在线圈的右边，如图 5-26 所示。

图 5-26 梯形图画法示例 1
(a) 错误；(b) 正确

（3）PLC 内部的软器件不能无条件为 ON，故线圈和指令盒一般不能直接连接到左母线上，如果实际工作中需要某软器件开始工作就无条件为 ON，则可以通过特殊辅助继电器 SM0.0 来完成，如图 5-27 所示。

（4）在梯形图中，线圈前边的触点代表输出的条件，线圈代表输出。在同一程序中，某个线圈的输出条件可以非常复杂，但却应该是唯一且集中表达的。由可编程控制器的操作系统引出的工作原理规定，某个线圈在梯形图中只能出现一次，如果多次出现，则称为双线圈输出。PLC 执行用户梯形图程序时是按从上到下的顺序执行，因而前边的输出无效，只有最后一次输出才是有效的，所以应该避免出现双线圈情况。S7-200PLC 中不允许双线圈输出。如图 5-28 所示，如果多个条件可能使某器件为 ON，可以把这几个条件进行"或"运算以后再驱动目标器件。

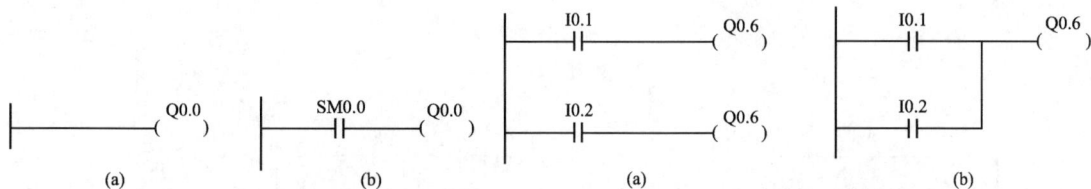

图 5-27 梯形图画法示例 2
(a) 错误；(b) 正确

图 5-28 梯形图画法示例 3
(a) 错误；(b) 正确

（5）手工编写梯形图程序时，触点应该画在水平线上，不能画在垂直分支上。如图 5-29 (a) 中触点 I0.3 被画在垂直直线上，很难正确识别它与其他触点的逻辑关系，应该根据自左至右、自上而下的原则，考虑到使 Q0.0 为 ON 的所有可能性画成如图 5-29 (b) 所示的形式。如果使用编程软件则不可能把触点画在垂直线上。

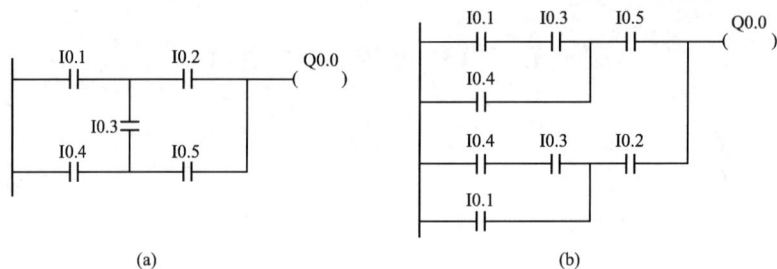

图 5 - 29　梯形图画法示例 4
(a) 错误；(b) 正确

(6) 不包含触点的分支应放在垂直方向，不可放在水平位置，以便于识别触点的组合和输出线圈，如图 5 - 30 所示。

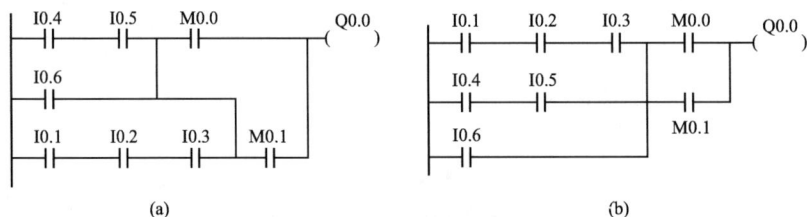

图 5 - 30　梯形图画法示例 5
(a) 错误；(b) 正确

(7) 在有几个串联回路相并联时，应将触点最多的那个串联回路放在梯形图的最上面，如图 5 - 31 (b) 所示梯形图比 5 - 31 (a) 所示梯形图少一条指令。在有几个并联回路相连时，应将触点最多的那个并联回路放在梯形图的最左面。这样，才会使编制的程序简洁明了，语句较少，如图 5 - 32 (b) 所示梯形图比 5 - 32 (a) 所示梯形图少一条指令。

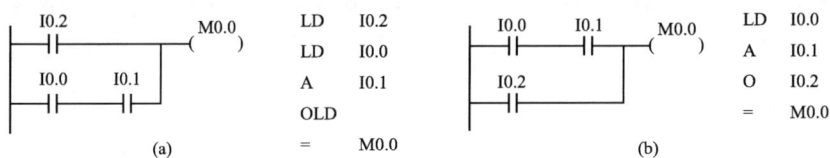

图 5 - 31　梯形图画法示例 6
(a) 不推荐；(b) 推荐

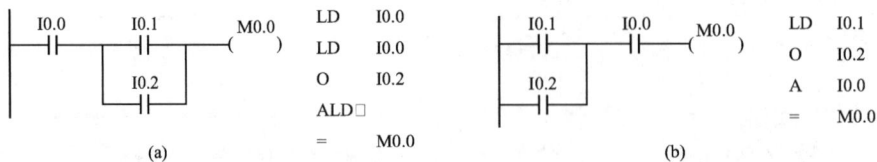

图 5 - 32　梯形图画法示例 7
(a) 不推荐；(b) 推荐

二、语句表的编辑规则

利用 PLC 指令对梯形图编程时，可以把整个梯形图程序看成由许多网络块组成，每个网络块均起始于左母线。对 S7-200 用指令表编程时如果以每个独立的网络块为单位，则指令表程序和梯形图程序是一一对应的，而且两者之间可以通过编程软件相互转换。

梯形图程序是使用最多的编程语言，它非常直观易懂，对每个人都适用；经验丰富的人在某些情况下会直接使用语句表形式编程，这样的程序简洁但不直观。

由于在某些场合需要由绘制好的梯形图列写语句表，因此对语句表和梯形图这两种程序都应该熟悉。特别是会手工把一个梯形图程序转换为指令表程序，对进一步理解 PLC 执行用户程序的原理有很大的帮助。

在手工把一个梯形图程序转换为指令表程序的过程中，要根据梯形图上的符号及符号间的位置关系正确地选取指令及注意正确的表达顺序。对每一个独立的梯形图的网络块，可以分成若干个小块，对每个小块按照从左到右、从上到下的原则进行编程，然后将程序块连接起来，就完成了该网络块的语句表编程。即先写出参与因素的内容，再表达参与因素间的关系。图 5-33 详细介绍了语句表编程的步骤。步骤③及⑦对应的指令为 OLD 及 ALD，在编写时不可遗漏。

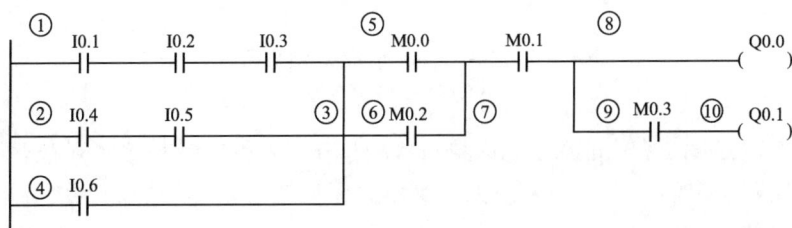

图 5-33　语句表编程举例

(a) 梯形图；(b) 指令表

第四节　基本指令应用实例

工业控制系统通常由主令及传感器件、控制器和执行器三大部分组成。主令及传感器信号用于发布命令以及检测各种现场信号；控制器接收主令及传感器信号并按照既定的控制要求发出执行命令；执行器最终完成工作任务。可编程控制器作为控制器必须在其输入口接入按钮、开关或各类传感器，在其输出口接上接触器或电磁阀等执行器。这就是通常所说的根据控制要求统计输入/输出信号及 PLC 输入、输出端口分配问题，此问题解决的是控制系统的硬件问题。

硬件问题解决后，接下来的工作就该设计控制程序了。可编程控制器内部有各类编程软元件，设计用户程序前首先需要安排一定量的软元件。这个工作一是决定选用元件的类型，而是安排选用元件的编号。可编程控制器中的各类元件数量很大，用到的就选用，不用的可以闲置。元件的安排必须注意元件本身的功能与控制要求相符。使用所选的软元件设计能够体现控制功能的控制程序，程序表达了机内软元件之间的逻辑关系。

本节用控制实例说明控制系统配置及编程的过程，用以加深对基本指令的理解与使用。

【例 5-1】 试设计满足图 5-34（a）所示时序图的梯形图。

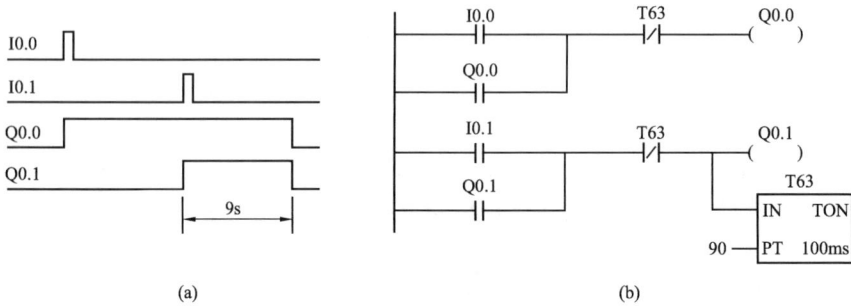

图 5-34 ［例 5-1］时序图及梯形图
（a）时序图；（b）梯形图

在本例中，PLC 的 I0.0 和 I0.1 输入接口接的是什么器件以及是接常开触点还是常闭触点，是由生产实际决定的，对本例来说无关紧要。同样道理，Q0.0 和 Q0.1 输出接口接什么执行器也不必关注。

因为 I0.0 的上升沿和 Q0.0 的上升沿对齐，因此 I0.0 自然是 Q0.0 为 ON 的条件；同理，I0.1 为 Q0.1 为 ON 的条件。由时序图可知，Q0.1 为 ON 9s 后 Q0.0、Q0.1 为 OFF，所以应该引入一个定时器，由定时器的触点作为输出继电器为 OFF 的条件。所设计的梯形图如 5-34（b）所示，图中启动条件用常开触点、停止条件用常闭触点以及用线圈的常开触点进行自锁的梯形图和继电接触控制电路图在图形结构上是完全一致的，为了以后叙述的方便，将这一结构的梯形图称为启保停电路。

梯形图中 T63 为 100ms 分辨率的定时器，它在执行定时器指令时被刷新。它在被刷新为 ON 后的下一个扫描周期里常闭触点断开，使 Q0.0、Q0.1 和 T63 的线圈全部变为 OFF。

【例 5-2】 试设计满足图 5-35（a）所示时序图和梯形图。

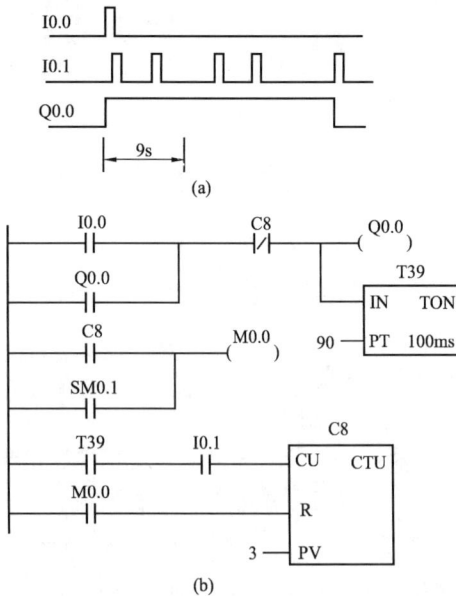

图 5-35 ［例 5-2］时序图及梯形图
（a）时序图；（b）梯形图

由时序图可以看出，输入继电器 I0.0 为 ON 一个脉冲导致 Q0.0 为 ON 且保持，9s 后对 I0.1 输入的脉冲计数，计到第 3 个脉冲时 Q0.0 变为 OFF。因此应该选择一个定时器和一个计数器。Q0.0 为 ON 是定时器的计时起点。系统开始时计数器当前值应该为零，且 Q0.0 由 ON 变为

OFF后，一切又回到原始状态，重新等待I0.0信号，所以应该用SM0.1和计数器为ON信号对计数器复位。

图5-35（b）的梯形图中I0.0用作Q0.0启保停的启动，计数器位为ON的信号作为Q0.0的停止条件。计时到了以后才计数，所以把T39和I0.1常开触点的串联作为计数器的输入电路。

【例5-3】 用光电开关检测传输带上是否有产品通过，如果在10s内没有产品通过，则发出报警信号，用输入端外接的开关可以解除报警信号，试设计相关梯形图程序。

将光电开关接于PLC的I0.0输入端，用于解除报警的开关接于PLC的I0.1输入端。由输出端子Q0.0所接的器件发出报警信号。

所设计的梯形图如图5-36所示。根据生产实际，可以在I0.1输入端接一个按钮用于解除报警（I0.1置ON意味着解除了报警），还可以再接一个转换开关用于决定报警电路是否进行工作（I0.1一直为ON意味不进行报警工作）。这两个器件在I0.1输入端完全并联起来即可。

有产品通过，I0.0为ON使辅助继电器M0.0为ON，M0.0常闭触点断开，使T63定时器输入电路断开，定时器自动复位，当前值被清零。产品通过后，M0.0变为OFF，定

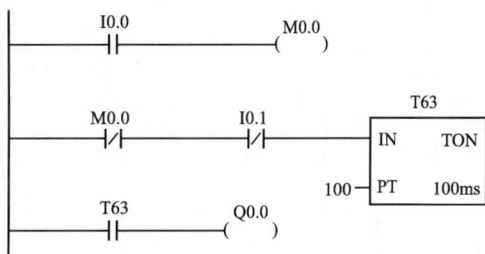

图5-36 ［例5-3］梯形图程序

时器输入电路接通开始计时，当前值变为100意味计时到10s，T63的位变为ON，T63常开触点接通使Q0.0为ON，发出报警信号。如果在计时未到的时候有产品通过，定时器自动复位当前值被清零。产品通过后，重新计时。

【例5-4】 三组抢答的抢答器设计。

主持人总台设有台灯以及总台音响，分台设有分台灯及分台抢答按钮。抢答在主持人给出题目、宣布开始并按下开始按钮后的10s内进行。如果提前，总台灯及分台灯两亮，总台音响发声，表示"违例"。10s内无人抢答，总台灯亮且音响发声表示应答时间到，该题作废。正常抢得时，分台灯亮，总台音响发声。抢得和答题需在30s内完成，30s到时，总台灯亮且总台音响发声，表示答题超时。一个题目终了时，按下总台复位按钮，抢答器恢复原始状态，为下一轮抢答作出准备。

首先根据控制要求，统计PLC所需的输入信号和输出信号个数并对信号进行端口分配。总台有开始按钮、复位按钮，安排它们接于PLC的I0.0和I1.0输入端；各个分台有抢答按钮，分别接于I0.1、I0.2和I0.3 3个输入端子。总台有总台音响和总台灯，安排它们接于PLC的Q0.0和Q1.0输出端；各个分台有分台灯，分别接于Q0.1、Q0.2和Q0.3 3个输出端子。

这个控制系统比前边几个例子复杂些，为此应该把整个控制要求分解成若干个小的彼此相互关联的部分，之间的关联依靠辅助继电器来实现，最后再整合成一个完整的控制程序。

1. 总台复位功能的实现

总台的复位按钮对应I1.0输入端，此信号能够把总台灯、分台灯和定时器的位全部OFF。功能之间关联用辅助继电器为好，这样梯形图比较清晰，可读性强些。用I1.0驱动M0.0（总台复位继电器），总台复位功能由M0.0在其他程序中体现。见图5-37梯形图中的Network 1所示。

Network 1
I1.0 ——| |—— M0.0 ——( )   总台复位继电器

Network 2
I0.0 ——| |—— M0.0 ——|/|—— M0.1 ——( )   总台开始继电器
M0.1 ——| |——

Network 3
I0.1 ——| |—— M0.2 ——|/|—— M0.0 ——|/|—— Q0.1 ——( )   分台灯1
Q0.1 ——| |——

Network 4
I0.2 ——| |—— M0.2 ——|/|—— M0.0 ——|/|—— Q0.2 ——( )   分台灯2
Q0.2 ——| |——

Network 5
I0.3 ——| |—— M0.2 ——|/|—— M0.0 ——|/|—— Q0.3 ——( )   分台灯3
Q0.3 ——| |——

Network 6
I0.1 ——| |—— M0.0 ——|/|—— M0.2 ——( )   抢答继电器
I0.2 ——| |——
I0.3 ——| |——
M0.2 ——| |——

Network 7
M0.1 ——| |—— M0.0 ——|/|—— M0.2 ——| |—— M0.3 ——( )   应答时限继电器
M0.3 ——| |——
T39 IN TON PT 100 — 100ms

Network 8
M0.2 ——| |—— M0.0 ——|/|—— M0.4 ——( )   答题时限继电器
M0.4 ——| |——
T40 IN TON PT 200 — 100ms

Network 9
M0.2 ——| |—— M0.1 ——|/|—— M0.0 ——|/|—— Q1.0 ——( )   总台灯
T39 ——| |—— M0.2 ——|/|——
T40 ——| |—— M0.4 ——| |——
Q1.0 ——| |——

Network 10
M0.2 ——| |—— M0.1 ——|/|—— |P|—— M0.5 ——( )   总台音响启动继电器
T39 ——| |—— M0.2 ——|/|——
T40 ——| |—— M0.4 ——| |——
M0.2 ——| |——

Network 11
M0.5 ——| |—— T41 ——|/|—— Q0.0 ——( )   总台音响继电器
Q0.0 ——| |——
T41 IN TON PT 10 — 100ms

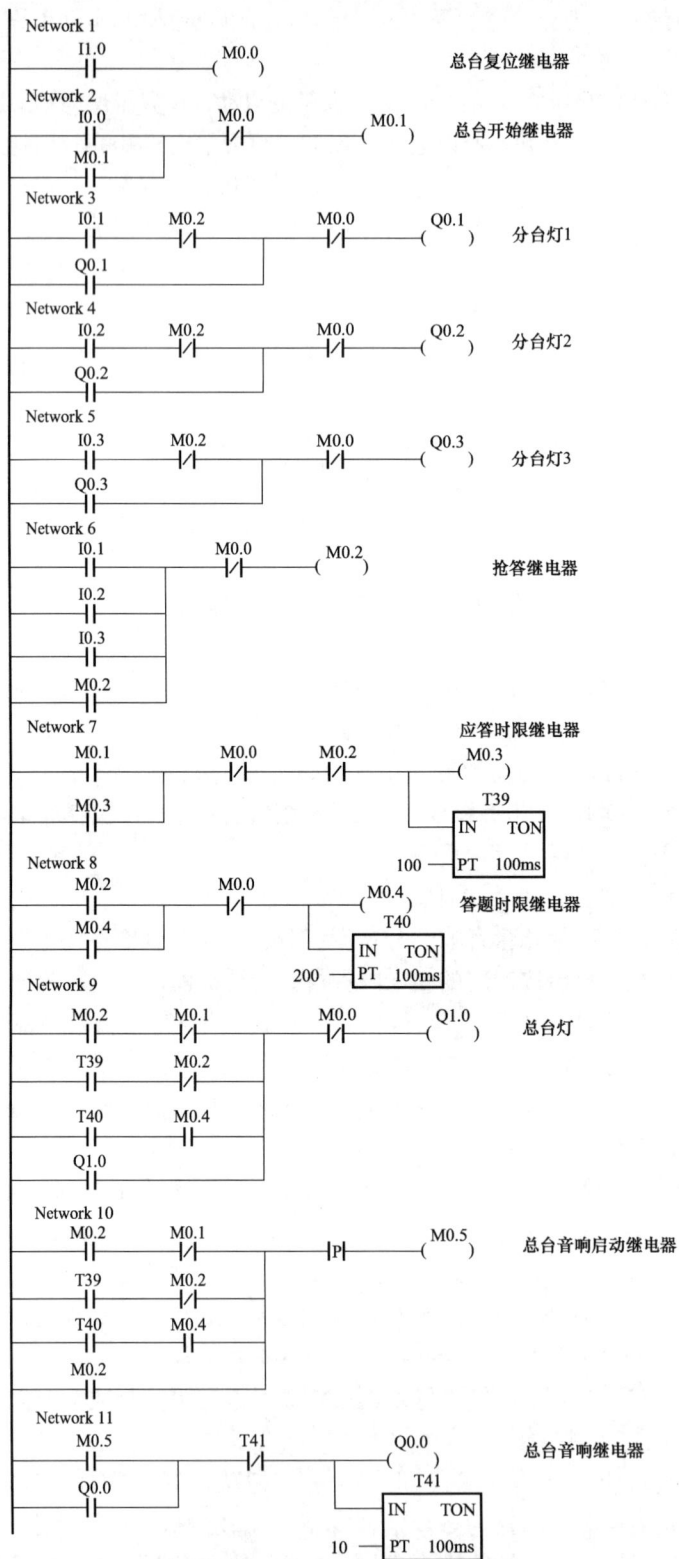

图 5-37 〔例 5-4〕抢答器梯形图

2. 总台开始功能的实现

总台的主持人按动开始按钮，应该启动总台开始继电器 M0.1 并使其自保。因为抢答在主持人按下开始按钮后的 10s 内进行，所以 M0.1 在其他部分应该作为定时器定时的起点。总台的复位和开始互为相反，故复位信号作为开始继电器 M0.1 的停止。见图 5-37 梯形图中的 Network 2 所示。

3. 分台灯功能的实现

在主持人按动开始按钮后，分台哪个人最先按动自己的抢答按钮，自己的分台灯就会亮起来。只要有一个人的灯亮了，其他任何人再按动抢答按钮均无效。分台灯的熄灭由总台复位继电器 M0.0 来实现。见图 5-37 梯形图中的 Network 3、Network 4 和 Network 5 所示。

图中 M0.2 为后续介绍的抢答继电器。假设在 PLC 某一个扫描周期的输入采样阶段里，I0.1 的输入映像寄存器被刷新为 ON，则在这个扫描周期的程序执行阶段 I0.1 的常开触点闭合会将 Q0.1 变为 ON（见 Network 3）。程序执行到后面的程序（见 Network 6）时 I0.1 的常开触点闭合会使下边的抢答继电器 M0.2 为 ON。紧接着在下一个扫描周期里，由于 M0.2 常闭触点断开即使检测到 I0.2 或 I0.3 输入映像寄存器为 ON，程序执行时也不会致使 Q0.2 或 Q0.3 为 ON，从而能够确保有且只有一个人抢答成功，亦即绝对不会出现两个分台灯亮的情况。

4. 分台抢答功能的实现

分台的抢答按钮为 I0.1、I0.2 和 I0.3，它们之间完全平等，都应该能够启动抢答继电器 M0.2，有任何一个人抢答后，M0.2 都应该为 ON 并且保持，直到总台有复位信号为止。如图 5-37 梯形图中的 Network 6 所示。

注意，如果把 M0.0 线圈电路放在 Q0.1、Q0.2 和 Q0.3 线圈电路之前，则 Q0.1、Q0.2 和 Q0.3 永远不会为 ON，因为那样的话 I0.1、I0.2 和 I0.3 任何一个为 ON 首先将 M0.2 变为 ON，随后 M0.2 常闭触点断开，任何一个分台灯什么时候也不会由于抢答而亮。由此可见，梯形图中的网络块有时不能随意颠倒上下顺序。

5. 总台开始后应答时限功能的实现

根据控制要求，主持人宣布开始并按下开始按钮 M0.1 为 ON 后应该开始计时，10s 内有人抢答，则定时器当前值清零。反之，如 10s 内无人抢答，定时器常开触点驱动总台灯亮且总台音响发声表示应答时间到（此功能由 T39 常开触点在其他部分实现），该题作废。如图 5-37 梯形图中的 Network 7 所示。图中 M0.2 常闭触点和复位信号 M0.0 常闭触点串联一起作为停止信号，意味着 10s 内有人抢答或有复位信号则停止计时。

6. 答题时时限功能的实现

抢得和答题要求在 30s 内完成，而抢答在主持人按下开始按钮后的 10s 内进行，所以答题的时间要求是 20s 务必答完。抢答继电器 M0.2 为 ON 是计时的起点，复位信号 M0.0 应该是定时器复位信号。见图 5-37 梯形图中的 Network 8 所示。M0.4 为答题时限继电器，它为 ON 意味着计时。T40 为答题时限定时器。

7. 总台灯功能的实现

根据控制要求可以知道，总台灯在以下 3 种情况下亮。

一种情况是主持人未按开始按钮情况下有人过于着急抢答，此属违例。此功能的实现应该是总台开始继电器 M0.1 为 OFF 情况下抢答继电器 M0.2 为 ON，所以用 M0.2 常开触点和 M0.1 常闭触点的串联作为总台灯 Q1.0 的启动条件即可。

另一种情况是主持人按动开始按钮后 10s 内大家都想不出合适答案，无人愿意答题。此功能的实现应该是抢答继电器 M0.2 为 OFF（无人抢答）情况下应答时限定时器 T39 的位为 ON，所以可以用 T39 常开触点和 M0.2 常闭触点的串联作为总台灯 Q1.0 的启动条件。

还有一种情况是况是主持人按动开始按钮后 10s 内有人抢答，但答题时间超过 20s 的时限规定。此功能的实现应该是答题时限继电器 M0.4 为 ON（已经有人抢答）情况下答题时限定时器 T40 的位为 ON，所以用 M0.4 常开触点和 T40 常开触点的串联作为总台灯 Q1.0 的启动条件即可。

上述 3 个启动条件并联在一起作为总台灯 Q1.0 的启动条件，复位信号 M0.0 应该是总台灯 Q1.0 的 OFF 条件。见图 5-37 梯形图中的 Network 9 所示。

8. 总台音响功能的实现

此部分应该包括总台音响启动信号的采集和总台音响输出及控制两部分。

由控制要求可知，总台音响在违例、无人抢答、答题时间到和正常抢答 4 种情况下都会响。前 3 种情况总台音响响的时候总台灯也会亮，总台音响启动信号把总台灯亮的 3 个启动条件和抢答继电器 M0.2 相"或"即可。因为是信号采集，要一个单脉冲就行，对前边"或"的结果再使用边沿脉冲指令 EU。如图 5-37 梯形图中的 Network 10 所示。

总台音响启动信号 M0.5 应该启动总台音响 Q0.0 并使其自保，但到底响多长时间，控制要求中并没有具体说明。Q0.0 为 ON 音响响起后应该启动一个定时器，作用是决定音响响的时间。定时器计时时间到，定时器常闭触点断开从而打开 Q0.0 的自保。如图 5-37 梯形图中的 Network 11 所示。

本 章 小 结

本章主要讲述了 PLC 的基本逻辑指令和程序控制指令及其简单应用。包括 PLC 的触点指令、线圈指令、置位/复位指令、立即指令、边沿脉冲指令、比较指令、逻辑堆栈指令、RS 触发器指令、定时器指令、计数器指令、跳转指令、循环指令和子程序指令等。PLC 的基本指令是编程的基础，应该熟练掌握这些指令在梯形图和语句表中的使用方法，理解其精髓，特别是要理解定时器和计数器的工作原理。在讲解了 PLC 编程规则的基础上，通过一些例子讲述了基本指令的具体应用，以加深对基本指令的理解。

习 题

1. 执行跳转指令后，被跳过的程序段中的定时器和计数器和跳转前相比较各有什么变化？

2. S7-200 系列 PLC 共有几种类型的定时器，各自有什么特点？S7-200 系列 PLC 有几种分辨率的定时器，它们的刷新方式各有什么不同？

3. S7-200 系列 PLC 有几种形式的计数器，各有什么特点？

4. 写出图 5-38 所示梯形图的语句表程序。

5. 写出图 5-39 所示梯形图的语句表程序。

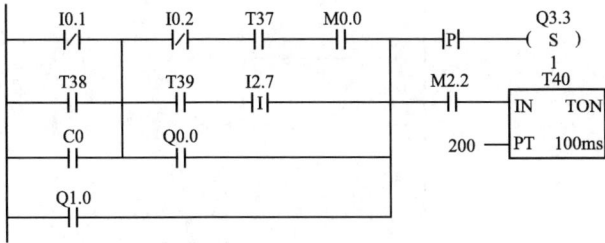

图 5-38　习题 4 梯形图程序

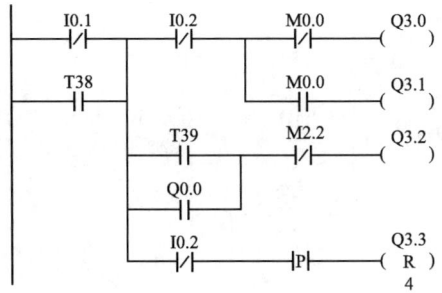

图 5-39　习题 5 梯形图程序

6. 画出图 5-40 中语句表对应的梯形图程序。

7. 画出图 5-41 中语句表对应的梯形图程序。

8. 画出图 5-42 中语句表对应的梯形图程序。

LDI	I0.2
AN	I0.0
O	Q0.3
ONI	I0.1
LD	Q2.1
O	M3.7
AN	I1.5
LDN	I0.5
A	I0.4
OLD	
ON	M0.2
ALD	
O	I0.4
LPS	
EU	
=	M3.7
LPP	
AN	I0.4
NOT	
SI	Q0.3, 1

LD	I0.1
AN	I0.0
LPS	
AN	I0.2
LPS	
A	I0.4
=	Q2.1
LPP	
A	I4.6
R	Q0.3, 1
LDR	
A	I0.5
=	M3.6
LPP	
AN	I0.4
TON	T37, 25

LD	I0.0
O	I1.2
AN	I1.3
O	M0.1
LD	Q1.2
A	I0.5
O	M0.3
ALD	
ON	M0.6
=	Q1.0

图 5-40　习题 6 语句表程序　　图 5-41　习题 7 语句表程序　　图 5-42　习题 8 语句表程序

9. 指出图 5-43 中的错误。

10. 画出图 5-44 中的 Q0.0 的波形。

11. 设计一个对锅炉鼓风机和引风机控制的梯形图程序。控制要求：

（1）开机时首先启动引风机，12s 后自动启动鼓风机。

（2）停止时，立即关断鼓风机，经过 23s 后自动关断引风机。

12. 试设计一个照明灯的控制程序。当按下接在 I0.0 上的按钮后，接在 Q0.0 上的照明灯可以发光 36s。如果在这段时间内又有人按下按钮，则时间间隔从头开始，这样可以确保最后一次按完按钮后，灯光可以维持 36s 的照明。

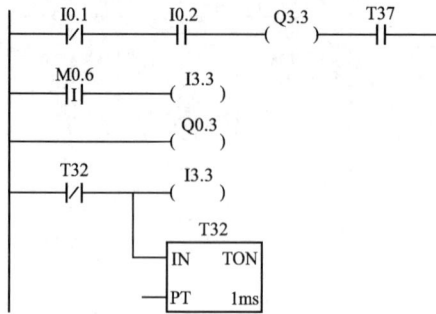

图 5-43　习题 9 梯形图程序　　　图 5-44　习题 10 梯形图程序

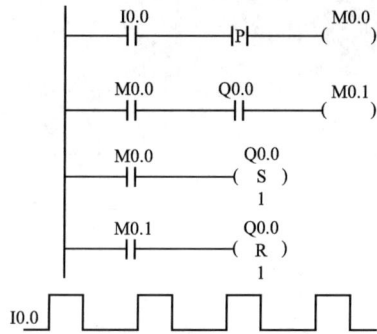

13. 某机车主轴和润滑泵分别由各自的笼型电动机拖动，且都采用直接启动，控制要求如下：

（1）主轴必须在润滑泵启动之后才可以启动；

（2）主轴连续运转时为正向运行，但还可以进行正、反向点动；

（3）主轴先停车后，润滑泵才可以停；

试统计输入信号、输出信号并进行端口的分配，设计相关的梯形图程序。

第六章　S7-200 PLC 特殊功能指令

PLC 的特殊功能指令是 PLC 强大功能的重要体现。在传统逻辑控制的基础上，增加了数学运算、字符串操作、表功能、中断、高速计数、高速脉冲输出和 PID 回路等功能指令，使 PLC 的功能大大增强。

第一节　传送功能指令

一、传送指令

传送指令有传送、块传送和立即传送指令 3 种。

(1) 传送指令指将 IN 中的数据传送到 OUT 中，包括字节传送、字传送和双字传送。

指令格式：LAD 和 STL 格式如图 6-1 (a) 所示。□处可以是 B、W、DW (LAD)、D (STL) 或 R。IN 和 OUT 数据类型要相同，即同为字节、字、双字或实数。

(2) 块传送指令指一次传送多个（最多 255）数据，把从 IN 开始的 N 个字节（字或双字）型的数据传送到从 OUT 开始的 N 个字节（字或双字）存储单元中。包括字节块传送、字块传送和双字块传送。

指令格式：LAD 和 STL 格式如图 6-1 (b) 所示。□处可以是 B、W、DW (LAD)、D (STL) 或 R。输入 IN 和输出 OUT 均为字节（字或双字），N 为字节。

(3) 字节立即传送指令用于对输入和输出的立即处理，不受输入采样的限制。

1) 字节立即读指令读取单字节外部输入物理区数据 IN，传送到 OUT 所指的内部字节存储单元中，用于输入信号的立即响应。

指令格式：LAD 和 STL 格式如图 6-1 (c) 所示。输入 IN 为 IB，输出为字节。

2) 字节立即写指令将内部字节存储单元 IN 中单字节数据，传送到 OUT 所指的外部输出物理区，用于立即输出。

指令格式：LAD 和 STL 格式如图 6-1 (d) 所示。输入 IN 为字节，输出为 QB。

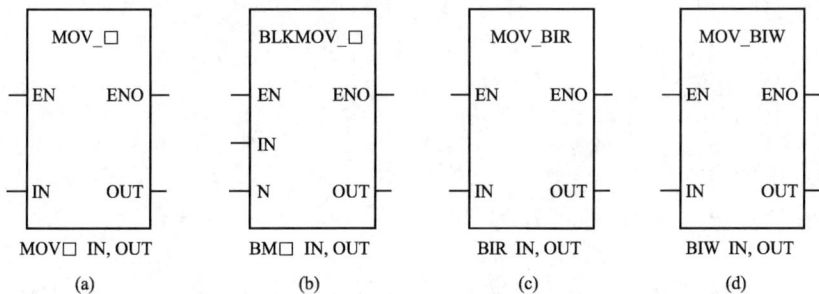

图 6-1　传送指令格式
(a) 传送；(b) 块传送；(c) 字节立即读；(d) 字节立即写

【例 6 - 1】 传送指令应用举例。

```
LD          I0.0                //I0.0有效执行下面操作
MOVB        VB1,VB2
MOVW        VW10,VW20
MOVD        VD100,VD200
BMW         VW40,VW30,6         //从字VW40开始的6个连续字中数据送到VW30开
                                //始的6个连续字中
BIR         IB0,VB50            //I0.0～I0.7的物理端子状态立即读入VB50中
BIW         VB60,QB1            //VB60中的数据立即写到Q1.0～Q1.7物理端子
```

二、移位指令

(1) 移位指令。右移位指令或左移位指令把输入 IN 右移或左移 N 位后，再把结果输出到 OUT，移位指令对移出位自动补零。

如果所需移位次数 N 大于或等于 8 (16 或 32)，因为存储器长度限制，那么实际最大可移位数为 8 (16 或 32)。如果所需移位次数大于零，那么溢出位 SM1.1 上就是最近移出的位值；如果移位操作的结果是 0，零存储器位 SM1.0 就置位。左移位或右移位操作是无符号的。

指令格式：右移和左移指令 LAD 和 STL 格式分别如图 6 - 2 (a) 和图 6 - 2 (b) 所示。□处可以是 B、W、DW (LAD) 或 D (STL)。输入 IN 和输出 OUT 均为字节 (字或双字)，N 为字节。

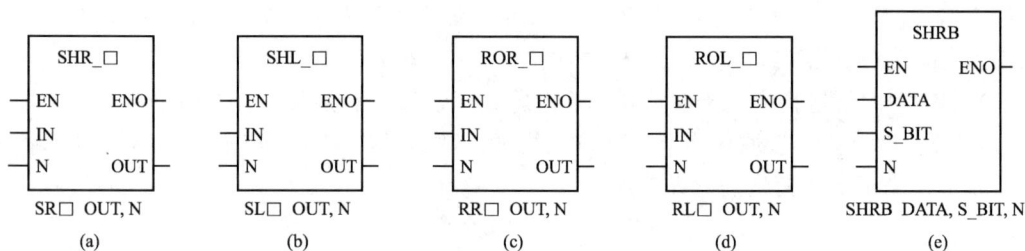

图 6 - 2　移位指令格式

(a) 右移；(b) 左移；(c) 循环右移；(d) 循环左移；(e) 寄存器移位

【例 6 - 2】 移位指令举例。

```
LD          I0.0
SRW         VW100,2
SLB         VB10,2
```

若 VW100 中的内容为 0000100100110011，执行 SRW 指令后，VW100 中的内容变为 0000001001001100。若 VB10 中内容为 00010011，执行 SLB 指令后，VB10 中内容变为 01001100。

(2) 循环移位指令。循环左移或循环右移指令把输入 IN 循环左移或循环右移 N 位后，再把结果输出到 OUT。

如果所需移位次数大于或等于 8 (16 或 32)，那么在执行循环移位前先对取以 8 (16 或 32) 为底的模，其结果 0～7 为实际移动位数；如果执行循环移位，那么溢出位 SM1.1 值就

是最近一次循环移动位的值；如果移位次数不是 8 的整数倍，最后被移出的位就存放到溢出存储器位 SM1.1；如果移位操作的结果是 0，零存储器位 SM1.0 就置位。字节循环移位操作无符号。

指令格式：循环右移和循环左移指令 LAD 和 STL 格式分别如图 6-2（c）和图 6-2（d）所示。□处可以是 B、W、DW（LAD）或 D（STL）。输入 IN 和输出 OUT 均为字节（字或双字），N 为字节。

（3）寄存器移位指令（SHRB）把输入的 DATA 数值移入移位寄存器，该移位寄存器是由 S_BIT 和 N 决定的。其中 S_BIT 指定移位寄存器的最低位，N 指定移位寄存器的长度（正向移位＝N，反向移位＝－N）。

移位寄存器指令提供了一种排列和控制产品流或数据流的简单方法，在每个扫描周期整个移位寄存器移动一位。移位寄存器移位方向由 N 的正或者负决定，正移时 N 为正，输入数据从最低位（S_BIT）移入，最高位移出，移出的数据放在溢出存储器位（SM1.1）；反移时 N 为负，输入数据从最高位移入，最低位（S_BIT）移出。移位寄存器的最大长度是 64 位，可正可负。

指令格式：寄存器移位指令 LAD 和 STL 格式如图 6-2（e）所示。DATA 和 S_BIT 均为 BOOL 型，N 为字节型。

移位寄存器的最高位（MSB.b）可通过公式 6-1 计算求得。

$$MSB.b = [(S\_BIT 字节号)+((N-1)+(S\_BIT 位号))/8 的商].[除 8 的余数]$$

$$(6-1)$$

因为 S_BIT 也是移位寄存器中的一位，故必须减 1。

例如，如果 S_BIT 是 V23.4，N 是 14，那么 MSB.b 是 V25.1。

$$MSB.b = V23+((14-1)+4)/8$$
$$= V23+17/8$$
$$= V23+2(余数为 1)$$
$$= V25.1。$$

图 6-3 为两种不同方向的移位执行情况图。

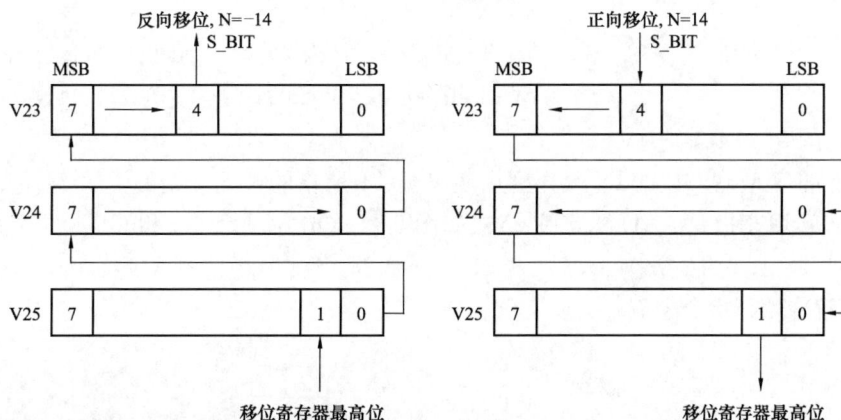

图 6-3　不同方向的移位

【例 6 - 3】 移位程序举例。

```
LD          I0.1
EU
SHRB        I0.0,VD10.0,4
```

程序执行情况如图 6 - 4 所示，图 6 - 4 （a）图为指令执行的时序图，图 6 - 4 （b）为寄存器移位情况。

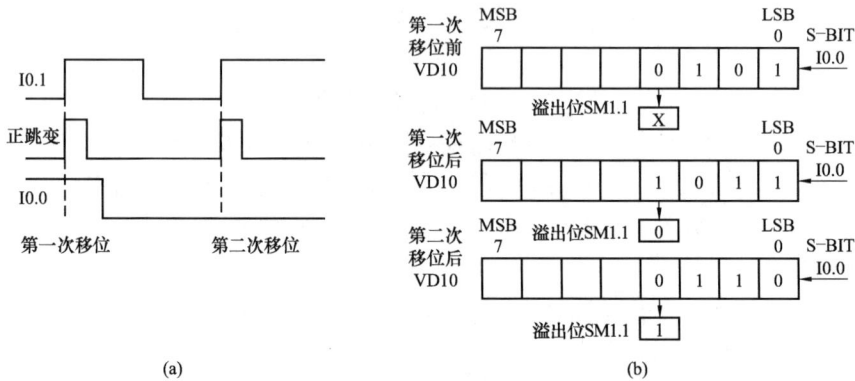

图 6 - 4　寄存器移位指令情况

(a) 时序图；(b) 移位图

三、字节交换指令（SWAP）

字节交换指令将字型输入数据 IN 的高字节和低字节进行交换。

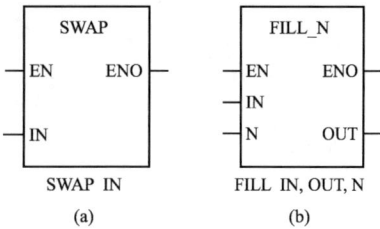

图 6 - 5　交换和填充指令格式

(a) 交换；(b) 填充

指令格式：字节交换指令 LAD 和 STL 格式如图 6 - 5 （a）所示。

【例 6 - 4】 字节交换指令举例。

```
LD          I0.0
EU
SWAP        VW100
```

若 VW100 中内容为 1000000011111110，执行完 SWAP 指令后，VW100 中内容变为 1111111010000000。

四、填充指令（FILL）

填充指令将字型输入数据 IN 填充到从输出 OUT 所指的单元开始的 N 个存储单元。

指令格式：填充指令 LAD 和 STL 格式如图 6 - 5 （b）所示。IN 和 OUT 为字型，N 为字节型，可取 1～255 的整数。

【例 6 - 5】 填充指令举例。

```
LD          I0.0
EU
FILL        10,VW100,7
```

执行结果是将数据 10 填充到从 VW100 到 VW112 共 7 个字存储器单元中，注意字存储器单元是以双数形式表示。

【例 6－6】　10 位彩灯循环左移点亮程序。

用 Q0.0～Q1.1 来循环左移点亮 10 位彩灯。要求从 Q1.1 移出的位要移入 Q0.0，将 Q1.1 移到 Q1.2 的数传送到 Q0.0 中，如图 6－6 所示。对于 CPU224 的 Q1.2 虽然没有外部输出端子，但作为内部映象寄存器可以在编程时使用。当使用 CPU226 时，为了不影响 Q1.2～Q1.7 的输出端子的使用，可对 MW0 进行移位，然后将 M0.0～M1.1 中的数送入 Q0.0～Q1.1。QW0 中 QB1 在低字节，QB0 在高字节。

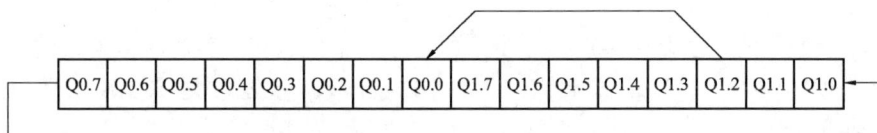

图 6－6　10 位循环左移位

```
LD       SM0.1
MOVW     16#0E00,QW0        //设置彩灯初值,3 个连续的灯亮
LDN      T38
TON      T38,+10           //周期为 1s 的移位脉冲
LD       T38              //移位时间到时
RLW      QW0,1            //彩灯左移 1 位
LD       Q1.2
=        Q0.0             //移入 Q1.2 的数传送到 Q0.0
```

第二节　数学运算功能指令

数学运算指令使 PLC 从功能上达到了一般计算机的基本要求，满足了工业控制较为复杂的数学运算、数据处理等应用。

1. 加法指令

加法指令是把两个数相加产生一个结果的操作，包括整数、双整数和实数的加法。

指令格式：LAD 和 STL 格式如图 6－7（a）所示，□处可是 I、D（STL 中）、DI（LAD 中）或 R。

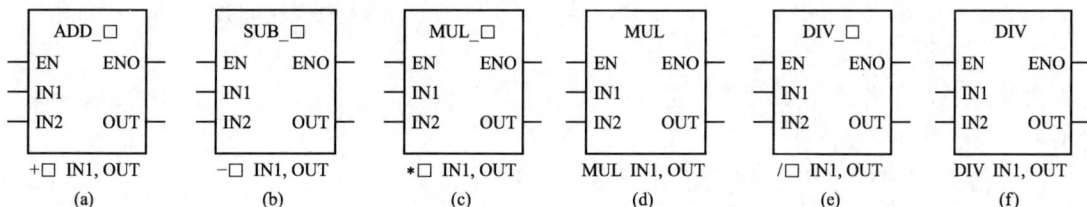

图 6－7　数学运算指令格式

（a）加法；（b）减法；（c）乘法；（d）完整乘法；（e）除法；（f）完整除法

功能说明：在 LAD 中 IN1＋IN2＝OUT；在 STL 中 IN1＋OUT＝OUT。注意 STL 和 LAD 中操作数的不同。

2. 减法指令

减法指令是把两个数相减产生一个结果的操作，包括整数、双整数和实数的减法。

指令格式：LAD 和 STL 格式如图 6 - 7 （b）所示，□处可是 I、D （STL 中）、DI （LAD 中）或 R。

功能说明：在 LAD 中 IN1－IN2＝OUT；在 STL 中 OUT－IN1＝OUT。

3. 乘法指令

（1）乘法指令是把两个数相乘产生一个乘积，包括整数、双整数和实数的乘法。

指令格式：LAD 和 STL 格式如图 6 - 7 （c）所示，□处可是 I、D （STL 中）、DI （LAD 中）或 R。

功能说明：在 LAD 中 IN1×IN2＝OUT；在 STL 中 IN1×OUT＝OUT。

（2）完整乘法指令是把两个单字长的符号整数相乘产生一个 32 位双整数乘积。

指令格式：LAD 和 STL 格式如图 6 - 7 （d）所示，□处可是 I、D （STL 中）、DI （LAD 中）或 R。

功能说明：在 LAD 中 IN1×IN2＝OUT；在 STL 中 IN1×OUT＝OUT。输入为 INT，输出为 DINT。

4. 除法指令

（1）除法指令把两个有符号数相除产生一个商，不保留余数。包括整数、双整数和实数的除法。

指令格式：LAD 和 STL 格式如图 6 - 7 （e）所示，□处可是 I、D （STL 中）、DI （LAD 中）或 R。

功能说明：在 LAD 中 IN1/IN2＝OUT；在 STL 中 OUT/IN1＝OUT。

（2）完整除法指令是把两个 16 位的符号数相除，产生一个 32 位的结果，其中低 16 位为商，高 16 位为余数。

指令格式：LAD 和 STL 格式如图 6 - 7 （f）所示，□处可是 I、D （STL 中）、DI （LAD 中）或 R。

功能说明：在 LAD 中 IN1/IN2＝OUT；在 STL 中 OUT/IN1＝OUT。输入为 INT，输出为 DINT。

一、函数指令

函数指令的输入和输出数据都为实数，结果大于 32 位二进制数表示的范围时产生溢出。

1. 平方根指令

实数的平方根指令（SQRT）把一个 32 位的实数（IN）开方得到 32 位实数结果 （OUT）。

指令格式：LAD 和 STL 格式如图 6 - 8 （a）所示。

2. 自然对数指令

自然对数指令将输入 IN 的值取自然对数，结果放入输出 OUT 中。当求以 10 为底的自然对数时，用 DIV ＿ R （/R）指令将自然对数除以 2.302585 即可（其值近似于以 10 为底的对数值）。

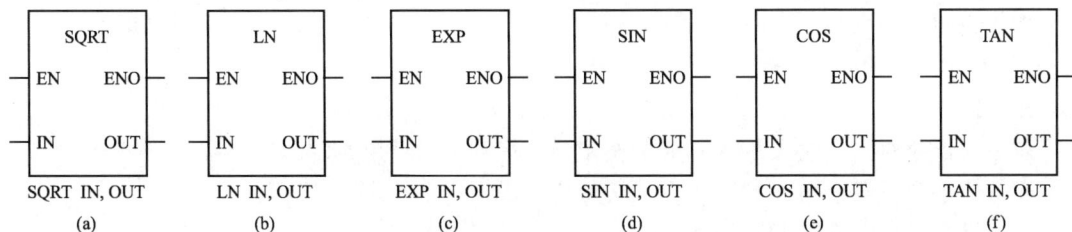

图6-8　函数指令格式

(a)平方根；(b)自然对数；(c)指数；(d)正弦；(e)余弦；(f)正切

指令格式：LAD和STL格式如图6-8（b）所示。

3. 指数指令

指数指令将输入IN的值取以e为底的指数结果放入输出OUT。

该指令可与前面的自然对数指令相配合完成以任意数为底任意数为指数计算。

例如：$5^3 = EXP[3*LN(5)] = 125$　　$125^{1/3} = EXP[1/3*LN(125)] = 5$

指令格式：LAD和STL格式如图6-8（c）所示。

4. 三角函数指令

正弦（余弦、正切）指令将输入IN的弧度值取正弦（余弦、正切），结果放入输出OUT，输入值为弧度值。如果输入为角度值，使用MUL_R（*R）将该角度值乘以π/180°便可以将其转换为弧度值。

指令格式：LAD和STL格式分别如图6-8（d）和图6-8（e）和图6-8（f）所示。

【例6-7】　计算$\sin120° + \cos20°$的值。

```
LD          SM0.0
MOVR        3.14,AC0
/R          180.0,AC0
*R          20.0,AC0          //计算20°的弧度值
COS         AC0,AC1
MOVR        3.14,AC2
/R          180.0,AC2
MOVR        120.0,AC3         //计算120°的弧度值
*R          AC2,AC3
SIN         AC3,AC3
+R          AC1,AC3           //计算 sin120°+cos20°
```

二、加1和减1操作指令

加1或减1指令是把输入IN加1或减1，并把结果存放到输出单元（OUT），字节加减指令是无符号的，字或双字加减指令是有符号的。包括整数、双整数和实数的操作。

指令格式：LAD和STL格式如图6-9（a）和图6-9（b）所示，□处可是I、D（STL中）、DI（LAD中）或R。

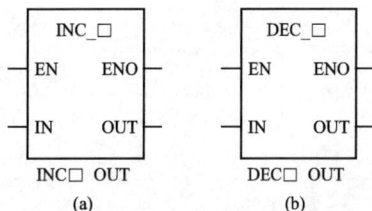

图6-9　加1和减1指令格式

(a)加1；(b)减1

功能说明：在 LAD 和 FBD 中 IN+1=OUT，IN-1=OUT；在 STL 中 OUT+1=OUT，OUT-1=OUT。

三、逻辑运算指令

逻辑与指令对两个输入 IN1 和 IN2 按位与，得到一个结果 OUT。

逻辑或指令对两个输入 IN1 和 IN2 按位或，得到一个结果 OUT。

异或指令对两个输入 IN1 和 IN2 按位异或，得到一个结果 OUT。

取反指令求出输入字节 IN 的反码，得到一个结果 OUT。

这 4 种指令在 STL 中 OUT 和 IN2 使用同一个存储单元。

指令格式：LAD 和 STL 格式分别如图 6-10 (a)、(b)、(c) 和 (d) 所示，□处可是 I、D (STL 中)、DI (LAD 中)。输入输出均为字节、字或双字。

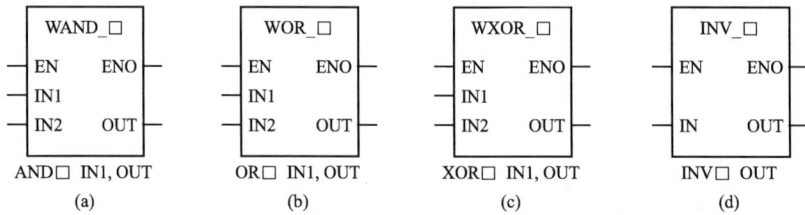

图 6-10　逻辑运算指令格式

(a) 与；(b) 或；(c) 异或；(d) 取反

【例 6-8】　逻辑运算指令应用举例。

```
LD        I0.0
EU
ANDB      VB0,AC0
ORB       VB0,AC1
XORB      VB0,AC2
INVB      VB1
```

程序执行情况见表 6-1。

表 6-1　　　　　　　　　　　逻辑运算指令执行表

指令	操作数	地址	单元长度（N 字节）	运算前	运算后
ANDB	IN1	VB0	1	00110011	00110011
	IN2 (OUT)	AC0	1	11110000	00110000
ORB	IN1	VB0	1	00110011	00110011
	IN2 (OUT)	AC1	1	00001111	00111111
XORB	IN1	VB0	1	00110011	00110011
	IN2 (OUT)	AC2	1	10011001	10101010
INVB	IN (OUT)	VB1	1	11001100	00110011

【例 6-9】　运算指令举例。

本例为水泥下料过程控制中的数据计算的程序，为了便于阅读，语句表程序中用到的存储器都用具体的功能符号来代替。程序如图 6-11 所示。

网络1 网络题目(单行)

```
M2.0              MUL_DI
──┤├──┬──────   EN    ENO ──┤
      │
      │  VD200─ IN1   OUT ─ AC0
      │  VD214─ IN2
      │
      │          MUL_DI
      ├──────   EN    ENO ──┤
      │
      │  +314 ─ IN1   OUT ─ AC0
      │  AC0  ─ IN2
      │
      │          DIV_DI
      ├──────   EN    ENO ──┤
      │
      │  AC0   ─ IN1   OUT ─ AC0
      │  +600000─ IN2
      │
      │          SUB_DI
      ├──────   EN    ENO ──┤
      │
      │  VD218─ IN1   OUT ─ AC0
      │  AC0  ─ IN2
      │
      │  AC0              MOV_DW
      ├──┤<D├──────────  EN    ENO ──┤
      │  +0
      │              VD226─ IN   OUT ─ AC1
      │
      │          MUL_DI
      ├──────   EN    ENO ──┤
      │
      │  VD210─ IN1   OUT ─ AC1
      │  AC1  ─ IN2
      │
      │          MUL_DI
      ├──────   EN    ENO ──┤
      │
      │  VD210─ IN1   OUT ─ AC1
      │  AC1  ─ IN2
      │
      │          MUL_DI
      ├──────   EN    ENO ──┤
      │
      │  +314 ─ IN1   OUT ─ AC1
      │  AC1  ─ IN2
      │
      │          DIV_DI
      ├──────   EN    ENO ──┤
      │
      │  AC1  ─ IN1   OUT ─ AC1
      │  +400 ─ IN2
      │
      │          ADD_DI
      ├──────   EN    ENO ──┤
      │
      │  VD226─ IN1   OUT ─ AC1
      │  AC1  ─ IN2
      │
      │          DIV_DI
      └──────   EN    ENO ──┤

         AC1   ─ IN1   OUT ─ AC1
         +100000─ IN2
```

(a)

```
          MUL_DI
         EN    ENO ──┤
   AC1  ─ IN1   OUT ─ VD50
   VD222─ IN2

          MOV_W
         EN    ENO ──┤
   VW52 ─ IN    OUT ─ VW0

   M2.0
  ─( R )─
     1
   M2.0
  ─( R )─
```

(b)

LD	数值指示位
LPS	
MOVD	测量计数值, AC0
*D	滚轮直径, AC0
*D	+314, AC0
/D	+600000, AC0
INVD	AC0
INCD	AC0
+D	筒体高度, AC0
AD>=	AC0, +0
MOVD	AC0, AC1
LRD	
AD<	AC0, +0
MOVD	锥体体积, AC1
LRD	
*D	筒体直径, AC1
LRD	
*D	筒体直径, AC1
LRD	
*D	+314, AC1
LRD	
/D	+400, AC1
LRD	
+D	锥体体积, AC1
LRD	
/D	+100000, AC1
LRD	
MOVD	AC1, VD50
*D	水泥密度, VD50
LRD	
MOVW	VW52, 显示寄存器
LRD	
R	数值指示位, 1
LPP	
R	数值指示位, 1

(c)

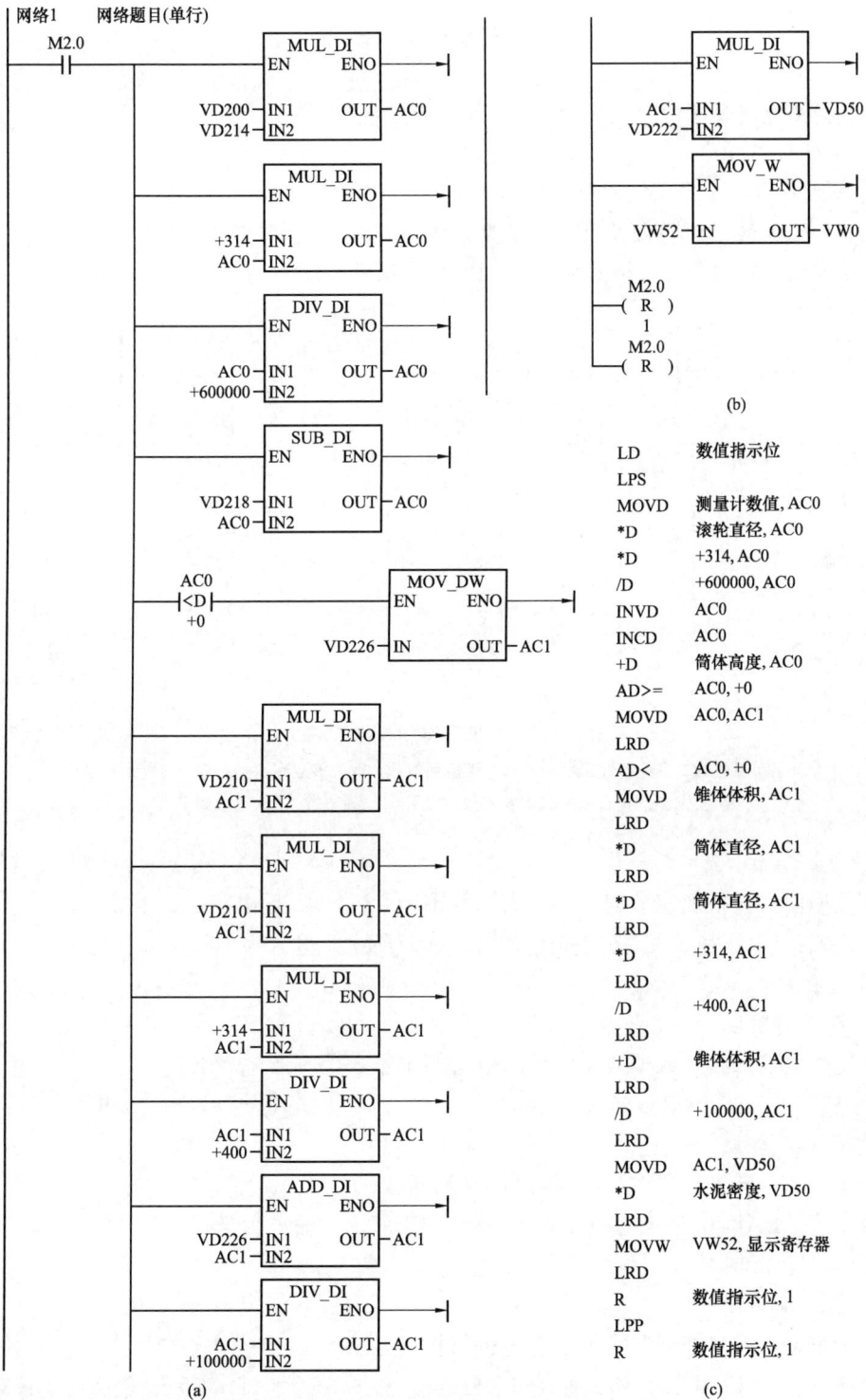

图 6 - 11 运算指令应用程序
(a) 梯形图；(b) 梯形图 (续)；(c) 语句表

第三节　转　换　功　能　指　令

一、数据类型转换指令

（一）字节与整数

1. 字节到整数

将字节型输入转换成整数类型。字节型是无符号的，没有符号扩展位。

指令格式：LAD 和 STL 格式如图 6 - 12（a）所示。输入为字节，输出为 INT。

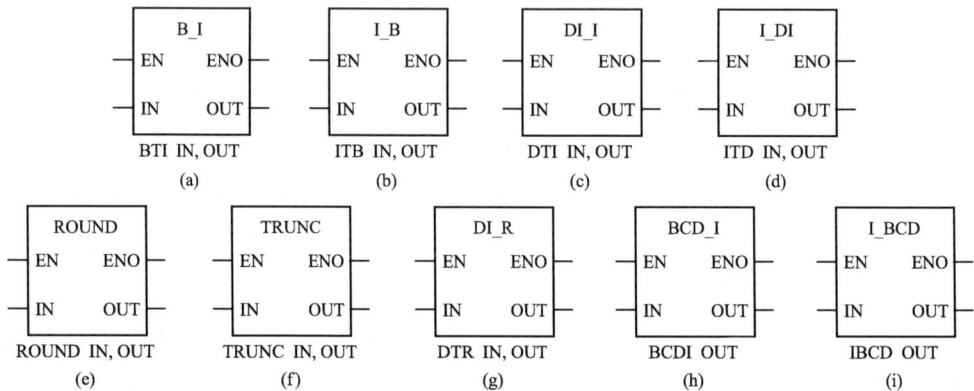

图 6 - 12　数据类型转换指令格式

(a) 字节到整数；(b) 整数到字节；(c) 双整到整数；(d) 整数到双整；(e) 实数到双整；

(f) 实数到双整；(g) 双整到实数；(h) BCD 到整数；(i) 整数到 BCD

2. 整数到字节

将整数型输入转换成字节型。输入数据范围为 0～255，超出范围产生溢出。

指令格式：LAD 和 STL 格式如图 6 - 12（b）所示。输入为 INT，输出为字节。

（二）整数与双整数

1. 双整数到整数

将双整数型输入转换成整数型。输出数据超出整数范围产生溢出。

指令格式：LAD 和 STL 格式如图 6 - 12（c）所示。输入为 DINT，输出为 INT。

2. 整数到双整数

将整数型输入转换成双整数型（符号进行扩展）。

指令格式：LAD 和 STL 格式如图 6 - 12（d）所示。输入为 INT，输出为 DINT。

（三）双整数与实数

1. 实数到双整数

将实数型输入转换成双整数型（符号进行扩展）。

指令格式：LAD 和 STL 格式如图 6 - 12（e）和图 6 - 12（f）所示。输入为 REAL，输出为 DINT。两条指令的区别是前者小数部分 4 舍 5 入，后者小数部分直接舍去。

2. 双整数到实数

将双整数型输入转换成实数。没有直接的整数和实数进行转换的指令，可先使用 I - DI

指令，然后使用 DTR 指令进行转换。

指令格式：LAD 和 STL 格式如图 6-12（g）所示。输入为 DINT，输出为 REAL。

（四）BCD 码与整数

1. BCD 码到整数

将 BCD 码输入数据转换成整数，输入数据的范围是 0～9999。

指令格式：LAD 和 STL 格式如图 6-12（h）所示。输入、输出均为字，在 STL 中，IN 和 OUT 使用相同的存储单元。

2. 整数到 BCD 码

将整数输入数据转换成 BCD 码。输入数据的范围是 0～9999。

指令格式：LAD 和 STL 格式如图 6-12（i）所示。输入、输出均为字，在 STL 中，IN 和 OUT 使用相同的存储单元。

【例 6-10】　转换功能程序举例。

程序如图 6-13 所示。

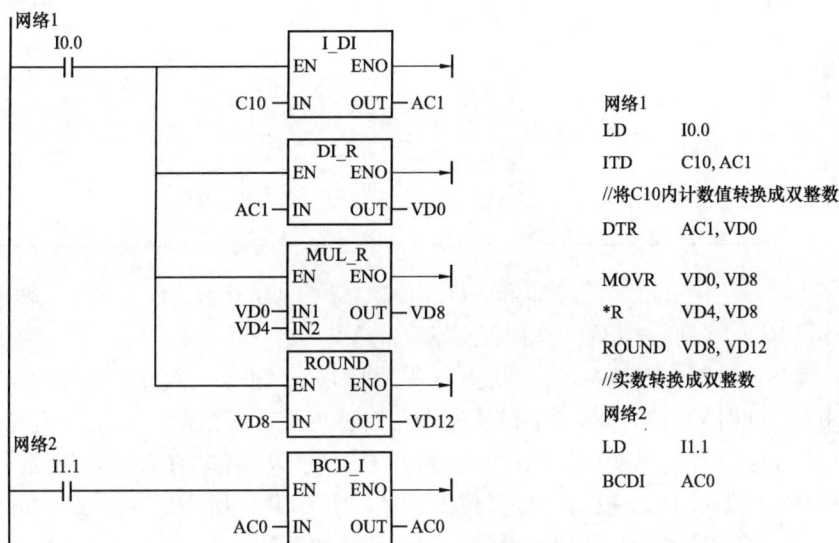

图 6-13　数据类型转换程序

二、编码与译码指令

（一）编码指令（ENCO）

编码指令将输入字 IN 的最低有效位（数值为 1）的位号写入输出字节 OUT 的低 4 位。

指令格式：LAD 和 STL 格式如图 6-14（a）所示。输入为字，输出为字节。

【例 6-11】　执行程序 ENCO　VW10，VB100。

若 VW10 中内容为：1100001100000000，即最低为 1 的位是第 8 位，则执行编码指令后，VB100 的内容为：00001000（即 08）。注意位号是从 0 开始的。

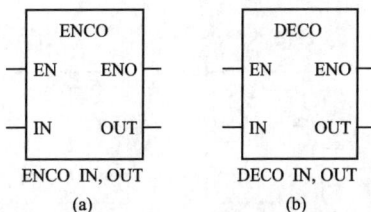

图 6-14　编码、译码指令格式
(a) 编码；(b) 译码

（二）译码指令（DECO）

译码指令根据输入字节 IN 的低 4 位（半个字节）所表示的位号置输出字 OUT 的相应位为 1，其他位置 0。

指令格式：LAD 和 STL 格式如图 6 - 14（b）所示。输入为字节，输出为字。

【例 6 - 12】 执行程序 DECO VB100，VW10。

若 VB100 中内容是：00001000（即 08），则执行编码指令后，VW10 的内容为：0000000100000000，即第 8 位是 1，其余位为 0。

三、段码指令（SEG）

段码指令产生点亮 7 段码显示器的位模式段码值，根据输入字节 IN 的低 4 位确定的十六进制数（16♯0～F）产生相应点亮段码，码值放入 OUT。7 段码编码形式见表 6 - 2。

表 6 - 2   7 段 码 编 码 表

	－ g f e d c b a			－ g f e d c b a
0	0 0 1 1 1 1 1 1		8	0 1 1 1 1 1 1 1
1	0 0 0 0 0 1 1 0		9	0 1 1 0 0 1 1 1
2	0 1 0 1 1 0 1 1		A	0 1 1 1 0 1 1 1
3	0 1 0 0 1 1 1 1		B	0 1 1 1 1 1 0 0
4	0 1 1 0 0 1 1 0		C	0 0 1 1 1 0 0 1
5	0 1 1 0 1 1 0 1		D	0 1 0 1 1 1 1 0
6	0 1 1 1 1 1 0 1		E	0 1 1 1 1 0 0 1
7	0 0 0 0 0 1 1 1		F	0 1 1 1 0 0 0 1

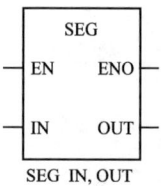

指令格式：LAD 和 STL 格式如图 6 - 15 所示。输入为字，输出为字节。

【例 6 - 13】 执行程序 SEG VB100，QB0。

若 VB100＝08，则执行程序后，在 Q0.0～Q0.7 上输出 01111111。此时 Q0.0～Q0.7 端口接发光二极管可显示出数据，如用专用芯片的电路会节省输出端口。PLC 可直接用开关量输出端口与 7 段 LED 显示器连接，但如果 PLC 控制的是多位 LED7 段显示器，所需的输出点是很多的。电路可采用具有锁存、译码和驱动功能的芯片。

图 6 - 15 段码指令格式

四、ASCII 码转换指令

（一）ASCII 码转为十六进制指令（ATH）

ATH 指令把从 IN 开始的长度为 LEN 的 ASCII 码字符串转换成十六进制数，从 OUT 开始的字节输出，字符串的最大长度为 255 个字符。

指令格式：LAD 和 STL 格式如图 6 - 16（a）所示。LEN、输入和输出均为字节。

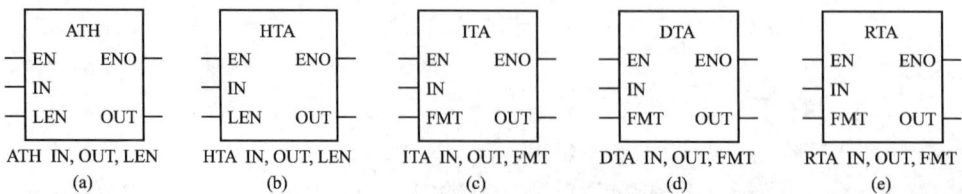

图 6 - 16 ASCII 码转换指令格式

(a) ASCII 与十六进制；(b) 十六进制与 ASCII；(c) 整数与 ASCII；(d) 双整数与 ASCII；(e) 实数与 ASCII

【例 6-14】 执行程序 ATH VB20，VB30，3。

程序执行情况如图 6-17 所示。图中 X 表示 VB31 低 4 位没有变化。

（二）十六进制转换为 ASCII 码（HTA）

HTA 指令把从 IN 字符开始长度为 LEN 的十六进制数转换成从 OUT 开始的 ASCII 码，可转换的十六进制数的最大个数为 255。

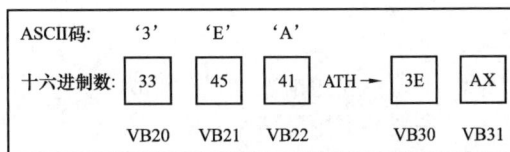

图 6-17 ATH 指令执行情况

指令格式：LAD 和 STL 格式如图 6-16（b）所示。LEN、输入和输出均为字节。

合法的 ASCII 码字符的十六进制数值在 30～39 和 41～46 之间。

【例 6-15】 执行程序 HTA VB30，VB20，4。

程序执行情况如图 6-18 所示。

（三）整数转换为 ASCII 码指令（ITA）

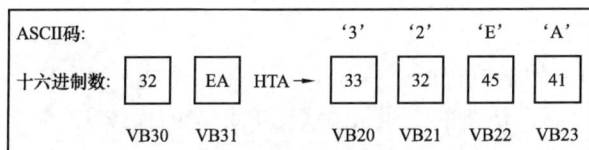

图 6-18 HTA 指令执行情况

整数转换为 ASCII 码指令把输入端 IN 的整数转换成一个 ASCII 码串。格式 FMT 指定小数点右侧的转换精度和小数点使用逗号还是点号，转换的结果放在 OUT 指定的连续 8 个字节中。ASCII 码串始终是 8 个字符。

指令格式：LAD 和 STL 格式如图 6-16（c）所示。IN 为 INT，FMT 和 OUT 为字节。

整数到 ASCII 码转换指令的格式操作数 FMT 定义如图 6-19 所示。输出缓冲区的大小始终是 8 个字节，nnn 区指定输出缓冲区中的十进制对位右边的位数，nnn 区的有效范围是 0～5，指定十进制右对位为 0，表示显示的值没有小数位。对于大于 5 的 nnn 输出缓冲区用 ASCII 空格填充。位 c 指定是用逗号（c=1）或小数点（c=0），作为整数和小数的分割符。高 4 位必须为 0。图 6-19 是采用小数点（c=0）进行格式化的数的格式，在小数点右边有 3 位数字（nnn=011）。

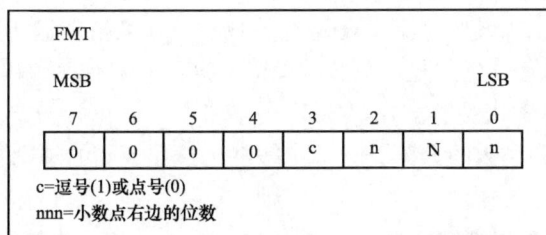

IN	OUT	OUT+1	OUT+2	OUT+3	OUT+4	OUT+5	OUT+6	OUT+7
IN=12				0	.	0	1	2
IN=−123			—	0	.	1	2	3
IN=1234				1	.	2	3	4
IN=−12345		—	1	2	.	3	4	5

图 6-19 ITA 指令的 FMT 操作数格式及举例

输出缓冲区按照下面的规则进行格式化。

(1) 正值不带符号写入输出缓冲区;

(2) 负值带负号写入输出缓冲区;

(3) 小数点左边前的 0 进行删除处理 (除非临近小数点的数字 0);

(4) 在缓冲区中数值采用右对齐。

【例 6 - 16】 执行程序 ITA　VW30,VB20,16♯0B。

16♯0B 表示用逗号作小数点,保留 3 位小数。程序执行情况如图 6 - 20 所示。

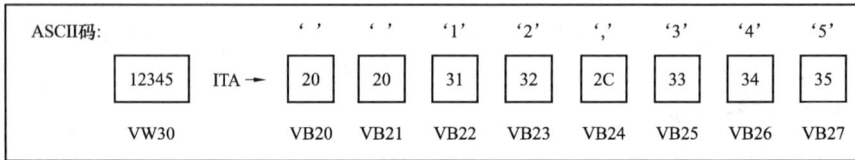

图 6 - 20　ITA 指令执行情况

(四) 双整数转换为 ASCII 码指令 (DTA)

双整数转换为 ASCII 码指令把输入端 IN 的整数转换成一个 ASCII 串。格式 FMT 指定右对位的转换精度,十进制对位是逗号或间隔,转换的结果放在 OUT 指定的连续 12 个字节中。

指令格式:LAD 和 STL 格式如图 6 - 16 (d) 所示。IN 为 DINT,FMT 和 OUT 为字节。

(五) 实数转换为 ASCII 码指令 (RTA)

实数转换为 ASCII 码指令把输入端 IN 的整数转换成一个 ASCII 串。格式 FMT 指定右对位的转换精度,十进制对位是小数点或间隔,转换的结果放在 OUT 指定的连续 3 到 15 个字节中。

指令格式:LAD 和 STL 格式如图 6 - 16 (e) 所示。IN 为 REAL,FMT 和 OUT 为字节。

双整数到 ASCII 码转换指令的格式操作数 FMT 定义如图 6 - 21 所示。输出缓冲区的大小由 ssss 区的值指定,0、1 或 2 个字节是不允许的。nnn 区指定输出缓冲区中的十进制对位右边的位数。nnn 区的有效范围是 0 到 5,指定十进制右对位为 0,表示显示的值没有小数位。对于大于 5 的 nnn 输出缓冲区用 ASCII 码空格填充。位 c 指定是用逗号(c=1)或小数点 (c=0),作为整数和小数的分割符。输出缓冲区按照下面的规则进行格式化。

(1) 正值不带符号写入输出缓冲区;

(2) 负值带负号写入输出缓冲区;

(3) 小数点左边前的 0 进行删除处理 (除非临近小数点的数字 0);

(4) 小数点右边的值是小数点右边的数的位数;

(5) 输出缓冲区的大小必须不小于 3 个字节,还要大于小数点右边的位数;

(6) 在缓冲区中数值采用右对齐。

图 6 - 21 是采用小数点 (c=1) 进行格式化的数的格式,在小数点右边有 3 位数字 (nnn=001),缓冲区的大小是 8 个字节 (ssss=1000)。

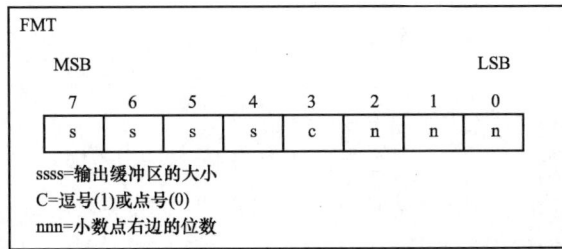

图 6 - 21 RTA 指令的 FMT 操作数格式及举例

IN	OUT	OUT+1	OUT+2	OUT+3	OUT+4	OUT+5	OUT+6	OUT+7
IN=1234.5			1	2	3	4	,	5
IN=−1.23					—	1	,	2
IN=1.23						1	,	2
IN=−12345.6	—	1	2	3	4	5	,	6

图 6 - 21 RTA 指令的 FMT 操作数格式及举例

【例 6 - 17】 执行程序 RTA   VD30，VB20，16♯A3。

16♯A3 表示 OUT 的大小为 10 个字节，用点号作小数点，保留 3 位小数。程序执行情况如图 6 - 22 所示。

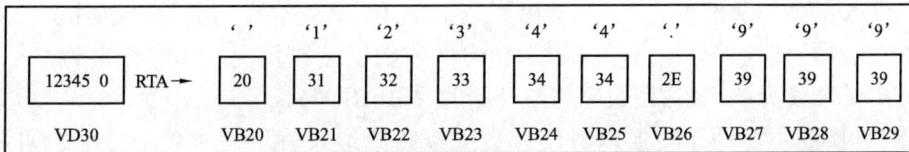

图 6 - 22 RTA 指令执行情况

五、字符串转换指令

字符串是指所有合法的 ASCII 码字符串，这和前面的 ASCII 码范围有所不同。

（一）数值转换为字符串

1. 整数转换为字符串（ITS）

整数转换为字符串指令将转换结果放在从 OUT 开始的 9 个连续字节中，（OUT＋0）字节中的值为字符串的长度。

指令格式：LAD 和 STL 格式如图 6 - 23（a）所示。

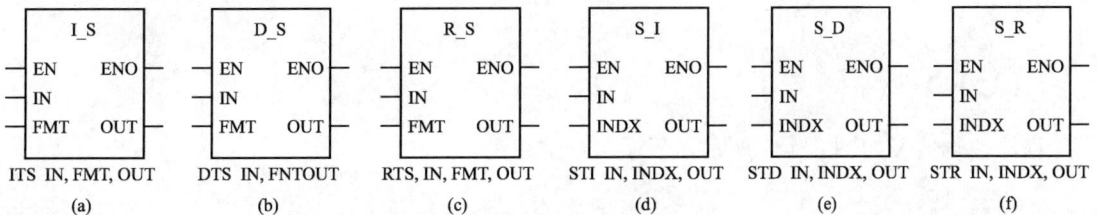

图 6 - 23 字符串转换指令格式

（a）整数转字符串；（b）双整转字符串；（c）实数转字符串；

（d）字符串转整数；（e）字符串转双整；（f）字符串转实数

2. 双整数转换为字符串（DTS）

双整数转换为字符串指令将转换结果放在从 OUT 开始的 13 个连续字节中，（OUT＋0）字节中的值为字符串的长度。

指令格式：LAD 和 STL 格式如图 6-23（b）所示。

3. 实数转换为字符串（RTS）

实数转换为字符串指令将转换结果放在从 OUT 开始的（ssss＋1）个连续字节中，（OUT＋0）字节中的值为字符串的长度。

指令格式：LAD 和 STL 格式如图 6-23（c）所示。

（二）字符串转换为数值

包括字符串转整数（STI）、字符串转双整数（STD）和字符串转实数（STR）3 种。3 条指令都是将字符串 IN，从偏移量 INDX 开始，分别转换成整数、双整数和实数，结果放在 OUT 中。

指令格式：LAD 和 STL 格式如图 6-23（d）、图 6-23（e）和图 6-23（f）所示。

这 3 条指令的 IN 均为字符串型字节，INDX 均为字节；STI 的 OUT 为 INT 型，STD 的 OUT 为 DINT 型，STR 的 OUT 为 REAL 型。

指令使用说明如下。

（1）STI 和 STD 将字符串转换成为格式：［空格］［＋或－］［数字 0～9］；STR 将字符串转换成为格式：［空格］［＋或－］［数字 0～9］［. 或，］［数字 0～9］。

（2）INDX 的值一般设为 1，表示从第一个字符开始转换。设为其他数值时表示从字符串的不同位置进行转换，可用于字符串中包含的非数值字符情况。如字符串为"SPEED：1500"，若 INDX 设为 7，则可跳过字符串开始的"SPEED"。

（3）STR 指令不能用于转换以科学计数或以指数形式表示的实数字符串。如字符串"1.2345E6"转换为实数值为 1.2345，明显出现错误，但不会有错误提示。

（4）非法字符是指任意非数字 0～9 字符。转换时，当到达字符串的结尾或第一个非法字符时，转换指令结束。

（5）当转换产生的数值过大或过小致使输出值无法表示时，溢出标志（SM1.1）会置位。例如使用 STI 指令时，其输入字符串产生的数值大于 32767 或小于－32767 时，SM1.1 就会置位。

（6）当输入字符串中不包含可以转换的合法数值时，SM1.1 也会置位。例如字符串为空或诸如"A123"等。

【例 6-18】 转换程序。

```
LD      I0.0
STI     VB0,7,VW10
STD     VB0,7,VD20
STR     VB0,7,VD30
```

程序执行情况如图 6-24 所示，程序执行结果是：

```
VW10=150
VD20=150
VD30=150.5
VB0                                                              VB14
```

14	's'	'p'	'e'	'e'	'd'	' '	'1'	'5'	'0'	'.'	'5'	'r'	'p'	'm'

图 6-24　转换程序执行情况

第四节　字符串操作指令

一、字符串长度指令（SLEN）

字符串长度指令将 IN 中指定的字符串长度值送到 OUT 中。

指令格式：LAD 和 STL 格式如图 6－25（a）所示。IN 为字符串型字节，OUT 为字节。

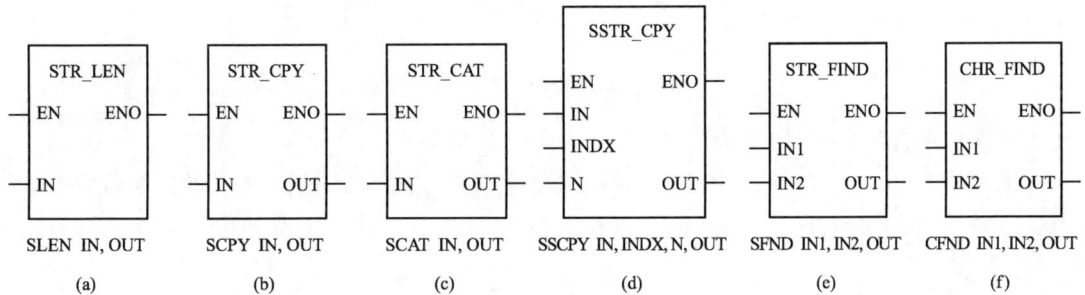

图 6－25　字符串操作指令格式

(a) 字符串长度；(b) 字符串复制；(c) 字符串连接；(d) 字符串复制字符串；
(e) 字符串查找；(f) 字符查找

二、字符串复制指令（SCPY）

字符串复制指令将 IN 中指定的字符串复制到 OUT 中。

指令格式：LAD 和 STL 格式如图 6－25（b）所示。IN 和 OUT 均为字符串型字节。

三、字符串连接指令（SCAT）

字符串连接指令将 IN 中指定的字符串连接送到 OUT 中指定的字符串后面。

指令格式：LAD 和 STL 格式如图 6－25（c）所示。IN 和 OUT 均为字符串型字节。

四、从字符串中复制字符串指令（SSCPY）

从字符串中复制字符串指令从 INDX 指定的字符开始，把 IN 中字符串中的 N 个字符复制到 OUT 中。

指令格式：LAD 和 STL 格式如图 6－25（d）所示。IN 和 OUT 均为字符串型字节，INDX 和 N 均为字节。

【例 6－19】　程序举例。

```
LD      I0.0
SCAT    VB20,VB0
SCPY    VB0,VB30
SLEN    VB30,AC0
SSCPY   VB100,7,5,VB40
```

程序执行情况如图 6－26 所示。

VB0						VB6
6	'H'	'E'	'L'	'L'	'O'	' '

VB20					VB25
5	'W'	'O'	'R'	'L'	'D'

VB0											
11	'H'	'E'	'L'	'L'	'O'	' '	'W'	'O'	'R'	'L'	'D'

VB30											
11	'H'	'E'	'L'	'L'	'O'	' '	'W'	'O'	'R'	'L'	'D'

VB40					
5	'W'	'O'	'R'	'L'	'D'

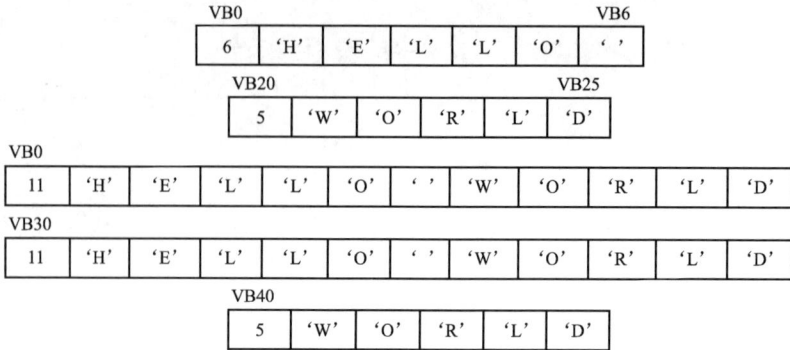

图 6-26　程序执行情况

五、字符串查找指令（SFND）

字符串查找指令是在 IN1 字符串中查找 IN2 字符串，由 OUT 指定查找的起始位置。如果找到了相符合的字符串，则在 OUT 中存入这段字符串中首个字符的位置；如果没有找到，OUT 被清零。

指令格式：LAD 和 STL 格式如图 6-25（e）所示。IN1 和 IN2 均为字符串型字节，OUT 为字节。

六、字符查找指令（CFND）

字符查找指令是在 IN1 字符串中寻找 IN2 字符串中任意字符，由 OUT 指定查找的起始位置。如找到了相符合的字符，则在 OUT 中存入相符的首个字符的位置；如果没有找到，OUT 被清零。

指令格式：LAD 和 STL 格式如图 6-25（f）所示。IN1 和 IN2 均为字符串型字节，OUT 为字节。

【例 6-20】 程序举例。

```
LD      I0.0
MOVB    0,AC0
MOVB    0,AC1
SFND    VB100,VB10,AC0
CFND    VB100,VB20,AC1
STR     VB100,AC1,VD200
```

程序执行情况如图 6-27 所示。

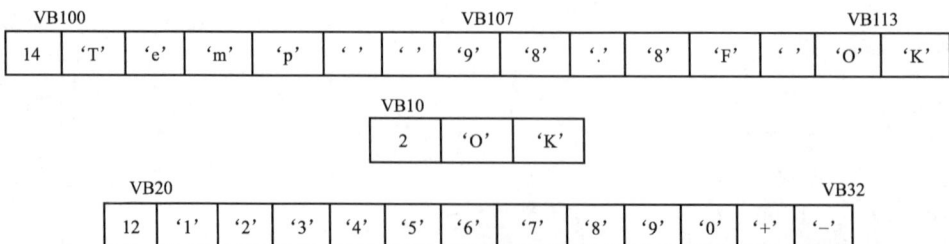

VB100							VB107						VB113
14	'T'	'e'	'm'	'p'	' '	' '	'9'	'8'	'.'	'8'	'F'	' '	'O'	'K'

VB10		
2	'O'	'K'

VB20												VB32
12	'1'	'2'	'3'	'4'	'5'	'6'	'7'	'8'	'9'	'0'	'+'	'−'

图 6-27　程序执行情况

程序执行结果是：

AC0＝13，'O'和'K'字符串在 VB100 为起点的字符串中其位置是 13。

AC1＝7，'9'是找到的相同的字符，在 VB100 为起点的字符串中其位置是 7。

VD200＝98.8。

第五节　表 功 能 指 令

表由表首地址指明，表首地址所对应的单元存放最大填表数 TL，第二个字地址所对应的单元存放实际填表数 EC。表只对字型数据进行存储，表的格式见表 6-3。

表 6-3　　　　　　　　　　　　　数 据 表 格 式

单元地址	单元内容	说　　明
VW10	0007	TL＝7，表示最多可填充 7 个数，VW10 为表地址
VW12	0005	EC＝5，实际在表中存放有 5 个数据
VW14	1234	数据 0
VW16	3456	数据 1
VW18	5678	数据 2
VW20	6789	数据 3
VW22	7890	数据 4
VW24	＊＊＊＊	无效数据
VW26	＊＊＊＊	无效数据

一、表存储指令（ATT）

表存储指令 ATT 将由 DATA 指定的输入数据填加到由 TBL 指定的表格中。

指令格式：LAD 和 STL 格式如图 6-28（a）所示。DATA 为 INT，TBL 为字。

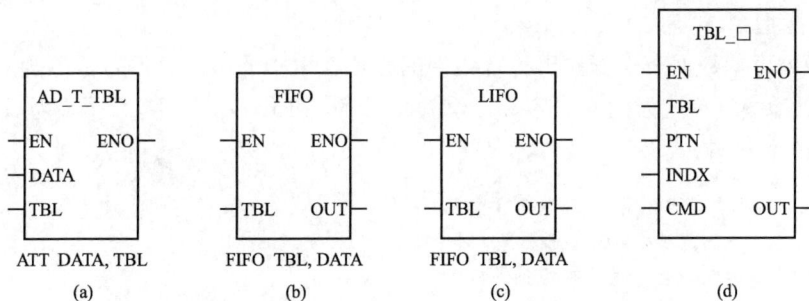

图 6-28　表功能指令格式

（a）表存；（b）先进先出；（c）后进先出；（d）表查找

【例 6-21】　执行程序 ATT　VW30，VW10。

程序执行结果见表 6-4。

表 6 - 4　　　　　　　　　　　　　ATT 指令执行结果

操作数	单元地址	执行前内容	执行后内容	说　　明
DATA	VW30	100	100	
TBL	VW10	0007	0007	TL＝7，最多可填 7 个数，不变
	VW12	0005	0006	EC＝6，数据多了 1 个
	VW14	1234	1234	数据 0
	VW16	3456	3456	数据 1
	VW18	5678	5678	数据 2
	VW20	6789	6789	数据 3
	VW22	7890	7890	数据 4
	VW24	＊＊＊＊	100	将 VW30 中数据填入表尾
	VW26	＊＊＊＊	＊＊＊＊	无效数据

二、表取数指令

表取指令有两种方式：先进先出和后进先出。一个数据从表中取出之后，表的实际填表数 EC 值减 1。输入 TBL 为表格的首地址，指明访问的表格；输出端 DATA 指明取出的数值要存放的地址单元。若指令要从空表中取出一个数值，则特殊标志寄存器位 SM1.5 置位。

（一）先进先出指令（FIFO）

从 TBL 指定的表中取出第一个字型数据，并将其输出到 DATA 所指定的字存储单元。取出的数据总是先进入表中的数据，其他数据依次上移一个字单元位置，同时实际填表数 EC 自动减 1。

指令格式：LAD 和 STL 格式如图 6 - 28 （b）所示。TBL 为字，DATA 为 INT。

（二）后进先出指令（LIFO）

从 TBL 指定的表中取出最后一个字型数据，并将其输出到 DATA 所指定的字存储单元。取出的数据总是最后进入表中的数据，其他数据位置不变，实际填表数 EC 自动减 1。

指令格式：LAD 和 STL 格式如图 6 - 28 （c）所示。TBL 为字，DATA 为 INT。

三、表查找指令

表查找指令可从数据表中查找出符合条件的数据在表中的编号，编号范围为 0～99。

指令格式：LAD 格式如图 6 - 28 （d）所示。TBL 和 INDX 为字，PTN 为 INT，CMD 为字节型常数。STL 格式：

```
FND=        TBL,PTN,INDX(查找条件:=PTN)
FND< >      TBL,PTN,INDX(查找条件:<>PTN)
FND<        TBL,PTN,INDX(查找条件:<PTN)
FND>        TBL,PTN,INDX(查找条件:>PTN)
```

TBL 为表格的首地址，指明访问的表格；PTN 用来描述查表条件时进行比较的数据；CMD 是比较运算符"?"的编码，是一个 1～4 的数值，分别代表＝、＜＞、＜和＞ 运算符；INDX 用来存放表中符合查找条件的数据的地址。

表查找指令执行之前，先将 INDX 内容清 0。查表时从 INDX 开始搜索表 TBL，寻找符合由 PTN 和 CMD 所决定的条件的数据，如果找到一个符合条件的数据，则将该数据的表中地址装入 INDX。如果没有发现符合条件的数，则 INDX 的值等于 EC。表查找指令执行完成以后，找到了一个符合条件的数据，如果想继续向下查找其他符合条件的数据，必须先对 INDX 加 1，然后重新激活表查找指令。

【例 6 - 22】 执行程序 FND> 　VW10，VW50，AC0。

程序执行情况见表 6 - 5。

表 6 - 5　　　　　　　　　　　　　　ATT 指令执行情况

操作数	单元地址	执行前内容	执行后内容	说　　明
PTN	VW50	4000	4000	用来比较的数据
INDX	AC0	0	2	符合查表条件的单元地址
CMD	无	4	4	4 表示>
TBL	VW10	0007	0007	TL＝7，最多可填 7 个数，不变
	VW12	0006	0006	EC＝6，不变
	VW14	1234	1234	数据 0
	VW16	3456	3456	数据 1
	VW18	5678	5678	数据 2
	VW20	6789	6789	数据 3
	VW22	7890	7890	数据 4
	VW24	100	100	数据 5
	VW26	＊ ＊ ＊ ＊	＊ ＊ ＊ ＊	无效数据

第六节　时　钟　指　令

一、读时钟指令

读实时时钟指令读当前时间和日期，并把它装入一个 8 字节的缓冲区（起始地址是 T）。

指令格式：LAD 和 STL 格式如图 6 - 29（a）所示，T 为字节。

二、设定时钟指令

设定实时时钟指令写当前时间和日期，并把 8 个字节缓冲区（起始地址是 T）装入时钟。时钟缓冲区见表 6 - 6。

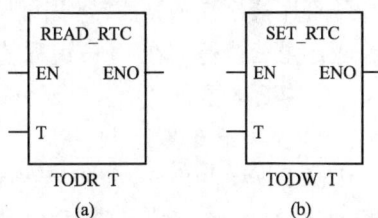

图 6 - 29　时钟指令格式
(a) 读时钟；(b) 设定时钟

表 6 - 6　　　　　　　　　　　　　时 钟 缓 冲 区

字节	T	T+1	T+2	T+3	T+4	T+5	T+6	T+7
内容	年	月	日	时	分	秒	0	星期
范围	00～99	01～12	01～31	00～23	00～59	00～59	0	00～07

指令格式：LAD 和 STL 格式如图 6 - 29（b）所示，T 为字节。

注意事项如下。

（1）CPU224 以上的 PLC 中才有时钟。

（2）所有缓冲区内数值必须用 BCD 码表示。例如 16♯07 表示 2007；星期中 0 表示禁用星期，1 表示星期日，2 表示星期一，7 表示星期六。

（3）S7 - 200 CPU 不执行核实日期和星期是否符合有效日期，如 2 月 31 日可能被接受，因此必须确保输入的数据是正确的、有效的。

（4）不要同时在主程序和中断程序中使用 TODR/TODW 指令，如果这样，且在执行时钟指令时出现了执行时钟指令的中断，则中断程序中的时钟指令不会被执行。

（5）对于没有使用过时钟指令的 PLC，在使用前必须在编程软件的"PLC"菜单栏中对时钟进行设置。

【例 6 - 23】 应用实时时钟指令控制路灯。

```
LD          SM0.0
TODR        VB0
LDB>=       VB3,16#18        //18 点到 24 点
OB<         VB3,16#06        //0 点到 6 点
=           QB0              //控制点亮路灯
```

上述程序可以实现晚上 18 点到次日早 6 点路灯的亮灯控制，日期、时间值采用 16 进制数表示的 BCD 码。当冬天和夏天天黑的时间不同时，可用比较指令来判断日期后再设置不同的亮灯时间。

第七节　中　断　指　令

中断技术是计算机处理复杂和特殊控制任务时所必需的，PLC 中断技术与单片机的中断技术类似。中断是由设备或其他非预期的紧急事件所引起的，它使系统暂时中断现在正在执行的程序操作任务，而转到中断服务程序去处理中断事件，处理完成后再返回断点，即返回原程序继续执行。在 PLC 编程软件中从菜单 Edit→Insert→Interrupt 中加入一个中断。

一、中断概述

（一）中断源及其种类

中断源即中断事件发出中断申请的来源。S7 - 200 PLC 的中断源最多可达 34 个，每个中断源都对应一个固定的编号加以区别，此编号称为中断事件号。S7 - 200 PLC 的中断可分为三大类：通信中断、输入/输出中断和时基中断。中断事件及优先级表见表 6 - 7。

表 6 - 7　　　　　　　　　　　　　　中 断 事 件 及 优 先 级

事件号	中断描述	优先组中的优先级	优先组
8	通信端口 0：接收字符	0	
9	通信端口 0：发送完成	0	
23	通信端口 0：接收信息完成	0	通信（最高）
24	通信端口 1：接收信息完成	1	
25	通信端口 1：接收字符	1	
26	通信端口 1：发送完成	1	

事件号	中断描述	优先组中的优先级	优先组
19	PTO 0 完成中断	0	
20	PTO 1 完成中断	1	
0	上升沿，I0.0	2	
2	上升沿，I0.1	3	
4	上升沿，I0.2	4	
6	上升沿，I0.3	5	
1	下降沿，I0.0	6	
3	下降沿，I0.1	7	
5	下降沿，I0.2	8	
7	下降沿，I0.3	9	
12	HSC0 CV＝PV（当前值＝预置值）	10	
27	HSC0 输入方向改变	11	
28	HSC0 外部复位	12	I/O（中等）
13	HSC1 CV＝PV（当前值＝预置值）	13	
14	HSC1 输入方向改变	14	
15	HSC1 外部复位	15	
16	HSC2 CV＝PV	16	
17	HSC2 输入方向改变	17	
18	HSC2 外部复位	18	
32	HSC3 CV＝PV（当前值＝预置值）	19	
29	HSC4 CV＝PV（当前值＝预置值）	20	
30	HSC4 输入方向改变	21	
31	HSC4 外部复位	22	
33	HSC5 CV＝PV（当前值＝预置值）	23	
10	定时中断 0	0	
11	定时中断 1	1	
21	定时器 T32 CT＝PT 中断	2	定时（最低）
22	定时器 T96 CT＝PT 中断	3	

1. 通信中断

PLC 的串行通信接口可由程序来控制，通信接口的这种操作模式称为自由端口模式。在自由端口模式下可用程序定义波特率、每个字符位数、奇偶校验和通信协议等。利用接收和发送中断可简化程序对通信的控制。PLC 有专门的发送和接收指令。

2. I/O 中断

I/O 中断包含了上升沿或下降沿中断、高速计数器中断和脉冲串输出（PTO）中断。

（1）上升沿或下降沿中断。S7－200CPU 可用输入接口 I0.0～I0.3 的上升沿或下降沿产生中断。表 6-7 给出了允许中断的输入，上升沿事件和下降沿事件可被这些输入点捕获。

这些上升沿或下降沿事件可被用来指示当某个事件发生时必须引起注意的错误条件。

（2）高速计数器中断。高速计数器中断允许响应诸如当前值等于预置值、相应于轴转动方向变化的计数方向改变和计数器外部复位等事件而产生中断。每种高速计数器可对高速事件进行实时响应，这些高速事件是 PLC 扫描速率所不能控制的。

（3）脉冲串输出中断。脉冲串输出中断给出了已完成指定脉冲数输出的指示。脉冲串输出的典型应用是控制步进电动机和直流电动机转速。

可以通过将一个中断程序连接到相应的 I/O 事件上来允许上述的每一个中断。

3．时基中断

时基中断包括定时中断和定时器 T32/T96 中断。

CPU 支持定时中断，用定时中断指定一个周期性的活动。周期以 1ms 为增量，单位周期时间可从 5ms～255ms。对定时中断 0，把周期时间写入 SMB34；对定时中断 1，把周期时间写入 SMB35。每当定时器溢出时定时中断事件把控制权交给相应的中断程序。通常用定时中断以固定的时间间隔去控制模拟量输入的采样或者执行一个 PID 回路。

当把某个中断程序连接到一个定时中断事件上，如果该定时中断被允许，那就开始计时。在连接期间系统捕捉周期时间值，因而后来的变化不会影响周期。为改变周期时间首先必须修改周期时间值，然后重新把中断程序连接到定时中断事件上。当重新连接时定时中断功能清除前一次连接时的任何累计值，并用新值重新开始计时。

一旦允许定时中断就连续运行，指定时间间隔的每次溢出时执行被连接的中断程序。如果退出 RUN 或分离定时中断，则定时中断被禁止。如果执行了全局中断禁止指令，定时中断事件会继续出现，每个出现的定时中断事件将进入中断队列（直到中断允许或队列满）。

定时器 T32/T96 中断是 1ms 分辨率的延时接通定时器（TON）和延时断开定时器（TOF）。T32 和 T96 定时器在其他方面工作正常，一旦中断允许有效，定时器的当前值等于预置值时，在 CPU 的正常 1ms 定时刷新中执行被连接的中断程序。首先把一个中断程序连接到 T32/T96 中断事件上，然后允许该中断。

（二）对中断优先级和排队

中断按以下固定的优先级顺序优先执行：通信（最高优先级）、I/O 中断、时基中断（最低优先级）。在各个指定的优先级之内，CPU 按先来先执行的原则处理中断，任何时间点上只有一个用户中断程序正在执行。一旦中断程序开始执行，它要一直执行到结束，而且不会被别的中断程序甚至是更高优先级的中断程序所打断。当另一个中断正在处理中，新出现的中断需排队等待以待处理。3 个中断队列及其能保存的最大中断个数见表 6-8。

表 6-8　　　　　　　　　　　　　中断队列和每个队列的最大中断数

排队队列	CPU221	CPU222	CPU224	CPU226
通信中断队列	4	4	4	8
I/O 中断队列	16	16	16	16
定时中断队列	8	8	8	8

有时可能有多于队列所能保存数目的中断出现，因而由系统维护的队列溢出存储器位表明丢失的中断事件的类型，中断队列溢出位见表 6-9。一般只在中断程序中使用这些位，因为在队列变空或控制返回到主程序时，这些位会被复位。

表 6 - 9　　　　　　　　用于中断队列溢出的特殊存储器位

描述（0＝不溢出，1＝溢出）	SM 位	描述（0＝不溢出，1＝溢出）	SM 位
通信中断队列溢出	SM4.0	定时中断队列溢出	SM4.2
I/O 中断队列溢出	SM4.1		

二、中断指令

（一）中断连接指令（ATCH）和中断分离指令（DTCH）

中断连接指令 ATCH 把一个中断事件 EVNT 和一个中断程序 INT 联系起来并允许这个中断事件。中断分离指令 DTCH 切断一个中断事件 EVNT 和所有的中断程序的联系并禁止了该中断事件。LAD 和 STL 格式分别如图 6 - 30 (a) 和图 6 - 30 (b) 所示。

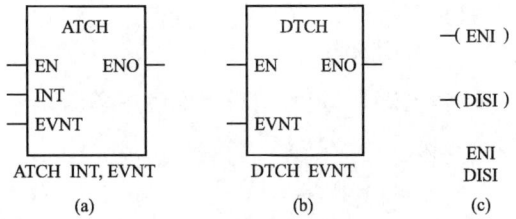

中断程序 INT 和中断事件 EVNT 均为字节型常数，具体操作数见表 6 - 10。

图 6 - 30　中断指令格式

(a) 中断连接；(b) 中断分离；(c) 开、关中断

表 6 - 10　　　　　中断程序 **INT** 和中断事件 **EVNT** 操作数表

输入/输出	操 作 数	数据类型
INT	常数	BYTE
EVNT	常数（CPU221/222：0～12，19～23，27～33；CPU224：0～23，27～33；CPU226：0～33）	BYTE

在激活一个中断程序前必须在中断事件和该事件发生时希望执行的那段程序间建立一种联系，中断连接指令 ATCH 指定某中断事件（由中断事件号指定）所要调用的程序段（由中断程序号指定）。多个中断事件可调用同一个中断程序，但一个中断事件不能同时指定调用多个中断程序。在中断允许时，某个中断事件发生，只有被该事件指定的最后一个中断程序被执行。

当被某个中断事件指定其所对应的中断程序时该中断事件会被自动允许，如果使用全局中断禁止指令 DISI 禁止所有中断，则每个出现的中断事件就进入中断队列，直到用全局中断允许指令 ENI 重新允许中断。当把中断事件和中断程序连接时，自动允许中断。如果采用禁止全局中断指令，不响应所有中断，每个中断事件进行排队直到采用允许全局中断指令重新允许中断。可以用中断分离指令 DTCH 切断中断事件和中断程序之间的联系，以单独禁止中断事件。中断分离指令 DTCH 使中断回到不激活或无效状态。

（二）中断返回指令

有条件中断返回指令可以用来根据逻辑操作的条件从中断程序中返回。中断返回指令没有操作数。

（三）中断允许指令（ENI）和中断禁止指令（DISI）

中断允许指令 ENI 全局地允许所有被连接的中断事件。当由其他模式进入 RUN 模式时就禁止了中断，而在 RUN 模式可以执行全局中断允许指令 ENI 允许所有全局中断。

中断禁止指令 DISI 全局地禁止处理所有中断事件。禁止指令 DISI 允许中断事件排队等

候，但不允许激活中断子程序。

指令格式：LAD 和 STL 格式如图 6 - 30（c）所示。中断允许指令和禁止指令无操作数。

三、中断程序

根据不同的需求，中断程序多种多样，中断程序在响应与之关联的内部或外部中断事件时执行。每个中断程序是用中断程序入口点处的中断程序标号来识别的。中断程序由位于中断程序标号和无条件中断返回指令间的所有指令组成。用无条件中断返回指令 RETI 或条件中断返回指令 CRETI 退出中断程序（将控制还给主程序），两种中断返回指令中无条件中断返回指令是必需的。

【例 6 - 24】 定时中断指令应用举例。

```
主程序
LD        SM0.1              //首次扫描时有效
MOVB      0,VB10             //中断次数计数器清 0
MOVB      200,SMB34          //设定时中断 0 的中断时间间隔为 200ms
ATCH      INT_0,10           //指定产生定时中断 10 时执行 0 号中断程序
ENI                          //允许全局中断
中断程序 0
LDB=      10,VB10            //中断 10 次(2s)
MOVB      0,VB10             //将中断次数计数器清 0
INCB      QB0                //Q0.0～Q0.7 字节操作,QB0 每 2s 加 1
```

【例 6 - 25】 处理定时中断。

程序如图 6 - 31 所示。

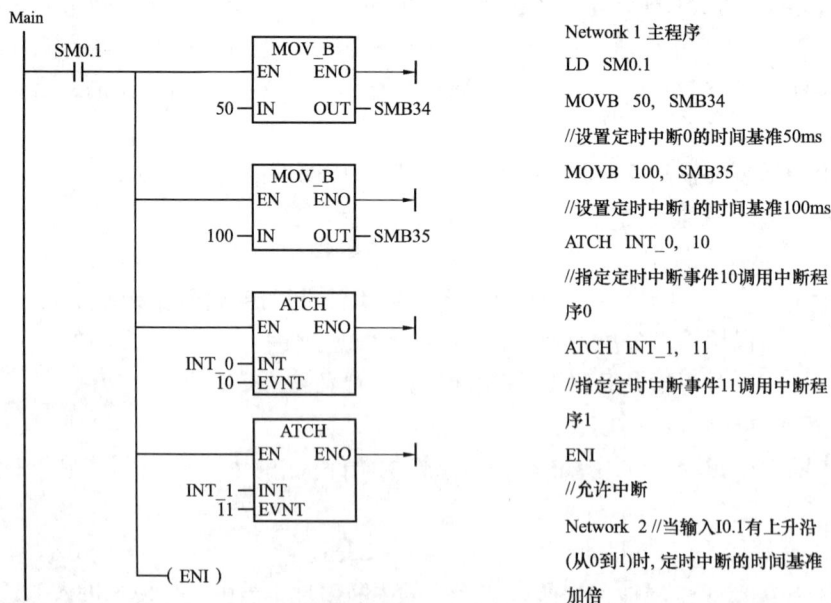

图 6 - 31　定时中断程序（一）

网络2　当输入I0.1有上升沿(从0到1)时,定时中断的时间基准加倍。

```
          I0.1              ┌─DTCH──┐          LD      I0.1
    ───┤├──────┤P├──────┤EN    ENO├──┤       EU
                          │         │
                      10─┤EVNT     │          DTCH    10
                          └────────┘          //切断定时中断事件10与中断程序
                                              0的联系
                          ┌─DTCH──┐
                      ┤EN    ENO├──┤
                          │         │          DTCH    11
                      11─┤EVNT     │          //切断定时中断事件11与中断程序
                          └────────┘          1的联系

                          ┌─MOV_B─┐
                      ┤EN    ENO├──┤          MOVB    100, SMB34
                          │         │          //设置定时中断0的新的时间基准为
                     100─┤IN   OUT├─SMB34      100ms
                          └────────┘

                          ┌─MOV_B─┐           MOVB    200, SMB35
                      ┤EN    ENO├──┤          //设置定时中断1的新的时间基准为
                          │         │          200ms
                     200─┤IN   OUT├─SMB35
                          └────────┘

                          ┌─ATCH──┐           ATCH    INT_0, 10
                      ┤EN    ENO├──┤          //恢复定时中断事件10调用中断程
                          │         │          序0
                   INT_0─┤INT      │          ATCH    INT_1, 11
                      10─┤EVNT     │
                          └────────┘

                          ┌─ATCH──┐           //恢复定时中断事件11调用中断程
                      ┤EN    ENO├──┤          序1
                          │         │
                   INT_1─┤INT      │
                      11─┤EVNT     │
                          └────────┘
```

网络3　当输入I0.0有上升沿时,恢复使用原频率。

```
          I0.0              ┌─DTCH──┐          Network 3//当输入I0.0有上升沿
    ───┤├──────┤P├──────┤EN    ENO├──┤       时,恢复使用原频率
                          │         │          LD      I0.0
                      10─┤EVNT     │          EU
                          └────────┘          DTCH    10

                          ┌─DTCH──┐           //切断定时中断事件10与中断程序
                      ┤EN    ENO├──┤          0的联系
                          │         │          DTCH    11
                      11─┤EVNT     │
                          └────────┘          //切断定时中断事件11与中断程序
                                              1的联系
                          ┌─MOV_B─┐
                      ┤EN    ENO├──┤          MOVB    50, SMB34
                          │         │
                      50─┤IN   OUT├─SMB34      //设置定时中断0的新的时间基准
                          └────────┘          为50ms

                          ┌─MOV_B─┐           MOVB    100, SMB35
                      ┤EN    ENO├──┤
                          │         │          //设置定时中断1的新的时间基准
                     100─┤IN   OUT├─SMB35      为100ms
                          └────────┘

                          ┌─ATCH──┐           ATCH    INT_0, 10
                      ┤EN    ENO├──┤
                          │         │          //恢复定时中断事件10与中断程序
                   INT_0─┤INT      │          0的联系
                      10─┤EVNT     │
                          └────────┘          ATCH    INT_1, 11

                          ┌─ATCH──┐           //恢复定时中断事件11与中断程序
                      ┤EN    ENO├──┤          1的联系
                          │         │          INT_0
                   INT_1─┤INT      │          LD      SM0.0
                      11─┤EVNT     │          S       Q0.0, 1
                          └────────┘
```

```
 INT_0                                         INT_1
    SM0.0        Q0.0                           LD      SM0.0
    ───┤├───────( S )                          R       Q0.0, 1
                   1

 INT_1
    SM0.0        Q0.0
    ───┤├───────( R )
                   1
```

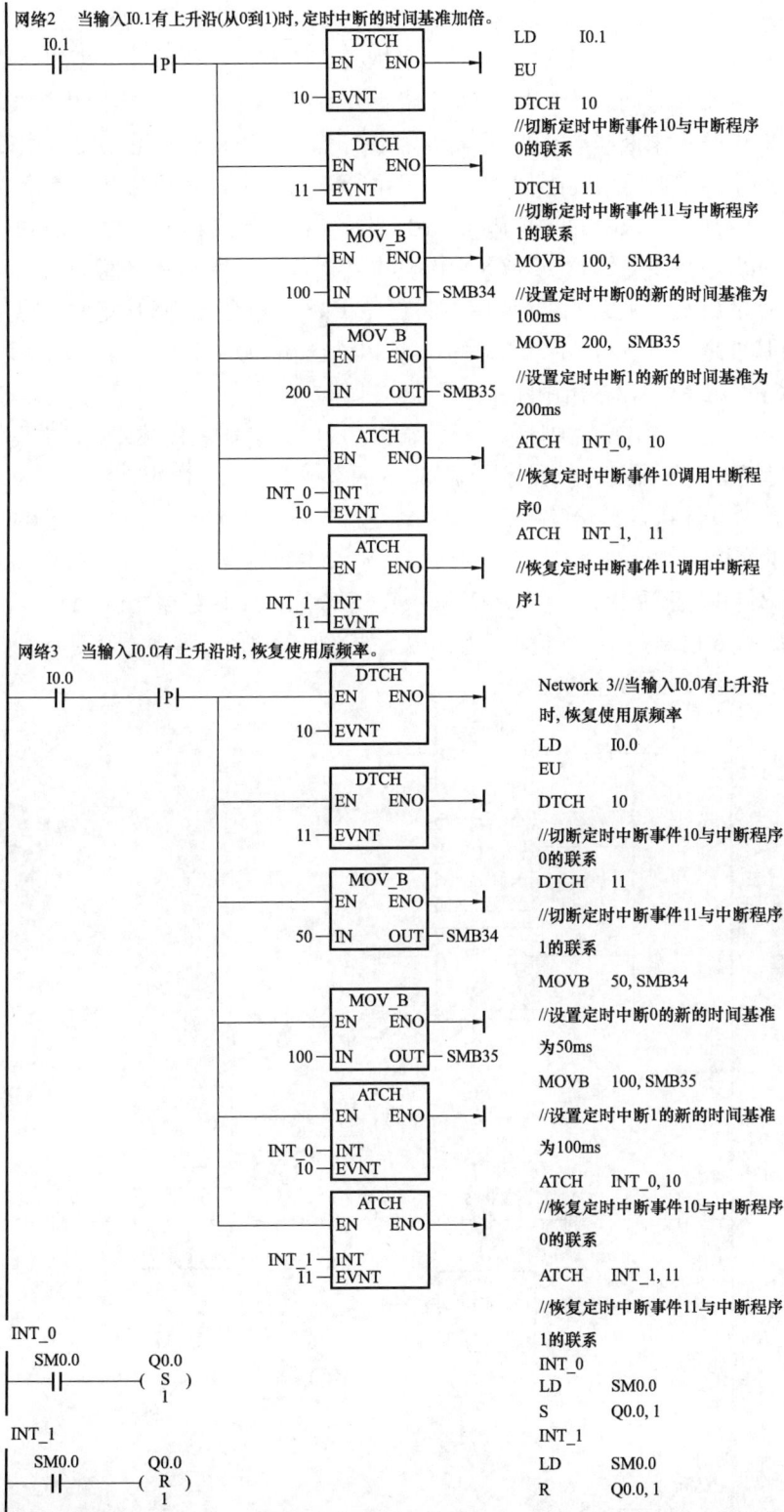

图6－31　定时中断程序（二）

　　本例应用定时中断来产生闪烁频率脉冲。当连接在输入端 I0.1 的开关接通时，闪烁频率减半；当连在输入端 I0.0 的开关接通时，又恢复成原有的闪烁频率。由定时中断引起的一般性处理以及改变其时间基准。用特殊存储字节 SMB34 指定第一定时中断的时间基准，由此产生的定时中断为中断事件 10。用特殊存储字节 SMB35 指定第二定时中断的时间基准，由此产生的定时中断为中断事件 11。为了执行新的指令，必须断开中断事件与中断程序之间的联系，否则不承认新的时间基准。用 DTCH 指令来切断两者之间的联系。当指定了新的时间基准后，必须用 ATCH 指令来恢复中断事件与中断程序之间的联系。当调用中断程序 0 时，把输出 Q0.0 置位。当调用中断程序 1 时，把输出 Q0.0 复位，因为调用中断程序 1 的时间基准是调用中断程序 0 的两倍，所以输出端 Q0.0 输出的脉冲频率发生闪烁。

　　【例 6 - 26】 处理输入/输出中断。

　　如果输入 I0.0 为 0，则程序加计数，如果输入 I0.0 为 1，则程序减计数。主程序包括初始化程序和计数程序，计数器的存储器标志位 M0.0 的 0 或 1 状态，决定计数方向为加计数或者减计数。计数器从 0 计到 255。当输入 I0.0 由 0 变为 1 时，产生中断事件 0，激活中断程序 0（INT_0）。中断程序 0 将存储器位 M0.0 置成 1，导致主程序减计数。当输入 I0.0 由 1 变为 0 时，产生中断事件 1，激活中断程序 1（INT_1）。中断程序 1 将存储器位 M0.0 置成 0，导致主程序加计数。在输出端 Q0.0 至 Q0.7 显示 AC0 的当前计数值。程序梯形图如图 6 - 32 所示。

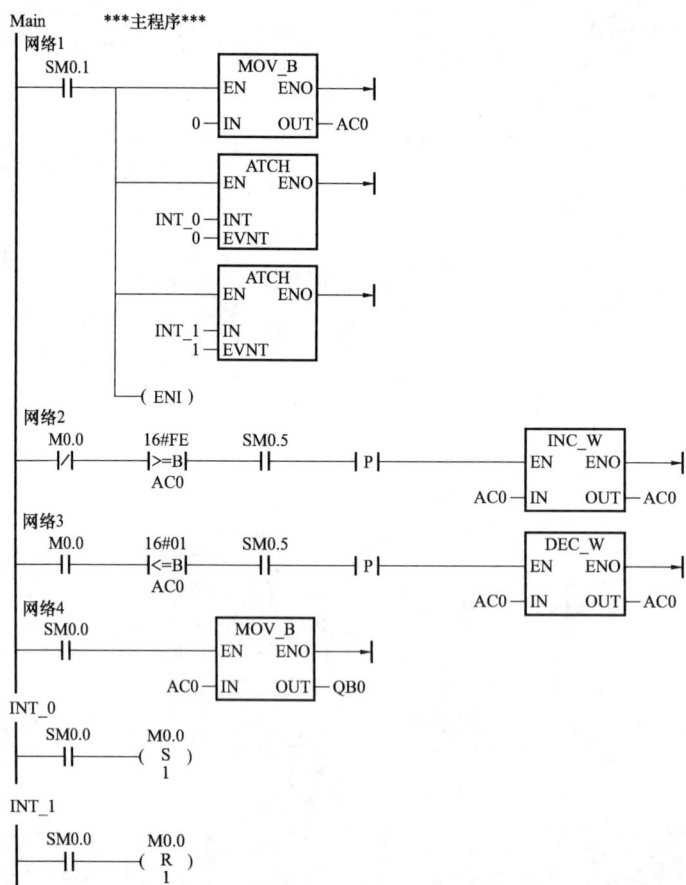

图 6 - 32　输入/输出中断程序

中断使用注意事项如下。

（1）中断程序应当优化，短小而简单，对中断而言其格言是"越短越好"。中断程序进行优化以后，执行时间短，执行时对其处理也不延时过长，这样对于快速处理紧急事件非常有利。如果做不到这一点，意外的条件可能会引起由主程序控制的外部设备操作异常。

（2）在中断程序中不能使用 DISI、ENI、HDEF、LSCR 和 END 等指令。

（3）由于中断指令影响接点线圈和累加器逻辑，因此系统保存和恢复逻辑堆栈、累加寄存器以及指示累加器和指令操作状态的特殊存储器标志位（SM），避免了由中断程序返回后对用户主程序执行现场所造成的破坏。

（4）从中断程序中可以调用一个嵌套子程序，累加器和逻辑堆栈在中断程序和被调用的子程序中是共用的。

第八节　高速计数器指令

一、高速计数器概述

（一）高速计数的应用

高速计数器和码盘配合使用，可以进行执行机构或电动机的转速和位置检测。码盘与执行机构或电动机同轴，跟随其旋转，输出高频脉冲信号。对于高频信号进行处理，可得到转速和位置信息。码盘输出总的脉冲数就是角位移，单位时间内脉冲数就是转速。

（二）高速计数器的编号及数量

高速计数器在程序中使用的地址编号为 HCN，HC 表示高速计数器，N 表示编号。CPU221 和 CPU222 有 4 个高数计数器，分别是 HC0、HC3、HC4 和 HC5。CPU224 和 CPU226 有 6 个，它们是 HC0～HC5。高速计数器的最高计数频率依赖于 CPU 的型号。

（三）中断事件类型

高速计数器的计数和动作采用中断方式进行控制，可以不受 CPU 扫描周期制约。可用于高速计数器的中断事件有 3 类，分别是当前值等于预设值中断、输入方向改变中断和外部复位中断。所有高速计数器都支持预设值中断。如表 6 - 7 所列，每个高速计数器的 3 种中断的优先级由高到低，不同高速计数器之间的优先级又按编号顺序由高到低。

（四）工作模式

高速计数器累计 CPU 扫描速率不能控制的高速事件，可以配置最多 12 种不同的操作模式，这些操作模式见表 6 - 11。每个计数器对它所支持的时钟、方向、复位和启动都有专用的输入点，对于两相计数器，两个时钟可以同时以最大速率工作。对正交模式可以选择以单倍（1X）或 4 倍（4X）最大计数速率工作。HSC1 和 HSC2 互相完全独立并且不影响其他的高速功能，所有高速计数器可同时以最高速率工作而互不干扰。

所有计数器在相同的工作模式下有相同的功能，共有 4 种基本的计数模式。可使用下列类型：无复位或启动输入，有复位无启动输入或同时有复位和启动输入，使用规则如下。

（1）当激活复位输入就清除当前计数值，并保持到复位无效。

（2）当激活启动输入就允许计数器计数。

（3）当启动输入无效时，计数器的当前值保持不变，时钟事件被忽略。

（4）如果在启动输入保持无效时，复位有效，则复位被忽略，当前值不变。

（5）如果在复位保持有效时，启动变为有效，则计数器的当前值被清除。

二、高速计数器指令

定义高速计数器指令 HDEF 为指定的高速计数器分配一种工作模式。

高速计数器指令执行时根据 HSC 特殊存储器位的状态设置和控制高速计数器的工作模式（见表 6 - 11），参数 N 指定了高速计数器号。

表 6 - 11 高速计数器的工作模式及输入点

模式	描述	输入点			
	HSC0	I0.0	I0.1	I0.2	
	HSC1	I0.6	I0.7	I1.0	I1.1
	HSC2	I1.2	I1.3	I1.4	I1.5
	HSC3	I0.1			
	HSC4	I0.3	I0.4	I0.5	
	HSC5	I0.4			
0	带有内部方向控制的单相计数器	时钟			
1		时钟		复位	
2		时钟		复位	启动
3	带有外部方向控制的单相计数器	时钟	方向		
4		时钟	方向	复位	
5		时钟	方向	复位	启动
6	带有增/减计数时钟的双相计数器	增时钟	减时钟		
7		增时钟	减时钟	复位	
8		增时钟	减时钟	复位	启动
9	A/B 相正交计数器	时钟 A	时钟 B		
10		时钟 A	时钟 B	复位	
11		时钟 A	时钟 B	复位	启动

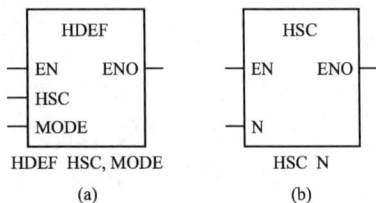

图 6 - 33 高速计数器指令格式

(a) 定义高速计数器；(b) 高速计数器

指令格式：LAD 和 STL 格式如图 6 - 33（a）和图 6 - 33（b）所示。HSC 和 MODE 为字节，N 为字。

使用高速计数器前必须选定一种工作模式，用 HDEF 给出了高速计数器（HSCx）和计数模式之间的联系，对每个高速计数器只能使用一条 HDEF 指令，可利用初次扫描存储器位 SM0.1 调用一个包含 HDEF 指令的子程序来定义高速计数器。

三、高速计数器的特殊标志寄存器

（一）高速计数器的特殊标志寄存器

高速计数器的特殊标志寄存器见表6－12。

表6－12　　　　　　　　　　　HSC 的特殊标志寄存器

HSC 编号	HSC0	HSC1	HSC2	HSC3	HSC4	HSC5
状态字节	SMD36	SMD46	SMD56	SMD136	SMD146	SMD156
控制字节	SMD37	SMD47	SMD57	SMD137	SMD147	SMD157
新当前值	SMD38	SMD48	SMD58	SMD138	SMD148	SMD158
新预置值	SMD42	SMD52	SMD62	SMD142	SMD152	SMD162

（二）状态字节

每个高速计数器都有一个状态字节，其中某些位指出了当前计数方向，当前值是否等于预置值，当前值是否大于预置值，对每个高速计数器的状态位作了定义，见表6－13。只有执行高速计数器的中断程序时状态位才有效，监视高速计数器的状态的目的是使外部事件可产生中断，以完成重要的操作。

（三）控制字节

只有定义了高速计数器和计数器模式才能对计数器的动态参数进行编程，每个高速计数器都有一个控制字节，包括下列几项：允许或禁止计数、计数方向控制（只能是模式0、模式1或模式2）或对所有其他模式的初始化。控制字节每一位的功能设置见表6－14。在执行 HDEF 指令前必须把这些控制位设定到希望的状态，否则计数器对计数模式的选择取缺省设置。缺省的设置为复位和启动输入，高电平有效，正交计数速率是4X（4倍输入时钟频率）。一旦 HDEF 指令被执行，不能再更改计数器的设置，进入 STOP 模式可以修改。

表6－13　　　　　　　HSC0、HSC1、HSC2、HSC3、HSC4 和 HSC5 的状态位

HSC0	HSC1	HSC2	HSC3	HSC4	HSC5	描　　述
SM36.0	SM46.0	SM56.0	SM136.0	SM146.0	SM156.0	不用
SM36.1	SM46.1	SM56.1	SM136.1	SM146.1	SM156.1	不用
SM36.2	SM46.2	SM56.2	SM136.2	SM146.2	SM156.2	不用
SM36.3	SM46.3	SM56.3	SM136.3	SM146.3	SM156.3	不用
SM36.4	SM46.4	SM56.4	SM136.4	SM146.4	SM156.4	不用
SM36.5	SM46.5	SM56.5	SM136.5	SM146.5	SM156.5	当前计数方向状态位： 0＝减计数，1＝增计数
SM36.6	SM46.6	SM56.6	SM136.6	SM146.6	SM156.6	当前值等于预置值状态位： 0＝不等，1＝相等
SM36.7	SM46.7	SM56.7	SM136.7	SM146.7	SM156.7	当前值大于预置值状态位： 0＝小于等于，1＝大于

表 6 - 14　　　　　　　　　　　　　HSC 控制位含义

HSC0	HSC1	HSC2	HSC3	HSC4	HSC5	描　　述
SM37.0	SM47.0	SM57.0	—	SM147.0	—	复位有效电平控制位： 0＝复位高电平有效，1＝低电平有效
—	SM47.1	SM57.1				启动有效电平控制位： 0＝启动高电平有效，1＝启动低电平有效
SM37.2	SM47.2	SM57.2	—	SM147.2	—	正交计数器计数速率选择： 0＝4X 计数率，1＝1X 计数率
SM37.3	SM47.3	SM57.3	SM137.3	SM147.3	SM157.3	计数方向控制位： 0＝减计数，1＝增计数
SM37.4	SM47.4	SM57.4	SM137.4	SM147.4	SM157.4	向 HSC 中写入计数方向： 0＝不更新，1＝更新
SM37.5	SM47.5	SM57.5	SM137.5	SM147.5	SM157.5	向 HSC 中写入预置值： 0＝不更新，1＝更新
SM37.6	SM47.6	SM57.6	SM137.6	SM147.6	SM157.6	向 HSC 中写入新的当前值： 0＝不更新，1＝更新
SM37.7	SM47.7	SM57.7	SM137.7	SM147.7	SM157.7	HSC 允许： 0＝禁止 HSC，1＝允许 HSC

四、高速计数指令应用

（一）设定当前值和预置值

每个高速计数器都有一个 32 位的当前值和一个 32 位的预置值，当前值和预置值都是符号整数。为了向高速计数器装入新的当前值和预置值，必须先设置控制字节并把当前值和预置值存入专门的特殊存储器字节中。然后执行 HSC 指令，从而将新的值送给高速计数器。表 6 - 13 对保存新的当前值和预置值的特殊存储器字节作了说明。除了控制字节和新的预置值与当前值保存字节外，每个高速计数器的当前值可利用数据类型 HC（高速计数器当前值）后跟计数器号（0、1、2、3、4 或 5）的格式读出，因此可用读操作直接访问。当前值的写操作只能用 HSC 指令来实现。

（二）HSC 中断

所有高速计数器支持中断条件当前值等于预置时产生的中断，使用外部复位输入的计数器模式支持外部复位有效时产生的中断，除模式 0、模式 1 和模式 2 外所有的计数器模式支持计数方向改变的中断，每个中断条件可分别被允许或禁止。当使用外部复位中断时不要写入一个新当前值或者在与那个事件有关的中断程序内禁止，然后再允许高速计数器，否则，会造成致命错误。

（三）高速计数器使用方法及步骤

以 HSC1 为例进行使用方法介绍。假定 S7 - 200 已置成 RUN 模式，初次扫描存储器位为真（SM0.1＝1）。如果不是这种情况，在进入 RUN 模式后对每个高速计数器的 HDEF 指令只能执行一次，对一个高速计数器执行第二个 HDEF 指令会引起运行错误。而且不能改变第一次执行 HDEF 指令时对计数器的设置。

1. 初始化模式 0、模式 1 或模式 2

HSC1 为内部方向控制的单相增减计数器（模式 0、模式 1 或模式 2），初始化步骤如下。

（1）用初次扫描存储器位（SM0.1＝1）调用执行初始化操作的子程序，由于采用了这样的子程序调用，后续扫描不会再调用这个子程序，从而减少了扫描时间，也提供了一个结构优化的程序。

（2）初始化子程序中根据所希望的控制操作对 SMB47 置数，例如 SMB47＝16♯F8，产生如下的结果：允许计数、写入新的当前值、写入新的预置值、置计数方向为增、置启动和复位输入为高电平有效。

（3）执行 HDEF 指令时 HSC 输入置 1，MODE 输入置 0（无外部复位或启动）或置 1（有外部复位和无启动）或置 2（有外部复位和启动）。

（4）用所希望的当前值装入 SMD48（双字），其中若装入 0，则清除 SMD48。

（5）用所希望的预置值装入 SMD52（双字）中。

（6）为了捕获当前值（CV）等于预置值（PV）中断事件，编写中断子程序并指定 CV＝PV 中断事件（事件号 13），调用该中断子程序进行中断处理。

（7）为了捕获外部复位事件，编写中断子程序并指定外部复位中断事件（事件号 15），调用该中断子程序。

（8）执行全局中断允许指令（ENI）来允许 HSC 中断。

（9）执行 HSC 指令使 S7-200 对 HSC1 编程。

2. 初始化模式 3、模式 4 或模式 5

HSC1 为外部方向控制的单相增减计数器（模式 3、模式 4 或模式 5），执行 HDEF 指令时 HSC 输入置 1，MODE 输入置 3（无外部复位或启动）或置 4（有外部复位和无启动）或置 5（有外部复位和启动）。为了捕获计数方向改变中断事件，编写中断子程序并指定计数方向改变中断事件（事件号 14）调用该中断子程序。

3. 初始化模式模式 6、模式 7 或模式 8

HSC1 为具有增减两种时钟的双相增减计数器（模式 6、模式 7 或 8），执行 HDEF 指令时 HSC 输入置 1，MODE 输入置 6（无外部复位或启动）或置 7（有外部复位和无启动）或置 8（有外部复位和启动）。

4. 初始化模式模式 9、模式 10 或模式 11

HSC1 为 A/B 相正交计数器（模式 9、模式 10 或模式 11），初始化子程序中根据所希望的控制操作对 SMB47 置数。

例如，1X 计数方式时，SMB47＝16♯FC 产生如下的结果：允许计数、写入新的当前值、写入新的预置值、置 HSC 的初始计数方向为增、置启动和复位输入为高电平有效。4X 计数方式时，SMB47＝16♯F8。

执行 HDEF 指令时，HSC 输入置 1，MODE 输入置 9（无外部复位或启动）或置 10（有外部复位和无启动）或置 11（有外部复位和启动）。

5. 改变模式 0、模式 1 或模式 2 的计数方向

对具有内部方向控制（模式 0、模式 1 或模式 2）的单相计数器 HSC1，改变其计数方

向的步骤如下：

(1) 向 SMB47 写入所需的计数方向，SMB47＝16♯90，允许计数，置 HSC 计数方向为减；SMB47＝16♯98 允许计数，置 HSC 计数方向为增。

(2) 执行 HSC 指令使 S7-200 对 HSC1 编程，写入新的当前值（任何模式下）。

6. 改变 HSC1 的当前值（任何模式下）

在改变当前值时迫使计数器处于非工作状态，此时计数器不再计数也不产生中断。

(1) 向 SMB47 写入新的当前值的控制位，SMB47＝16♯C0，允许计数，写入新的当前值。

(2) 向 SMD48（双字）写入所希望的当前值（若写入 0 则清除）。

(3) 执行 HSC 指令使 S7-200 对 HSC1 编程写入新的预置值（任何模式下）。

7. 改变 HSC1 的预置值（任何模式下）

(1) 向 SMB47 写入允许写入新的预置值的控制位，SMB47＝16♯A0，允许计数，写入新的预置值。

(2) 向 SMD52（双字）写入所希望的预置值。

(3) 执行 HSC 指令使 S7-200 对 HSC1 编程。

8. 禁止 HSC（任何模式下）

(1) 写入 SMB47 以禁止计数，SMB47＝16♯00 禁止计数。

(2) 执行 HSC 指令以禁止计数。

上面给出了如何进行单独改变计数方向、当前值和预置值，在实际中也可以在同一步中通过对 SMB47 设置适当的值来改变所有的或其中的任意几个，然后执行 HSC 指令。

【例 6-27】 编码器脉冲计数程序。

旋转编码器是一种光电式旋转测量装置，它将被测的角位移直接转换成高速脉冲信号。因此可将旋转编码器的输出脉冲信号直接输入给 PLC，利用 PLC 的高速计数器对其脉冲信号进行计数，以获得测量结果。高速脉冲计数器和编码器配合使用，可实现精确定位和测量转速。不同型号的旋转编码器，其输出脉冲的相数也不同，有的旋转编码器输出 A、B、Z 三相脉冲，有的只有 A、B 两相，最简单的只有 A 相。接线时注意编码器和 PLC 电平匹配。

设定一个脉冲数为预设值后，等待高速计数器计数至预设值后进行中断操作，这样可以由预设值来进行精确定位。还可在达到第一个预设值后将预设值重新设置，这样可以实现连续定位。

测量电动机的转速时可采用测频法，测频法是指在单位时间内采集编码器脉冲的个数，用高速计数器对转速脉冲信号进行计数的同时用时基来完成定时。知道了单位时间内的脉冲个数，再经过一系列的计算就可得知电动机的转速。当 SMB34 中装入时基设定值为 200 时，即每 200ms 采样并计算一次。

转速公式可由式（6-2）来计算。

$$n = \frac{N_{c} \times 60}{k \times t_{N}} \qquad (6-2)$$

式中，n 为转速（r/min）；N_c 是 t_N 时间内测量的脉冲数量；k 是码盘上的刻线数；t_N 为测量速度的单位时间（s）。

选择高速计数器及工作模式包括两方面工作：根据使用的主机型号和控制要求，一是选用高速计数器；二是选择高速计数器的工作模式。使用高速计数器及选择工作模式的步骤有以下几个。

(1) 选择高速计数器。对编码器 A 路信号进行增计数，计数器达到一定值后产生中断，计数方向不用控制。选择高速计数器为 HSC0，选择工作模式为 0。

(2) 设置控制字节。在选择用 HS0 的工作方式 0 之后，对应的控制字节为 SMB37。向 SMB37 写入 16＃F8，则对 HSC0 的功能设置为：计数方向为增计数，允许更新计数方向，允许更新当前值，允许更新设定值，允许执行 HSC 指令。

(3) 执行 HDEF 指令。执行 HDEF 指令时，HSC 的输入值为 0，MODE 的输入值为 0。

(4) 设定当前值和预设值。选用 HSC0 时，所对应的当前值和预设值分别存放到 SMD38 和 SMD42 中。

(5) 设置中断事件并全局开中断。高速计数器利用中断方式对高速事件进行精确控制。要求定时时间到时产生中断，因此中断事件号为 10。用中断调用 ATCH 指令将中断事件号 10 和中断程序 INT＿0 连接起来，并全局开中断。在 INT＿0 程序中可完成 200ms 定时值到时计划要做的工作。中断程序中要对 200ms 内采样的脉冲数进行处理。

(6) 执行 HSC 指令。

以上 6 步是对高速计数器的初始化，该过程可用子程序来完成。高速计数器在投入运行之前，必须要执行一次初始化程序段或初始化程序。

```
主程序
LD        SM0.1
MOVB      16# F8,SMB37      //将 F8H 送入高速计数器 0 控制字节单元
MOVD      0,SMD38          //清高速计数器 0 当前值
HDEF      0,0              //定义工作模式 0
CALL      SBR_0
初始化子程序 SBR_0
LD        SM0.0
MOVB      200,SMB34        //时基中断 0 定时时间常数单元送 200,定时 200ms
ATCH      INT_0,10         //中断事件 10
ENI                       //全局开中断
HCS       0
中断程序 INT_0
LD        SM0.0
MOVD      HC0,VD200
MOVD      VD100,VD400
MOVB      16# F8,SMB37      //高速计数器在运行之前必须进行一次初始化
MOVD      0,SMD38
HCS       0
```

第九节　高速脉冲输出指令

应用高速脉冲通过专门的驱动装置可以控制步进电动机和交流伺服电动机的位置及速度，PLC 的高速脉冲输出功能指令在这方面得到了广泛的应用。

```
      ┌─────────┐
      │   PLS   │
     ─┤ EN  ENO ├─
      │         │
     ─┤ Q0.X    │
      └─────────┘
        PLS Q
```

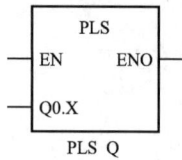

图 6 - 34　高速脉冲
输出指令格式

一、高速脉冲输出指令

高速脉冲输出指令（PLS）检测为脉冲输出（Q0.0 或 Q0.1）设置的特殊存储器位，然后激活由特殊存储器位定义的脉冲操作。

指令格式：LAD 和 STL 格式如图 6 - 34 所示。操作数 Q 为常数 0 或者 1，数据类型为字，高速脉冲输出范围为 Q0.0 和 Q0.1。

二、特殊标志寄存器

表 6 - 15 是控制 PTO/PWM 操作的寄存器表，如果要装入新的脉冲数（SMD72 或 SMD82）、脉冲宽度（SMW70 或 SMW80）或周期（SMW68 或 SMW78），应该在执行 PLS 指令前设置这些值和控制寄存器。如果要使用多段脉冲串操作，在使用 PLS 指令前也需要装入包络表的起始偏移量（SMW168 或 SMW178）和包络表的值。表 6 - 16 为 PTO/PWM 控制寄存器，表 6 - 17 为 PTO/PWM 其他寄存器，表 6 - 18 为 PTO/PWM 控制字节。

表 6 - 15　　　　　　　　　　　　PTO/PWM 状态寄存器

Q0.0	Q0.1	状态字节
SM66.4	SM76.4	PTO 包络由于增量计算错误而终止：0＝无错误，1＝终止
SM66.5	SM76.5	PTO 包络由于用户命令而终止：0＝无错误，1＝终止
SM66.6	SM76.6	PTO 管线上溢/下溢：0＝无上溢，1＝上溢/下溢
SM66.7	SM76.7	PTO 空闲 0＝执行中，1＝PTO 空闲

表 6 - 16　　　　　　　　　　　　PTO/PWM 控制寄存器

Q0.0	Q0.1	控制字节
SM67.0	SM77.0	PTO/PWM 更新周期值：0＝不更新，1＝更新
SM67.1	SM77.1	PWM 更新脉冲宽度值：0＝不更新，1＝更新
SM67.2	SM77.2	PTO 更新脉冲数：0＝不更新，1＝更新脉冲
SM67.3	SM77.3	PTO/PWMPTO/PWM 时间基准选择：0＝1μs/时基，1＝1ms/时基
SM67.4	SM77.4	PWM 更新方法：0＝异步更新，1＝同步更新
SM67.5	SM77.5	PTO 操作：0＝单段操作，1＝多段操作
SM67.6	SM77.6	PTO/PWM 模式选择：0＝选择 PTO，1＝选择 PWM
SM67.7	SM77.7	PTO/PWMPTO/PWM 允许：0＝禁止 PTO/PWM，1＝允许 PTO/PWM

表 6 - 17　　　　　　　　　　　　PTO/PWM 其他寄存器

Q0.0	Q0.1	其他 PTO/PWM 寄存器
SMW68	SMW78	PTO/PWM 周期值（范围 2～65535）
SMW70	SMW80	PWM 脉冲宽度值（范围 0～65535）
SMD72	SMD82	PTO 脉冲计数值（范围 1～4294967295）
SMB166	SMB176	进行中的段数（仅用在多段 PTO 操作中）
SMW168	SMW178	包络表的起始位置用从 V0 开始的字节偏移表示（仅用在多段 PTO 操作中）

表 6 - 18　　　　　　　　　　　　　　　**PTO/PWM 控制字节**

控制寄存器（十六进制）	执行 PLS 指令的结果							
	允许	模式选择	PTO 段操作	PWM 更新方法	时基	脉冲数	脉冲宽度	周期
16#81	Yes	PTO	单段		1μs/周期			装入
16#84	Yes	PTO	单段		1μs/周期	装入		
16#85	Yes	PTO	单段		1μs/周期	装入		装入
16#89	Yes	PTO	单段		1ms/周期			装入
16#8C	Yes	PTO	单段		1ms/周期	装入		
16#8D	Yes	PTO	单段		1ms/周期	装入		装入
16#A0	Yes	PTO	多段		1μs/周期			
16#A8	Yes	PTO	多段		1ms/周期			
16#D1	Yes	PWM		同步	1μs/周期			装入
16#D2	Yes	PWM		同步	1μs/周期		装入	
16#D3	Yes	PWM		同步	1μs/周期		装入	装入
16#D9	Yes	PWM		同步	1ms/周期			装入
16#DA	Yes	PWM		同步	1ms/周期		装入	
16#DB	Yes	PWM		同步	1ms/周期		装入	装入

三、高速脉冲输出方式

脉冲串（PTO）功能提供方波（50％占空比）输出，可控制周期和脉冲数。脉冲宽度调制（PWM）提供连续变化占空比，可控制周期和脉冲宽度。PTO 和 PWM 的波形如图 6 - 35 所示。

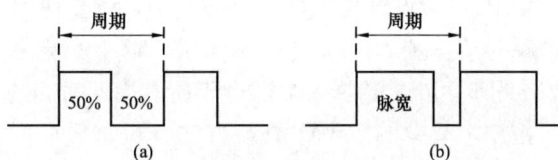

图 6 - 35　高速脉冲输出波形
(a) PTO 输出；(b) PWM 输出

每个 PTO/PWM 发生器有一个控制字节，16 位无符号的周期时间值和脉宽值各一个，还有一个 32 位无符号的脉冲计数值，这些值全部存储在指定的特殊存储器中。一旦这些特殊存储器的位被置成所需操作，可通过执行脉冲指令（PLS）来调用这些操作，这条指令使 S7 - 200 读取特殊存储器中的位并对相应的 PTO/PWM 发生器进行编程。

修改特殊寄存器区（包括控制字节），然后执行 PLS 指令可以改变 PTO 或 PWM 特性。把 PTO/PWM 控制字节（SM66.7 或 SM77.7）的允许位置为 0，并执行 PLS 指令，可以在任何时候禁止 PTO 或 PWM 波形的产生。所有控制字节周期脉冲宽度和脉冲数的缺省值都是 0。

在 PTO/PWM 功能中输出从 OFF 到 ON 和从 ON 到 OFF 的切换时间不一样，这种切换时间的差异表明了占空比的畸变。PTO/PWM 的输出负载至少为 10％的额定负载才能提供陡直的上升沿和下降沿。

四、高速脉冲输出端子

每个 CPU 有两个 PTO/PWM 发生器，产生高速脉冲串和脉冲宽度可调的波形。一个发生器分配在数字输出 Q0.0，另一个分配在数字输出 Q0.1。一般在允许 PTO 或 PWM 操作前把 Q0.0 和 Q0.1 的映像寄存器设定为 0。

PTO/PWM 发生器和映像寄存器共同使用 Q0.0 和 Q0.1，当 Q0.0 或 Q0.1 设为 PTO 或 PWM 功能时，PTO/PWM 发生器控制输出在输出点禁止使用通用功能映像寄存器的状态输出，且强置或立即输出指令的执行都不影响输出波形。当不使用 PTO/PWM 发生器时，输出由映像寄存器控制，映像寄存器决定输出波形的初始和结束状态，以高电平或低电平产生波形的起始和结束。

五、高速脉冲的应用

高速脉冲的应用首先要解决进行 PTO/PWM 哪种的操作，然后进行初始化。下面对 PTO/PWM 的初始化和操作步骤进行说明，这些步骤使用输出 Q0.0。初始化操作假定 S7-200 已置成 RUN 模式，因此初次扫描存储器位为真（SM0.1=1）。如果不是这种情况或 PTO/PWM 必须重新初始化，可以用一个条件来调用初始化程序。

（一）PWM 操作

PWM 功能提供占空比可调的脉冲，输出周期和脉宽的增量单位为 μs 或 ms。周期变化范围分别为 $50\sim65535\mu s$ 或 $2\sim65535ms$，脉宽变化范围分别为 $0\sim65535\mu s$ 或 $0\sim65535ms$。当脉宽大于等于周期时占空比为 100%，即输出连续接通。当脉宽为 0 时，占空比为 0%，即输出断开。如果周期小于 2 个时间单位，那么周期时间被缺省地设定为 2 个时间单位。

有两种方法改变 PWM 波形的特性，即同步更新和异步更新。如果不需要改变时间基准就可以进行同步更新，利用同步更新波形特性的变化发生在周期边沿提供平滑转换。PWM 的典型操作是当周期时间保持常数时变化脉冲宽度，所以不需要改变时间基准。但是如果需要改变 PTO/PWM 发生器的时间基准，就要使用异步更新。异步更新会造成 PTO/PWM 功能被瞬时禁止和 PWM 波形不同步，这会引起被控设备的振动。由于这个原因建议采用 PWM 同步更新，选择一个适合于所有周期时间的时间基准。

控制字节中的 PWM 更新方法：位（SM67.4 或 SM77.4）用来指定更新类型，执行 PLS 指令激活这些改变。如果改变了时间基准会产生一个异步更新，和这些控制位无关。

1. PWM 初始化

把 Q0.0 初始化成 PWM 输出应按照以下步骤。

（1）用 SM0.1 设置输出为 1，调用执行初始化操作的子程序。由于采用了这样的子程序调用，后续扫描不会再调用这个子程序，从而减少了扫描时间也提供了一个结构优化的程序。

（2）初始化子程序中把 16#D3 送入 SMB67，使 PWM 以 μs 为增量单位（或 16#DB 使 PWM 以 ms 为增量单位）。用这些值设置控制字节的目的是：允许 PTO/PWM 功能；选择 PWM 操作；选择以 ms 或 μs 为增量单位设置更新脉宽和周期值。

（3）向 SMW68（字）写入所希望的周期值。

（4）向 SMW70（字）写入所希望的脉宽。

（5）执行 PLS 指令以使 S7-200 对 PTO/PWM 发生器进行编程。

（6）向 SMB67 写入 16#D2 选择以 μs 为增量单位（或 16#DA 选择以 ms 为增量单位），这复位了控制字节中的更新周期值位，但允许改变脉宽，可以装入一个新的脉宽值，然后不需要修改控制字节就执行 PLS 指令。

2. 修改 PWM 输出的脉冲宽度

假设 SMB67 中装入 16#D2 或 16#DA，调用一个子程序以把所需脉宽装入 SMW70 中，执行 PLS 指令使 S7-200 对 PTO/PWM 发生器编程。

【例6-28】　直流电动机转速控制。

PLC输出PWM脉冲可控制直流电动机进行脉宽调速，如图6-36所示。图中PWM分配器在此处起到脉冲分配和前置放大的作用，PWM调制器功能由PLC来实现。H桥作为功率放大器。

高速脉冲输出指令来控制直流电动机转速，模拟电位器0的设置值影

图6-36　PLC控制直流电动机简图

响输出端Q0.0方波信号的脉冲宽度，脉冲宽度控制直流电动机的转速。在程序的每次扫描过程中，模拟电位器0的值，通过特殊存储字节SMB28被拷贝到内存字MW0的低字节MB1。电位器的值除以8作为脉宽，脉宽和脉冲周期的比率大致决定了电动机的转速。除以8会带来这样一个额外的好处，即丢弃了SMB28所存值的3个最低有效位，从而使程序更稳定。如果电位器值变化了，那么将重新初始化输出端Q0.0的脉宽调制，借此电位器的新值将被变换成脉宽的毫秒值。

SMB28＝80（电位器0的值），80/8＝10。

10/25（＝脉宽/周期）＝40％（电压时间比）＝40％最大速度。梯形图程序如图6-37所示。

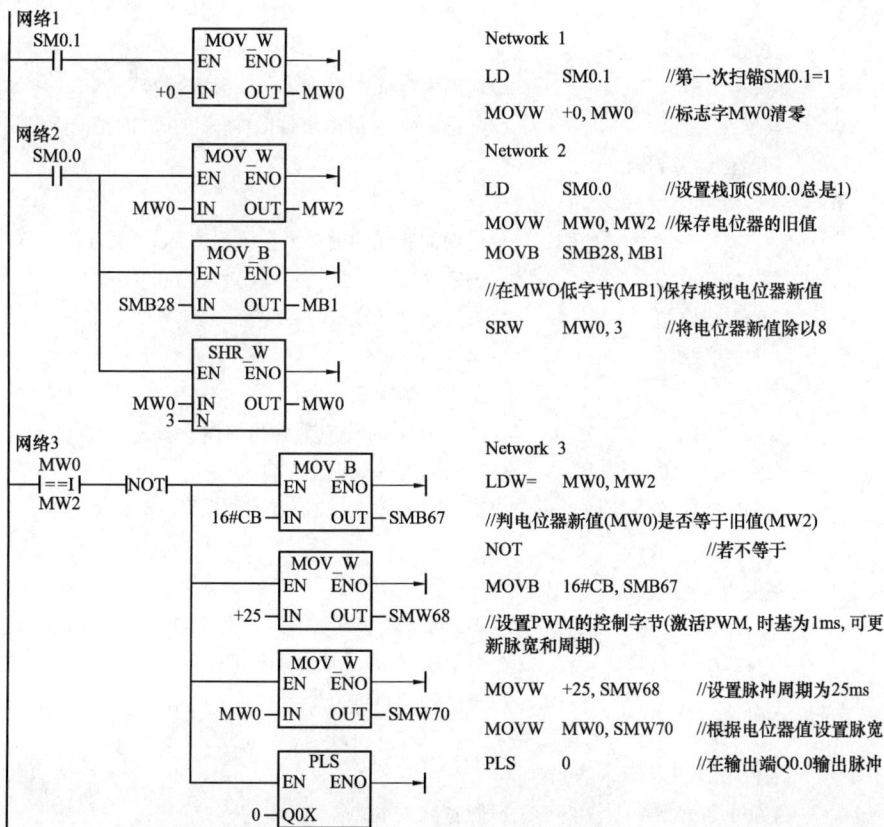

图6-37　PWM脉冲输出程序

【例 6 - 29】 处理脉宽调制。

输出端 Q0.0 输出方波信号，其脉宽每周期递增 0.5s，周期固定为 5s，并且脉宽的初始值为 0.5s，当脉宽达到设定的最大值 4.5s 时，脉宽改为每周期递减 0.5s，直到脉宽为 0 为止，以上过程周而复始。在这个例子中必须把输出端 Q0.0 与输入端 I0.0 连接，这样程序才能控制 PWM。

```
MAIN 主程序
Network 1
LD          SM0.1
CALL        SBR_0              //调用子程序 0 初始化 PWM
Network 2
LDW>=       SMW70,VW100        //如果脉宽大于等于(周期-脉宽)
R           M0.0,1             //则将辅助内存标记位 M0.0 置 0
Network 3
LDW=        SMW70,+ 0          //如果脉宽等于 0
CALL        SBR_0              // 则调用子程序 0 来重新开始一个完整的 PWM
Network 4
LD          I0.0               //如果输入 I0.0=1
A           M0.0               //且辅助内存标记位 M0.0=1(脉宽增加)
ATCH        INT_1,0            //则把 INT_1 赋给事件 0(输入 I0.0 的正向上升沿)
Network 5
LD          I0.0
AN          M0.0               //辅助内存标记位 M0.0=0(脉宽减少)
ATCH        INT_2,0            //则把 INT_2 赋给事件 0(输入 I0.0 的正向上升沿)
SBR_0       初始化脉宽调制
LD          SM0.0
S           M0.0,1             //将增加脉宽的辅助内存标记位 M0.0 置 1
MOVB        16#CB,SMB67        //设定输出端 Q0.0 的 PTO/PWM 控制字节
MOVW        +500,SMW70         //指定初始脉宽(0.5s)
MOVW        +5000,SMW68        //周期为 5s
ENI                            //允许全部中断
PLS         0                  //对 PTO/PWM 生成器编程的指令
MOVW        SMW68,VW100        //将周期置入数据字 VW100
-I          +500,VW100         //将(周期-脉宽)的值置入数据字 VW100
INT_1
LD          SM0.0
+I          +500,SMW70         //脉宽增加 500ms
PLS         0                  //对 PTO/PWM 生成器编程的指令
DTCH        0                  //将中断与事件 0 断开
INT_2
LD          SM0.0
-I          +500,SMW70         //脉宽减少 500ms
PLS         0                  //对 PTO/PWM 生成器编程的指令
```

DTCH　　　　　　0　　　　　　　　//将中断与事件 0 断开

特殊存储字节 SMB67 用来初始化输出端 Q0.0 的 PWM，这个控制字内含 PWM 允许位，修改周期和脉宽的允许位，以及时间基数选择位等，由子程序 0 来调整这个控制字节。通过 ENI 指令，使所有的中断成为全局允许。然后通过 PLS0 指令，使系统接收各设定值，并初始化"PTO/PWM 发生器"，从而在输出端 Q0.0 输出脉宽调制（PWM）信号。另外，周期 5s 是通过将数值 5000 置入特殊存储字 SMW68 来实现的，初始脉宽 0.5s 则通过将 500 写入特殊存储字 SMW70 来实现的。当一个 PWM 循环结束，即当前脉宽为 0s 时，将再一次初始化 PWM。辅助内存标记 M0.0 用来表明脉宽是增加还是减少，初始化时将这个标记设为增加。输出端 Q0.0 与输入端 I0.0 相连，这样输出信号也可以送到输入端 I0.0。当第一个方波脉冲输出时，利用 ATCH 指令，把中断程序 1（INT_1）赋给中断事件 0（I0.0 的上升沿）。每个周期中断程序 1 将当前脉宽增加 0.5s，然后利用 DTCH 指令分离中断 INT_1，使这个中断再次被屏蔽。如果在下次增加时，脉宽大于或等于周期，则将辅助内存标记位 M0.0 再次置 0。这样就把中断程序 2 赋予事件 0，并且脉宽也将每次递减 0.5s。当脉宽值减为 0 时，将再次执行初始化程序（SBR_0）。

（二）PTO 操作

PTO 提供指定脉冲个数的方波（50% 占空比）脉冲串，发生功能周期可以用微秒或毫秒为单位。指定周期的范围是 50～65535ms 或 2～65535ms。如果设定的周期是奇数，会引起占空比的一些失真。脉冲数的范围是 1～4294967295。如果周期时间少于 2 个时间单位，就把周期缺省地设定为 2 个时间单位。如果指定脉冲数为 0，就把脉冲数缺省地设定为 1 个脉冲。

状态字节中的 PTO 空闲位（SM66.7 或 SM76.7）用来指示可编程脉冲串完成。另外，还可以根据脉冲串的完成调用中断程序，进行其他操作。如果使用多段操作，根据包络表的完成调用中断程序。

PTO 功能允许脉冲串的排队。当激活的脉冲串完成时，立即开始新脉冲的输出，这保证了顺序输出脉冲串的连续性。PTO 功能有两种方法，单段管线和多段管线。

（1）单段管线。在单段管线中需要为下一个脉冲串更新特殊寄存器，一旦启动了起始 PTO 段，就必须立即按照第二个波形的要求改变特殊寄存器，并再次执行 PLS 指令。第二个脉冲串的属性在管线一直保持到第一个脉冲串发送完成。在管线中一次只能存一个入口，一旦第一个脉冲串发送完成，接着输出第二个波形，管线可以用于新的脉冲串。重复这个过程设定下一个脉冲串的特性。除下面两种情况外脉冲串之间进行平滑转换：一是发生了时间基准的改变；二是在利用 PLS 指令捕捉到新脉冲串前启动的脉冲串已经完成。当管线满时如果试图装入管线，状态寄存器中的 PTO 溢出位（SM66.6 或 SM76.6）将置位。当 PLC 进入 RUN 状态时，这个位初始化为 0。如果要检测序列的溢出，必须在检测到溢出后手动清除这个位。

（2）多段管线。在多段管线中 CPU 自动从 V 存储器区的包络表中读出每个脉冲串段的特性，在该模式下仅使用特殊寄存器区的控制字节和状态字节。选择多段操作必须装入包络表的起始 V 存储器区的偏移地址（SMW168 或 SMW178）。时间基准可以选择微秒或者毫秒，但是在包络表中的所有周期值必须使用一个基准，而且当包络执行时不能改变。每段的长度是 8 个字节，由 16 位周期值、16 位周期增量值和 32 位脉冲计数值组成。

包络表的格式如见表 6-19，多段 PTO 操作的另一个特点是按照每个脉冲的个数自动增减周期的能力。在周期增量区输入一个正值将增加周期；输入一个负值将减小周期；输入 0 值将不改变周期。

表 6-19　　　　　　　　　　　　多段 PTO 操作的包络表格式

从包络表开始的字节偏移	包络段数	描　述
0	段标号	段数（1~255）；数 0 产生一个非致命性错误，将不产生 PTO 输出
1		初始周期（2~65535 时间基准单位）
3	♯1	每个脉冲的周期增量（有符号值）（-32768~32767 时间基准单位）
5		脉冲数（1~4294967295）
9		初始周期（2~65535 时间基准单位）
11	♯2	每个脉冲的周期增量（有符号值）（-32768~32767 时间基准单位）
13		脉冲数（1~4294967295）
⋮	⋮	⋮

如果在许多脉冲后指定的周期增量值导致非法周期值，会产生一个算术溢出错误，同时停止 PTO 功能，PLC 的输出变为由映像寄存器控制。另外，在状态字节中的增量计算错误位（SM66.4 或 SM76.4）被置为 1。如果要人为地终止一个正进行中的 PTO 包络，只需要把状态字节中的用户终止位（SM66.5 或 SM76.5）置为 1。当 PTO 包络执行时当前启动的段数目保存在 SMB166（或 SMB176）中。

PTO 操作有下面几种方法。

1. PTO 初始化—单段操作

（1）用 SM0.1 复位输出为 0，调用执行初始化操作的子程序。

（2）初始化子程序中把 16♯85 送入 SMB67，使 PTO 以 μs 为增量单位（或 16♯8D 使 PTO 以 ms 为增量单位）。用这些值设置控制字节的目的是：允许 PTO/PWM 功能；选择 PTO 操作；选择以 μs 或 ms 为增量单位设置更新脉冲计数和周期值。

（3）向 SMW68（字）写入所希望的周期值。

（4）向 SMD72（双字）写入所希望的脉冲计数。

（5）可选步骤。如要在一个脉冲串输出完成时立刻执行一个相关功能，则可以编程使脉冲串输出完成中断事件（事件号 19），调用一个中断子程序并执行全局中断允许指令。

（6）执行 PLS 指令使 S7-200 对 PTO/PWM 发生器编程。

（7）退出子程序。

2. 修改 PTO 周期—单段操作

（1）把 16♯81 送入 SMB67 使 PTO 以 μs 为增量单位（或 16♯89 使 PTO 以 ms 为增量

单位）。用这些值设置控制字节的目的是：允许 PTO/PWM 功能；选择 PTO 操作；选择以 μs 或 ms 为增量单位；设置更新周期值。

（2）向 SMW68（字）写入所希望的周期值。

3. 修改 PTO 脉冲数—单段操作

（1）把 16♯84 送入 SMB67，使 PTO 以 μs 为增量单位（或 16♯8C 使 PTO 以 ms 为增量单位）。用这些值设置控制字节的目的是：允许 PTO/PWM 功能；选择 PTO 操作；选择以 μs 或 ms 为增量单位；设置更新脉冲计数。

（2）向 SMD72（双字）写入所希望的脉冲计数。

4. 修改 PTO 周期和脉冲数—单段操作

（1）把 16♯85 送入 SMB67，使 PTO 以 μs 为增量单位（或 16♯8D 使 PTO 以 ms 为增量单位）。

（2）向 SMW68（字）写入所希望的周期值。

（3）向 SMD72（双字）写入所希望的脉冲计数。

5. PTO 初始化—多段操作

（1）初始化子程序中将 16♯A0 送入 SMB67，使 PTO 以 μs 为增量单位（或 16♯A8 使 PTO 以 ms 为增量单位）。

（2）向 SMW168（字）写入包络表的起始 V 存储器偏移值。

（3）在包络表中设定段数，确保段数区（表的第一个字节）正确。

【例 6-30】　利用多段管线控制步进电动机。

PTO 发生器的多段管线在步进电动机控制和交流伺服电动机控制中应用较多。PLC 与步进电动机驱动器接线简图如图 6-38 所示，PLC 发出 PTO 信号来控制步进电动机速度，发出开关量信号来控制步进电动机转向。步进电动机驱动器专门用于步进电动机的运动控制，用来进行脉冲分配和功率放大。如果步进电动机同轴连接光电编码器，反馈高速脉冲给 PLC，这样就组成了脉冲闭环控制系统。

步进电动机的工作过程如图 6-39 所示，图中 AB 段为加速段，BC 段为恒速段，CD 段为降速段。通过控制高速脉冲频率可控制电动机速度，控制三段总的脉冲数量可控制电动机角位移。

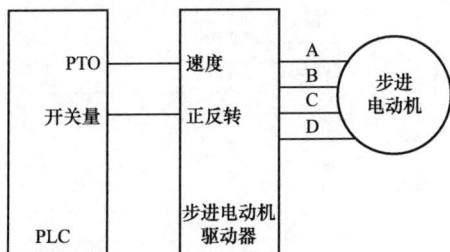

图 6-38　PLC 控制步进电动机简图　　　　　图 6-39　步进电动机的工作过程图

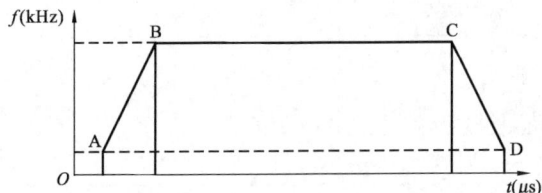

使用高速脉冲串输出时，主要有以下步骤。

（1）确定脉冲发生器及工作模式。要求 PLC 输出一定数量的多串脉冲，所以 PTO 输出的为多段管线方式。选用高速脉冲串发生器为 Q0.0，确定 PTO 为 3 段脉冲管线，即 AB、BC 和 CD 段。

（2）设置控制字节。最大脉冲频率为 kHz，对应的周期为 μs，因此时基选择为 μs 级。将 16♯A0 写入控制字节 SMB67。功能为允许脉冲输出，多段 PTO 脉冲串输出，时基为 μs 级，允许更新周期值和脉冲数。

（3）写入周期值、周期增量值和脉冲数。由于是 3 段脉冲，需要建立 3 段脉冲的包络表，并对各段参数分别设置。包络表中各脉冲都是以周期为时间参数，所以必须把频率换算为周期值（倒数计算）给定段的周期增量按式（6-3）计算

$$T_\Delta = \frac{T_{EC} - T_{IC}}{Q} \qquad\qquad (6-3)$$

式中，T_Δ 为给定周期增量；T_{EC} 为该段结束周期时间；T_{IC} 为该段初始周期时间；Q 为该段的脉冲数量。

电动机启动频率和结束频率是 2kHz，最大脉冲频率是 10kHz。由于包络表中的值是用周期表示的而不是用频率值，需要把给定的频率值转换成周期值。因此启动和结束的周期是 500μs，最大频率对应的周期是 100μs。在输出包络的加速部分要求在 400 个脉冲左右达到最大脉冲频率，也假定包络的减速部分在 200 个脉冲完成。利用这个公式加速部分（第 1 段）的周期增量是－1，减速部分（第 3 段）的周期增量是＋2。由于第 2 段是恒速控制，因此该段的周期增量是 0。三段包络表见表 6-20。

表 6-20　　　　　　　　　　　　　　　三　段　包　络　表

变量存储器地址	各块名称	实际功能	参数名称	参数值
VB200	段数	决定输出脉冲串数	总包络段数	3
VW201			初始周期	500μs
VW203	段 1	电动机加速阶段	周期增量	－1
VD205			输出脉冲数	400
VW209			初始周期	100μs
VW211	段 2	电动机恒速阶段	周期增量	0
VD213			输出脉冲数	4400
VW217			初始周期	100μs
VW219	段 3	电动机减速阶段	周期增量	＋2
VD221			输出脉冲数	200

（4）装入包络表首地址。将包络表的起始变量 V 存储器地址装入 SMW168 中。

（5）中断调用。高速输出完成时，调用中断程序，进行其他操作。脉冲输出完成，中断事件号为 19。有中断调用 ATCH 指令将中断事件与中断子程序 INT_0 连接起来，并全局开中断。

（6）执行 PLS 指令：

主程序

LD	SM0.1	//首次扫描标志（SM0.1= 1）
R	Q0.0,1	//脉冲串输出 Q0.0 复位（Q0.0= 0）
CALL	SBR_0	

子程序 SBR_0

LD	SM0.0	
MOVB	16# A0,SMB67	//装载高速输出的控制位
MOVW	+200,SMW168	//装入包络表首址
CALL	SBR_1	
ATCH	INT_0,19	//PTO 输出完成与 INT_0 建立联系
ENI		
PLS	0	//启动 Q0.0 输出 PTO

子程序 SBR_1

LD	SM0.0	
MOVB	3,VB200	//包络表分 3 段
MOVW	+500,VW201	//第一段周期初值为 500μs
MOVW	-1,VW203	//第一段周期增量为-1
MOVD	+400,VD205	//第一段脉冲数为 400
MOVW	+100,VW209	//第二段周期初值为 100μs
MOVW	+0,VW211	//第二段周期增量为 0
MOVD	+4400,VD213	//第二段脉冲数为 4400
MOVW	+100,VW217	//第三段周期初值为 100μs
MOVW	+2,VW219	//第三段周期增量为+2
MOVD	+200,VD221	//第三段脉冲数为 200

中断程序 INT_0

LD	SM0.0	
=	Q1.0	

【例 6-31】 使用高速计数器对输出高速脉冲进行计数。

用脉冲输出来为 HSC 产生高速计数信号，可将 PLC 的高速脉冲输出端子与高数计数器输出端子接在一起。在主程序中，先将输出 Q0.0 置 0，因为这是脉冲输出功能的需要，再初始化高速计数器 HSC0，然后调用子程序 0 和 1。HSC0 启动后特性是：可更新 CV 和 PV 值，正向计数，当脉冲输出数达到 SMD72 中规定的数后，程序结束。程序如图 6-40 所示。

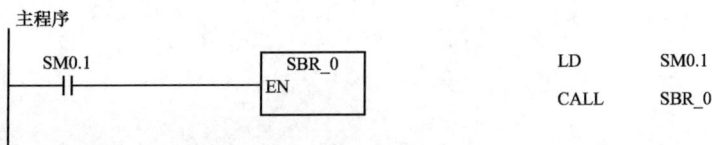

图 6-40　高速计数器程序（一）

子程序

梯形图	语句表

SM0.0 接点
 	
MOV_B
EN ENO
16#8D — IN OUT — SMB67
	LD　　　　SM0.0
	//设置脉冲输出PLS0的控制字节: 允许
	单段PTO功能
	
	MOVB　　16#8D, SMB67
	//时间基准为ms, 可更新脉冲数和周期

Q0.0
(R)
1
 	
MOV_W
EN ENO
+2 — IN OUT — SMW68
	R　　　　　Q0.0, 1
	//复位脉冲输出Q0.0的映象寄存器
	
	MOVW　　+2, SMW68
	//输出脉冲的周期为2ms

MOV_DW EN ENO +12000 — IN OUT — SMD72	MOVD　　+12000, SMD72 //产生12000个脉冲(共24s)
PLS EN ENO 0 — Q0X	PLS　　　　0 //启动PLS0, 从输出端Q0.0输出脉冲
Q0.1 (S) 1	S　　　　　Q0.1, 1 //在第一段时间(4s)内, Q0.1为1状态
MOV_B EN ENO 16#F8 — IN OUT — SMB37	MOVB　　16#F8, SMB37 //HSC0初始化, 更新CV、PV和计数方向, 加计数

MOV_DW
EN ENO
+0 — IN OUT — SMD38
	MOVD　　+0, SMD38
	//HSC0的当前值(CV)清0
	
	MOVD　　+2000, SMD42
	//HSC0的第一次设定值(PV)为2000(延
	时4s)

HDEF EN ENO 0 — HSC 0 — MODE	HDEF　　0, 0 //定义HSC0为模式0
ATCH EN ENO INT_0 — INT 12 — EVNT	ATCH　　INT_0, 12 //HSC0的CV=PV时, 执行中断程序0
(ENI)	ENI //允许全局中断
HSC EN ENO 0 — N	HSC　　　　0 //启动HSC0

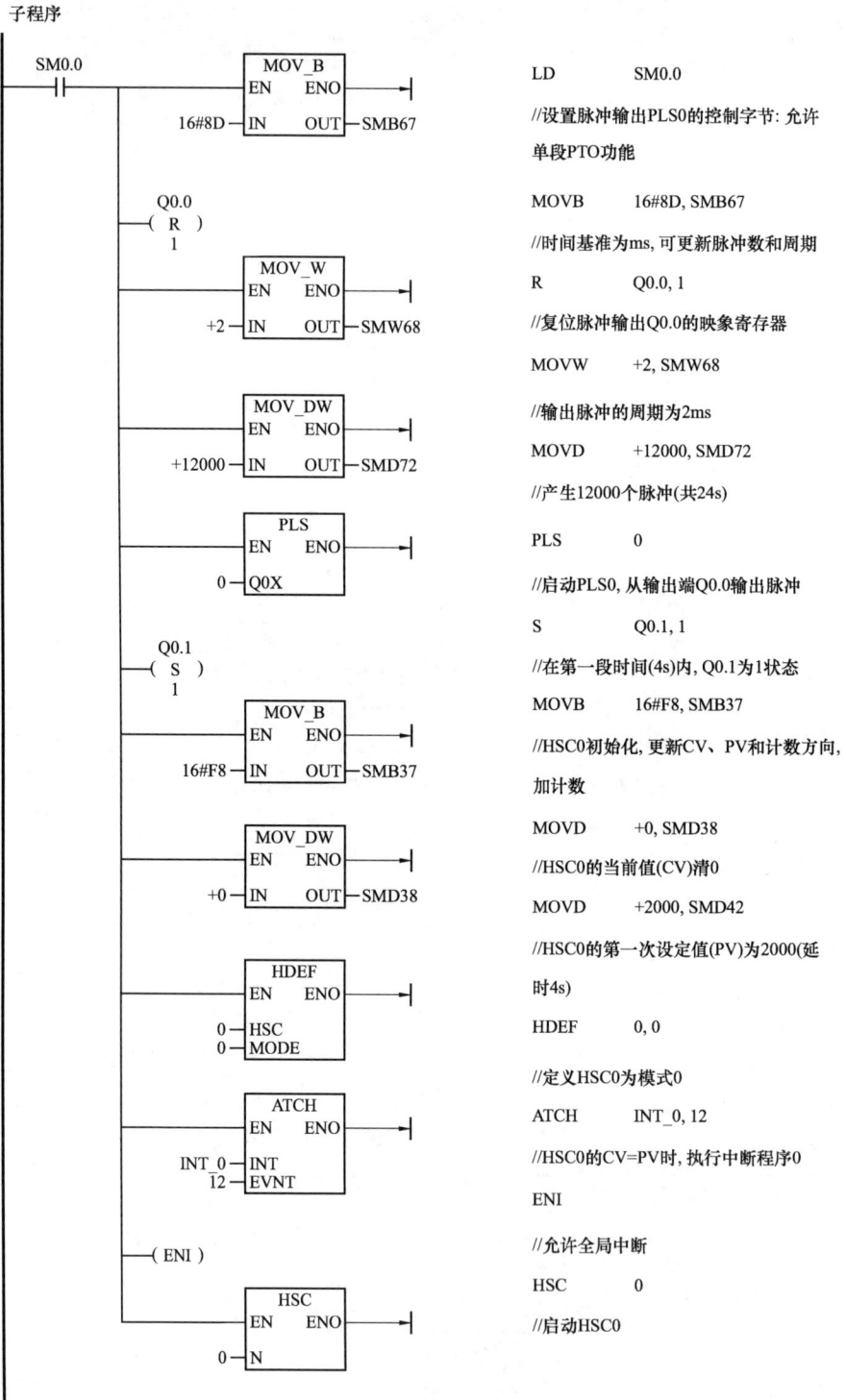

图 6 - 40　高速计数器程序（二）

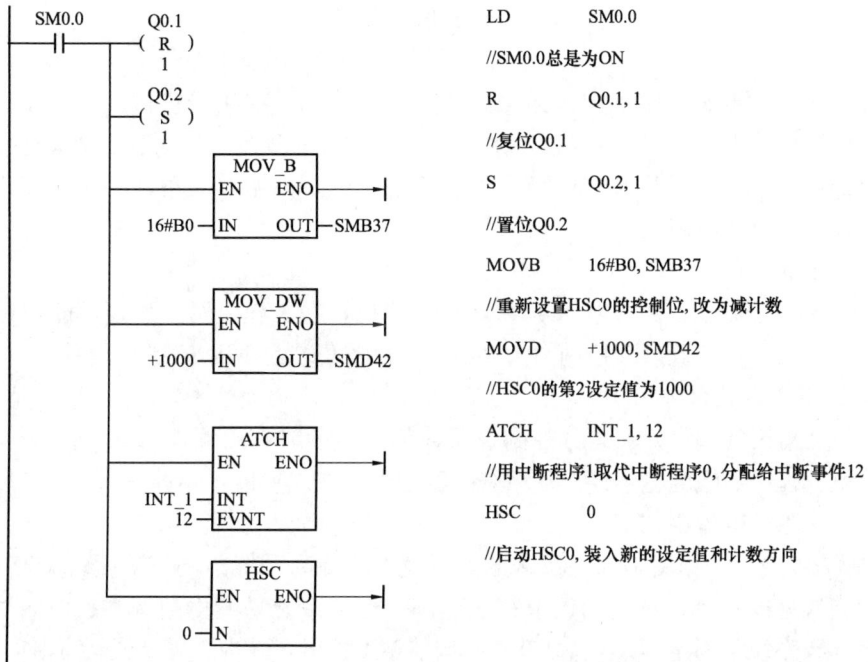

SM0.0	Q0.1 (R) 1		LD	SM0.0

```
        SM0.0      Q0.1
        ─┤├─      ─( R )─
                     1
                   Q0.2
                  ─( S )─
                     1
                ┌──MOV_B──┐
                │EN    ENO│─
       16#B0 ──│IN   OUT│──SMB37
                └─────────┘
                ┌──MOV_DW─┐
                │EN    ENO│─
       +1000 ──│IN   OUT│──SMD42
                └─────────┘
                ┌──ATCH───┐
                │EN    ENO│─
       INT_1 ──│INT      │
          12 ──│EVNT     │
                └─────────┘
                ┌──HSC────┐
                │EN    ENO│─
           0 ──│N        │
                └─────────┘
```

LD　　　　SM0.0

//SM0.0 总是为 ON

R　　　　Q0.1, 1

//复位 Q0.1

S　　　　Q0.2, 1

//置位 Q0.2

MOVB　　16#B0, SMB37

//重新设置 HSC0 的控制位, 改为减计数

MOVD　　+1000, SMD42

//HSC0 的第 2 设定值为 1000

ATCH　　INT_1, 12

//用中断程序 1 取代中断程序 0, 分配给中断事件 12

HSC　　　0

//启动 HSC0, 装入新的设定值和计数方向

中断程序 1

```
        SM0.0      Q0.2
        ─┤├─      ─( R )─
                     1
                   Q0.1
                  ─( S )─
                     1
                ┌──MOV_B──┐
                │EN    ENO│─
       16#F8 ──│IN   OUT│──SMB37
                └─────────┘
                ┌──MOV_DW─┐
                │EN    ENO│─
         +0 ──│IN   OUT│──SMD38
                └─────────┘
                ┌──MOV_DW─┐
                │EN    ENO│─
       +2000 ──│IN   OUT│──SMD42
                └─────────┘
                ┌──ATCH───┐
                │EN    ENO│─
       INT_1 ──│INT      │
          12 ──│EVNT     │
                └─────────┘
                ┌──HSC────┐
                │EN    ENO│─
           0 ──│N        │
                └─────────┘
```

INT_1

LD　　　　SM0.0

//SM0.0 总是为 ON

R　　　　Q0.2, 1

//复位 Q0.2

S　　　　Q0.1, 1

//置位 Q0.1

MOVB　　16#F8, SMB37

//重新设置 HSC0 的控制位, 改为加计数

MOVD　　+0, SMD38

//HSC0 的当前值复位(CV=0)

MOVD　　+2000, SMD42

//HSC0 的设定值(PV)为 2000

ATCH　　INT_0, 12

//把中断程序 0 分配给中断事件 12

HSC　　　0

//重新启动 HSC0

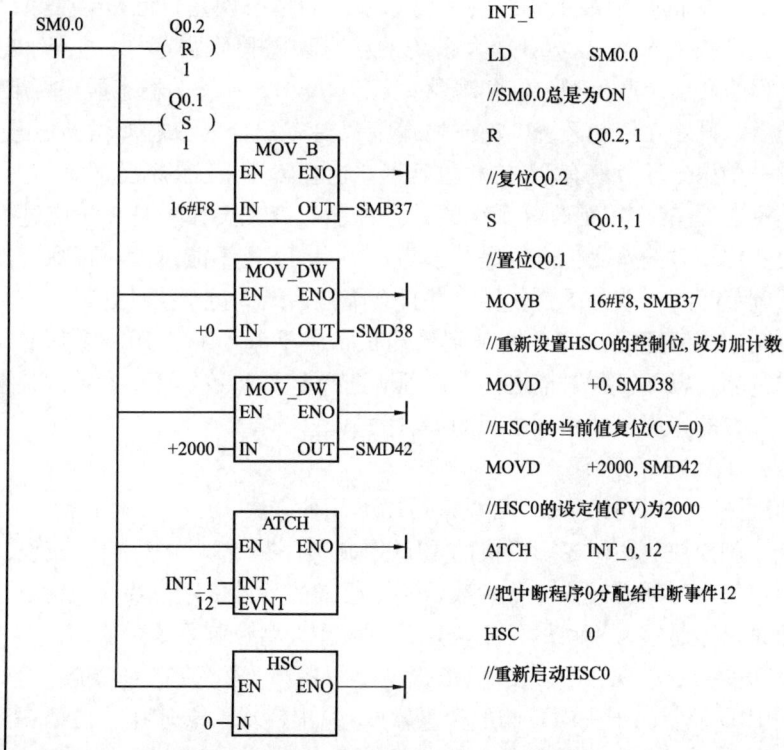

图 6－40　高速计数器程序（三）

第十节　PID回路指令

PLC在模拟量控制系统中的应用越来越广泛，已成功地应用于机械、化工和冶金等行业的模拟量控制系统中，可用闭环方式来控制速度、电流、温度、压力、流量等连续变化的模拟量。无论是使用模拟量控制器的模拟控制系统，还是使用PLC的数字控制系统，PID控制都得3到了广泛的应用。

一、PID概述

由于PID调节器结构简单，各参数物理意义明确，在工程上易于实现，即使在控制理论发展很快的今天，在工业过程控制中大多数的控制器仍然是PID控制器。

（一）PID调节器的分析

PID控制是指比例、积分和微分控制，而各部分的参数 K_P、T_i、T_d 大小不同则比例、积分和微分所起作用的强弱也不同。从系统的稳定性、响应速度，超调量和稳态精度等各方面考虑问题，三参数的作用如下。

（1）比例参数 K_P 的作用是加快系统的响应速度，提高系统的调节精度。随着 K_P 的增大，系统的响应速度越快，系统的调节精度越高，但是系统易产生超调，系统的稳定性变差，甚至会导致系统不稳定。K_P 取值过小，调节精度降低，响应速度变慢，调节时间加长，使系统的动静态性能变坏。

（2）积分作用参数 T_i 的一个最主要作用是消除系统的稳态误差，但是会使系统震荡加剧，超调增大，损害系统动态性能。T_i 越大系统的稳态误差消除得越快，但 T_i 也不能过大，否则在响应过程的初期会产生积分饱和现象。若 T_i 过小，系统的稳态误差将难以消除，影响系统的调节精度。另外在控制系统的前向通道中只要有积分环节总能做到稳态无静差。从相位的角度来看一个积分环节就有90°的相位延迟，也会破坏系统的稳定性。

（3）微分作用参数 T_d 的作用是改善系统的动态性能，其主要作用是在响应过程中抑制偏差向任何方向的变化，对偏差变化进行提前预报。但是 T_d 也不能过大，否则会使响应过程提前制动，延长调节时间，放大干扰作用，并且会降低系统的抗干扰性能。

在工业过程控制中如何把PID参数调节到最佳状态需要深入了解PID控制中3个参数对系统动态性能的影响，PID参数的整定就是合理地选择PID参数，PID参数的整定必须考虑在不同时刻3个参数的作用以及相互之间的关联关系。

（二）PLC实现PID控制的方式

用PLC对模拟量进行PID控制时，可以采用以下几种方法。

（1）使用PID控制模块。PID控制模块的PID控制程序是PLC的生产厂家设计的，存储在模块中。用户在使用时只需设置一些参数，应用起来非常方便，一块模块可以控制几路甚至几十路闭环回路。但是这种模块的价格较高，一般在大型控制系统中使用。

（2）使用PID功能指令。现在很多PLC都提供专门用于PID控制的功能指令。PID功能指令实际上是用PID控制的子程序，与模拟量输入/输出模块一起使用，可以得到类似与使用PID控制模块的效果，但与之相比价格便宜很多。

（3）用自编的程序实现PID闭环控制。当PLC没有PID过程控制模块和PID控制用的功能指令时，或者虽然可以使用PID控制指令，但是希望采用某种改进的PID控制算法，这时可以自编 PID 控制程序。自编 PID 控制程序比较麻烦，不易实现，并且影响设计进度。

（三）PLC 实现 PID 控制

PLC 的 PID 控制器的设计是以连续系统的 PID 控制规律为基础，将其数字化，写成离散形式的 PID 控制方程，再根据离散方程进行控制程序设计。

在连续系统中，典型的 PID 闭环控制系统输入/输出关系式如式（6‑4）所示。

$$M(t) = K_c \left[e(t) + \frac{1}{T_I} \int_0^t e(t)\,dt + \frac{1}{T_D} de(t)/dt \right] + M_0 \qquad (6\text{-}4)$$

式中，$M(t)$ 为控制器的输出；M_0 为输出的初始值；$e(t)$ 为误差信号，$e(t) = sp(t) - pv(t)$；K_c 为比例系数；T_I 为积分时间常数；T_D 为微分时间常数；$sp(t)$ 是给定值；$pv(t)$ 为反馈值。

假设采样周期为 T_s，系统开始运行的时刻为 $t=0$，用矩形积分来近似精确积分，用差分近似精确微分，将式（6‑4）离散化，第 N 次采样时控制器的输出为：

$$M_n = K_c e_n + K_I \sum_{j=1}^{n} e_j + K_D (e_n - e_{n-1}) + M_0 \qquad (6\text{-}5)$$

式中，e_{n-1} 为第 $n-1$ 次采样的误差值；K_I 为积分系数；K_D 为微分系数。

$$M_n = K_c(SP_n - PV_n) + K_c(T_s/T_i)(SP_n - PV_n) + MX + K_c(T_d/T_s)(PV_{n-1} - PV_n)$$

$$\qquad (6\text{-}6)$$

式（6‑6）中包含 9 个用来控制和监视 PID 运算的参数，在 PID 指令使用时要构成回路表，PID 回路表见表 6‑21。

表 6‑21   PID 指令回路表

偏移地址	变 量	格 式	类 型	描 述
0	过程变量 PV_n	双字类型	输入	应在 0.0～1.0 之间
4	给定值 SP_n	双字类型	输入	应在 0.0～1.0 之间
8	输出值 M_n	双字类型	输入/输出	应在 0.0～1.0 之间
12	增益 K_c	双字类型输入	输入	比例常数，可正可负
16	采样时间 T_s	双字类型	输入	单位为 s，必须为正
20	积分时间 T_i	双字类型	输入	单位为 min，必须为正
24	微分时间 T_d	双字类型	输入	单位为 min，必须为正
28	上一次积分值 MX	双字类型	输入/输出	应在 0.0～1.0 之间
32	上一次过程变量 PV_{n-1}	双字类型	输入/输出	最近一次运算的过程变量值

二、PID 回路指令

PID 回路指令利用回路表中的输入信息和组态信息，进行 PID 运算。TBL 为回路表的起始地址。LOOP 为回路号，程序最多可有 8 条 PID 回路，并且不同的 PID 回路指令不能使用相同的回路号。

指令格式：LAD 和 STL 格式如图 6‑41 所示。TBL 为 VB 指定的字节型数据；LOOP 是 0～7 常数。

编译时如果 PID 指令指定的回路表起始地址或者回路号超出范围，CPU 将生成编译错误，编译无法通过。PID 指令对回路表内某些输入值进行范围检查，应保证过程变量、给定

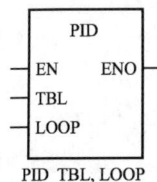

图 6‑41 PID 回路
指令格式

值等不超限。回路表中过程变量与给定值是 PID 运算的输入值，在回路表中它们只能被 PID 指令读取而不能改写。每次完成 PID 运算后，都要更新回路表内的输出值 Mn，它被限制在 0.0～1.0 之间。如果 PID 指令中的算术运算发生错误，特殊存储器位 SM1.1 将被置 1，并且终止 PID 指令的执行。要想消除这种错误，在下一次执行 PID 运算之前，应改变引起运算错误的输入值，而不是更新输出值。

三、PID 回路指令应用

使用 PID 指令的关键是对采集的数值和计算出来的 PID 控制结果进行转换及标准化。下面是 3 个数值转换及标准化的步骤。

（一）输入输出变量的转换

PID 控制有两个输入量，即给定值（sp）和过程变量（pv）。给定值通常是固定的值，是控制所要达到的目标。过程变量是经 A/D 转换和计算后得到的被控量的实测值。过程值与给定值都是与被控对象有关的值，对于不同的系统，它们的大小、范围与工程单位有很大的区别，应用 PLC 的 PID 指令对这些量进行运算之前，必须将其转换成标准化的浮点数（实数）。同样，对于 PID 指令的输出，在将其送给 D/A 转换器之前，也必须进行相应的转换。

1. 回路输入的转换

回路输入转换的第一步是将给定值或 A/D 转换后得到的整数值由 16 位整数转换成浮点数，用下面的程序实现转换。

```
XORD        AC0,AC0              //清除累加器
ITD         AIW0,AC0            //将整数转换为双整数
DTR         AC0,AC0             //将 32 位整数转换为实数
```

转换的下一步是将实数转换成 0.0～1.0 之间的标准化实数，可用式（6-7）进行标准化。

$$R_{\text{Norm}} = (R_{\text{Raw}}/Span) + Offset \qquad (6-7)$$

式中，R_{Norm} 为标准化实数值；R_{Raw} 为标准化前的值；$Offset$ 为偏移量，对单极数为 0.0，对双极数为 0.5；$Span$ 为取值范围，等于变量的最大值减去最小值，单极数变量的典型值为 32000，双极数变量的典型值为 64000。

下面的程序将上述的转换后得到的 AC0 中的双极性实数（其 $Span = 64000$）转换成 0.0～1.0 之间的实数。

```
/R          64000,AC0           //累加器中的实数标准化
+ R         0.5,AC0             //加上偏移量，使其在 0.0~1.0 之间
MOVR        AC0,VD100           //将标准化后的值存入回路表内
```

2. 回路输出的转换

回路输出即 PID 控制器的输出，它是标准化的 0.0～1.0 之间的实数。将回路输出送给 D/A 转换器之前，必须转换成 16 位二进制整数。这一过程是将 pv 与 sp 转换成标准化数值的逆过程。

用式（6-8）将回路输出转换为实数，

$$R_{\text{Scal}} = (M_{\text{n}} - Offset) \times Span \qquad (6-8)$$

式中，R_{Scal} 是回路输出对应的实数值；M_n 是回路输出标准化的实数值。

下面的程序用来将回路输出转换为对应的实数。

```
MOVR        VD108,AC0          //将回路输出送入累加器
- R         0.5,AC0            //双极性
* R         64000.0,AC0        //单极性变量应乘以 32000.0
```

用下面的指令将代表回路输出的实数转换成 16 位整数。

```
TRUNC       AC0,AC0            //将实数转换成整数
DTI         AC0,AC0            //将双整数转换为整数
MOVW        AC0,AQW0           //把整数值送到模拟量输出通道(D/A 寄存器)
```

PID 换算关系图如图 6-42 所示。

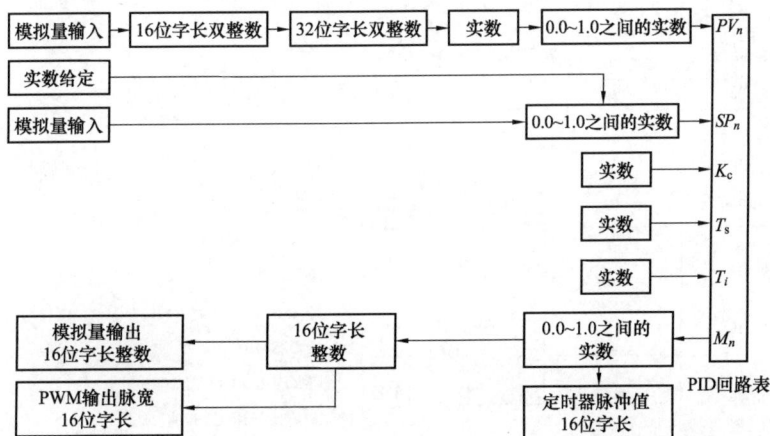

图 6-42　PID 换算关系图

（二）选择 PID 回路类型

在多数模拟量控制系统中，使用的 PID 控制类型不一定比例、积分和微分三者俱全。工程实际中，使用最多调节器的是 PI 调节器。如只需要比例回路或只需要比例和积分回路，通过对常量参数的设置，可以关闭不需要的控制类型。

关闭积分回路：把积分时间 T_i 设置为无穷大，虽然由于有初值 MX 使积分项不为零，但积分作用可以忽略。

关闭微分回路：把微分时间 T_d 设置为零。

关闭比例回路：把比例增益 K_c 设置为零。

【例 6-32】　PID 指令应用。

PLC 输出模拟量控制交流电机原理图如图 6-43 所示。

PLC 输出模拟量控制交流电动机的转速，可以通过直流测速发电机进行反馈，组成模拟量闭环控制系统。模拟量闭环控制系统应用 PID 控制，实现速度的精确控制。

在已知 PID 控制器的各项参数后，设置 PID

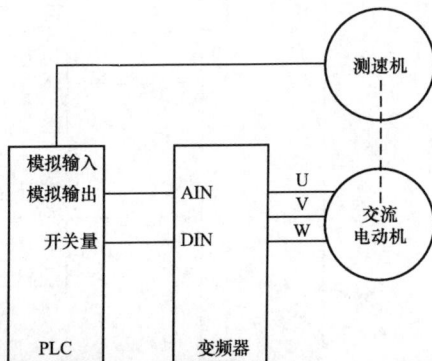

图 6-43　PLC 输出模拟量控制交流电动机

回路表，见表 6-22。下面程序为 PID 应用程序，适用于模拟量闭环控制系统。

表 6-22　　　　　　　　　　PID 回路表设定值

参　　数	地址偏移量	I/O 类型	赋值描述
给定值 SP_n	4	I	给定值 0.8，0.0~1.0
增益 K_c	12	I	0.5
采样时间 T_s	16	I	0.1，单位 s
积分时间 T_i	20	I	0.1，单位为 min
微分时间 T_d	24	I	0，单位为 min

梯形图如图 6-44 所示。

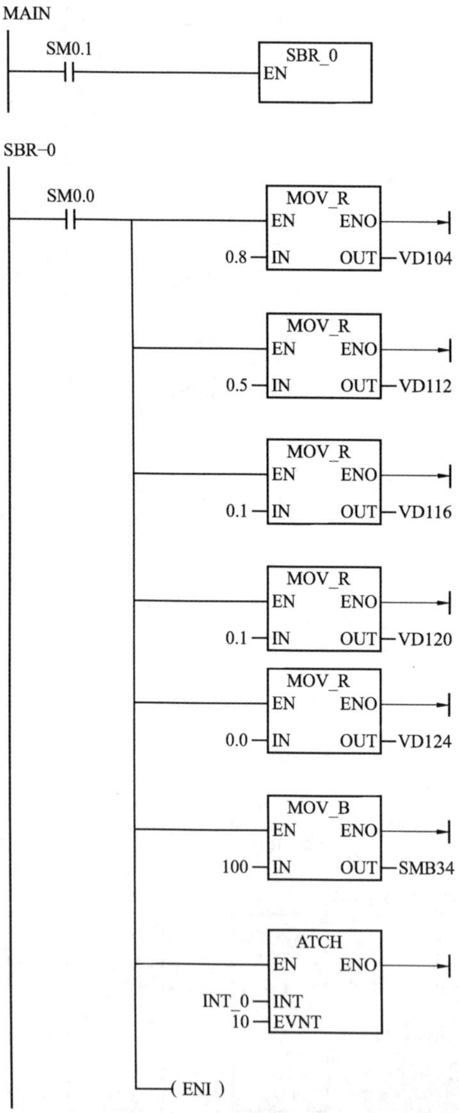

Network 1

LD　　SM0.1

CALL　SBR 0

SBR_0

Network 1　//载入 PID 参数

LD　SM0.0

MOVR　0.8，VD104

//给定转速=最高速 75%

MOVR　0.5，VD112

//增益 0.5

MOVR　0.1，VD116

//载入采样时间 0.1s

MOVR　0.1，VD120

//载入积分时间 6s

MOVR　0.0，VD124

//关闭微分功能

MOVB　100，SMB34

//为定时中断 INT_0 设置定时间隔(100ms)

ATCH　　INT_0，10

//设置定时中断，激活 PID 执行

ENT

//启动中断

图 6-44　PID 控制程序（一）

INT_0

网络1 网络标题

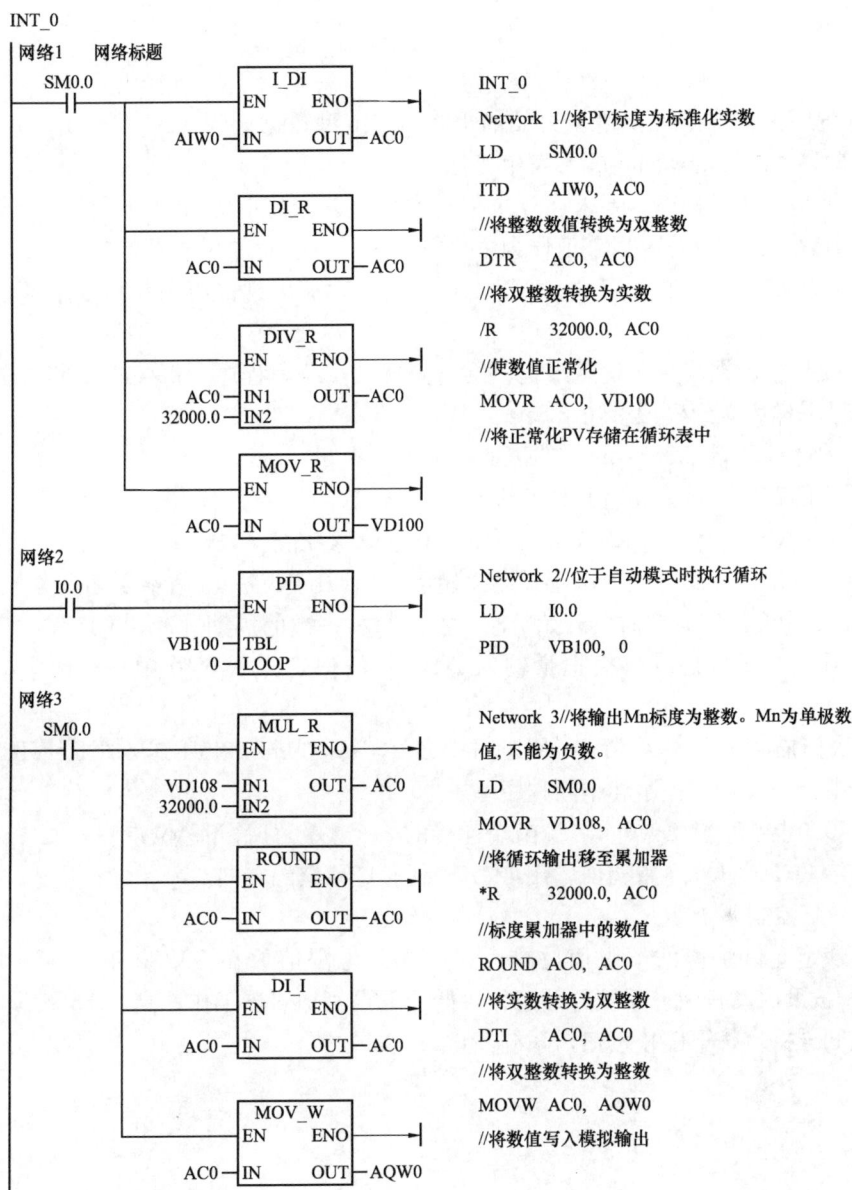

INT_0

Network 1//将PV标度为标准化实数

LD   SM0.0

ITD   AIW0, AC0

//将整数数值转换为双整数

DTR   AC0, AC0

//将双整数转换为实数

/R   32000.0, AC0

//使数值正常化

MOVR   AC0, VD100

//将正常化PV存储在循环表中

网络2

Network 2//位于自动模式时执行循环

LD   I0.0

PID   VB100, 0

网络3

Network 3//将输出Mn标度为整数。Mn为单极数值, 不能为负数。

LD   SM0.0

MOVR   VD108, AC0

//将循环输出移至累加器

*R   32000.0, AC0

//标度累加器中的数值

ROUND   AC0, AC0

//将实数转换为双整数

DTI   AC0, AC0

//将双整数转换为整数

MOVW   AC0, AQW0

//将数值写入模拟输出

图 6-44 PID控制程序（二）

本 章 小 结

本章主要讲述了PLC的特殊功能指令及其应用方法。包括PLC的传送、移位、数学运算、转换、表功能、时钟、中断、高速计数器、高速脉冲输出和PID回路指令。PLC的特殊功能指令是PLC功能增强的具体表现，可以实现中断、PID控制、高速脉冲输入、高速脉冲输出等操作。功能指令的应用一定要与具体的硬件设备相结合，例如变频器、步进电动机驱动器和光电编码器等。应用时将软件设计与硬件结构相结合，才能更好地发挥PLC的功能。

习　题

1. 设计程序：实现将从 VB100 开始的 100 个字节型数据送到 VB500 开始的存储区中，要求各个数据移动前后的相对位置不发生变化。

2. 设计平均值滤波程序。要求连续采集 5 次数，剔除其中最高和最低的两个数，然后对其余的 3 个数求平均值，并以其值作为采集数。这 5 个数通过 5 个周期进行采集。

3. 将 10 个 12 位二进制数存放在 VW100 开始的存储区内，用循环指令求它们的平均值，并存放在 VW200 中。

4. 设计模拟量数据采集与发送系统，绘出接线图，编写程序。每 200ms 将外界可调电阻模拟量信号采样后送到模拟量输出端。

5. 设计程序计算 $\cos 30° + \sin 60°$ 的值。

6. 对预定的存储区域清零有几种方法？

7. 用时钟指令设计程序，要求每天下午 4:00 开灯，晚上 9:30 关灯。

8. 数字量输出口控制 7 段数码管，连续显示 0~9 数字，每 1s 数字变化一次。

9. 当 I0.0 为 ON 时，定时器开始定时，产生每秒一次的周期脉冲，T37 每次定时时间到的时候调用一个子程序，将模拟量输入 AIW10 的值送入 VW10 中，设计主程序和子程序。

10. 首次扫描时将 VB100 清 0，用定时中断 0，每 100ms 将 VB100 加 1，VB100＝100 时关闭定时中断，设计主程序和中断程序。

11. 用 I0.0 控制 Q0.0~Q0.7 输出端连接的 8 个彩灯的循环移位点亮，第 1s 移 1 位，首次扫描时给 Q0.0~Q0.7 置初值，用 I0.1 控制彩灯移位的方向。

12. 用炉温控制系统

要求：假定允许炉温的下限值放在 VW10 中，上限值放在 VW20 中，实测炉温放在 VW100 中，按下启动按钮，系统开始工作，低于下限值加热器工作；高于上限值停止加热；上、下限之间维持。按下停止按钮，系统停止。

第七章 梯形图程序的设计方法

可编程控制器的硬件和系统程序决定了其基本智能，在此基础之上如何利用其丰富的资源设计出满足控制要求的且简洁又可读性强的用户程序，是需要广大电气工程技术人员迫切关注的话题。考虑到梯形图是使用得最多的可编程控制器图形编程语言，因此，梯形图程序的设计是可编程控制器应用中最关键的问题。本章讲述 3 种常用的梯形图设计方法。

第一节 梯形图的分析设计法

在可编程控制器发展的初期，沿用了设计继电器电路图的方法来设计梯形图，即在一些典型电路的基础上，根据被控对象对控制系统的具体要求，不断地修改和完善梯形图，这种设计方法就是分析设计法。

梯形图的分析设计法是根据控制要求选择相关联的基本控制环节或经验证正确的成熟程序，对其进行补充和修改，最终综合成满足控制要求的完整程序。假如找不到现成的相关联程序，只能根据控制要求一边分析一边设计，随时增加或减少元件以及改变触点的组合方式，经过反复修改最终得到理想的程序。由上可知，由于这种方法具有很大的试探性和随意性，最后的结果不是唯一的。要能够熟练地使用这种设计方法，必须掌握许多常用的基本控制程序并具备一定的读图分析能力，最终的设计结果与设计所用的时间、设计的质量与设计者的经验有很大的关系，所以这种方法又称为经验设计法。其特点是无固定的设计步骤，方法简单易学，缺点是最终设计结果未必是最佳方案。

本节首先介绍梯形图的一些基本控制环节，其中包括一些和继电控制基本环节相对应的 PLC 梯形图程序。

一、启动、保持和停止电路

此电路前面有所涉及，但由于其应用极为广泛，故在此再加以详细说明。图 7－1 的梯形图是使用广泛的启保停电路。

设在可编程控制器的 I0.0 和 I0.1 两个输入端接有两个常开按钮 SB1 和 SB2，则针对梯形图 7－1 而言 SB1 为系统的启动按钮，SB2 为系统的停止按钮。按下启动按钮 SB1，I0.0 常开触点接通，如果这时未按停止按钮，I0.1 常闭触点接通，Q0.0 的位为 ON。如果 PLC 的 Q0.0 接口所接的 KM 线圈对应的主触点控制的是三相异步电动机，那么电动机就会运行。放开启动按钮后，I0.0 常开触点断开，但图中 Q0.0 常开触点读取的是上个扫描周期 Q0.0 的状态，而上个扫描周期 Q0.0 的状态为 ON，所以 I0.0 为 OFF 后的第一个周期 Q0.0 能够依靠上个扫描周期自身的 ON 状态和这个扫描周期 I0.1 常闭触点的闭合使 Q0.0 的状态继续为 ON。这种放开启动按钮后 Q0.0 继续为 ON 的情况，我们通常称之

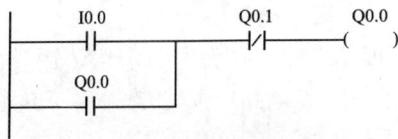

图 7－1 启保停电路

为"自锁"或"自保持"功能，但这种"自锁"和继电器控制系统中的自锁原理截然不同，只是梯形图形式上和继电器控制系统中的启保停电路一样而已。按下停止按钮 SB2，I0.1 的常闭触点断开，使 Q0.0 的线圈"断电"，Q0.0 常开触点断开，以后即使放开停止按钮，I0.1 的常闭触点恢复接通状态，Q0.0 的线圈仍然"断电"，除非再按动启动按钮。

需要注意的是，图 7-1 对应的停止按钮 SB2 必须为常开按钮，如果停止按钮 SB2 一定要和继电器控制一样使用常闭按钮，则梯形图中 I0.1 就必须使用常开触点了。

尽管启保停电路的功能可以用 S 和 R 指令来等效替代，但由于其外形和继电器控制中的自锁电路一致，因而人们在许多场合仍旧习惯性地大量使用它。

二、延时接通、延时断开电路

该电路要求有输入信号后，等一段时间输出信号才为 ON；而输入信号 OFF 后，输出信号延时一段时间才 OFF，下面用两种方法来设计满足此要求的电路。

方法一：用两个接通延时定时器实现。

图 7-2 电路中 I0.0 为 ON 后 T38 开始计时。6s 后 T38 常开触点接通，Q0.1 为 ON 并且自保。在 I0.0 为 ON 期间，T39 不会计时。当 I0.0 为 OFF 后，Q0.1 由于自锁仍然为 ON，同时 T39 开始计时。由于 100ms 定时器在定时器指令执行时被刷新，因此计时 9s 后 T39 被刷新为 ON 的下一个扫描周期里，T39 常闭触点断开，使 Q0.1 为 OFF，T39 亦被复位。显而易见，T39 的位仅为 ON 一个扫描周期。

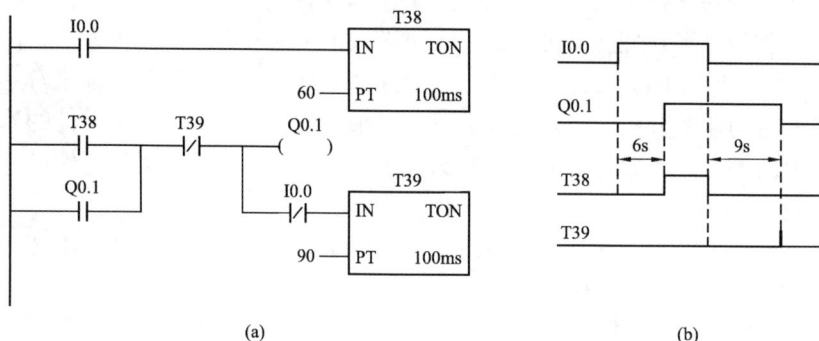

图 7-2　用两个 TON 实现的延时接通/延时断开电路
(a) 梯形图；(b) 时序图

方法二：用一个接通延时定时器和一个断开延时定时器实现。

图 7-3 电路中输入信号 I0.0 的常开触点接通后，T38 开始计时，6s 后 T38 的位为 ON，T38 常开触点接通使断开延时定时器 T39 的线圈通电，T39 的位随即为 ON，其常开触点闭合使 Q0.1 有输出；当 I0.0 为 OFF 后，T38 常开触点断开致使 T39 线圈断电并开始计时，9s 后 T39 的位变为 OFF，T39 常开触点断开使 Q0.1 变为 OFF。

三、振荡电路

振荡电路也称为闪烁电路，用于故障出现时的报警。振荡电路实际上就是一个时钟电路。图 7-4 电路中 I0.0 常开触点接通后，T38 的线圈开始"通电"；3s 后 T38 常开触点接通，从而 Q0.1 为 ON，T39 也开始"通电"计时。6s 以后，执行到 T39 定时器指令时 T39 的位被刷新为 ON，紧接着第二个扫描周期 T39 常闭触点断开，使 T38"断电"复位，其常开触点断开使 T39 复位、Q0.1 为 OFF。T39 的复位使 T39 的常闭触点闭合导致 T38 又开始"通电"计时，以后 Q0.1 将这样循环地"OFF"和"ON"，"OFF"的时间为 T38 的设定时间，"ON"的时间为 T39 的设定时间。

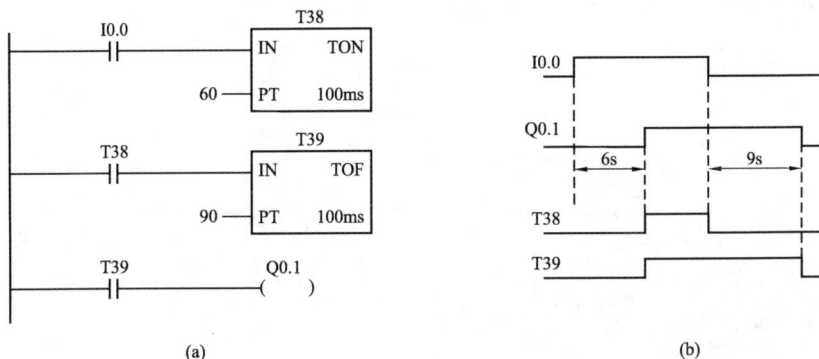

图 7-3　用一个 TON 和一个 TOF 实现的延时接通/延时断开电路

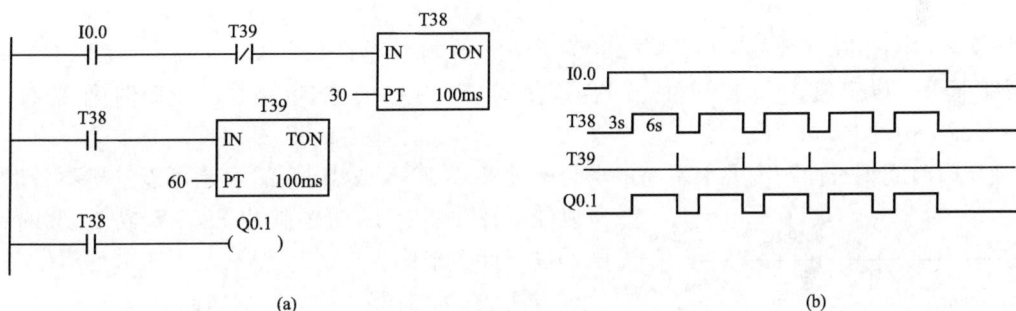

(a) 梯形图；(b) 时序图

图 7-4　振荡电路

(a) 梯形图；(b) 时序图

四、长延时电路

S7-200 系列可编程控制器的定时器最长定时时间为 3276.7s，如果要设定更长的时间，就需要用户自己设计一个长延时电路。

由于利用经验设计法的设计结果不是唯一的，从而就存在着优化程度高低的问题，这也反映了程序设计的多样性。下面介绍两种方法实现的长延时电路。

方法一：用计数器扩展定时器的定时范围。

这种电路通常是用定时器及自身触点组成一个脉冲信号发生器，再用计数器对此脉冲进行计数，从而得到一长延时电路。

在图 7-5 中，输入信号 I0.0 为 OFF 时，100ms 定时器 T38 计时条件不满足，加计数器 C9 处于复位状态。I0.0 为 ON 时，其常开触点闭合，T38 开始计时，1800s 后定时器指令执行时其位被刷新为 ON，T38 常开触点接通使 C9 当前值由 0 变为 1。下个扫描周期 T38 常闭触点的断开致使 T38 线圈"断电"，T38 当前值变为 0。由于 T38 常闭触点的闭合，使再下一个扫描周期 T38 又重新开始计时。总之，T38 通过自己常闭触点控制自己线圈组成了一个脉冲信号发生器，脉冲周期等于 T38 的设定时间 1800s。这种定时器自复位的信号发生电路只能用于 100ms 的定时器，如果定时精度要求较高需用 10ms 或 1ms 定时器来产生周期性脉冲，则必须用定时器常开触点控制另一软继电器线圈，由此被控软继电器的常闭触点来控制定时器的线圈才可。

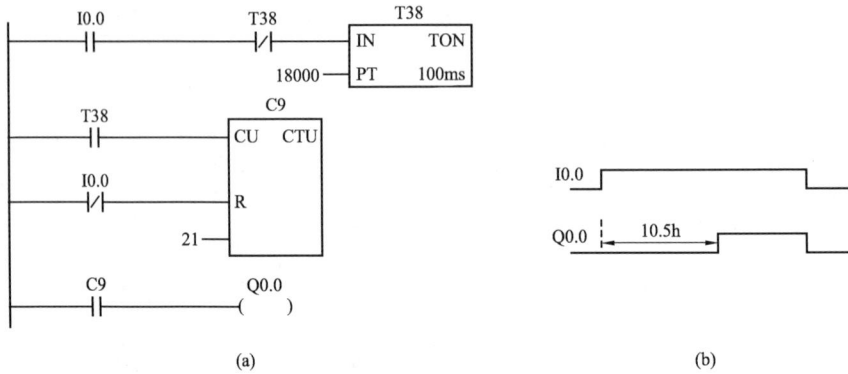

图 7-5 计数器对定时范围的扩展
(a) 梯形图；(b) 时序图

图 7-5 中在 I0.0 为 ON 后每隔 1800s 产生一个脉冲给计数器 C9 计数，计满 21 个后 C9 当前值等于设定值，C9 常开触点闭合致使 Q0.0 为 ON。此电路总的定时时间为 21×1800s＝37800s＝10.5h。

在定时时间很长而精度要求不高的场合，比如小于 1s 或 1min 的误差可以忽略不计时，可以使用计数器对 1s 时钟脉冲 SM0.5 或 1min 时钟脉冲进行计数来构成长延时电路。

方法二：定时器"接力"电路。

这种电路（如图 7-6 所示）是利用 N 个定时器串级"接力"延时，达到长延时的目的，此类电路总的延时时间为各个定时器设定时间之和，所能达到的最大延时时间为 3276.7×N 秒（设使用的是 100ms 定时器）。图 7-6 中 I0.0 用于启动延时电路，M0.0 为 ON，经过 2000s＋1600s＝3600s＝1h 后 Q0.0 为 ON。要提高电路的计时精度，可使用 10ms 或 1ms 的定时器，但总的延时时间自然就少了。

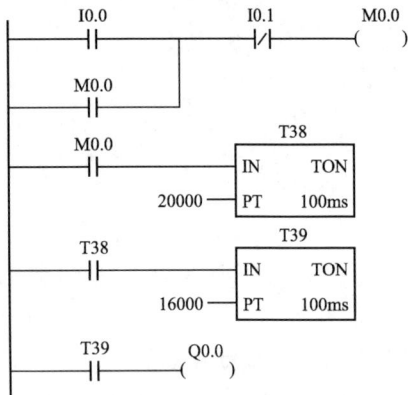

图 7-6 定时器"接力"延时电路

五、分频电路

图 7-7 为一个分频电路。此电路中，在 I0.0 为 ON 的第一个周期里，M0.0 和 M0.1 为 ON，而 M0.2 由于受上个周期 Q0.0 的状态控制使其这个周期的状态为 OFF，Q0.0 由于这个周期 M0.0 为 ON，M0.2 为 OFF 使其这个周期为 ON；而在 I0.0 为 ON 的第二个周期里，由于 M0.1 常闭触点的断开，M0.0 为 OFF，M0.1 继续为 ON，M0.2 由于本周期 M0.0 为 OFF 继续为 OFF，Q0.0 依靠自锁触点的自保持续为 ON。由上分析可以知道，最上边两行电路相当于上升沿脉冲指令 EU。所以梯形图中 I0.0 和 M0.0 的关系也可以用 EU

指令加以简化。

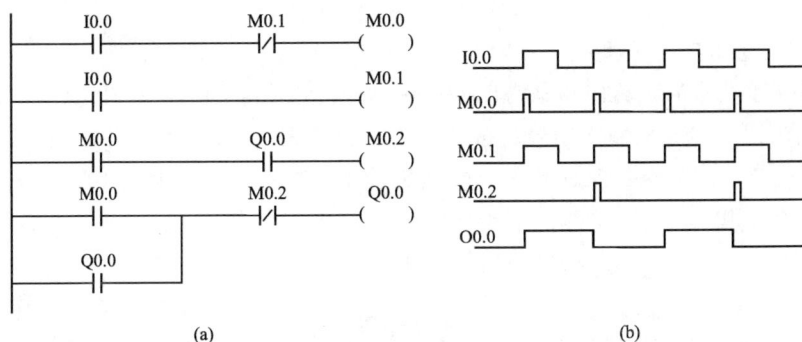

图 7-7 分频电路

(a) 梯形图；(b) 时序图

当 I0.0 为 OFF 时，Q0.0 由于自保持仍然保持为 ON。下次 I0.0 为 ON 时，M0.0 仍然产生一个单脉冲，但由于上个周期 Q0.0 的状态为 ON，因此导致 M0.2 为 ON，致使 Q0.0 为 OFF。由于 Q0.0 的频率为 I0.0 的一半，故此电路又叫二分频电路。

六、单按钮启、停电路

在 PLC 的设计过程中，有时为了减少输入点数，需要用一个按钮来实现启动和停止两种控制功能，也就是第一次按动此按钮系统启动，第二次按动此按钮系统停止，第三次按动系统又启动，依此类推。如果在 PLC 的 I0.0 输入端口接一个常开按钮，利用上述的二分频电路就可以实现对 Q0.0 输出端口所接执行元件的单按钮启停控制。除了上述的二分频电路能够实现单按钮启停控制外，还可以通过下面两种方法达到同一目的。

方法一：利用计数器实现单按钮控制功能。

图 7-8 中 I0.0 第一次为 ON，M0.0 接通一个扫描周期，使 C9 当前值为 1，M0.0 的 ON 状态使 M0.0 常开触点闭合致使 Q0.0 为 ON 且自保。下次 I0.0 为 ON 使 M0.0 又接通一个扫描周期，从而 C9 当前值变为 2，于是 C9 当前值等于设定值，C9 常闭触点断开，使 Q0.0 为 OFF，下个扫描周期 C9 常开触点的闭合使 M0.1 为 ON 致使 C9 复位，C9 当前值变为 0，等待下一次启动。

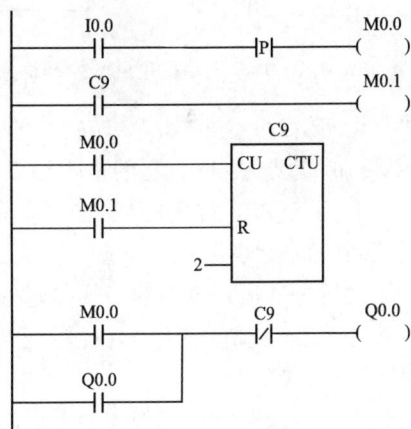

图 7-8 利用计数器实现单按钮控制功能

方法二：利用最基本的逻辑指令来实现单按钮控制功能。

图 7-9 中 I0.0 第一次为 ON 时，M0.0 为 ON 一个扫描周期，此周期中 Q0.0 通过 M0.0 常开触点的闭合和自身常闭触点的闭合使 Q0.0 为 ON；在紧接着下一个扫描周期中，M0.0 为 OFF，Q0.0 通过 M0.0 的常闭触点闭合与 Q0.0 常开触点的闭合使

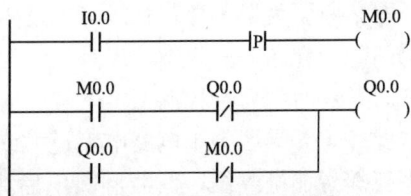

图 7-9 利用最基本的逻辑指令实现单按钮控制功能

Q0.0 的状态为 ON，并且一直持续自保下去。下次 I0.0 为 ON 时，M0.0 又 ON 一个扫描周期，其常闭触点断开，打开自保使 Q0.0 的状态变为 OFF。

七、电动机正反转控制电路

三相异步电动机的正反转控制是常用的控制形式。设有正向启动按钮 SB1、反向启动按钮 SB2 和停止按钮 SB3 3 个输入信号，按钮皆为常开按钮，分别接于 PLC 的 I0.0、I0.1 和 I0.2 3 个输入端子；输出需要控制的是正转接触器 KM1 和反转接触器 KM2 的线圈，它们接于 PLC 的 Q0.0 和 Q0.1 两个输出端子。

图 7-10 所示的梯形图为三相异步电动机正反转控制相应的程序。

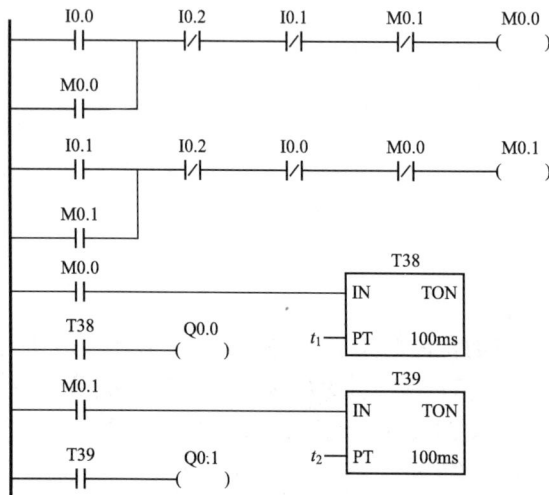

图 7-10　电动机正反转控制梯形图

在梯形图中，将 M0.0 和 M0.1 的常闭触点分别与对方的线圈串联，可以保证它们不会同时为 ON，因此 Q0.0 和 Q0.1 也就不存在同时为 ON 的可能性，这种安全措施在继电器电路中称为"电气互锁"。除此之外，为了方便操作和保证 M0.0 和 M0.1 不会同时为 ON，在梯形图中还设置了"按钮互锁"，即将正向启动按钮控制的 I0.0 的常闭触点与控制反向运行的 M0.1 的线圈串联，将反向启动按钮控制的 I0.1 的常闭触点与控制正向运行的 M0.0 的线圈串联，在继电器控制中将这两种互锁统称为"双重互锁"。设 M0.0 为 ON，Q0.0 亦为 ON，电动机正向运行，这时如果想改为反向运行，可以不按停止按钮 SB3，直接按动反向启动按钮 SB2，I0.1 变为 ON，它的常闭触点断开，使 M0.0 变为 OFF，同时 I0.1 的常开触点闭合使 M0.1 变为 ON，Q0.0 自然也变为 OFF，Q0.1 经过 T39 的延时稍后为 ON，从而实现了正反控制的直接切换。

电动机可逆运行方向的切换是通过正反转接触器 KM1 和 KM2 的切换来实现的，切换的目的是改变电源的相序。在设计程序时，必须防止由于电源换相所引起的主电路短路事故。

如果仅仅依靠上边所叙述的梯形图中的双重互锁来确保正反转直接切换时主电路短路事故的发生并不十分保险，因为在电动机切换方向的过程中，可能原来接通的接触器的主触点的电弧还没有熄灭，另一个接触器的主触点已经闭合了，由此造成瞬时的电源相间短路，使熔断器熔断。为了避免这种故障的发生，可以在软件上对正反之间的切换加延时电路来解决这个问题。在图 7-10 中，表示正向运转的 M0.0 并不直接控制 Q0.0，而是通过 T38 定时器延时某一时间后再控制 Q0.0 为 ON。

此外，如果因为主电路电流过大或接触器质量不好，某一接触器的主触点被断电时产生的电弧熔焊而被黏结，其线圈断电后主触点仍然是接通的，这时如果另一接触器的线圈通电，也会造成三相电源短路的事故。为了防止出现这种情况，应该在 PLC 外部设置由 KM1 和 KM2 的辅助常闭触点组成的硬件互锁电路。假设 KM1 的主触点被电弧熔焊，这时与

KM2 线圈串联的 KM1 辅助常闭触点处于断开状态，因此 KM2 的线圈不可能得电。

通过上述电动机正反转控制梯形图可以看出，它主要是由两个启保停电路的有机组合而成，其"双重互锁"的理念和继电器控制中的控制电路有很大的相似性，这正是熟悉继电器控制的工程技术人员学习可编程控制器很容易的原因。但这并不能说明继电控制的控制电路和梯形图有着绝对的对应关系，毕竟一个是并行工作方式，另一个是串行工作方式，二者有着本质的不同，我们不应被这种表面现象所迷惑。下面的例子就能说明这一点。

八、三相异步电动机启动、点动和停止控制电路

在继电器控制的基本环节中，有这样一个即可点动控制又可连续控制的电路：连续控制依靠接触器的自锁触点进行自锁；点动控制时依靠复合式点动按钮的常闭触点断开自锁回路，随后点动按钮常开触点接通接触器线圈，使接触器通电吸合，此时尽管接触器的辅助常开触点也闭合，但并未起到自锁作用，从而实现了点动。

现在仿照上述设计思想用可编程控制器来实现上述控制功能，即三相异步电动机启动、点动和停止控制电路。

用 3 个常开按钮分别接于 PLC 的 I0.0、I0.1、I0.2 用作启动、点动和停止 3 个输入信号，Q0.0 输出端子接接触器 KM 的线圈，热继电器的常闭触点接于 KM 的线圈回路，不作输入信号处理。如果按照对继电器控制线路直接"翻译"的方法，可以设计出对应的梯形图 7 - 11。

图 7 - 11 中 Q0.0 和 I0.0 的常开触点及 I0.2 的常闭触点仍旧组成启保停电路，所以连续按钮按动后 I0.0 为 ON 实现连续运行毫无问题。但点动按钮对应的 I0.1 延续了继电器设计思维，将 I0.1 常闭触点串联于 Q0.0 的自锁触点回路中用于打开自锁，而将 I0.0 常开触点用于接通线圈。事实上这样的设计不能实现点动控制功能。因为点动按钮按下后，I0.1 的常开触点的闭合接通 Q0.0。松手后在 PLC 的输入处理阶段 I0.1 的状态即为 OFF。在程序处理阶段，读取的 Q0.0 状态是上个周期输出处理阶段 Q0.0 的状态，仍为 ON，故 Q0.0 常开触点闭合、I0.1 常闭触点也闭合，所以 Q0.0 仍就为 ON。在输出处理阶段 Q0.0 的输出接点继续接通，从而 KM 继续得电吸合。总之，图 7 - 11 梯形图程序不能实现电动机的点动控制，仅仅能实现连续控制的启动和停止。

解决的办法是像图 7 - 12 那样借助辅助继电器 M0.0，把点动和连续的控制逻辑完全分割开来，这样既可避免错误的发生，又使梯形图简单明了、思路清晰。由此可见，对继电器线路的 PLC 改造设计，没必要也不应该完全对应地进行"翻译"。

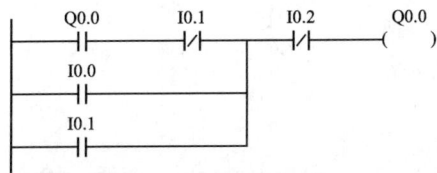

图 7 - 11　错误的启停及点动控制电路　　　　　图 7 - 12　正确的启停及点动控制电路

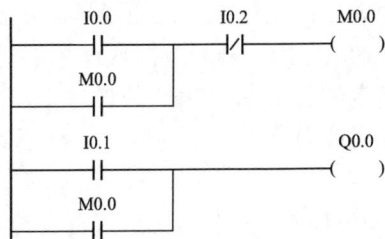

九、三相异步电动机星形—三角形启动控制电路

设在三相异步电动机星形—三角形控制线路的主电路中，接触器 KM1 的主触点用于主

电路的电源通断控制，接触器 KM2 的主触点用于将电动机定子绕组接为星形接法，接触器 KM3 的主触点用于将电动机定子绕组接为三角形接法，所以接触器 KM1 和 KM2 控制电动机的星形降压启动，接触器 KM1 和 KM3 控制电动机的三角形正常运行。主电路省略未画，可参阅其他教材。

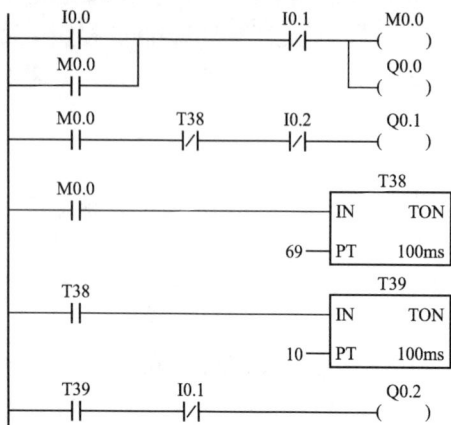

图 7-13　Y—△降压启动的梯形图程序

将两个常开按钮分别接于 PLC 的输入端子 I0.0 和 I0.1 作为启动信号和停止信号，接触器 KM1、KM2 和 KM3 的线圈分别接于 PLC 的输出端子 Q0.0、Q0.1 和 Q0.2。为避免 KM2 和 KM3 同时动作造成电源相间短路，在 PLC 接线中应该用对方的常闭触点进行机械上的互锁。

图 7-13 为对应的梯形图程序。在梯形图程序中，T38 的作用是设定星形启动延时的时间。T39 的作用是设定Y—△切换的延时，以从软件上确保 KM2 和 KM3 不会同时得电。

十、洗衣机控制电路

在图 7-14 所示的程序中，PLC 的 Q0.0 输出端口控制电动机的转动和停止，Q0.1 输出端口控制电动机的正转和反转。点动 I0.0 输入端口的常开按钮后，电动机停止 20s、正转 20s、停止 20s、反转 20s……，电动机停止的时间由 T38 定时器设定，转动的时间由 T39 定时器来设定。分析如下。

这是一个典型的用经验设计法设计的程序。它由几个基本环节有机组合而成。最上面是一个启保停电路，这电路的输出 M0.0 作为了下面振荡电路的输入信号，也就是说 M0.0 为 ON 后 Q0.0 开始振荡，而 Q0.0 决定了电动机的转动与否。Q0.0 作为输入信号而 Q0.1 作为输出信号的下面电路为二分频电路，Q0.1 为 ON 电动机正转，反之，电动机反转。由此可见，经验设计法需要扎实的基础知识。由此设计法而来的程序灵活性比较差，比如说这个电路一个周期内正反向转动的时间一样长，两次停顿的时间也一样长，无法通过定时器 T38 和 T39 的设置来改变。如果要改变，则需要使用以后介绍的其他方法重新设计一个新的电路。

"经验设计法"顾名思义是依据设计者经验进行设计的方法，通过以上例子可以看出它主要基于以下几点。

（1）PLC 编程的根本点是找出符合控制要求的系统各个输出的工作条件，这些条件总是以 PLC 内部各

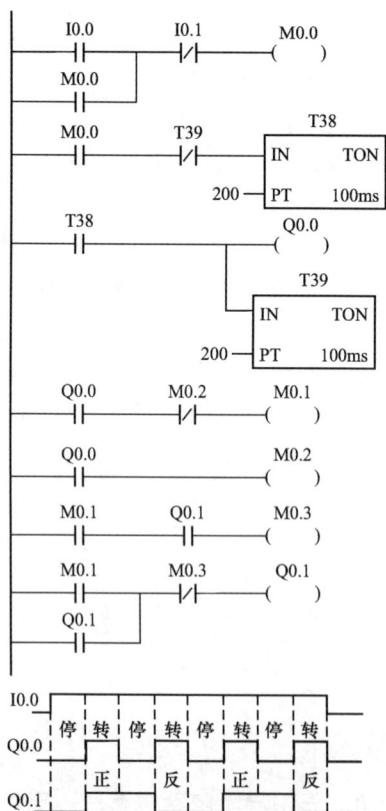

图 7-14　洗衣机电路梯形图和时序图

种器件的逻辑关系出现的。

（2）梯形图的基本模式是启保停电路，每个启保停电路只针对一个输出，这个输出可以是系统的实际输出，也可以是中间变量。

（3）梯形图编程中常常使用一些约定俗成的基本环节，它们都有各自特定的某种功能，根据控制要求可以像堆积木一样在许多地方使用，如振荡环节、延时环节等。设计者基本环节掌握得越多，用这种方法编制程序越得心应手。

在本节基本环节的基础上，现将经验设计法编程步骤总结如下。

（1）在详细了解控制要求后，统计输入/输出信号的个数，合理地分配输入/输出端口。选择必要的软器件，如计数器、定时器、辅助继电器等。

（2）对于较复杂的控制系统，为了能用启保停电路模式设计各输出口的梯形图，要正确分析控制要求，并确定控制要求中的关键点。在空间类逻辑为主的控制中关键点是影响控制状态的因素，在时间类逻辑为主的控制中，关键点为状态转移的时间因素。

（3）用程序将关键点表示出来。关键点要选用合适的软器件点并用常见的基本环节加以描述。

（4）使用关键点器件的触点综合出最终输出的控制要求。

（5）审查上述完成的程序草图，在此基础上补充遗漏的功能，更正错误，进行最后的完善工作。

第二节　梯形图的时序设计法

用经验设计法设计系统的梯形图时，没有一套固定的方法和步骤可以遵循，试探性和随意性很大。经过长时间的努力，也许还不能得到一个非常满意的结果。而且经过这种方法设计出的梯形图，需要对程序改进时存在着较大困难，因为其中复杂的逻辑关系除设计者以外的任何人分析起来都会很困难。我们应该而且必须掌握一些有章可循的设计方法。

对于输出的变化完全是时间原则的系统，可以用多个定时器的"接力赛"来实现其功能，此法称之为时序设计法。它有规律可循，思路清晰，现举几个例子对此方法加以说明。

一、洗衣机电路设计

（1）了解控制要求。此电路要求为：在 M0.0 为 ON 期间，Q0.0 和 Q0.1 变化时序如图 7-15 所示，它们为 ON 和为 OFF 的时间皆为某一固定的时间。

（2）设置定时器。在一个完整周期之内，从最初状态开始，综合考虑所有的输出继电器状态，一有变化，就设置一个定时器，在变化处使其为 ON，周期内最后一处变化的定时器只产生一个单脉冲，用来断开第一个定时器的线圈，以便开始下一个新的周期，考虑完一个完整的周期为止。此处共需设置 T37~T40 4 个定时器。

（3）根据上述时序图设计输出继电器的逻辑表达式。一

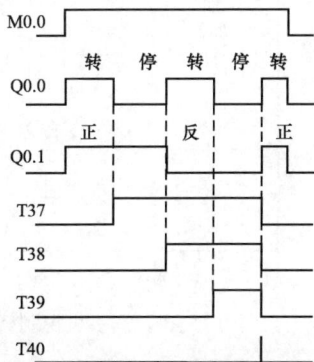

图 7-15　洗衣机控制时序图

个周期内，Q0.0 的时序图由 2 个为 ON 的波形图组成，前一个波形对应的 M0.0 为 ON，
T37 为 OFF，故表达式为 M0.0·$\overline{T37}$；后一个波形对应的 T38 为 ON，T39 为 OFF，故表
达式为 T38·$\overline{T39}$；这两个表达式为或的逻辑关系，所以 Q0.0= M0.0·$\overline{T37}$+ T38·$\overline{T39}$。
Q0.1 波形图对应的 M0.0 为 ON，T38 为 OFF，故表达式为 Q0.1= M0.0·$\overline{T38}$（其实对
于洗衣机电路来说，Y1= M0.0·$\overline{T37}$更加合理）。

（4）设计梯形图。I0.0 和 I0.1 启停 M0.0，组成启保停电路。由波形图可得，M0.0 常
开触点控制 T37 线圈，T37 常开触点控制 T38 线圈，依次类推，最后 T39 常开触点控制
T40 线圈，就好像"接力赛"一样。为能够一直循环下去，T40 常闭触点应该控制 T37 线
圈，以确保能够"循环地接力赛"！由上边的分析已经了 Q0.0 的逻辑表达式，Q0.0=
M0.0·$\overline{T37}$+ T38·$\overline{T39}$，用梯形图实现其逻辑关系即是 M0.0 常开触点与 T37 常闭触点串
联后和 T38 常开触点与 T39 常闭触点的串联结果进行并联来控制 Q0.0 的线圈。同理，
Q0.1= M0.0·$\overline{T38}$的逻辑实现即是用 M0.0 常开触点与 T38 常闭触点（其实用 T37 的常闭
触点更加合理）的串联来控制 Q0.1 的线圈。

由上述思路可得如图 7-16 所示的梯形图，图中 T37 定时器的设定值规定了正向转动的
时间，T38 定时器的设定值规定了正向转动后停顿的时间，T39 定时器的设定值规定了反向
转动的时间，T40 的设定值规定了反向转动后停顿的时间。由此可知，这种方法对控制中的
各个时间段可以随心所欲地设定，这一点比经验设计法灵活了许多。

与经验设计法设计的程序比较，时序设计法思路清晰、规律性强、程序灵活性大、调
试、维修及改进时都很方便。但时序设计法的使用场合受到一定的限制。

二、简易交通灯电路设计

（1）了解控制要求。Q0.0、Q0.1 和 Q0.2
分别控制红灯、绿灯和黄灯。要求 I0.0 接通
一个脉冲后，Q0.0～Q0.2 按图 7-17 所示的
时序变化，10h 后所有灯自动熄灭。试设计
相应的梯形图程序。

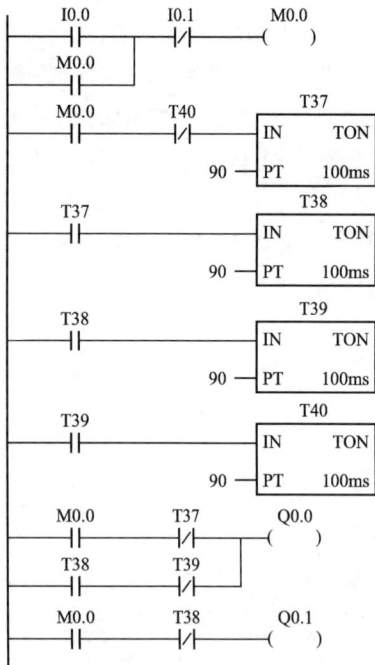

图 7-16 洗衣机控制梯形图

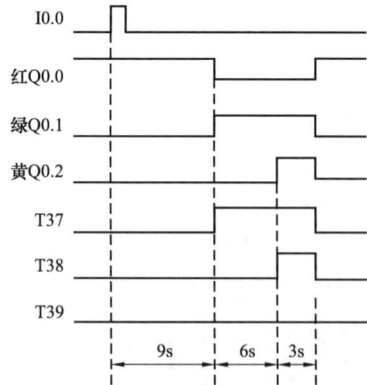

图 7-17 简易交通灯时序图

（2）设置定时器。一个周期内根据输出继电器的变化情况，应该设置 3 个定时器。

图 7-17 中画出了 T37、T38 和 T39 3 个定时器一个周期内对应的时序图。

设置 M0.0 启保停电路，由系统启动按钮 I0.0 控制它的启动，10h 后 M0.0 自动变为 OFF。M0.0 时序图在图 7-17 中省略未画。

（3）根据上述波形图设计输出继电器的表达式。一个完整周期内，Q0.0 状态唯一地由 M0.0 为 ON 和 T37 为 OFF 两个条件能够决定，所以 Q0.0 的逻辑表达式为 Q0.0＝ M0.0 · $\overline{T37}$，同理 Q0.1＝T37，Q0.2＝T38。

（4）设计梯形图（如图 7-18 所示）。I0.0 信号启动 M0.0 启保停电路，由 M0.0 发出定时器"接力赛跑"的命令。在 M0.0 为 ON 期间，总有定时器在计时，交通灯一直在工作。10h 后自动停止工作，需要一个长延时电路进行计时并及时使 M0.0 为 OFF。SM0.4 提供高低电位各 30s、周期为 1min 的时钟脉冲。可以用计数器 C9 对 SM0.4 进行计数，当 C9 计够 600 个脉冲，亦即 600×1min＝600min＝10h 后，C9 常闭触点断开，M0.0 为 OFF，所有输出继电器为 OFF，交通灯停止工作。根据 Q0.0、Q0.1 和 Q0.2 的逻辑表达式很容易设计出对应的如图 7-18 所示的梯形图程序。

下次系统启动时按动启动按钮一次，I0.0 为 ON 的第一个周期里将 C9 当前值清零，下一个周期里 I0.0 的 ON 状态以及 C9 的 OFF 状态能够启动 M0.0，致使系统重新开始工作。如果要提高计时精度，可采用其他的长延时电路。在使用过程中，如果按一下启动按钮，则延时电路重新计时。如需要随时停止运行，可给 C9 常闭触点串一输入继电器的常闭触点即可。

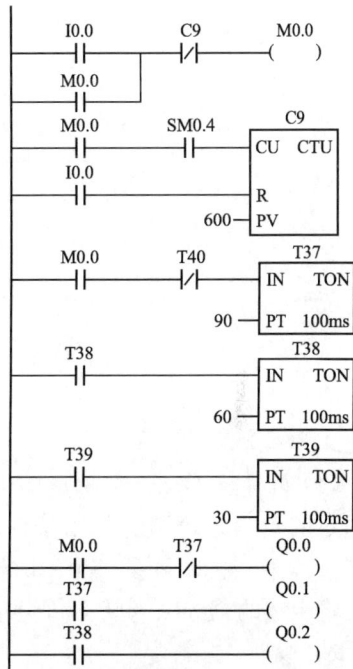

图 7-18　简易交通灯梯形图程序

三、三速异步电动机控制电路

（1）了解控制要求。已知某三速异步电动机，从低到高的 3 个速度依次由 KM1、KM2 和 KM3 3 个接触器的主触点来控制，要求正常启动时首先电动机运行于低速状态一定时间，然后自动转入中速运行一定时间，最后自动转入高速进行正常工作。现在用可编程控制器来实现启动及自动加速的功能。因为 KM1、KM2 和 KM3 3 个接触器的吸合完全是时间原则，显然可以使用所说的时序设计法来设计程序。

共有启动和停止两个输入信号，用两个常开按钮接于 PLC 的 I0.0 和 I0.1 输出接口实现。有对应 3 个接触器的 3 个输出信号，可以将 KM1、KM2 和 KM3 3 个接触器的线圈分别接于 PLC 的 Q0.0、Q0.1 和 Q0.2 3 个输出接口，且将 3 个接触器在硬件上进行互锁，PLC 外部接线图非常简单，此处省略。

（2）设置定时器。根据启动信号 I0.0 和停止信号 I0.1 之间输出继电器的变化情况，显然应该设置两个定时器。图 7-19（a）中画出了系统启动后定时器的时序图。

（3）设计输出继电器的逻辑表达式。Q0.0 只在 M0.0 为 ON 和 T37 为 OFF 的情况下为 ON，所以逻辑表达式为 Q0.0＝M0.0 · $\overline{T37}$。Q0.1 只在 T37 为 ON，T38 为 OFF 情况下为 ON，所以其逻辑表达式为 Q0.1＝T37 · $\overline{T38}$。Q0.2 的状态和 T38 的位完全一样，故逻辑

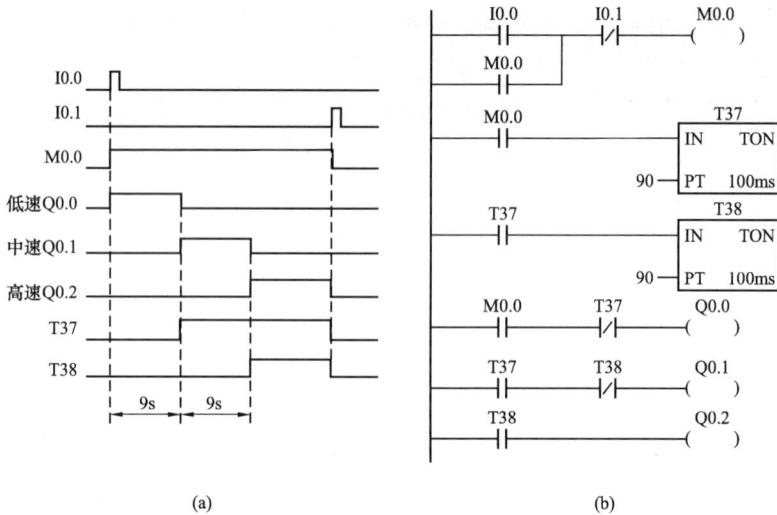

图 7 - 19 三速异步电动机梯形图

(a) 时序图；(b) 梯形图

表达式为 Q0.2＝T38。

(4) 设计梯形图。在梯形图中，用 I0.0 和 I0.1 去启保停 M0.0。然后 M0.0 常开触点作为定时器接力赛跑的开始条件。和上面两个例子不同的是，此处不需要将最后一个定时器常闭触点去断开第一个定时器线圈回路，因为此处的定时器接力赛跑不是周期性的。然后将上述的 Q0.0、Q0.1 和 Q0.2 的逻辑表达式用梯形图表示即可。如图 7 - 19 (b) 梯形图所示。

如果将 Q0.0、Q0.1 和 Q0.2 常闭触点在对方线圈的回路中加以互锁，则更加完善。

四、电动机顺序启动/停止控制系统设计

(1) 了解控制要求。现有 3 台电动机 M1、M2 和 M3，要求启动顺序为：先启动 M1，经过 8.6s 后启动 M2，再经过 8.8s 后启动 M3；停车时要求：先停 M3，经过 9s 后再停 M2，再经 8s 后停 M1。

此题不少相关书籍都有所介绍，一般都采用经验设计法设计，也有采用比较指令编写出了较为简洁的程序，当然用后续介绍的顺序功能图设计也很容易。因为系统启动过程和停止过程皆为时间原则，所以我们用规律性较强的时序设计法来设计梯形图控制程序。

设启动信号为 I0.0，停止信号为 I0.1，控制 M1、M2 和 M3 3 个电动机运转的接触器 KM1、KM2 和 KM3 的线圈分别接于 PLC 的输出接口 Q0.0、Q0.1 和 Q0.2。

(2) 设置定时器。整体上观察所有输出，一有变化就设置一个定时器。依据这个理念，需要设置 4 个定时器，此处选用 T37～T40。但这里的定时器不像上边几个例子那样，所有设置的定时器的依次"接力赛"，在这个例子里顺序启动故 T37 和 T38 有关联，顺序停止故 T39 和 T40 有关联，而 M3 的启动和停止之间没有时间上关联，亦即 T38 和 T39 不应该"接力"。T37 计时起点为启动信号 I0.0，T39 计时起点为停止信号 I0.1。启动信号和停止信号都为脉冲信号，为保持定时器持续计时，程序应该采用两个置位辅助继电器的指令，让辅助继电器维持定时器持续计时。T40 计时到后复位两个辅助继电器，辅助继电器的 OFF

会使 T37～T40 的位为 OFF，致使 Q0.0～Q0.2 全部 OFF。设计 M0.0 和 M0.1 及 T37～T40 时序图如图 7-20（a）所示。

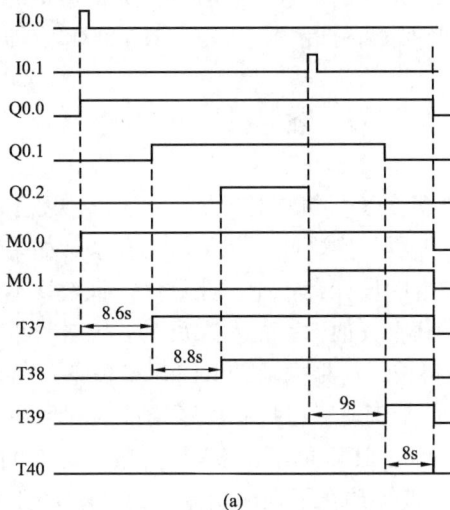

(a)

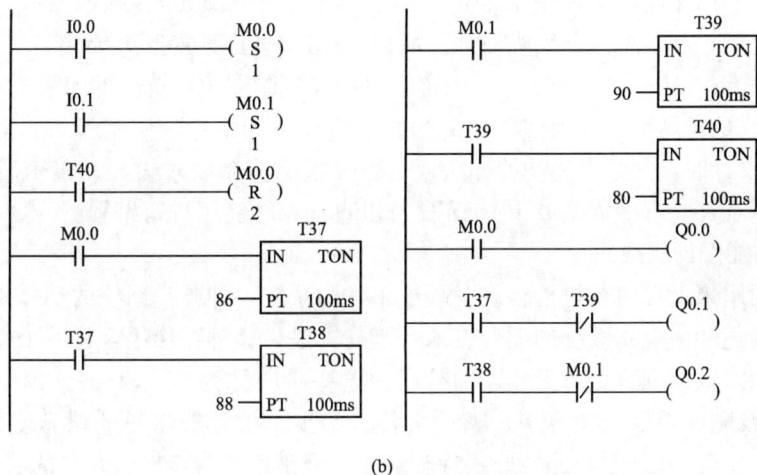

(b)

图 7-20 电动机顺序启停控制

(a) 时序图；(b) 梯形图

（3）设计输出继电器的逻辑表达式。由时序图可知，M0.0 和 Q0.0 时序完全一样，所以 Q0.0 的逻辑表达式为 Q0.0＝M0.0。

Q0.1 的上升沿和 T37 上升沿对齐，Q0.1 的下降沿和 T39 上升沿对齐，即 Q0.1 有且只有在 T37 为 ON 和 T39 为 OFF 的情况下才为 ON，所以 Q0.1 逻辑表达式为 $Q0.1 = \overline{T37 \cdot T39}$。

Q0.2 的上升沿和 T38 上升沿对齐，Q0.2 的下降沿和 M0.1 上升沿对齐，即 Q0.2 有且只有在 T38 为 ON、M0.1 为 OFF 的情况下才为 ON，所以 Q0.1 逻辑表达式为 $Q0.1 = T38 \cdot \overline{M0.1}$。

（4）设计梯形图。在梯形图中，用启动信号 I0.0 去置位 M0.0，由 M0.0 启动 T37 和 T38 的"接力赛"。用停止信号 I0.1 去置位 M0.1，由 M0.1 启动 T39 和 T40 的"接力赛"。

解决了辅助继电器和定时器逻辑关系后，再利用上述分析出的输出继电器逻辑表达式很容易设计出图 7-20（b）所示的完整梯形图。

由此例子可见，时序设计法适合的对象未必必须是完全连贯的时间原则，有其他因素作为了时间的计时起点，那就把它作为分段"接力赛"计时的起点即可。

第三节　顺序控制设计法

在工业控制中，往往需要多个执行机构按生产工艺预先规定好的顺序自动而有序地工作。对此类控制系统，由于各编程元件之间的关系极为复杂，如果直接用梯形图语言进行设计，难度会很大，需要经验丰富的设计者才能担此重任，且设计出的程序即使设计者自己加了注释可读性仍旧很差。这不利于其他工程技术人员对系统进行维修和改进。

20 世纪 80 年代初，法国科技人员根据 PETRI NET 理论，提出了可编程控制器设计的 Grafacet 法。Grafacet 法是专用于工业顺序控制程序设计的一种功能性说明语言，现在已经成为法国国家标准（NFC 03190）。IEC 也于 1988 年公布了类似的"控制系统功能图准备"标准（IEC 848）。我国也在 1986 年颁布了顺序功能图的国家标准（GB 6988.6—1986）。

总之，如果采用顺序功能图图形语言（SFC - Sequential Function Chart），即使初学者也能对此类复杂的控制系统进行编程设计。所以，国际电工委员会 1994 年 5 月公布的可编程控制器标准 IEC 1131—3 中，将 SFC 确定为可编程控制器位居首位的编程语言。

现在多数 PLC 产品都有专为使用功能图编程所设计的指令，使用起来非常方便。在中小型 PLC 程序设计时，如果采用功能图法，首先要根据控制要求设计功能流程图，然后将其转化为梯形图程序。有些大型或中型 PLC 可以直接用功能图进行编程。

一、顺序功能图的组成

顺序功能图用来设计执行机构自动有顺序工作的系统，即此类系统的动作是有规律可循的。它是一种描述顺序控制系统的图形表示及设计方法。这种图形语言将一个完整的动作过程按动作的不同及顺序划分为若干相连的阶段，这些阶段称为步（Step），用编程元件（例如位存储器 M 或顺序控制继电器 S）来代表各步。步是根据输出量的状态变化来划分的，在任何一步之内，各输出量的 ON/OFF 状态不变，但是相邻两步输出量总的状态是不同的。步的这种划分方法使代表各步的编程元件的状态与各输出量的状态之间有着极为简单的逻辑关系。

动作的顺序进行对语言来说意味着代表各步的编程元件状态的顺序转移，故顺序功能图又习惯上叫做状态转移图。顺序功能图主要由步、有向连线、转换条件和动作（或命令）几部分组成。

（1）步。由上简述可知，在顺序功能图中，步其实对应一种状态，是控制系统中一个相对不变的性质，对应于一个稳定的情形。步用矩形框表示，框中写上表示该步的编号或代码。

当系统正处于某一步所在的阶段时，该步处于活动状态，称该步为"活动步"。步处于活动状态时，相应的动作被执行；处于不活动状态时，相应的非存储型动作被停止执行。

与系统初始状态相对应的步称为初始步，初始状态一般是系统等待启动命令的相对静止的状态，一个系统至少要有一个初始步。初始步的图形符号用双线的矩形框表示。根据系统的实际情况用初始条件或者用 SM0.1 来驱动它使其称为活动步。

（2）有向连线。在顺序功能图中，随着时间的推移和转换条件的实现，将会发生步的活动状态的进展，这种进展按有向线段规定的路线和方向进行。在画顺序功能图时，将各步对应的方框按它们成为活动步的先后次序顺序排列，并用有向线段连接将它们起来，使图成为一个整体。有向线段的方向代表了系统动作的顺序。在顺序功能图中，步的活动状态习惯的进展方向是从上到下或从左到右，在这两个方向有向线段上代表方向的箭头可以省略，有时为了更容易理解也可以加箭头。如果不是上述的方向，必须在有向线段上用箭头注明进展方向。

（3）转换条件。当活动步对应的动作完成后，系统就应该转入下一个动作，也就是说活动步应该转入下一步。活动步的转换与否或者说系统是否由当前步进入下一步，需要看某个条件是否满足，这个条件称之为转换条件。转换条件是指使系统从一个步向另一个步转换的必要条件。完成信号或相关条件的逻辑组合可以用作转换条件，它既是本状态的结束信号，又是下一步对应状态的启动信号，一般用文字语言、布尔代数表达式或图形符号标注在与有向连线垂直相交的短线旁边。

转换条件可以是外部的输入信号，例如按钮、限位开关、转换开关的接通或断开等；也可以是 PLC 内部产生的信号，例如定时器、计数器常开触点的接通等，转换条件还可能是若干个信号的与、或、非逻辑组合。

（4）动作（或命令）。可以将一个控制系统划分为被控系统和施控系统。对于被控系统，在某一步中要完成某些"动作"（action）；对于施控系统，在某一步则要向被控系统发出某些"命令"（command）。为了叙述方便，将命令或动作统称为动作，它实质是指步对应的工作内容。动作用矩形框或中括号上方的文字或符号表示，该中括号与相应的步的矩形框通过短线相连。

如果某一步有几个动作，动作用矩形框表示，可以将表示这几个动作的矩形框水平或垂直相连，然后通过最左或最上的矩形框与表示步的相应矩形框相连。这只是两种不同的表示方法而已，并不隐含这些动作之间的任何顺序。

有的步根据需要也可以没有任何动作，这样的步称之为等待步。

二、顺序功能图中转换实现的基本规则

（1）转换实现的条件。在顺序功能图中，步的活动状态的进展是由转换的实现来完成的。转换实现必须同时满足以下两个条件。

1）该转换所有的前级步都是活动步。

2）相应的转换条件得到了满足。

这两个条件是缺一不可的。如果转换的前一级步或后一级步不止一个，这种实现称之为同步实现，它在后面讲到顺序功能图并行序列结构时会出现。为了强调实现的同步性，有向线段的水平部分用双线表示。

在梯形图中，用编程元件代表步，当某步为活动步时，该步对应的编程元件为 ON。当该步之后的转换条件满足时，转换条件对应的触点或电路接通，根据上述转换实现的基本规则可知，可以将该触点或电路与代表所有前级步的编程元件的常开触点串联作为转换实现的条件来满足对应的电路。例如，假设某转换条件的布尔代数表达式是 I0.3·I0.6，它的两个前级步用 M0.5 和 M0.6 来代表，那么应该将这 4 个元件的常开触点串联作为转换实现的条件来满足对应的电路。

(2) 转换实现应该完成的操作。转换实现时应该完成以下两个操作。

1) 使所有由有向线段与相应转换符号相连的后续步都变成活动步。

2) 使所有由有向线段与相应转换符号相连的前级步都变成不活动步。

转换实现的基本规则是根据顺序功能图设计梯形图的基础，它适用于顺序功能图中的各种基本结构。

在梯形图中，当转换实现的条件满足了对应的电路时，由上述知应使所有代表前级步的编程元件复位，同时使所有代表后续步的编程元件置位（变为 ON 并且保持）。

(3) 设计顺序功能图时应该注意的问题。

1) 两个步之间必须有转换条件。如果没有，则应该将这两步合为一步处理。

2) 两个转换不能直接相连，必须用一个步将它们分隔开。可以将第 1 条和第 2 条作为检查顺序功能图是否正确的判断依据。

3) 从生产实际考虑，顺序功能图必须设置初始步。初始步一般对应于系统等待启动的初始状态，这一步可能没有什么输出处于 ON 状态，有些初学者很容易遗漏这一步。初始步是必不可少的，一方面因为该步与它的相连步相比，从总体上说输出变量的状态是不相同的；另一方面如果没有该步，就无法表示初始状态，系统也就无法返回等待启动的停止状态。

4) 自动控制系统应该能够多次重复执行同一工艺过程，也就是说系统完成生产工艺的一个全过程以后，最后一步必须有条件地返回到初始步，这是后面要介绍的单周期工作方式，也是一种回原点式的停止。如果系统还具有连续循环工作方式，还应该将最后一步有条件地返回到第一步。总之，顺序功能图应该是一个或两个由方框和有向线段组成的闭环，也就是说在顺序功能图中不能有"到此为止"的死胡同。

5) 要想能够正确地按顺序运行顺序功能图程序，必须用适当的方式将初始步置为活动步。一般用特殊存储器 SM0.1 的常开触点作为转换条件，将初始步置为活动步。在手动工作方式转入自动工作方式时，也应该用一个适当的信号将初始步置为活动步。

6) 在个人计算机上使用支持 SFC 的编程软件进行编程时，顺序功能图可以自动生成梯形图或指令表。如果编程软件不支持 SFC 语言，则需要将设计好的顺序功能图转化为梯形图程序，然后再写入可编程控制器。

三、顺序功能图设计法与经验设计法的比较

经验设计法实质上是试图用输入信号 I 直接控制输出信号 Q，如果无法直接控制，或者为了实现记忆、连锁、互锁等功能，只好被动地增加一些辅助元件和辅助触点。由于不同的系统的输出量 Q 和输入量 I 之间的关系各不相同，以及它们对连锁、互锁的要求千变万化，因此经验设计法不可能找出一种简单而又通用的设计方法。

顺序功能图设计法是用输入量 I 控制代表步的编程元件，再用编程元件控制输出量 Q。而步是根据输出量 Q 的状态划分的，代表步的编程元件和输出量 Q 之间具有很简单的逻辑关系，输出电路的设计极为简单。代表步的编程元件是依次变为 ON/OFF 状态的，它实际上已经基本解决了经验设计法中的记忆、连锁等问题，因而顺序功能图设计法具有简单、规范和通用的优点。

四、顺序功能图的基本结构

（1）单序列由一系列相继成为活动步的步组成，每一步后面仅有一个转换条件，每一个转换条件后面只有一个步。如图 7-21 所示为单序列的功能图。

（2）选择序列。如果某一步的转换条件由于需要超过一个，每个转换条件都有自己的后续步，而转换条件每时每刻只能有一个满足，这就存在选择的问题了。图 7-22 中，I0.2 和 I0.3 每时每刻最多只能有一个为 ON。选择序列的开始称为分支，转换符号只能标在水平连线之下。选择的结束称为合并，几个选择序列合并到一个公共序列时，用需要重新组合的序列相同数量的转换符号和水平连线来表示，转换符号只允许标在水平连线之上。总之，分支和合并处的转换条件应该标在分支序列上。

（3）并行序列。如果某步的转换条件满足时，该步被置为不活动步的同时，根据需要应该将几个序列同时激活，也是说需要几个状态同时工作，这就存在并行的问题了。在并行序列的开始处（亦称为分支），几个分支序列的首步是同时被置为活动步的，为了强调转换的同步实现，水平连线用双线表示，转换条件应该标注在双线之上，并且只允许有一个条件，如图 7-23 所示。图中的状态 S0.1 为活动步且条件 I0.1 为 ON 时，S0.2 和 S0.4 被同时置为 ON，而下个周期 S0.1 变为不活动步。各并行分支序列中活动步的进展是相互独立的。在并行序列的结束处（亦称为合并），当所有的并行分支序列最后一步都成为活动步且转换条件满足时，所有的并行分支序列最后一步同时变为不活动步，为了表示同步实现，合并处也用水平双线表示。图中 S0.3 和 S0.5 皆为活动步且 I0.4 为 ON 时，S0.6 被置为活动步，而下个周期 S0.3 和 S0.5 成为不活动步。

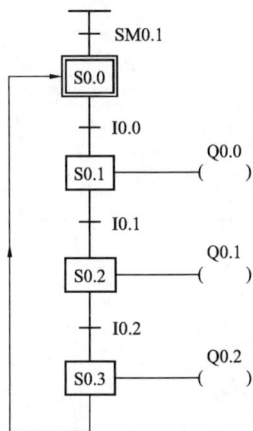

图 7-21　单序列顺序功能图

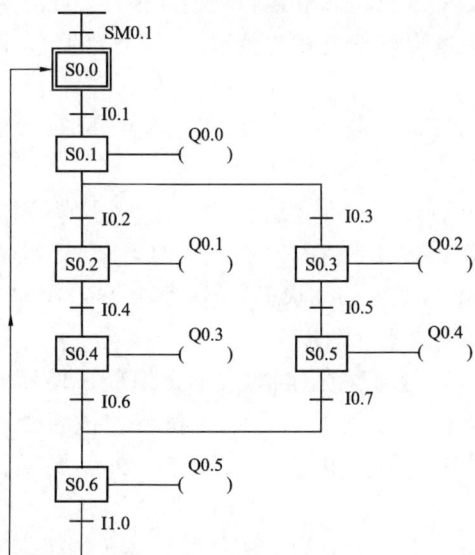

图 7-22　选择序列顺序功能图　　　　　图 7-23　选择序列顺序功能图

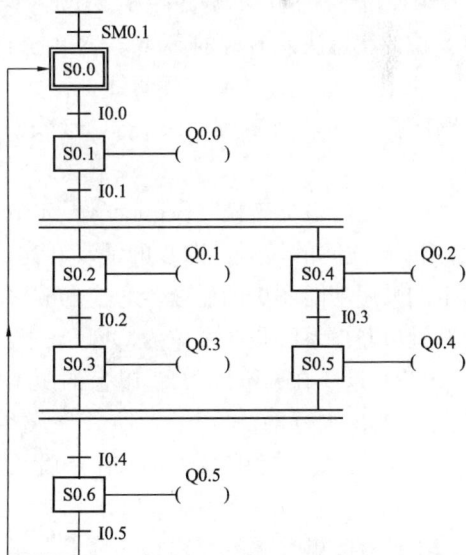

五、顺序控制继电器指令

S7-200PLC 中的顺序控制继电器（S）专门用于编制顺序控制程序，和其关联的顺序控制继电器指令是 PLC 生产厂家为用户提供的可使功能图编程简单化和规范化的指令。

S7-200PLC 提供了 3 条顺序控制继电器指令，它们的语句表形式、梯形图形式和功能见表 7-1。

表 7-1　　　　　　　　　　　　　　顺序控制继电器（SCR）指令

语句表	梯形图	功　能	操作对象
LSCR　S-bit	S-bit ⊣⊢ SCR	SCR 程序段开始	S（位）
SCRT　S-bit	S-bit —(SCRT)	SCR 转换	S（位）
SCRE	—(SCRE)	SCR 程序段结束	无
CSCRE		SCR 程序段条件结束	无

装载顺序控制继电器（Load Sequence Control Relay）指令"LSCR S-bit"用来表示一个 SCR 段（即顺序功能图中的步）的开始。指令中的操作数 S-bit 为顺序控制继电器 S（BOOL 型）的地址，顺序控制继电器为 ON 状态时，执行对应的 SCR 段中的程序，反之则不执行。

LSCR 指令中指定的顺序控制继电器（S）被放入 SCR 堆栈和逻辑堆栈的栈顶，SCR 堆栈中 S 位的状态决定对应的 SCR 段是否执行。由于逻辑堆栈的栈顶值装入了 S 位的值，因此将 SCR 指令直接连接到左侧母线上。

顺序控制继电器结束（Sequence Control Relay End）指令 SCRE 用来表示 SCR 段的结束。

顺序控制继电器转换（Sequence Control Relay Transition）指令"SCRT S-bit"用来表示 SCR 段之间的转换，即步的活动状态的转换。当 SCRT 线圈"得电"时，SCRT 指令中指定的顺序功能图中的后续步对应的顺序控制继电器变为 ON 状态，当前活动步对应的顺序控制继电器被系统程序复位为 OFF 状态，当前步变为不活动步。

CSCRE 指令在 CPUV1.21 以上的版本中才有，并且只能用语句表形式编程，使用它可以结束正在执行的 SCR 段，使条件发生处和 SCRE 之间的指令不再执行。该指令不影响 S 位和堆栈。使用 CSCRE 指令后会改变正在进行的状态转移操作，所以要谨慎使用。

综上所述，顺序控制程序被顺序控制继电器（LSCR）划分为 LSCR 与 SCRE 指令之间的若干个 SCR 段，SCR 段由 LSCR 指令开始到 SCRE 指令结束的所有指令组成，一个 SCR 段对应于顺序功能图中的一步。

使用 SCR 时有以下一些应该注意的事项。

（1）不能在不同的程序中使用相同的 S 位。

（2）不能在 SCR 段之间使用 JMP 及 LBL 指令，即不允许用跳转的方法跳入或跳出 SCR 段，但可以在 SCR 段附近使用跳转和标号指令。

（3）不能在 SCR 段中使用 FOR，N EXT 和 END 指令。

（4）在步发生转移后，如果希望转移前的步对应的 SCR 段的元器件继续输出，可以使用置位/复位指令。

（5）在使用功能图时，顺序控制继电器的编号可以不按顺序安排。

（6）顺序控制继电器指令仅仅对元件 S 有效，S 也具有一般继电器的功能，所以对它能够使用其他指令。

（7）S7－200PLC 的顺序控制指令不支持双线圈输出的操作。假设在状态 S0.3 的 SCR 段中有 Q0.6 输出，在后续状态 S0.6 的 SCR 段也有 Q0.6 输出，则不管在什么情况下，前面的 Q0.6 永远不会有输出。因此使用 S7－200PLC 的顺控指令时一定不要有双线圈输出。为了解决这个问题，凡是需要在不同的状态驱动相同的输出，在 SCR 段先用辅助继电器表示其分段的输出逻辑，在程序的最后再进行合并输出处理。也可以在 SCR 段不表示其输出，在程序的最后用相关状态的位元件再进行合并输出处理。

六、使用 SCR 指令的顺序控制编程方法举例

1. 单序列编程方法举例

在使用顺序功能图编程时，首先先设计出功能图，然后再将功能图转换为梯形图。

前边介绍了用经验设计法对丫—△降压启动控制的编程，其实它也可以看成一个简单的顺序控制。这也体现了可编程控制器编程方法的多样性。

在可编程控制器的接线电路图中，同上节一样继续用常开按钮在 I0.0 和 I0.1 端口进行启动和停止控制，Q0.0、Q0.1 和 Q0.2 3 个输出端口分别控制电源接触器、星形接触器及三角接触器。

在初始状态下获得启动信号后，进入第一步。此步 Q0.0 和 Q0.1 应该为 ON，电动机星形降压启动，同时定时器 T37 开始计时，时间到后系统转入第二步。

在第二步中，Q0.0 应该继续为 ON，Q0.1 应该为 OFF，并启动定时器 T38 开始计时（星角切换的过渡时间），时间到后转入第三步。

在第三步中，Q0.0 应该继续为 ON，Q0.2 应该为 ON 使电动机在三角形接法下正常工作。停止信号 I0.1 为 ON 后，返回到初始步。

根据上述思路，可设计得图 7－24 所示的单序列顺序功能图和图 7－25 所对应的梯形图。初始化脉冲 SM0.1 用来置位初始状态等待步 S0.0，即把 S0.0 状态激活；在 S0.0 状态的 SCR 段要做的工作是当启动信号 I0.0 为 ON 后将 S0.1 状态激活，同时自动使原状态 S0.0 复位。在状态 S0.1 的 SCR 段要做的工作是

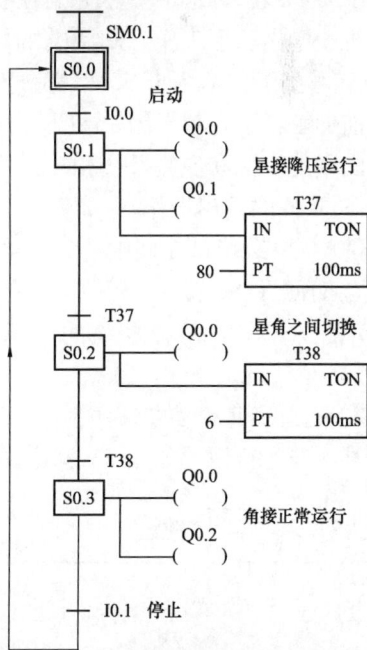

图 7－24　丫—△启动顺序功能图

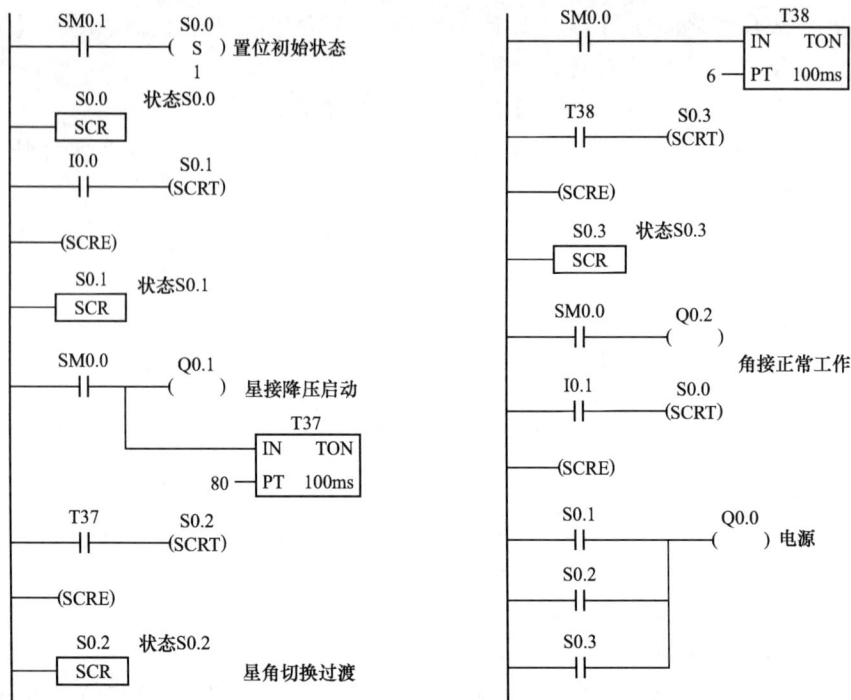

图 7-25　Y—△启动梯形图

输出 Q0.0 和 Q0.1，同时 T37 计时，8s 计时到后，状态从 S0.1 转移到 S0.2，同时状态 S0.1 复位。在状态 S0.2 的 SCR 段要做的工作是继续输出 Q0.0，同时计时 0.6s，时间到后状态从 S0.2 转移到 S0.3 状态。在状态 S0.3 的 SCR 段要做的工作是输出 Q.0 和 Q0.2 确保电动机正常接法下工作，此状态的转移条件是停止信号 I0.1 为 ON，此条件满足后状态从 S0.3 转移到等待命令步 S0.0，完成了一个完整的工作周期。

前面解释了在梯形图中 SCR 指令可以直接连接在左侧母线上，但在 SCR 段输出时，因为线圈不能直接和左侧母线相连，所以必须借助于一个常 ON 的特殊中间继电器 SM0.0 来执行 SCR 段的输出操作。

Q0.0 输出端口控制电源接触器，在启动过程中电源接触器需要一直处于得电状态，为明显期间在 S0.1～S0.3 的 3 个状态都输出了 Q0.0，其实在 S0.1 状态的 SCR 段将 Q0.0 置位然后在 S0.0 状态的 SCR 段再将 Q0.0 复位亦可，这样功能图和梯形图会稍微简洁些。

2. 选择序列编程方法举例

某小车运行情况如图 7-26 所示。具体控制要求为以下两点。

图 7-26　小车运行示意图

（1）按下 SB1 按钮后，小车由 SQ1 处前进到 SQ2 处停 6s，再后退到 SQ1 处停止。

（2）按下 SB2 按钮后，小车由 SQ1 处前进到 SQ3 处停 9s，再后退到 SQ1 处停止。

首先统计输入和输出信号，分配端口。共有 SB1 和 SB2 以及 SQ1～SQ3 共 5 个输入信号，依次接于 PLC 的 I0.0～I0.4 5 个输入接口。小车能够前后运行，需要正反两个接触器来实现，所以输出信号两个。设 Q0.0 输出接口控制前进方向的接触器线圈，Q0.1 输出接口控制后退方向的接触器线圈。系统的原始位置是在压下 SQ1 的位置（完整的系统程序还应该有手动点动程序，如果进入自动运行前小车不在原始位置，可以用手动程序调回），这种情况下工作时只能按下 SB1 和 SB2 两个按钮当中的一个，因为小车每时每刻只能工作在一种状态下，所以系统符合选择序列的特点，应该用选择序列来设计功能图。

根据系统控制要求以及选择序列顺序功能图的设计思路，可以设计出如图 7-27 所示的系统顺序功能图。由功能图设计出的梯形图程序如图 7-28 所示。

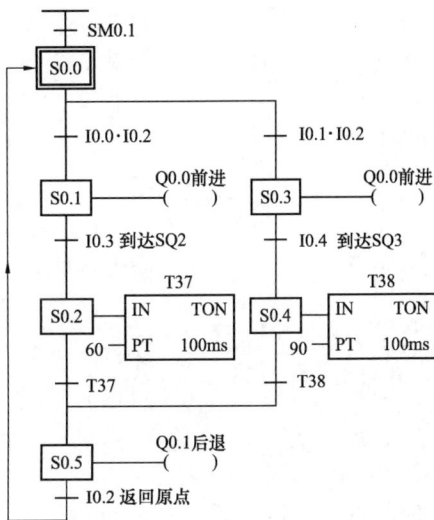

图 7-27　小车运行功能图

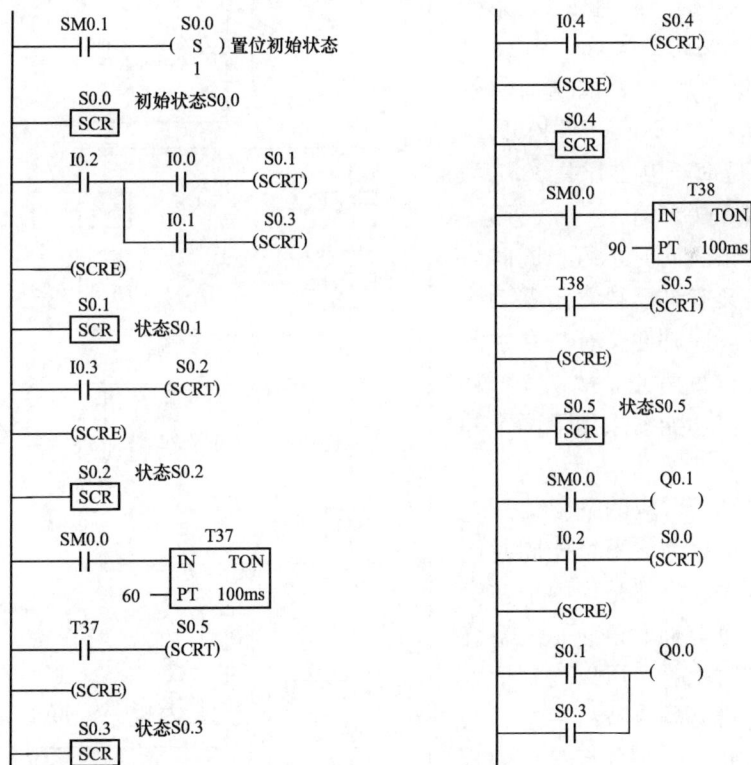

图 7-28　小车运行梯形图

因为按动 SB1 和按动 SB2 是两种不同的运行方式，所以为避免同时按动 SB1 和 SB2 导致 I0.0 和 I0.1 在同一个扫描周期内同时为 ON（尽管可能性微乎其微），保险期间应该从按钮上进行机械上的互锁为妥。

3. 并行序列编程方法举例

某钻床为同时在工件上钻大、小两个孔的专用机床，在一个完整工作周期里能够在工件上钻6个孔，6个孔间隔均匀分布（如图7-29所示）。具体控制要求为以下几点。

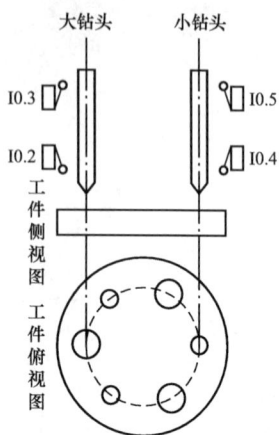

图7-29 钻孔示意图

（1）人工放好工件后，按下启动按钮I0.0和Q0.0为ON夹紧工件。

（2）夹紧后压力继电器I0.1为ON，Q0.1和Q0.3为ON使大小两钻头同时开始下行进行钻孔。

（3）大小两钻头分别钻到由限位开关I0.2和I0.4设定的深度时停止下行，两钻头全停以后Q0.2和Q0.4为ON使两钻头同时上行。

（4）大小两钻头分别升到由限位开关I0.3和I0.5设定的起始位置时停止上行，两个都到位后，Q0.5为ON使工件旋转120°。

（5）旋转到位时，I0.6为ON，设定值为3的计数器C0的当前值加1，系统开始下一个周期的钻孔工作。

（6）6个孔钻完后，C0的当前值等于设定值3，Q0.6为ON使工件松开。

（7）松开到位时，限位开关I0.7为ON，系统返回到初始状态。

系统要求两钻头同时下行，同时上行，而每个钻头又有自己独立的移动限位开关，这种既有同时性又有独立性的特点符合并行序列的特点，故图7-30所设计的系统顺序功能图采用了两个并行序列。

钻头下行到自己对应的下限位开关时停止，而两个钻头绝对不可能同时压下自己下限位开关，也就是说两个钻头在下行过程中不可能同时停止，但系统要求全停止后同时上升，所以先到下限位开关停止的钻头必须等待另一个钻头停止的到来，因此第一个并行序列的合并处采用了两个等待步S2.0和S2.1来满足上述控制要求。同样，系统要求两钻头上升都到位后工件才开始旋转，也存在一个钻头等待另一个钻头的问题，

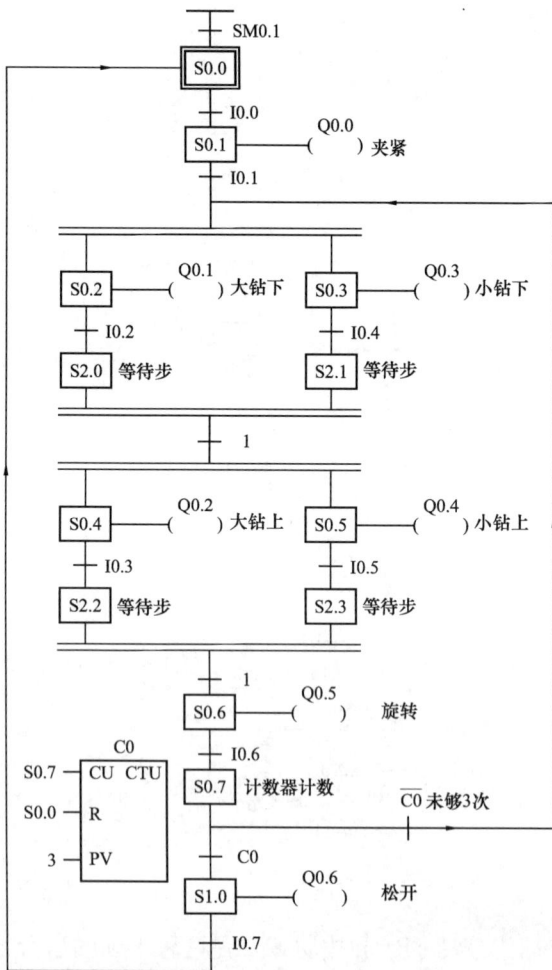

图7-30 专用钻床顺序功能图

因此在第二个并行序列的合并处也采用了两个等待步 S2.2 和 S2.3。

顺序功能图中并行分支合并转移到新的状态如果转换条件"1"则表示转换条件总是满足的，即只要所有合并的分支最后一个状态都为 ON 就可以转移了。图中只要 S2.0 和 S2.1 都是活动步，就会发生转换，S0.4 和 S0.5 被同时置为活动步，S2.0 和 S2.1 自动被系统程序变为不活动步；同理，只要 S2.2 和 S2.3 都是活动步，状态就会发生转换，S0.6 被置为活动步，同时 S2.2 和 S2.3 自动被系统程序变为不活动步。在顺序功能图并行分支合并处根据需要设置了等待步，对这些等待状态的复位处理要使用复位指令，为此并行分支合并前的状态编号最好设计成连续的，这样在最后对它们进行复位时只用一条复位指令就行了，图中两处并行分支合并前的状态编号使用了 S2.0、S2.1 和 S2.2、S2.3。

在执行程序的第一个周期里，SM0.1 将初始步 SM0.0 置为活动步，同时将 C0 复位，当前值置为 0。当钻孔完毕，工件旋转到位后 I0.6 为 ON，将 S0.7 置为活动步，这步的任务是将 C0 的当前值加 1，执行结果如果是当前值等于设定值 3，则 C0 状态变为 ON，C0 常开触点接通，将后续步 S1.0 置为活动步，松开工件后，系统回到初始状态，等待下一次启动信号；执行结果如果是当前值不等于设定值 3，则 C0 状态仍为 OFF，C0 常闭触点接通，将后续步 S0.2 和 S0.3 置为活动步，钻头继续下行工作，这种转换的方向与"主序列"中的有向连线的方向相反，称为逆向跳步。S0.7 有两个后续步，对应每个后续步的转换条件只能有一个满足，所以说逆向跳步其实是选择序列的一种特殊情况。

掌握了并行序列及逆向跳步的顺序功能图编程方式，就不难设计出图 7-31 的与专用钻床顺序功能图对应的梯形图程序。

七、使用启保停电路的顺序控制编程方法举例

1. 方法概述

以上几个例子都是用状态器 S 代表步来设计顺序功能图的，也就是说都使用了 SCR 指令。在设计顺序功能图时，也可以使用位存储器 M 来代表各步。某一步为活动步时，对应的存储器位为 ON，某一转换实现时，该转换的后续步变为活动步，前级步变为不活动步。应该注意的是，转换的前级步变为不活动步不是系统程序自动进行的，而应该是用户编制程序的结果。

因为一般情况下，每一步为 ON 时都要驱动一定的负载，条件不满足活动步不转移，所以活动步一般都要保持一段时间。因此将 M 编制的顺序功能图转换为梯形图时，应该使用具有记忆功能的电路。

任何一种可编程控制器的编程语言都具有辅助继电器，都具有线圈和触点，而启保停电路只由触点和线圈组成且具有记忆功能，因此用辅助继电器 M 代表步设计顺序功能图以及使用启保停对其进行梯形图转换是通用性最强的一种顺控设计方法，可以用于任意型号的 PLC。现举一简单例子对此种方法加以说明。

2. 应用举例

图 7-32 (a) 为饮料、酒或化工生产中常用的两种液体混合装置。阀 A、B、C 为电磁阀，用于控制管路的通断。线圈通电时，打开管路；线圈断电后，关断管路。设上、中、下 3 个液位传感器被液体淹没时为 ON。

系统初始状态为电动机停止，所有阀门关闭，装置内没有液体，上、中、下 3 个传感器处于 OFF 状态。

置位初始状态

```
SM0.1      S0.0
─┤├──────( S )
            1
```

```
S0.0   初始状态S0.0
─┤SCR├─
```

```
I0.0      S0.1   按启动按钮
─┤├──────(SCRT)  状态转移
```

```
──(SCRE)
```

```
S0.1  状态S0.1
─┤SCR├─
```

```
SM0.0     Q0.0
─┤├──────(   )  夹紧
```

```
I0.1      S0.2
─┤├──────(SCRT)
          S0.3   夹紧后状态转移
         (SCRT)
```

```
──(SCRE)
```

```
S0.2  状态S0.2
─┤SCR├─
```

```
SM0.0     Q0.1
─┤├──────(   )  大钻头下行
```

```
I0.2      S2.0   大钻头下到位,
─┤├──────(SCRT)  状态转移
```

```
──(SCRE)
```

```
S0.3  状态S0.3
─┤SCR├─
```

```
SM0.0     Q0.3
─┤├──────(   )  小钻头下行
```

```
I0.4      S2.1  小钻头下到位,状态转移
─┤├──────(SCRT)
```

```
──(SCRE)
```

并行分支合并使用S/R指令,
置位新状态/复位旧状态

```
S.2.0     S2.1      S0.4
─┤├──────┤├──────( S )
                    2
                   S2.0
                  ( R )
S0.4  状态S0.4       2
─┤SCR├─
```

```
SM0.0     Q0.2
─┤├──────(   )  大钻头上行
```

```
I0.3      S2.2   大钻头上到位,
─┤├──────(SCRT)  状态转移
```

```
──(SCRE)
```

```
S0.5  状态S0.5
─┤SCR├─
```

```
SM0.0     Q0.4
─┤├──────(   )  小钻头上行
```

```
I0.5      S2.3   小钻头上到位,
─┤├──────(SCRT)  状态转移
```

```
──(SCRE)
```

```
S2.2      S2.3      S0.6
─┤├──────┤├──────( S )
                    1
                   S2.2
                  ( R )
S0.6  状态S0.6       2
─┤SCR├─
```

```
SM0.0     Q0.5
─┤├──────(   )  工件旋转
```

```
I0.6      S0.7   工件旋转到位,
─┤├──────(SCRT)  状态转移
```

```
──(SCRE)
```

```
S0.7  状态S0.7
─┤SCR├─
```

```
C0       S1.0
─┤├──────(SCRT)
```

```
C0       S0.2
─┤/├─────(SCRT)
          S0.3
         (SCRT)
```

```
──(SCRE)
```

```
S1.0  状态S1.0
─┤SCR├─
```

```
SM0.0     Q0.6
─┤├──────(   )  松开
```

```
I0.7      S0.0
─┤├──────(SCRT)
```

```
──(SCRE)
```

```
S0.7            C0
─┤├──────────CU  CTU
S0.0
─┤├──────────R

       3 ──── PV
```

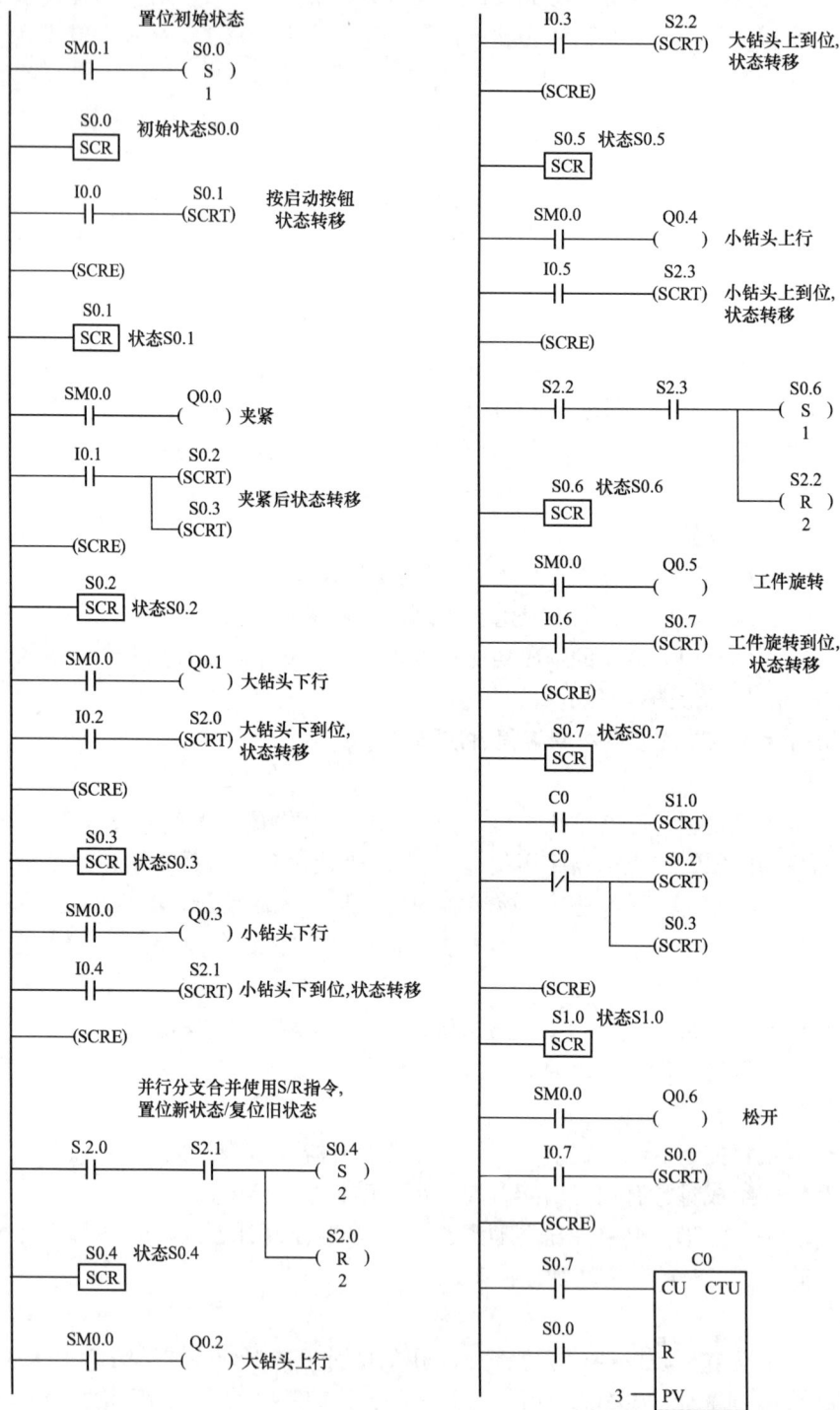

图7-31　专用钻床梯形图程序

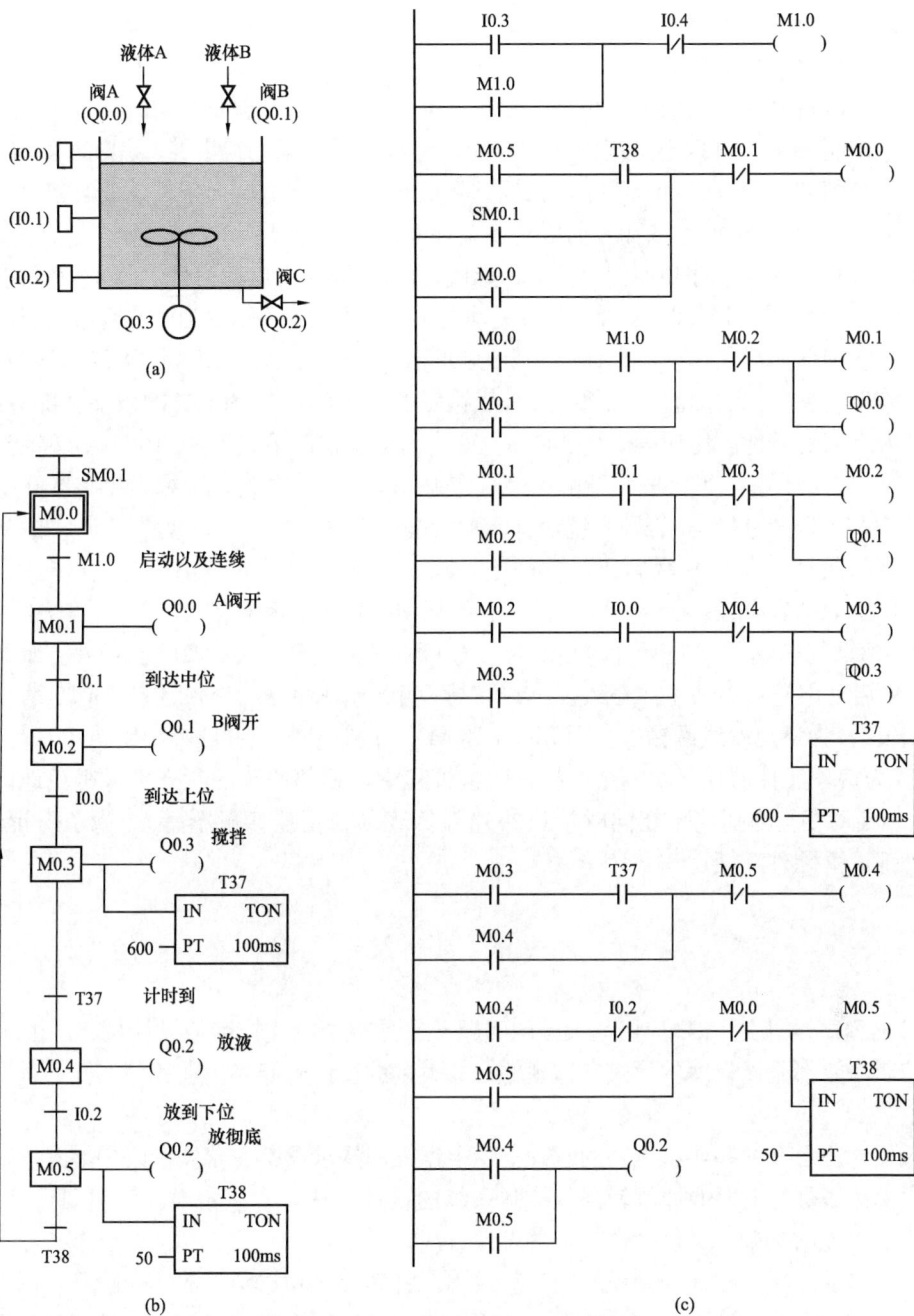

图 7-32　液体混合装置控制系统

（a）装置示意图；（b）顺序功能图；（c）梯形图程序

控制要求为按下启动按钮后，打开 A 阀，液体 A 流入；当中传感器被淹没变为 ON 时，A 阀关闭，B 阀打开，B 液体流入容器；当上传感器被淹没变为 ON 时，B 阀关闭，电动机 M 开始运行，带动搅拌机搅动液体；60s 后停止搅动，打开 C 阀放出均匀的混合液体；当液体下降到露出下传感器（亦即下传感器由 ON 变为 OFF）时，开始计时，5s 后关闭 C 阀（以确保容器放空）系统回到初始状态，系统运行完一个完整的周期。此时，系统应检测在刚过的运行周期里是否发出了停止信号，如果已发出，则系统停止在初始状态等待下一次启动信号，否则系统继续运行。也就是说，按下此类系统的停止按钮不应马上停止，而应该等回到初始状态运行完这个周期再停止，这是这类生产的工艺所必须要求的。

由上述控制要求，可以把系统划分为 6 步，每步由通用辅助继电器 M 来表示，所设计出的顺序功能图如图 7-32（b）所示。需要注意的是 M0.4 步的转换条件是液面露出下传感器，也就是 I0.2 由 ON 变为 OFF，所以转换条件应该是 $\overline{I0.2}$。

图 7-32（c）为与顺序功能图对应的梯形图，图中 I0.3 为启动信号，I0.4 为停止信号，它们启保停辅助继电器 M1.0。如果 M1.0 一直为 ON，则状态 M0.0 为 ON 后系统能够马上状态转移，系统会连续工作下去；如果 M8 为 OFF，则初始状态 M0.0 为 ON 后不转移，系统停在初始步。编写梯形图时，必须把所有能够使表示状态的 M 为 ON 的条件全部考虑到，把它们作为启动的条件。比如 M0.0 是在 M0.5 为活动步情况下、T38 的位为 ON 将会使其为 ON，所以将 M0.5 和 T38 的常开触点串联作为 M0 的启动电路。可编程控制器开始运行时还应该将 M0.0 置为 ON，否则系统没有活动状态，无法正常工作，故将 SM0.1 的常开触点与上述启动条件并联，并联后还应并联上 M0.0 的自锁触点。M0.0 在后续步 M0.1 为 ON 情况下自身线圈应该马上断开，所以后续步 M0.1 的常闭触点与 M0.0 的线圈串联。M0.5 成为活动步带动 T38 进行计时是 M0.4 为 ON 情况下 I0.2 由 ON 变为 OFF 所致，所以 M0.5 的启动电路由 M0.4 常开触点和 I0.2 常闭触点串联而成。M0.4 和 M0.5 两步都驱动负载 Q0.2，为避免双线圈输出，用 M0.4 和 M0.5 的常开触点并联集中驱动 Q0.2。

以 M 为编程元件的顺序功能图在状态转移过程中，相邻两步的状态不可避免地同时为 ON 一个扫描周期，对那些不能同时接通的外部负载（如正反接触器等），为了保证安全，必须在外部设置硬件互锁。

本　章　小　结

PLC 的程序设计是 PLC 应用最关键的问题，也是整个电气控制的设计核心。由于 PLC 所有的控制功能都是以程序的形式来体现的，故大量的设计时间将用在程序上。本章讲述了 3 种设计方法。

经验设计法是在一些典型电路的基础上，根据控制要求不断完善和修改梯形图的过程。

时序设计法是针对时间原则较强的控制系统的设计方法，它以定时器为主要设计工具，以逻辑代数为理论基础，是规律性较强的设计方法。

顺序控制设计法是根据控制系统的工艺过程，将其分成相对稳定的几个阶段，每个阶段对应一个状态，由此设计出系统功能图，然后再将功能图转换成梯形图。它是一种先进的设计方法，不但能够提高设计效率，而且程序的调试、修改和阅读都很方便。

习　　题

1. 简述在顺序控制中划分步的原则。
2. 简述顺序控制中转换实现的条件和转换实现时应完成的操作。
3. 用可编程控制器实现两台三相异步电动机的控制，控制要求如下所述。

（1）两台电动机互不影响地独立操作。

（2）能同时控制两台电动机的启动与停止。

（3）当一台过载时，两台电动机均停止。

试画出主电路和可编程控制器外部接线图，并用经验设计法设计出梯形图程序。

4. 可编程控制器的 I0.0～I0.4 接有输入信号，Q0.0 接有输出信号，当 I0.0～I0.3 中任何两个输入端同时有信号时 Q0.0 都有输出，I0.4 有信号时 Q0.0 封锁输出。根据上述要求用经验设计法设计控制程序。

5. 用可编程控制器分别实现下述 3 种控制。要求前两种控制用经验设计法设计，第 3 种控制分别用经验设计法和时序设计法两种方法设计。

（1）电动机 M1 启动后，M2 才能启动；M2 停止后，M1 才能停止。

（2）电动机 M1 既能正向启动、点动，又能反向启动、点动。

（3）电动机 M1 启动后，经过 30s 后 M2 能自行启动，M2 启动后 M1 立即停止。

6. 试设计一可编程控制系统，要求第一台电动机启动 10s 后，第二台电动机自行启动，运行 5s 后，第一台电动机停止并同时使第三台电动机自行启动，再运行 15s 后，电动机全部停止。设计梯形图并写出指令表（分别用经验设计法、时序设计法和 SFC 3 种方法设计，并对控制程序加以比较）。

7. 按下启动按钮 I0.0，某加热炉送料系统由 Q0.0～Q0.3 控制，依次完成开炉门、推料机推料、推料机返回和关炉门几个动作，I0.1～I0.4 分别是各个动作结束的限位开关，设计控制系统的顺序功能图，并转换为梯形图。

8. 设计一个报警器，要求当条件 I0.0 为 ON 后，蜂鸣器响，同时报警灯连续闪烁 16 次，每次亮 2s、灭 3s，16 次后停止声光报警（分别用经验设计法和 SFC 两种方法）。

9. 用一个定时器和一个计数器设计一个长延时电路，在 I0.0 的常开触点接通 24h 以后将 Q0.0 的线圈接通。

10. 试设计电动葫芦升降机构的动负荷实验控制系统。控制要求如下：

（1）可以点动控制上升和下降。

（2）自动运行时，上升 6s 后停止 9s，然后下降 6s 停止 9s，反复运行 1h 后发出声光信号并停止运行。

11. 某三相异步电动机具有正反向启动控制、正反向点动控制，正反向连续运行过程中能实现串电阻反接制动，点动过程中也串电阻。要求用 PLC 实现上述控制，试设计主电路、可编程控制器外部接线图和梯形图程序。

第八章 人 机 接 口

在控制系统中人机接口（HMI）可作为二类主站，包括字符型/图形、CRT/LED 和带/不带触摸屏等多种功能形式，如 TD（文本显示）、TP（触摸屏）和 OP（操作面板）等系列。TD 一般仅显示字符，OP 和 TP 都能显示图形，功能比 TD 强大。OP 外表面配有键盘，不适于环境灰尘较大的场合，TP 比较适合于环境较差生产现场。操作员面板 OP27 和 OP37 等，OP 面板具有功能键、系统键、数字键和字母键，其中功能键是可编程的。

第一节 文 本 显 示 器

文本显示器主要有 TD200 和 TD400 等。TD400 是 TD200 的升级产品，功能有所加强。

一、TD200

（一）TD200 概述

TD200 是一种小型紧凑型设备，是专用于 S7－200 系列的文本显示和操作员界面。TD200 是一种低成本的人机界面，使用户能够与应用程序进行交互。TD200 是所有 S7－200 系列操作员界面问题的最佳解决方法，TD200 连接很简单，只需用它提供的连接电缆接到 S7－200 系列 PLC 的 PPI 接口上即可，不需要单独的电源。

（二）TD200 特点

TD200 是用 STEP7－Micro/WIN 软件进行编程，无须其他参数赋值。在 S7－200 系列的 CPU 中保留了一个专门的区域用于与 TD200 交换数据。TD200 直接通过这些数据区访问 CPU 的必要功能。TD200 的功能有：

（1）文本信息显示，用选择确认的方法可显示最多 80 条信息，每条信息最多可包含 4 个变量，5 种系统语言；

（2）TD200 中文版内置国标汉字库；

（3）可选择显示信息刷新时间；

（4）提供强制 I/O 点诊断功能；

（5）提供密码保护功能；

（6）可选择通信的速率，置连接电缆的接口，果 TD200 与 S7－200 系列 PLC 之间距离超过 2.5m 时需接额外电源，这时用 PROFIBUS 电缆进行连接；

（7）可编程的 8 个功能键可以替代普通的控制按钮作为控制键，功能键的每一个都分配了一个存储器位；

（8）牢固的塑料壳前面板 IP65 防护等级，27mm 的安装深度无须附件即可安装在箱内或面板内，也可用作手持设备，背光 LCD 液晶显示即使在逆光情况下也易看清，根据人体工学设计的输入键位于可编程的功能键上部。

（三）TD200 的键盘

可编程的 8 个功能键可以替代普通的控制按钮，作为控制键，这样还可以节省 8 个输入点；功能键可在系统启动测试时进行设置和诊断，可以不用其他的操作设备即可实现对电动机的控制。

1. TD200 的键盘说明

ENTER：用此键写入新数据和确认信息。

ESC：用此键转换 DISPLAY MESSAGE 方式和 MENU 方式或紧急停止编辑。

UP：箭头用于递增数据和上卷光标到下一个更高优先级的信息。

Shift：Shift 键转换所有功能键的数值。当按下 Shift 时，在 TD200 显示区的右下方显示一个闪烁的 S。

2. 功能键的说明

有 4 个用户定义的功能键（F1、F2、F3、F4）在 S7 - 200 CPU 程序中，以定义这 4 个功能键。按一个功能键，设置一个 M 位。程序可用这个位触发一个特定的动作。

F1：功能键 F1 设置标志位 Mx. 0。如果按 Shift 键的同时按下功能键 F1，则 F1 设置标志位 Mx. 4。

F2：功能键 F2 设置标志位 Mx. 1。如果按 Shift 键的同时按下功能键 F2，则 F2 设置标志位 Mx. 5。

F3：功能键 F3 设置标志位 Mx. 2。如果按 Shift 键的同时按下功键 F3，则 F3 设置标志位 Mx. 6。

F4：功能键 F1 设置标志位 Mx. 3。如果按 Shift 键的同时按下功能键 F4，则 F4 设置标志位 Mx. 7。

（四）TD200 的组态

STEP 7 - Micro/WIN 提供一个向导（WIZARD），它便于在 S7 - 200CPU 数据存储区中组态向导自动把参数块和信息文本写入数据块编程器，然后数据块将下载到 CPU。

使用 TD200 向导的主要步骤有：

1. 配置 TD200

选择 TD200 型号及版本，选择及定义 TD 的功能和数据更新速率，设定语言及字体，定义按键及功能，这些功能键的地址由向导自动分配，在修改了向导或进行翻译后，有可能引起功能键地址的变化。功能键地址可以在向导自动生成的符号表中找到。

2. 定义用户菜单及信息显示画面

进入用户菜单设置，设置菜单，TD200 一共可以定义 8 个菜单，每个菜单下可定义 8 个显示画面。菜单和显示画面不需要用 S7 - 200 中的控制逻辑，只需用 TD200 的上下键就可在各画面和菜单中切换。编辑信息显示画面。在信息画面中嵌入 S7 - 200 的数据，单击 "Insert Data" 进入数据定义画面。嵌入的数据应是 S7 - 200 中的 V 区的数据，可以是字节、字以及双字，支持的数据类型有：VB（数字字符串，字符串）；VW（有符号数，无符号数）；VD（有符号数，无符号数，实数及浮点数）。

TD200 的组态存储在 CPU 可变存储器里的一个 TD200 参数块内。TD200 的操作参数，例如语言、更新速率、信息和信息使能位，存储在 CPU 中 TD200 参数块内。上电后，TD200 从 CPU 读参数块，对所有参数均进行合法性检查。如果一切合格，TD200 开始主动轮询信息使能位以决定要显示的信息，从 CPU 读取信息，然后显示信息。TD200 组态向导界面如图 8-1 和图 8-2 所示。

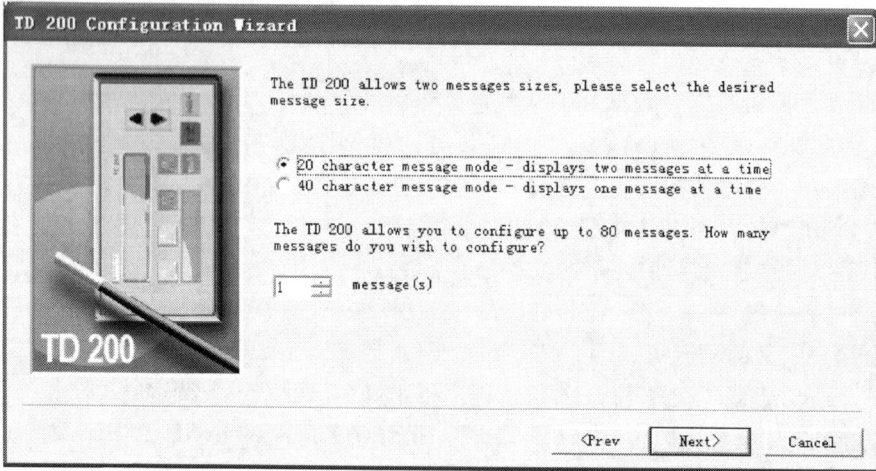

图 8-1　利用 TD200 向导选取消息格式和数目

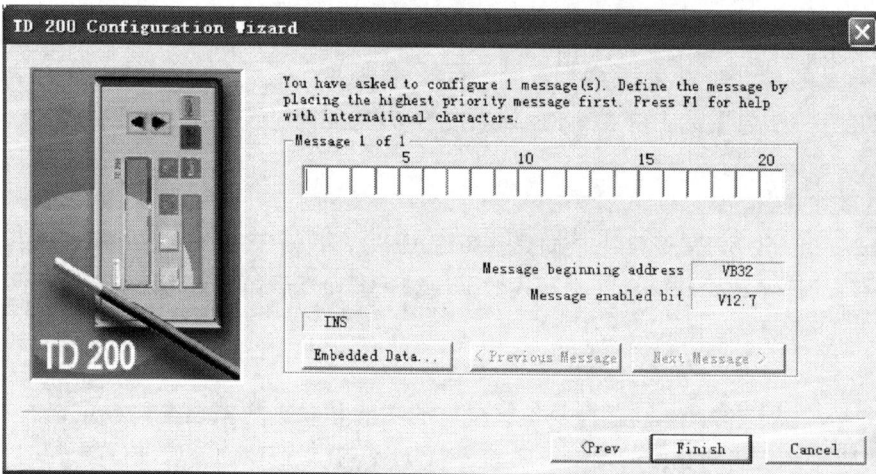

图 8-2　利用 TD200 向导输入消息文本

（五）TD200 与 S7-200 连接

一个 S7-200 CPU 通信口最多可以连接 3 个 TD200；一个 TD200 只能与一个 S7-200CPU 建立连接。

TD200 可通过以下几种方式与 S7-200 连接：

（1）TD200 单独连接到 CPU 通信口或 EM277 通信口。用于 TD200 一起提供的 TD/CPU 电缆连接，此时 TD200 的 24V DC 电源由 CPU（或 EM277 模块）提供，不要再外接 24V DC 电源，否则会导致损坏。

（2）TD200 连接到网络中的 CPU 通信口上。多个 S7-200 CPU 联网，如果还需要连接 TD200，可在这个 CPU 通信口上使用"带编程口"的网络连接器，在与其他 CPU

组成网络的同时，从 TD200 来的电缆连接到扩展出来的编程口上。此时 TD200 的 24V DC 电源由 CPU（或 EM277 模块）提供，不要再外接 24V DC 电源，否则会导致损坏。

（3）TD200 接入通信网络，或 CPU 连接多个 TD200。使用网络连接器（PROFIBUS 网络插头），通过 PROFIBUS 电缆将 TD200 接入网络。这时 TD200 与其他 CPU（或 TD200）等通信站组成了一个线形网络。如果 CPU 上使用"带编程口"的网络连接器，插上编程电缆就是一个多主站编程网络。通过 PROFIBUS 电缆连接 TD200，这时只连接了通信信号线（3 针和 8 针），没有连接电源线（2 针和 7 针），要外接 24V DC 电源为 TD200 供电。

TD200 通过 PROFIBUS 网络连接器和电缆连接到 S7－200 CPU 通信口上的网络连接器，等于接入了网络。CPU 通信口上的网络连接器还可以连接到其他通信站点（第三种连接方式）。CPU 上的 PROFIBUS 插头是带编程口的，可以用于插编程电缆（如 PC/PPI 电缆，这时是多主站编程连接），或者连接其他 TD200（第二种连接方式）。一个 CPU 连接多个 TD200 也必须通过第三种连接方法。当 CPU 的通信口被自由口通信所占用时，或 TD200 与 CPU 的距离超过 50m 时，可用 EM277 模块连接 TD200 与 CPU。这时，应当在 TD200 设置菜单中将 EM277 的地址设置为 CPU 地址。

二、TD400C

使用 TD400C，可以查看、监视和更改应用程序固有的过程变量。

（一）TD400C 特点

（1）TD400C 是一个 2 行（大字体）或 4 行（小字体）的文本显示设备，可以与 S7－200CPU 连接；

（2）TD400C 为背光液晶显示（LCD），分辨率为 192×64；

（3）TD400C 通过 TD/CPU 电缆从 S7－200 CPU 获得供电，或者也可由单独电源供电。

TD400C 的外观如图 8－3 所示，TD200 与其较为相似。

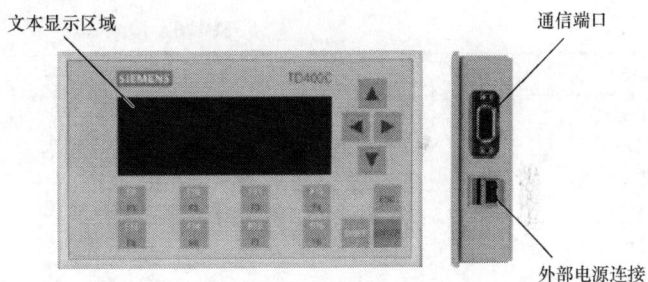

图 8－3　TD400C 外观图

（二）TD400C 的功能

1. 常规功能

（1）显示报警；

（2）允许调整指定的程序变量；

（3）允许强制/取消强制输入/输出点；

（4）允许为具有实时时钟的 CPU 设置时间和日期；

（5）查看层级用户菜单及屏幕，以便于和应用程序或过程进行交互；

（6）查看 CPU 状态。

2. 用于和 S7－200 CPU 进行交互的其他功能

（1）可以改变 S7－200 CPU 的操作模式（运行或停止）；

（2）可以将 S7－200 CPU 中的用户程序加载到内存盒中；

（3）可以对存储在 S7－200 CPU 存储区中的数据进行访问和编辑。

第二节　触　摸　屏

使用触摸屏时可以直接用手触碰屏幕上显示的图形或文字，实现对主机的操作，对系统进行控制，而不依赖于传统的键盘和鼠标。可以直接在触摸屏屏幕上进行控制操作，图形按钮及自解释说明等特点使操作更加方便。通过 MPI 及 PROFIBUS－DP 与 S7－200 相连，也可与基于 PC 系统的 WinAC 相连接，接线简单。

1. TP170A

(1) TP170A 的特点如下。

1) 适合所有文本显示的面板。

2) 借助于 Windows 操作系统和文字及图形的"所见即所得"显示可简单快速地使用组态软件。

3) 利用鼠标并采用面向对象的数据管理和可直接存取数据的交叉索引清单可实现能轻松修改的透明组态。

4) SIMATIC STEP7 的变量可被直接使用。

5) 用户可通过 OLE 界面利用集成的图形编辑器或输入全部图形。

6) 全面支持像素图形显示。

7) 支持亚洲象形文字。

(2) TP170A 技术规范见表 8-1。

表 8-1　　　　　　　　　　　　　　TP170A 技术规范

显　示	STN LCD	显　示	STN LCD
分辨率	320×240	每条消息过程值数目	8 个
尺寸	5.7 英寸（1 英寸＝25.4 厘米）	消息缓冲器	循环缓冲，128 个消息
		过程画面	250 个
背景光的平均寿命（25℃）	50000h	文本对象	1000 个本元素
数字输入/字母输入	有/有	图形对象	位图、图标、背景图画
处理器	RIRC CPU	动态对象	柱形统计表
用户数据可用内存	FLASH/RAM 320KB	变量	500 个
接口	1RS－232，1RS－485，1RS－422，1USB	在线语言	5 种
		字符集	支持亚洲字符集
与控制器连接	S7－200/300/400，S5，WINAC 等	组态工具	WINCC flexible/ProTool
		传送组态	串行/MPI/PROFIBUS－DP
消息的数目	1000 个	电源	24VDC（＋18～＋30DC），0.24A
消息长度（行数×字符数）	1×70		

(3) TP170A 的应用

图 8-4 和图 8-5 为在焊接设备中应用 TP170A 作为人机界面，进行设置参数和显示信息。应用组态软件 ProTool 很容易做出美观且实用的界面，对于控制操作非常方便。

TP170A 的外观如图 8-6 所示。

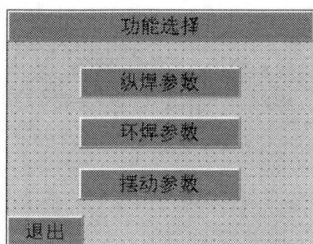

图 8-4 功能选择页图

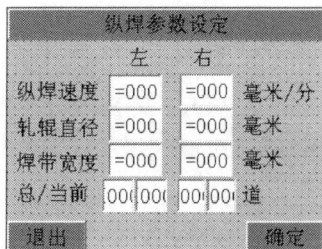

图 8-5 纵焊参数设置页

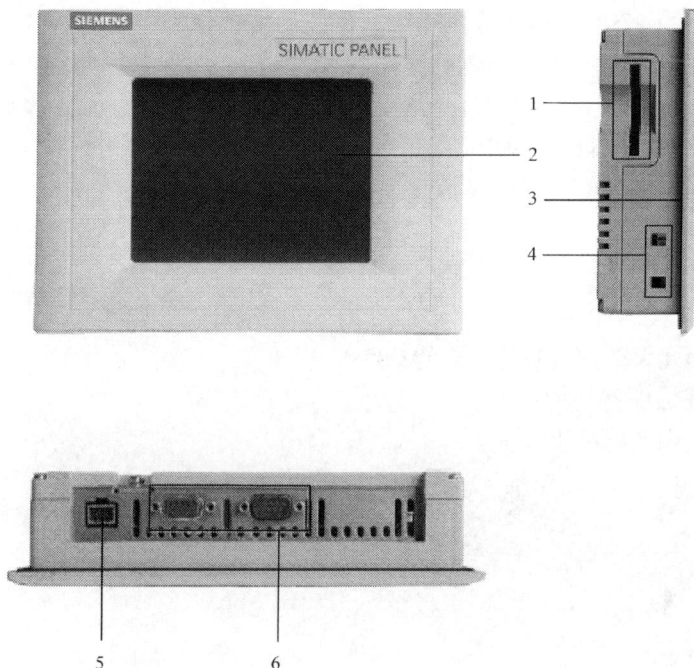

图 8-6 TP170A 外观图

1—与结构相关的开口；2—显示器/触摸屏；3—安装密封垫；
4—用于弹簧端子的凹槽；5—电源接口；6—数据接口

2. TP270

TP270 是 TP170 的改进型，TP270 特点有：

（1）对图形进行快速响应；

（2）高对比度的 STN 显示；

（3）CCFL 背光显示，寿命超过 40000～60000h；

（4）在 Windows 环境下使用 ProTool 软件进行组态；

（5）CPI 和直接控制键可用为快速响应；

（6）可显示汉字；

（7）可组态的触摸按钮用于文本、状态指标、图形及图形状态指示；

（8）可与多种 PLC 进行连接，包括 SIMATIC S7、M7、自由串行 PC 和其他 PLC 系统。

根据需要精确地把机器或过程映射在操作单元上，此过程称组态，触摸屏操作软件也叫组态软件。SIMATIC ProTool 由 ProTool CS（组态系统）组态软件和用于过程可视化的运行软件 ProTool/ ProRT 组成。使用 ProTool CS 可在组态计算机（编程器或 PC）上创建项目。利用 ProTool/ ProRT 可使项目在操作单元上运行，并将过程可视化，也可在组态计算机上使用其测试和模拟所编译的项目文化。组态可直接移植到其他类似的 SIMATIC 人机界面的产品上。

本 章 小 结

PLC 系统作为一个完整的自动化控制系统，良好的可视化操作界面是必不可少的。本章对 PLC 系统的人机接口中的文本显示器和触摸屏进行了简单的介绍，包括 TD200、TD400C、TT170A 和 TP270 4 种类型，介绍了 PLC 人机接口的特点、技术参数和应用方法。在应用中这两类人机接口设备使用简单方便，非常容易上手。人机接口使 PLC 系统的功能大大增强，也使控制操作更加简单易行。

习 题

1. 人机接口有哪几大类？各有什么样的特点？
2. TD200 能够完成哪些功能？
3. 触摸屏在应用中有哪些优势？

第九章 S7 – 200 PLC 网络通信技术

近年来，工厂自动化网络得到了迅速的发展，相当多的企业已经在大量地使用智能设备，如 PLC、工业控制计算机、变频器、机器人、柔性制造系统等。将不同厂家生产的这些设备连在一个网络上，相互之间进行数据通信，由企业集中管理，已经是很多企业必须考虑的问题。西门子 S7 – 200 PLC 是德国西门子公司生产的小型 PLC。S7 – 200 以其高可靠性、指令丰富、内置功能丰富、强劲的通信能力、较高的性价比等特点，在工业控制领域中被广泛应用。S7 – 200 PLC 的突出特点之一是自由口通信功能。如何实现 S7 – 200 PLC 与个人计算机的互联通信是 S7 – 200 PLC 应用的关键性技术。

第一节 计算机网络概述

计算机网络就是计算机之间通过连接介质互联起来，按照网络协议进行数据通信，实现资源共享的一种组织形式。

什么是连接介质呢？连接介质和通信网中的传输线路一样，起到信息的输送和设备的连接作用。计算机网络的连接介质种类很多，可以是电缆、光缆、双绞线等"有线"的介质，也可以是卫星微波等"无线"介质，这和通信网中所采用的传输介质基本上是一样的。在连接介质基础上，计算机网络必须实现计算机间的通信和计算机资源的共享，因此它的结构按照其功能可以划分成通信子网和资源子网两部分。当然，根据硬件的不同，将它分成主机和通信子网两部分也是正确的。

主机的概念很重要，所谓主机就是组成网络的各个独立的计算机。在网络中，主机运行应用程序。这里请注意区别主机与终端两个要领，终端指人与网络打交道时所必需的设备，一个键盘加一个显示器即可构成一个终端，而主机由于要运行应用程序，只有一个键盘和显示器是不够的，还要有相应的软件和硬件才行。因此，不能把终端看成主机，但有时把主机看成一台终端是可以的。

协议是什么？拿电报来作比较，在拍电报时，必须首先规定好报文的传输格式，多少位的码长，什么样的码字表示启动，什么样的码字又表示结束，出了错误怎么办等，这种预先订好的格式及约定就是协议。这样也就得出了网络协议的定义：它是为了使网络中的不同设备能进行数据通信而预先制定一整套通信使双方相互了解和共同遵守的格式和约定。

第二节 数据通信方式

当任意两台设备之间有信息交换时，它们之间就产生了通信。PLC 通信是指 PLC 与PLC、PLC 与计算机、PLC 与现场设备或远程 I/O 之间的信息交换。

PLC 通信的任务就是将地理位置不同的 PLC、计算机、各种现场设备等，通过通信介质连接起来，按照规定的通信协议，以某种特定的通信方式高效率地完成数据的传送、交换和处理。本节就通信方式、通信介质、通信协议及常用的通信接口等内容加以介绍。

1. 通信方式

(1) 并行通信与串行通信。

数据通信主要有并行通信和串行通信两种方式。

并行通信是以字节或字为单位的数据传输方式，除了 8 根或 16 根数据线、一根公共线外，还需要数据通信联络用的控制线。并行通信的传送速度快，但是传输线的根数多，成本高，一般用于近距离的数据传送。并行通信一般用于 PLC 的内部，如 PLC 内部元件之间、PLC 主机与扩展模块之间或近距离智能模块之间的数据通信。

串行通信是以二进制的位（bit）为单位的数据传输方式，每次只传送一位，除了地线外，在一个数据传输方向上只需要一根数据线，这根线既作为数据线又作为通信联络控制线，数据和联络信号在这根线上按位进行传送。串行通信需要的信号线少，最少的只需要两三根线，适用于距离较远的场合。计算机和 PLC 设备有通用的串行通信接口，工业控制中一般使用串行通信。串行通信多用于 PLC 与计算机之间、多台 PLC 之间的数据通信。

在串行通信中，传输速率常用比特率（每秒传送的二进制位数）来表示，其单位是比特/秒（bit/s）或 bps。传输速率是评价通信速度的重要指标。常用的标准传输速率有 300、600、1200、2400、4800、9600 和 19200bps 等。不同的串行通信的传输速率差别极大，有的只有数百 bps，有的可达 100Mbps。

(2) 单工通信与双工通信。

串行通信按信息在设备间的传送方向又分为单工、双工两种方式。

单工通信方式只能沿单一方向发送或接收数据。双工通信方式的信息可沿两个方向传送，每一个站既可以发送数据，也可以接收数据。

双工方式又分为全双工和半双工两种方式。数据的发送和接收分别由两根或两组不同的数据线传送，通信的双方都能在同一时刻接收和发送信息，这种传送方式称为全双工方式；用同一根线或同一组线接收和发送数据，通信的双方在同一时刻只能发送数据或接收数据，这种传送方式称为半双工方式。在 PLC 通信中常采用半双工和全双工通信。

(3) 异步通信与同步通信。

在串行通信中，通信的速率与时钟脉冲有关，接收方和发送方的传送速率应相同，但是实际的发送速率与接收速率之间总是有一些微小的差别，如果不采取一定的措施，在连续传送大量的信息时，将会因积累误差造成错位，使接收方收到错误的信息。为了解决这一问题，需要使发送和接收同步。按同步方式的不同，可将串行通信分为异步通信和同步通信。

异步通信的信息格式，发送的数据字符由一个起始位、7～8 个数据位、1 个奇偶校验位（可以没有）和停止位组成。通信双方需要对所采用的信息格式和数据的传输速率作相同的约定。接收方检测到停止位和起始位之间的下降沿后，将它作为接收的起始点，在每一位的中点接收信息。由于一个字符中包含的位数不多，即使发送方和接收方的收发频率略有不同，也不会因两台机器之间的时钟周期的误差积累而导致错位。异步通信传送附加的非有效信息较多，它的传输效率较低，一般用于低速通信，PLC 一般使用异步通信。

同步通信以字节为单位（一个字节由 8 位二进制数组成），每次传送 1～2 个同步字符、若干个数据字节和校验字符。同步字符起联络作用，用它来通知接收方开始接收数据。在同步通信中，发送方和接收方要保持完全的同步，这意味着发送方和接收方应使用同一时钟脉冲。在近距离通信时，可以在传输线中设置一根时钟信号线。在远距离通信时，可以在数据流中提取出同步信号，使接收方得到与发送方完全相同的接收时钟信号。由于同步通信方式不需要在每个数据字符中加起始位、停止位和奇偶校验位，只需要在数据块（往往很长）之前加一两个同步字符，因此传输效率高，但是对硬件的要求较高，一般用于高速通信。

（4）基带传输与频带传输。

基带传输是按照数字信号原有的波形（以脉冲形式）在信道上直接传输，它要求信道具有较宽的通频带。基带传输不需要调制解调，设备花费少，适用于较小范围的数据传输。基带传输时，通常对数字信号进行一定的编码，常用数据编码方法有非归零码 NRZ、曼彻斯特编码和差动曼彻斯特编码等。后两种编码不含直流分量、包含时钟脉冲、便于双方自同步，所以应用广泛。

频带传输是一种采用调制解调技术的传输形式。发送端采用调制手段，对数字信号进行某种变换，将代表数据的二进制"1"和"0"，变换成具有一定频带范围的模拟信号，以适应在模拟信道上传输；接收端通过解调手段进行相反变换，把模拟的调制信号复原为"1"或"0"。常用的调制方法有频率调制、振幅调制和相位调制。具有调制、解调功能的装置称为调制解调器，即 Modem。频带传输较复杂，传送距离较远，若通过市话系统配备 Modem，则传送距离可不受限制。

PLC 通信中，基带传输和频带传输两种传输形式都有采用，但多采用基带传输。

2. 通信介质

通信介质就是在通信系统中位于发送端与接收端之间的物理通路。通信介质一般可分为导向性和非导向性介质两种。导向性介质有双绞线、同轴电缆和光纤等，这种介质将引导信号的传播方向；非导向性介质一般通过空气传播信号，它不为信号引导传播方向，如短波、微波和红外线通信等。

以下仅简单介绍几种常用的导向性通信介质。

（1）双绞线是一种廉价而又广为使用的通信介质，它由两根彼此绝缘的导线按照一定规则以螺旋状绞合在一起的。这种结构能在一定程度上减弱来自外部的电磁干扰及相邻双绞线引起的串音干扰。但在传输距离、带宽和数据传输速率等方面双绞线仍有其一定的局限性。

双绞线常用于建筑物内局域网数字信号传输。这种局域网所能实现的带宽取决于所用导线的质量、长度及传输技术。只要选择、安装得当，在有限距离内数据传输率达到 10Mbps。当距离很短且采用特殊的电子传输技术时，传输率可达 100Mbps。

在实际应用中，通常将许多对双绞线捆扎在一起，用起保护作用的塑料外皮将其包裹起来制成电缆。采用上述方法制成的电缆就是非屏蔽双绞线电缆。为了便于识别导线和导线间的配对关系，双绞线电缆中每根导线使用不同颜色的绝缘层。为了减少双绞线间的相互串扰，电缆中相邻双绞线一般采用不同的绞合长度。非屏蔽双绞线电缆价格便宜、直径小节省空间、使用方便灵活、易于安装，是目前最常用的通信介质。

非屏蔽双绞线易受干扰，缺乏安全性。因此，往往采用金属包皮或金属网包裹以进行屏蔽，这种双绞线就是屏蔽双绞线。屏蔽双绞线抗干扰能力强，有较高的传输速率，100m 内可达到 155Mbps。但其价格相对较贵，需要配置相应的连接器，使用时不是很方便。

（2）同轴电缆由内、外层两层导体组成。内层导体是由一层绝缘体包裹的单股实心线或绞合线（通常是铜制的），位于外层导体的中轴上；外层导体是由绝缘层包裹的金属包皮或金属网。同轴电缆的最外层是能够起保护作用的塑料外皮。同轴电缆的外层导体不仅能够充当导体的一部分，而且还起到屏蔽作用。这种屏蔽一方面能防止外部环境造成的干扰，另一方面能阻止内层导体的辐射能量干扰其他导线。

与双绞线相比，同轴电线抗干扰能力强，能够应用于频率更高、数据传输速率更快的情况。对其性能造成影响的主要因素来自衰损和热噪声，采用频分复用技术时还会受到交调噪声的影响。虽然目前同轴电缆大量被光纤取代，但它仍广泛应用于有线电视和某些局域网中。

目前得到广泛应用的同轴电缆主要有 50Ω 电缆和 75Ω 电缆这两类。50Ω 电缆用于基带数字信号传输，又称基带同轴电缆。电缆中只有一个信道，数据信号采用曼彻斯特编码方式，数据传输速率可达 10Mbps，这种电缆主要用于局域以太网。75Ω 电缆是 CATV 系统使用的标准，它既可用于传输宽带模拟信号，也可用于传输数字信号。对于模拟信号而言，其工作频率可达 400MHz。若在这种电缆上使用频分复用技术，则可以使其同时具有大量的信道，每个信道都能传输模拟信号。

（3）光纤是一种传输光信号的传输媒介。光纤最内层的纤芯是一种截面积很小、质地脆、易断裂的光导纤维，制造这种纤维的材料可以是玻璃也可以是塑料。纤芯的外层裹有一个包层，它由折射率比纤芯小的材料制成。正是由于在纤芯与包层之间存在着折射率的差异，光信号才得以通过全反射在纤芯中不断向前传播。在光纤的最外层则是起保护作用的外套。通常都是将多根光纤扎成束并裹以保护层制成多芯光缆。

从不同的角度考虑，光纤有多种分类方式。根据制作材料的不同，光纤可分为石英光纤、塑料光纤、玻璃光纤等；根据传输模式不同，光纤可分为多模光纤和单模光纤；根据纤芯折射率的分布不同，光纤可以分为突变型光纤和渐变型光纤；根据工作波长的不同，光纤可分为短波长光纤、长波长光纤和超长波长光纤。

单模光纤的带宽最宽，多模渐变光纤次之，多模突变光纤的带宽最窄；单模光纤适于大容量远距离通信，多模渐变光纤适于中等容量中等距离的通信，而多模突变光纤只适于小容量的短距离通信。

在实际光纤传输系统中，还应配置与光纤配套的光源发生器件和光检测器件。目前最常见的光源发生器件是发光二极管（LED）和注入激光二极管（ILD）。光检测器件是在接收端能够将光信号转化成电信号的器件，目前使用的光检测器件有光电二极管（PIN）和雪崩光电二极管（APD），光电二极管的价格较便宜，然而雪崩光电二极管却具有较高的灵敏度。

与一般的导向性通信介质相比，光纤具有很多优点：

1）光纤支持很宽的带宽，其范围大约在 $10^{14} \sim 10^{15}$ Hz 之间，这个范围覆盖了红外线和可见光的频谱。

2）具有很快的传输速率，当前限制其所能实现的传输速率的因素来自信号生成技术。

3）光纤抗电磁干扰能力强，由于光纤中传输的是不受外界电磁干扰的光束，而光束本身又不向外辐射，因此它适用于长距离的信息传输及安全性要求较高的场合。

4）光纤衰减较小，中继器的间距较大。采用光纤传输信号时，在较长距离内可以不设置信号放大设备，从而减少了整个系统中继器的数目。

当然光纤也存在一些缺点，如系统成本较高、不易安装与维护、质地脆易断裂等。

3. PLC 常用通信接口

PLC 通信主要采用串行异步通信，其常用的串行通信接口标准有 RS-232C、RS-422A 和 RS-485 等。

(1) RS-232C 是美国电子工业协会 EIA 于 1969 年公布的通信协议。RS-232C 接口标准是目前计算机和 PLC 中最常用的一种串行通信接口。

RS-232C 采用负逻辑，用−5～−15V 表示逻辑"1"，用+5～+15V 表示逻辑"0"。噪声容限为 2V，即要求接收器能识别低至+3V 的信号作为逻辑"0"，高到−3V 的信号作为逻辑"1"。RS-232C 只能进行一对一的通信，RS-232C 可使用 9 针或 25 针的 D 型连接器，表 9-1 列出了 RS-232C 接口各引脚信号的定义以及 9 针与 25 针引脚的对应关系。PLC 一般使用 9 针的连接器。RS-232C 有如下特点。

表 9-1 RS-232C 接口引脚信号的定义

引脚号（9针）	引脚号（25针）	信号	方向	功　能
1	8	DCD	IN	数据载波检测
2	3	RxD	IN	接收数据
3	2	TxD	OUT	发送数据
4	20	DTR	OUT	数据终端装置（DTE）准备就绪
5	7	GND		信号公共参考地
6	6	DSR	IN	数据通信装置（DCE）准备就绪
7	4	RTS	OUT	请求传送
8	5	CTS	IN	清除传送
9	22	CI（RI）	IN	振铃指示

1) 传输速率较低，最高传输速度速率为 20kbps。

2) 传输距离短，最大通信距离为 15m。

3) 接口的信号电平值较高，易损坏接口电路的芯片，又因为与 TTL 电平不兼容故需使用电平转换电路方能与 TTL 电路连接。

(2) RS-422：针对 RS-232C 的不足，EIA 于 1977 年推出了串行通信标准 RS-499，对 RS-232C 的电气特性作了改进，RS-422A 是 RS-499 的子集。

RS-422 在最大传输速率 10Mbps 时，允许的最大通信距离为 12m。传输速率为 100kbps 时，最大通信距离为 1200m。一台驱动器可以连接 10 台接收器。

(3) RS-485 是 RS-422 的变形，RS-422A 是全双工，两对平衡差分信号线分别用于发送和接收，所以采用 RS422 接口通信时最少需要 4 根线。RS-485 为半双工，只有一对平衡差分信号线，不能同时发送和接收，最少只需两根连线。

RS-485 的逻辑"1"以两线间的电压差为+(2～6)V 表示，逻辑"0"以两线间的电压差为−(2～6)V 表示。接口信号电平比 RS-232C 降低了，就不易损坏接口电路的芯片，且该电平与 TTL 电平兼容，可方便与 TTL 电路连接。由于 RS-485 接口具有良好的抗噪声干扰性、高传输速率（10Mbps）、长的传输距离（1200m）和多站能力（最多 128 站）等优点，因此在工业控制中广泛应用。

RS-422/RS-485 接口一般采用使用 9 针的 D 型连接器。普通微机一般不配备 RS-422

和 RS - 485 接口，但工业控制微机基本上都有配置。

4. 计算机通信标准

(1) 开放系统互连模型。

为了实现不同厂家生产的智能设备之间的通信，国际标准化组织 ISO 提出了开放系统互连模型 OSI（Open System Interconnection），作为通信网络国际标准化的参考模型，它详细描述了软件功能的 7 个层次。7 个层次自下而上依次为：物理层、数据链路层、网络层、传输层、会话层、表示层和应用层。每一层都尽可能自成体系，均有明确的功能。

1) 物理层（Physical Layer）是为建立、保持和断开在物理实体之间的物理连接，提供机械的、电气的、功能性的和规程的特性。它是建立在传输介质之上，负责提供传送数据比特位 "0" 和 "1" 码的物理条件。同时，定义了传输介质与网络接口卡的连接方式以及数据发送和接收方式。常用的串行异步通信接口标准有 RS - 232C、RS - 422 和 RS - 485 等就属于物理层。

2) 数据链路层（Datalink Layer）通过物理层提供的物理连接，实现建立、保持和断开数据链路的逻辑连接，完成数据的无差错传输。为了保证数据的可靠传输，数据链路层的主要控制功能是差错控制和流量控制。在数据链路上，数据以帧格式传输，帧是包含多个数据比特位的逻辑数据单元，通常由控制信息和传输数据两部分组成。常用的数据链路层协议是面向比特的串行同步通信协议——同步数据链路控制协议/高级数据链路控制协议（SDLC/HDLC）。

3) 网络层（Network Layer）完成站点间逻辑连接的建立和维护，负责传输数据的寻址，提供网络各站点间进行数据交换的方法，完成传输数据的路由选择和信息交换的有关操作。网络层的主要功能是报文包的分段、报文包阻塞的处理和通信子网内路径的选择。

4) 传输层（Transport Layer）是向会话层提供一个可靠的端到端（end - to - end）的数据传送服务。传输层的信号传送单位是报文（Message），它的主要功能是流量控制、差错控制、连接支持。典型的传输层协议是因特网 TCP/IP 协议中的 TCP 协议。

5) 会话层（Session Layer）：两个表示层用户之间的连接称为会话，对应会话层的任务就是提供一种有效的方法，组织和协调两个层次之间的会话，并管理和控制它们之间的数据交换。

6) 表示层（Presentation Layer）用于应用层信息内容的形式变换，如数据加密/解密、信息压缩/解压和数据兼容，把应用层提供的信息变成能够共同理解的形式。

7) 应用层（Application Layer）作为参考模型的最高层，为用户的应用服务提供信息交换，为应用接口提供操作标准。7 层模型中所有其他层的目的都是为了支持应用层，它直接面向用户，为用户提供网络服务。常用的应用层服务有电子邮件（E - mail）、文件传输（FTP）和 Web 服务等。

OSI 7 层模型中，除了物理层和物理层之间可直接传送信息外，其他各层之间实现的都是间接的传送。在发送方计算机的某一层发送的信息，必须经过该层以下的所有低层，通过传输介质传送到接收方计算机，并层层上送直至到达接收方中与信息发送层相对应的层。

OSI 7 层参考模型只是要求对等层遵守共同的通信协议，并没有给出协议本身。OSI 7

层协议中，高 4 层提供用户功能，低 3 层提供网络通信功能。

（2）IEEE 802 通信标准是 IEEE（国际电工与电子工程师学会）的 802 分委员会从 1981 年至今颁布的一系列计算机局域网分层通信协议标准草案的总称。它把 OSI 参考模型的底部两层分解为逻辑链路控制子层（LLC）、媒体访问子层（MAC）和物理层。前两层对应于 OSI 模型中的数据链路层，数据链路层是一条链路（Link）两端的两台设备进行通信时所共同遵守的规则和约定。

IEEE 802 的媒体访问控制子层对应于多种标准，其中最常用的为 3 种，即带冲突检测的载波侦听多路访问（CSMA/CD）协议、令牌总线（Token Bus）和令牌环（Token Ring）。

1）CSMA/CD（carrier‑sense multiple access with collision detection）通信协议的基础是 XEROX 公司研制的以太网（Ethernet），各站共享一条广播式的传输总线，每个站都是平等的，采用竞争方式发送信息到传输线上。当某个站识别到报文上的接收站名与本站的站名相同时，便将报文接收下来。由于没有专门的控制站，两个或多个站可能因同时发送信息而发生冲突，造成报文作废，因此必须采取措施来防止冲突。

发送站在发送报文之前，先监听一下总线是否空闲，如果空闲，则发送报文到总线上，称之为"先听后讲"。但是这样做仍然有发生冲突的可能，因为从组织报文到报文在总线上传输需一段时间，在这一段时间内，另一个站通过监听也可能会认为总线空闲并发送报文到总线上，这样就会因两站同时发送而发生冲突。

为了防止冲突，可以采取两种措施：一种是发送报文开始的一段时间，仍然监听总线，采用边发送边接收的办法，把接收到的信息和自己发送的信息相比较，若相同则继续发送，称之为"边听边讲"；若不相同则发生冲突，立即停止发送报文，并发送一段简短的冲突标志。通常把这种"先听后讲"和"边听边讲"相结合的方法称为 CSMA/CD，其控制策略是竞争发送、广播式传送、载体监听、冲突检测、冲突后退和再试发送；另一种措施是准备发送报文的站先监听一段时间，如果在这段时间内总线一直空闲，则开始作发送准备，准备完毕，真正要将报文发送到总线上之前，再对总线作一次短暂的检测，若仍为空闲，则正式开始发送；若不空闲，则延时一段时间后再重复上述的二次检测过程。

2）令牌总线是 IEEE 802 标准中的工厂媒质访问技术，其编号为 802.4。它吸收了 GM 公司支持的 MAP（Manufacturing Automation Protocol，即制造自动化协议）系统的内容。

在令牌总线中，媒体访问控制是通过传递一种称为令牌的特殊标志来实现的。按照逻辑顺序，令牌从一个装置传递到另一个装置，传递到最后一个装置后，再传递给第一个装置，如此同而复始，形成一个逻辑环。令牌有"空"和"忙"两个状态，令牌网开始运行时，由指定站产生一个空令牌沿逻辑环传送。任何一个要发送信息的站都要等到令牌传给自己，判断为"空"令牌时才发送信息。发送站首先把令牌置成"忙"，并写入要传送的信息、发送站名和接收站名，然后将载有信息的令牌送入环网传输。令牌沿环网循环一周后返回发送站时，信息已被接收站拷贝，发送站将令牌置为"空"，送上环网继续传送，以供其他站使用。如果在传送过程中令牌丢失，由监控站向网中注入一个新的令牌。

令牌传递式总线能在很重的负荷下提供实时同步操作，传送效率高，适于频繁、较短的数据传送，因此它最适合于需要进行实时通信的工业控制网络。

3）令牌环媒质访问方案是 IBM 开发的，它在 IEEE 802 标准中的编号为 802.5，它有些类似于令牌总线。在令牌环上，最多只能有一个令牌绕环运动，不允许两个站同时发送数据。令牌环从本质上看是一种集中控制式的环，环上必须有一个中心控制站负责网的工作状态的检测和管理。

第三节　PC 与 PLC 通信的实现

个人计算机（以下简称 PC）具有较强的数据处理功能，配备着多种高级语言，若选择适当的操作系统，则可提供优良的软件平台，开发各种应用系统，特别是动态画面显示等。随着工业 PC 的推出，PC 在工业现场运行的可靠性问题也得到了解决，用户普遍感到，把 PC 连入 PLC 应用系统可以带来一系列的好处。

一、概述

（1）PC 与 PLC 实现通信的意义。

把 PC 连入 PLC 应用系统具有以下 4 个方面作用：

1）构成以 PC 为上位机，单台或多台 PLC 为下位机的小型集散系统，可用 PC 实现操作站功能。

2）在 PLC 应用系统中，把 PC 开发成简易工作站或者工业终端，可实现集中显示、集中报警功能。

3）把 PC 开发成 PLC 编程终端，进行编程、调试及监控。

4）把 PC 开发成网间连接器，进行协议转换，可实现 PLC 与其他计算机网络的互联。

（2）PC 与 PLC 实现通信的方法。

把 PC 连入 PLC 应用系统是为了向用户提供诸如工艺流程图显示、动态数据画面显示、报表编制、趋势图生成、窗口技术以及生产管理等多种功能，为 PLC 应用系统提供良好、物美价廉的人机界面。但这对用户的要求较高，用户必须做较多的开发工作，才能实现 PC 与 PLC 的通信。

为了实现 PC 与 PLC 的通信，用户应当做如下几项工作。

1）判别 PC 上配置的通信口是否与要连入的 PLC 匹配，若不匹配，则增加通信模板。

2）要清楚 PLC 的通信协议，按照协议的规定及帧格式编写 PC 的通信程序。PLC 中配有通信机制，一般不需用户编程。若 PLC 厂家有 PLC 与 PC 的专用通信软件出售，则此项任务较容易完成。

3）选择适当的操作系统提供的软件平台，利用与 PLC 交换的数据编制用户要求的画面。

4）若要远程传送，可通过 Modem 接入电话网。若要 PC 具有编程功能，应配置编程软件。

（3）PC 与 PLC 实现通信的条件。

从原则上讲，PC 连入 PLC 网络并没有什么困难。只要为 PC 配备该种 PLC 网专用的通信卡以及通信软件，按要求对通信卡进行初始化，并编制用户程序即可。用这种方法把 PC 连入 PLC 网络存在的唯一问题是价格问题。在 PC 上配上 PLC 制造厂生产的专用通信卡及专用通信软件常会使 PC 的价格数倍甚至十几倍的升高。

用户普遍感兴趣的问题是，能否利用 PC 中已普遍配有的异步串行通信适配器加上自己编写的通信程序把 PC 连入 PLC 网络，这也正是本节所要重点讨论的问题。

　　带异步通信适配器的 PC 与 PLC 通信并不一定行得通，只有满足如下条件才能实现通信。

　　1) 只有带有异步通信接口的 PLC 及采用异步方式通信的 PLC 网络才有可能与带异步通信适配器的 PC 互连。同时还要求双方采用的总线标准一致，都是 RS-232C，或者都是 RS-422 (RS-485)，否则要通过"总线标准变换单元"变换之后才能互连。

　　2) 要通过对双方的初始化，使波特率、数据位数、停止位数、奇偶校验都相同。

　　3) 用户必须熟悉互联的 PLC 采用的通信协议。严格地按照协议规定为 PC 编写通信程序。

　　满足上述 3 个条件，PC 就可以与 PLC 互联通信。如果不能满足这些条件则应配置专用网卡及通信软件实现互联。

　　(4) PC 与 PLC 互联的结构形式。

　　用户把带异步通信适配器的 PC 与 PLC 互联通信时通常采用两种结构形式。一种为点对点结构，PC 的 COM 口与 PLC 的编程器接口或其他异步通信口之间实现点对点链接。另一种为多点结构，PC 与多台 PLC 共同连在同一条串行总线上。多点结构采用主从式存取控制方法，通常以 PC 为主站，多台 PLC 为从站，通过周期轮询进行通信管理。

　　(5) PC 与 PLC 互联通信方式。

　　目前 PC 与 PLC 互联通信方式主要有以下几种。

　　1) 通过 PLC 开发商提供的系统协议和网络适配器，构成特定公司产品的内部网络，其通信协议不公开。互联通信必须使用开发商提供的上位组态软件，并采用支持相应协议的外设。这种方式其显示画面和功能往往难以满足不同用户的需要。

　　2) 购买通用的上位组态软件，实现 PC 与 PLC 的通信。这种方式除了要增加系统投资外，其应用的灵活性也受到一定的局限。

　　3) 利用 PLC 厂商提供的标准通信口或由用户自定义的自由通信口实现 PC 与 PLC 互联通信。这种方式不需要增加投资，有较好的灵活性，特别适合于小规模控制系统。

　　本节主要介绍利用标准通信口或由用户自定义的自由通信口实现 PC 与 PLC 的通信。

二、PC 与三菱 FX 系列 PLC 通信的实现

　　(1) 硬件连接。

　　一台 PC 机可与一台或最多 16 台 FX 系列 PLC 通信。

　　(2) FX 系列 PLC 通信协议。

　　PC 中必须依据所连接 PLC 的通信规程来编写通信协议，所以我们先要熟悉 FX 系列 PLC 的通信协议。

　　1) 数据格式。

　　FX 系列 PLC 采用异步格式，由 1 位起始位、7 位数据位、1 位偶校验位及 1 位停止位组成，比特率为 9600bps，字符为 ASCII 码。

　　2) 通信命令。

　　FX 系列 PLC 有 4 条通信命令，分别是读命令、写命令、强制通命令和强制断命令。

　　3) 通信控制字符。

　　FX 系列 PLC 采用面向字符的传输规程，用到 5 个通信控制字符，如表 9-2 所示。

表 9 - 2   **FX 系列 PLC 通信控制字符表**

控制字符	ASCII 码	功能说明
ENQ	05H	PC 发出请求
ACK	06H	PLC 对 ENQ 的确认回答
NAK	15H	PLC 对 ENQ 的否认回答
STX	02H	信息帧开始标志
ETX	03H	信息帧结束标志

注 当 PLC 对计算机发来的 ENQ 不理解时，用 NAK 回答。

4）报文格式。

计算机向 PLC 发送的报文格式如下：

STX	CMD	数据段	ETX	SUMH	SUML

其中，STX 为开始标志：02H；ETX 为结束标志：03H；CMD 为命令的 ASCII 码；SUMH 和 SUML 为按字节求累加和，溢出不计。由于每字节十六进制数变为两字节的 ASCII 码，故校验和为 SUMH 与 SUML。

5）传输规程。

PC 与 FX 系列 PLC 间采用应答方式通信，传输出错，则组织重发。

PLC 根据 PC 的命令，在每个循环扫描结束处的 END 语句后组织自动应答，无需用户在 PLC 一方编写程序。

（3）PC 通信程序的编写。

编写 PC 的通信程序可采用汇编语言编写，或采用各种高级语言编写，或采用工控组态软件，或直接采用 PLC 厂家的通信软件等。

三、PC 与 S7 - 200 系列 PLC 通信的实现

S7 - 200 系列 PLC 有通信方式有 3 种：一种是点对点（PPI）方式，用于与该公司 PLC 编程器或其他人机接口产品的通信，其通信协议是不公开的。另一种为 DP 方式，这种方式使得 PLC 可以通过 PROFIBUS - DP 通信接口接入 PROFIBUS 现场总线网络，从而扩大 PLC 的使用范围。最后一种方式是自由口通信（Freeport）方式，由用户定义通信协议，实现 PLC 与外设的通信。以下采用自由口通信方式，实现 PC 与 S7 - 200 系列 PLC 通信。

（1）PC 与 S7 - 200 系列 PLC 通信连接。

PC 为 RS - 232C 接口，S7 - 200 系列自由口为 RS - 485。因此 PC 的 RS - 232 接口必须先通过 RS - 232/RS - 485 转换器，再与 PLC 通信端口相连接，连接媒质可以是双绞线或电缆线。西门子公司提供的 PC/PPI 电缆带有 RS - 232/RS - 485 转换器，可直接采用 PC/PPI 电缆，因此在不增加任何硬件的情况下，可以很方便地将 PLC 和 PC 的连接。

（2）S7 - 200 系列 PLC 自由通信口初始化及通信指令。

在该通信方式下，通信端口完全由用户程序所控制，通信协议也由用户设定。PC 机与 PLC 之间是主从关系，PC 机始终处于主导地位。PLC 的通信编程首先是对串口初始化，对 S7 - 200PLC 的初始化是通过对特殊标志位 SMB30（端口 0）、SMB130（端口 1）写入通信控制字，设置通信的波特率、奇偶校验位、停止位和字符长度。显然，这些设定必须与 PC

的设定相一致。SMB30 和 SMB130 的各位及含义如下：

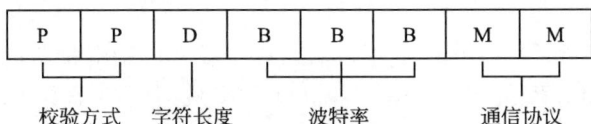

P	P	D	B	B	B	M	M

校验方式　　字符长度　　　波特率　　　通信协议

其中，校验方式：00 和 11 均为无校验、01 为偶校验、10 为奇校验；字符长度：0 为传送字符有效数据是 8 位、1 为有效数据是 7 位；波特率：000 为 38400baud、001 为19200baud、010 为 9600baud、011 为 4800baud、100 为 2400baud、101 为 1200baud、110 为 600baud、111 为 300baud；通信协议：00 为 PPI 协议从站模式、01 为自由口协议、10 为 PPI 协议主站模式、11 为保留，缺省设置为 PPI 协议从站模式。

XMT 及 RCV 命令分别用于 PLC 向外界发送与接收数据。当 PLC 处于 RUN 状态下时，通信命令有效，当 PLC 处于 STOP 状态时通信命令无效。

XMT 命令将指定存储区内的数据通过指定端口传送出去，当存储区内最后一个字节传送完毕，PLC 将产生一个中断，命令格式为 XMT TABLE，PORT，其中 PORT 指定 PLC 用于发送的通信端口，TABLE 为是数据存储区地址，其第一个字节存放要传送的字节数，即数据长度，最大为 255。

RCV 命令从指定的端口读入数据存放在指定的数据存储区内，当最后一个字节接收完毕，PLC 也将产生一个中断，命令格式为 RCV TABLE，PORT，PLC 通过 PORT 端口接收数据，并将数据存放在 TBL 数据存储区内，TABLE 的第一个字节为接收的字节数。

在自由口通信方式下，还可以通过字符中断控制来接收数据，即 PLC 每接收一个字节的数据都将产生一个中断。因而，PLC 每接收一个字节的数据都可以在相应的中断程序中对接收的数据进行处理。

（3）通信程序工作过程。

在上述通信方式下，由于只用两根线进行数据传送，因此不能够利用硬件握手信号作为检测手段。因而在 PC 机与 PLC 通信中发生误码时，将不能通过硬件判断是否发生误码，或者当 PC 与 PLC 工作速率不一样时，就会发生冲突。这些通信错误将导致 PLC 控制程序不能正常工作，所以必须使用软件进行握手，以保证通信的可靠性。

由于通信是在 PC 机以及 PLC 之间协调进行的，因此 PC 机以及 PLC 中的通信程序也必须相互协调，即当一方发送数据时另一方必须处于接收数据的状态。

通信程序的工作过程：PC 每发送一个字节前首先发送握手信号，PLC 收到握手信号后将其传送回 PC，PC 只有收到 PLC 传送回来的握手信号后才开始发送一个字节数据。PLC 收到这个字节数据以后也将其回传给 PC，PC 将原数据与 PLC 传送回来的数据进行比较，若两者不同，则说明通信中发生了误码，PC 机重新发送该字节数据；若两者相同，则说明 PLC 收到的数据是正确的，PC 机发送下一个握手信号，PLC 收到这个握手信号后将前一次收到的数据存入指定的存储区。这个工作过程重复一直持续到所有的数据传送完成。

采用软件握手以后，不管 PC 与 PLC 的速度相差多远，发送方永远也不会超前于接收方。软件握手的缺点是大大降低了通信速度，因为传送每一个字节，在传送线上都要来回传送两次，并且还要传送握手信号。但是考虑到控制的可靠性以及控制的时间要求，牺牲一点速度是值得的，也是可行的。

PLC方的通信程序只是PLC整个控制程序中的一小部分，可将通信程序编制成PLC的中断程序，当PLC接收到PC发送的数据以后，在中断程序中对接收的数据进行处理。PC方的通信程序可以采用VB和VC等语言，也可直接采用西门子专用软件，如STEP7和WinCC。

四、PC与CPM1A系列PLC通信的实现

（1）PC与CPM1A系列PLC的连接。点对点结构的连接方式，称为1∶1HOST Link通信方式。CPM1A系列PLC没有RS-232C串行通信端口，它是通过外设通信口与上位机进行通信的，因此CPM1A需配置RS-232C通信适配器CPM1-CIF01（其模式开关应设置在"HOST"）才能使用。1∶1 HOST Link通信时，上位机发出指令信息给PLC，PLC返回响应信息给上位机。这时，上位机可以监视PLC的工作状态，例如可跟踪监测、进行故障报警、采集PLC控制系统中的某些数据等。还可以在线修改PLC的某些设定值和当前值，改写PLC的用户程序等。

（2）通信协议。OMRON公司CPM1A型PLC与上位计算机通信的顺序是上位机先发出命令信息给PLC，PLC返回响应信息给上位机。每次通信发送/接受的一组数据称为一"帧"。帧由少于131个字符的数据构成，若发送数据要进行分割帧发送，分割帧的结尾用CR码一个字符的分界符来代替终止符。发送帧的一方具有发送权，发送方发送完一帧后，将发送权交给接受方。

发送帧的基本格式为：

@	机号	识别码	正文	FCS	终止符

其中：

@——为帧开始标志；

机号——指定与上位机通信的PLC（在PLC的DM6653中设置）；

识别码——该帧的通信命令码（两个字节）；

正文——设置命令参数；

FCS——帧校验码（两个字符），它是从@开始到正文结束的所有字符的ASCII码按位异或运算的结果；

终止符——命令结束符，设置"＊"和"回车"两个字符表示命令结束。

响应的基本格式为：

@	机号	识别码	结束码	正文	FCS	终止符

其中：

@——为帧开始标志；

机号——应答的PLC号，与上位机指定的PLC号相同；

识别码——该帧的通信命令码，和上位机所发的命令码相同；

结束码——返回命令结束、有无错误等状态；

正文——设置命令参数，仅在上位机有读数据时生效；

FCS——帧校验码，由 PLC 计算给出，计算方法同上；

终止符——命令结束符。

（3）PLC 的通信设置。通信前需在系统设定区域的 DM6650－DM6653 中进行通信条件设定，具体内容见表 9－3。

表 9－3　　　　　　　　　　　　　PLC 通信设定区功能说明

通道地址	位	功　　能		缺省值
DM6650	00～07	上位链接	外设通信口通信条件标准格式设定： 00：标准设定（启动位：1 位、字长：7 位、奇偶校验：偶、停止位：2 位、比特率：9600bps） 01：个别设定（由 DM6651 设定）	外设通信口设为上位链接
	08～11	1：1 链接（主动方）	外设通信口 1：1 链接区域设定 0：LR00－LR15	
	12～15	全模式	外设通信口使用模式设定 0：上位链接　　2：1：1 链接从动方 3：1：1 链接主动方　4：NT 链接	
DM6651	00～07	上位链接	外设通信口比特率设定 00：1200bps　01：2400bps　02：4800bps 03：9600bps　04：19200bps（可选）	
	08～15	上位链接	外设通信口帧格式设定 　　　　启动位　字长　停止位　奇偶校验 00：　1　　7　　1　　　偶校验 01：　1　　7　　1　　　奇校验 02：　1　　7　　1　　　无校验 03：　1　　7　　2　　　偶校验 04：　1　　7　　2　　　奇校验 05：　1　　7　　2　　　无校验 06：　1　　8　　1　　　偶校验 07：　1　　8　　1　　　奇校验 08：　1　　8　　1　　　无校验 09：　1　　8　　2　　　偶校验 10：　1　　8　　2　　　奇校验 11：　1　　8　　2　　　无校验	
DM6652	00～15	上位链接	外设通信的发送延时设定 设定值：0000－9999（BCD），单位 10ms	
DM6653	00～07	上位链接	外设通信时，上位 Link 模式的机号设定 设定值：00－31（BCD）	
	08～15		不可使用	

（4）通信过程。通信开始先由上位机依次对 PLC 发出一串字符的测试帧命令。为充分利用上位机 CPU 的时间，可使上位机与 PLC 并行工作，在上位机等待 PLC 回答信号的同时，使 CPU 处理其他任务。某 PLC 在接到上位机的一个完整帧以后，首先判断是不是自己的代号，若不是就不予理睬，若是就发送呼叫回答信号。上位机接到回答信号后，与发送测试的数据比较，若两者无误，发出可以进行数据通信的信号，转入正常数据通信，否则提示

用户检查线路重新测试或通信失败。

第四节　S7-200 的通信方式和协议

近年来，随着计算机和数字通信技术的迅猛发展，计算机控制已扩展到了几乎所有的工业领域。它不仅以其良好的性能满足了工业生产的广泛需要，而且将通信技术与信息处理技术融为一体，成为具有逻辑控制功能、过程控制功能、运动控制功能、数据处理功能、联网通信功能的多功能控制器。在 PLC 组成的控制系统中，一般由 PLC 作为下位机，完成数据采集、状态判别、输出控制等，上位机（微型计算机、工业控制机）完成采集数据信息的存储、分析处理、人机界面的交互以及打印输出，以实现对系统的实时监控。这种监控系统充分利用了微型机和 PLC 各自的特点，实现了优势互补。其中的技术关键是实现 PLC 与计算机的互联通信。

一、通信方式

目前 PLC 和 PC 机的互联通信方式有以下几种。

(1) 通过 PLC 开发商提供的系统协议和网络适配器，构成特定公司产品的内部网络，其通信协议不公开。互联通信必须使用开发商提供的上位机组态软件，并采用支持相应协议的外设。这种方式其显示画面和功能往往难以满足用户的具体需要；

(2) 购买目前通用的上位机组态软件。这种方式除了要增加系统投资以外，其运用的灵活性也受到一定限制；

(3) 利用 PLC 厂商所提供的标准通信端口和由用户自定义的自由端口通信方式。这种方式不需要增加投资，具备较好的灵活性，特别适合小规模控制系统。

S7-200 系列 PLC 的通信接口是与 RS-485 兼容的 9 针 D 型连接器。表 9-4 给出了通信口的引脚分配。

表 9-4　　　　　　　　　　　　通信口引脚分配

针	PROFIBUS 名称	端口 0/端口 1
1	屏蔽	逻辑地
2	24V 返回	逻辑地
3	RS-485 信号 B	RS-485 信号 B
4	发送申请	RTS (TTL)
5	5V 返回	逻辑地
6	+5V	+5V，100 串联电阻
7	+24V	+24V
8	RS-485 信号 A	RS-485 信号 A
9	不用	10 位协议选择
连接器外壳	屏蔽	屏蔽

PC 机的标准串口为 RS-232，西门子公司提供的 PC/PPI 电缆带有 RS-232/RS-485 电平转换器，因此在不增加任何硬件的情况下，可以很方便地将 PLC 和 PC 机互联。

二、通信协议

S7－200 支持多种通信协议，主要有以下几点。

（1）点对点接口协议（PPI）是主/从协议，网络上的 S7－200 CPU 均为从站，其他 CPU、SIMATIC 编程器或 TD200 为主站。

（2）多点接口协议（MPI）是集成在西门子公司的可编程序控制器、操作员界面和编程器上的集成通信接口，用于建立小型的通信网络。最多可接 32 个节点，典型数据长度为 64 字节，最大距离 100m。

（3）PROFIBUS 协议用于分布式 I/O 设备（远程 I/O）的高速通信。许多厂家生产类型众多的 Profibus 设备，如简单的输入/输出模块、电机控制器和可编程序控制器。

（4）用户定义协议（自由端口模式）：通过使用接收中断、发送中断、字符中断、发送指令（XMT）和接收指令（RCV），自由端口通信可以控制 S7－200 CPU 通信口。通过 SMB30，允许在 CPU 处于 RUN 模式时通信口采用自由端口模式。CPU 处于 STOP 模式时，停止自由端口通信，通信口强制转换为 PPI 协议模式。

自由端口模式为计算机与 S7－200 CPU 之间的通信提供了一种廉价与灵活的方法。计算机与 PLC 通信时，为了避免各方争用信道，一般采用主从方式，即计算机为主机，PLC 为从机，只有主机才有权主动发送请求报文，从机收到后返回响应报文。

三、PLC 端通信编程

PLC 的通信编程首先是对串口初始化。对 S7－200 的初始化是通过对特殊标志位 SMB30 写入通信控制字，设置端口 0 通信的波特率、奇偶校验位、停止位和字符长度。 SMB130 用于端口 1 的设置。显然，这些设定必须与 PC 机设定一致。S7－200 系列有专用的发送指令 XMT（Transmit），通过指定的通信端口（PORT），发送存储在数据缓冲区 （TBL）中的信息。接收指令 RCV（Receive）初始化或终止接收信息的服务，通过指定的通信端口（PORT），接收信息并存储在数据缓冲区（TBL）中。为提高通信可靠性可以采用异或校验（或求和校验）。

使用字符中断方式接收数据，以起始字符作为接收报文的开始，部分程序如下：

```
//主程序
LD      SM0.0
MOVB    16#05,SMB30    //19200bps,8 位数据,无奇偶校验,1 位停止位
ATCH    INT_0,8        //出现接收字符中断时执行 INT_0
ENI //允许中断
//中断程序
LD      SM0.0
DTCH    10             //关闭定时中断 10
XMT     VB100,0        //回送接收到的数据
ATCH    INT_0,8        //准备接收下一帧报文
```

需要注意的是，如果使用 PC/PPI 电缆，在 S7－200 CPU 的用户程序中应考虑电缆的切换时间。从接收到请求报文后到发送响应报文的延迟时间和再次发出请求报文的延迟时间都必须大于等于电缆的切换时间。通信波特率为 9600bps 和 19200bps 时，切换时间分别为 2ms 和 1ms。

第五节　现场总线技术

随着计算机、通信、网络等技术的发展，信息交换沟通的领域正在迅速覆盖从工厂的现场设备层到控制、管理的各个层次，覆盖从工段、车间、工厂、企业乃至世界各地的市场。信息技术的飞速发展，引起了自动化系统结构的变革，逐步形成以网络集成自动化系统为基础的企业信息系统。现场总线（Fieldbus）就是顺应这一形势发展起来的新技术。

一、现场总线概述

20 世纪 80 年代中期开始发展起来的现场总线已成为当今自动化领域技术发展的热点之一，被誉为自动化领域的计算机局域网。它的出现，标志着工业控制技术领域又一新时代的开始，并将对该领域的发展产生重要影响。

（1）现场总线（Fieldbus）是应用在生产现场、在测量控制设备之间实现双向、串行、多点数字通信的系统，也被称为开放式、数字化、多点通信的底层控制网络。它在制造业、流程工业、交通、楼宇等方面的自动化系统中具有广泛的应用前景。

现场总线技术将通用或专用微处理器置入传统的测量控制仪表，使它们具有数字计算和数字通信能力，采用一定的通信介质作为总线，按照公开、规范的通信协议，在位于现场的多个微机化测量控制设备之间及现场仪表与远程监控计算机之间，实现数据传输与信息交换，形成适应实际需要的自控系统。简而言之，它把分散的测量控制设备变成网络节点，以现场总线为纽带，把它们连接成可以相互沟通信息、共同完成自控任务的网络系统。现场总线将控制功能彻底下放到现场，降低了安装成本和维护费用。

基于现场总线的控制系统被称为现场总线控制系统（FCS，Fieldbus Control System）。FCS 实质是一种开放的、具有互操作性的、彻底分散的分布式控制系统。

（2）现场总线的国际标准。从 1984 年 IEC（国际电工委员会）开始制定现场总线国际标准算起，争夺现场总线国际标准的大战持续了 16 年之久。先后经过 9 次投票表决，最后通过协商、妥协，于 2000 年 1 月 4 日 IEC TC65（负责工业测量和控制的第 65 标准化技术委员会）通过了 8 种类型的现场总线作为新的 IEC 61158 国际标准。

1）类型 1 IEC 技术报告（即 FF 的 H1）；

2）类型 2 ControlNet（美国 Rockwell 公司支持）；

3）类型 3 Profibus（德国 Siemens 公司支持）；

4）类型 4 P-Net（丹麦 Process Data 公司支持）；

5）类型 5 FF HSE（即原 FF 的 H2，Fisher-Rosemount 等公司支持）；

6）类型 6 Swift Net（美国波音公司支持）；

7）类型 7 World FIP（法国 Alstom 公司支持）；

8）类型 8 Interbus（德国 Phoenix Conact 公司支持）。

加上 IEC TC17B 通过的 3 种现场总线国际标准，即 SDS（Smart Distributed System）、ASI（Actuator Sensor Interface）和 DeviceNet，此外，ISO 还有一个 ISO 11898 的 CAN（Control Area Network），所以一共有 12 种之多。现场总线的国际标准虽然制定出来了，但它与 IEC（国际电工委员会）于 1984 年开始制定现场总线标准时的初衷是相违背的。

（3）现场总线的发展现状。

1）多种总线共存。现场总线国际标准 IEC 61158 中采用了 8 种协议类型，以及其他一些现场总线。每种总线都有其产生的背景和应用领域。不同领域的自动化需求各有其特点，因此在某个领域中产生的总线技术一般对本领域的满足度高一些、应用多一些、适用性好一些。据美国 ARC 公司的市场调查，世界市场对各种现场总线的需求为：过程自动化 15%（FF、PROFIBUS-PA、WorldFIP），医药领域 18%（FF、PROFIBUS-PA、WorldFIP），加工制造 15%（PROFIBUS-DP、DeviceNet），交通运输 15%（PROFIBUS-DP、DeviceNet），航空、国防 34%（PROFIBUS-FMS、LonWorks、ControlNet、DeviceNet），农业未统计（P-NET、CAN、PROFIBUS-PA/DP、DeviceNet、ControlNet），楼宇未统计（LonWorks、PROFIBUS-FMS、DeviceNet）。由此可见，随着时间的推移，占有市场 80% 左右的总线将只有六七种，而且其应用领域比较明确，如 FF、PROFIBUS-PA 适用于冶金、石油、化工、医药等流程行业的过程控制，PROFIBUS-DP、DeviceNet 适用于加工制造业，LonWorks、PROFIBUS-FMS、DeviceNet 适用于楼宇、交通运输、农业。但这种划分又不是绝对的，相互之间又互有渗透。

2）总线应用领域不断拓展。每种总线都力图拓展其应用领域，以扩张其势力范围。在一定应用领域中已取得良好业绩的总线，往往会进一步根据需要向其他领域发展。如 PROFIBUS 在 DP 的基础上又开发出 PA，以适用于流程工业。

3）不断成立总线国际组织。大多数总线都成立了相应的国际组织，力图在制造商和用户中创造影响，以取得更多方面的支持，同时也想显示出其技术是开放的。如 WorldFIP 国际用户组织、FF 基金会、PROFIBUS 国际用户组织、P-Net 国际用户组织及 ControlNet 国际用户组织等。

4）每种总线都以企业为支撑。各种总线都以一个或几个大型跨国公司为背景，公司的利益与总线的发展息息相关，如 PROFIBUS 以 Siemens 公司为主要支持，ControlNet 以 Rockwell 公司为主要背景，WorldFIP 以 ALSTOM 公司为主要后台。

5）一个设备制造商参加多个总线组织。大多数设备制造商都积极参加不止一个总线组织，有些公司甚至参加 2~4 个总线组织。道理很简单，装置是要挂在系统上的。

6）各种总线相继成为自己国家或地区标准。每种总线大多将自己作为国家或地区标准，以加强自己的竞争地位。现在的情况是：P-Net 已成为丹麦标准，PROFIBUS 已成为德国标准，WorldFIP 已成为法国标准。上述 3 种总线于 1994 年成为并列的欧洲标准 EN 50170。其他总线也都成为各地区的技术规范。

7）在竞争中协调共存。协调共存的现象在欧洲标准制定时就出现过，欧洲标准 EN 50170 在制定时，将德、法、丹麦 3 个标准并列于一卷之中，形成了欧洲的多总线的标准体系，后又将 ControlNet 和 FF 加入欧洲标准的体系。各重要企业，除了力推自己的总线产品之外，也都力图开发接口技术，将自己的总线产品与其他总线相连接，如施耐德公司开发的设备能与多种总线相连接。在国际标准中，也出现了协调共存的局面。

8）以太网成为新热点。以太网正在工业自动化和过程控制市场上迅速增长，几乎所有远程 I/O 接口技术的供应商均提供一个支持 TCP/IP 协议的以太网接口，如 Siemens、Rockwell、GE-Fanuc 等，它们除了销售各自 PLC 产品，同时提供与远程 I/O 和基于 PC 的控制系统相连接的接口。FF 现场总线正在开发高速以太网，这无疑大大加强了以太网在工业领域的地位。

（4）现场总线的发展趋势。虽然现场总线的标准统一还有种种问题，但现场总线控制系统的发展却已经是一个不争的事实。随着现场总线思想的日益深入人心，基于现场总线的产品和应用不断增多，现场总线控制系统体系结构日益清晰，具体发展趋势表现在以下几个方面。

1）网络结构趋向简单化。早期的 MAP 模型由 7 层组成，现在 Rockwell 公司提出了 3 层结构自动化，Fisher Rosemount 公司提出了 2 层自动化，还有的公司甚至提出 1 层结构，由以太网一通到底。目前比较达成共识的是 3 层设备、2 层网络的 3＋2 结构。3 层设备是位于底层的现场设备，如传感器/执行器以及各种分布式 I/O 设备等，位于中间的控制设备，如 PLC、工业在制计算机、专用控制器等；位于上层的是操作设备，如操作站、工程师站、数据服务器、一般工作站等；2 层网络是现场设备与控制设备之间的控制网，以及控制设备与操作设备之间的管理网。

2）大量采用成熟、开放和通用的技术。在管理网的通信协议上，越来越多的企业采用最流行的 TCP/IP 协议加以太网，操作设备一般采用工业 PC 甚至普通 PC，控制设备一般采用标准的 PLC 或者是工业控制计算机等，而控制网络就是各种现场总线的应用领域。

由此可见，新型的现场总线控制系统与传统的控制系统（如 DCS、PLC）之间并不是完全取而代之的关系，而是继承、融合、提高的关系。

二、现场总线的特点与优点

（1）FCS 与 DCS 的比较。FCS 打破了传统 DCS（集散控制系统）的结构形式。DCS 中位于现场的设备与位于控制室的控制器之间均为一对一的物理连接。FCS 采用了智能设备，把原 DCS 中处于控制室的控制模块、输入/输出模块置于现场设备中，加上现场设备具有通信能力，现场设备之间可直接传送信号，因而控制系统的功能可不依赖于控制室里的计算机或控制器，直接在现场完成，实现了彻底的分散控制。另外，由于 FCS 采用数字信号代替模拟信号，可以实现一对电线上传输多个信号，同时又为多个设备供电。这为简化系统结构、节约硬件设备、节约连接电缆与各种安装、维护费用创造了条件。

（2）现场总线的特点。现场总线系统打破了传统控制系统的结构形式，其在技术上具有以下特点。

1）系统的开放性。现场总线致力于建立统一的工厂底层网络的开放系统。用户可根据自己的需要，通过现场总线把来自不同厂商的产品组成大小随意的开放互连系统。

2）互操作性与互用性。互操作性是指实现互连设备间、系统间的信息传送与沟通；而互用性则意味着不同生产厂家的性能类似的设备可实现相互替换。

3）现场设备的智能化与功能自治性。它将传感测量、补偿计算、工程量处理与控制等功能分散到现场设备中完成，仅靠现场设备即可完成自动控制的基本功能，并可随时诊断设备的运行状态。

4）系统结构的高度分散性。现场总线构成一种新的全分散式控制系统的体系结构，从根本上改变了集中与分散相结合的 DCS 体系，简化了系统结构，提高了可靠性。

5）对现场环境的适应性。现场总线是专为现场环境而设计的，支持各种通信介质，具有较强的抗干扰能力，能采用两线制实现供电与通信，并可满足防爆等安全要求。

（3）现场总线的优点。由于现场总线系统结构的简化，使控制系统从设计、安装到正常生产运行及检修维护，都体现出优越性。现场总线的优点如下所示。

1）节省硬件数量与投资。由于分散在现场的智能设备能直接执行多种传感、测量、控制、报警和计算功能，因而可减少变送器的数量，不再需要单独的调节器、计算单元等，也不再需要 DCS 系统的信号调理、转换、隔离等功能单元及其复杂接线，还可以用工控 PC 机作为操作站，从而节省了一大笔硬件投资，并可减少控制室的占地面积。

2）节省安装费用。现场总线系统的接线十分简单，一对双绞线或一条电缆上通常可挂接多个设备，因而电缆、端子、槽盒、桥架的用量大大减少，连线设计与接头校对的工作量也大大减少。当需要增加现场控制设备时，无需增设新的电缆，可就近连接在原有的电缆上，既节省了投资，又减少了设计、安装的工作量。据有关典型试验工程的测算资料表明，可节约安装费用 60％以上。

3）节省维护开销。现场控制设备具有自诊断与简单故障处理的能力，并通过数字通信将相关的诊断维护信息送往控制室，用户可以查询所有设备的运行，诊断维护信息，以便早期分析故障原因并快速排除，缩短了维护停工时间，同时由于系统结构简化、连线简单而减少了维护工作量。

4）用户具有高度的系统集成主动权。用户可以自由选择不同厂商所提供的设备来集成系统。避免因选择了某一品牌的产品而限制了使用设备的选择范围，不会为系统集成中不兼容的协议、接口而一筹莫展，使系统集成过程中的主动权牢牢掌握在用户手中。

5）提高了系统的准确性与可靠性。现场设备的智能化、数字化，与模拟信号相比，从根本上提高了测量与控制的精确度，减少了传送误差。简化的系统结构、设备与连线的减少、现场设备内部功能的加强减少了信号的往返传输，提高了系统的工作可靠性。

此外，由于它的设备标准化、功能模块化，因而还具有设计简单，易于重构等优点。

三、几种有影响的现场总线

（1）基金会现场总线（FF，Foundation Fieldbus）是目前最具发展前景、最具竞争力的现场总线之一。以 Fisher－Rosemount 公司为首联合 80 家公司组成的 ISP 组织和以 Honeywell 公司为首联合欧洲 150 家公司组成的 WorldFIP 北美分部，这两大集团于 1994 年合并，成立现场总线基金会，致力于开发统一的现场总线标准。FF 目前拥有 120 多个成员，包括世界上最主要的自动化设备供应商：A－B、ABB、Foxboro、Honeywell、Smar、FUJI Electric等。

FF 的通信模型以 ISO/OSI 开放系统模型为基础，采用了物理层、数据链路层、应用层，并在其上增加了用户层，各厂家的产品在用户层的基础上实现。FF 总线采用的是令牌总线通信方式，可分为周期通信和非周期通信。FF 目前有高速和低速两种通信速率，其中低速总线协议 H1 已于 1996 年发表，现在已应用于工作现场，高速协议原定为 H2 协议，但目前 H2 很有可被 HSE 取而代之。

H1 的传输速率为 31.25kbps，传输距离可达 1900m，可采用中继器延长传输距离，并可支持总线供电，支持安全防爆环境；HSE 目前的通信速率为 10Mbps，更高速的以太网正在研制中。

FF 可采用总线型、树型、菊花链等网络拓扑结构，网络中的设备数量取决于总线带宽、通信段数、供电能力和通信介质的规格等因素。FF 支持双绞线、同轴电缆、光缆和无线发射等传输介质，物理传输协议符合 IEC 1157 - 2 标准，编码采用曼彻斯特编码。FF 总线拥有非常出色的互操作性，这在于 FF 采用了功能模块和设备描述语言（DDL，Device Description Language）使得现场节点之间能准确、可靠地实现信息互通。

（2）LonWorks 是由美国 Echelon 公司推出并由它与摩托罗拉、东芝公司共同倡导，于1990 年正式公布而形成的。它采用了 ISO/OSI 模型的全部 7 层通信协议，采用了面向对象的设计方法，通过网络变量把网络通信设计简化为参数设置，其通信速率从 300bps 至l.5Mbps 不等，直接通信距离可达 2700m（78kbps，双绞线）。支持双绞线、同轴电缆、光纤、射频、红外线、电力线等多种通信介质，并开发了相应的安全防爆产品，被誉为通用控制网络。

LonWorks 技术所采用的 LonTaLk 协议被封装在称为 Neuron 的神经元芯片中得以实现。集成芯片中有 3 个 8 位 CPU，第 1 个用于完成 OSI 模型中第 1 层和第 2 层的功能，称为媒体访问控制处理器，实现介质访问的控制与处理；第 2 个用于完成第 3～6 层的功能，称为网络处理器，进行网络变量的寻址、处理、背景诊断、路径选择、软件计时、网络管理，并负责网络通信控制，收发数据包等；第 3 个是应用处理器，执行操作系统服务与用户代码。芯片中还具有存储信息缓冲区，以实现 CPU 之间的信息传递，并作为网络缓冲区和应用缓冲区。

Echelon 公司的技术策略是鼓励各原始设备制造商（OEM）运用 LonWorks 技术和神经元芯片，开发自己的应用产品，据称目前已有 2600 多家公司在不同程度上采用了 LonWorks 技术，1000 多家公司已经推出了 LonWorks 产品，并进一步组织起 Lon MARK 互操作协会，开发推广 LonWorks 技术与产品进行 LonMark 认证。它已被广泛应用在楼宇自动化、家庭自动化、保安系统、办公设备、交通运输、工业过程控制等行业。另外，在开发智能通信接口、智能传感器方面，LonWorks 神经元芯片也具有独特的优势。

（3）PROFIBUS 是 Process Field Bus 的缩写，它是 1989 年由以 Siemens 为首的 13 家公司和 5 家科研机构在联合开发的项目中制定的标准化规范。1996 年 PROFIBUS 成为德国国家标准 DIN 19245，同时又是欧洲标准 EN 50170。PROFIBUS 在实际应用中业绩斐然，在众多总线中居于前列，广泛应用于各种行业，也是最具竞争力的现场总线之一。

后边将对其加以详细介绍。

（4）CAN 是控制器局域网络（Controller Area NetWork）的简称。它是德国 Bosch 公司及几个半导体集成电路制造商开发出来的，起初是专门为汽车工业设计的，目的是为了节省接线的工作量，后来由于自身的特点被广泛地应用于各行各业。它的芯片由摩托罗拉、Intel 等公司生产。国际 CAN 的用户及制造商组织（简称 CIA）于 1993 年在欧洲成立，主要是为了解决 CAN 总线实际应用中的问题，提供 CAN 产品及开发工具，推广 CAN 总线的应用。目前 CAN 已由 ISO TC22 技术委员会批准为国际标准，在现场总线中，它是唯一被国际标准化组织批准的现场总线。

CAN 协议也遵循 ISO/OSI 模型，采用了其中的物理层、数据链路层与应用层。在CAN 工作方式，节点之间不分主从，但节点之间有优先级之分，通信方式灵活，可实现点对点、一点对多点及广播方式传输数据，无需调度。CAN 采用的是非破坏性总线仲裁技术，按优先级发送，可以大大节省总线冲突仲裁时间，在重负荷下表现出良好的性能。CAN 采用短帧结构传输，每帧有效字节为 8 个，传输时间短，受干扰的概率低。而且每帧信息都有 CRC 校验和其他检错措施，保证数据出错率极低。当节点严重错误时，具有自动关闭功能，使总线上其他节点不受影响，所以 CAN 是所有总线中最为可靠的。CAN 总线可采用双绞线、同轴电缆或光纤作为传输介质。它的直接通信距离最远可达 10km，通信速率最高达 1Mbps（通信距离为 40m 时），总线上可挂设备数主要取决于总线驱动电路，最多可达 110 个。但 CAN 不能用于防爆区。

（5）HART 是 Highway Addressable Remote Transducer 的编写。最早由 Rosemonut 公司开发并得到 80 多家著名仪表公司的支持，于 1993 年成立了 HART 通信基金会。这种被称为可寻址远程传感器高速通道的开放通信协议，其特点是在现有模拟信号传输线上实现数字信号通信，属于模拟系统向数字系统转变过程中的过渡性产品，因而在当前的过渡时期具有较强的市场竞争能力，得到了较快发展。

HART 规定了一系列命令，按命令方式工作。它有 3 类命令，第 1 类称为通用命令，这是所有设备都理解、执行的命令；第 2 类称为一般行为命令，所提供的功能可以在许多现场设备（尽管不是全部）中实现，这类命令包括最常用的现场设备的功能库；第 3 类称为特殊设备命令，以便在某些设备中实现特殊功能，这类命令既可以在基金会中开放使用，又可以为开发此命令的公司所独有。在一个现场设备中通常可发现同时存在这 3 类命令。

HART 采用统一的设备描述语言 DDL。现场设备开发商采用这种标准语言来描述设备特性，由 HART 基金会负责登记管理这些设备描述并把它们编为设备描述字典，主设备运用 DDL 技术来理解这些设备的特性参数而不必为这些设备开发专用接口。

四、PROFIBUS 现场总线

PROFIBUS 的最大优点在于具有稳定的国际标准 EN 50170 作保证，并经实际应用验证具有普遍性。目前已广泛应用于制造业自动化、流程工业自动化和楼宇、交通电力等领域。

PROFIBUS 由 3 个兼容部分组成，即 PROFIBUS－DP（Decentralized Periphery，分布 I/O 系统）、PROFIBUS－PA（Process Automation，过程自动化）和 PROFIBUS－FMS（Fieldbus Message Specification，现场总线信息规范）。

PROFIBUS－DP 是一种高速、低成本通信，专门用于设备级控制系统与分散式 I/O 的通信。使用 PROFIBUS－DP 可取代 24V DC 或 4～20mA 信号传输。PORFIBUS－PA 专为过程自动化设计，可使传感器和执行机构连在一根总线上，并有安全规范。PROFIBUS－FMS 用于车间级监控网络。

（1）PROFIBUS 的协议结构是根据 ISO 7498 国际标准，以 OSI 作为参考模型的。PRO-FIBUS－DP 定义了第 1、2 层和用户接口。第 3～7 层未加描述。用户接口规定了用户及系统以及不同设备可调用的应用功能，并详细说明了各种不同 PROFIBUS－DP 设备的设备行为。PROFIBUS－FMS 定义了第 1、2、7 层，应用层包括现场总线信息规范（FMS）和低层接口（LLI）。FMS 包括了应用协议并向用户提供了可广泛选用的强有力的通信服务；LLI 协调不同的通信关系并提供不依赖设备的第 2 层访问接口。PROFIBUS－PA 的数据传输采用扩展的 PROFIBUS－DP 协议。另外，PA 还描述了现场设备行为的 PA 行规。根据 IEC1157－2 标准，PA 的传输技术可确保其本质安全性，而且可通过总线给现场设备供电。使用连接器可在 DP 上扩展 PA 网络。

(2) PROFIBUS 的传输技术提供了 3 种数据传输型式：RS-485 传输、IEC1157-2 传输和光纤传输。

1) RS-485 传输技术。RS-485 传输是 PROFIBUS 最常用的一种传输技术，通常称之为 H2。RS-485 传输技术用于 PROFIBUS-DP 与 PROFIBUS-FMS。

RS-485 传输技术基本特征是：网络拓扑为线性总线，两端有有源的总线终端电阻；传输速率为 9.6kbps～12Mbps；介质为屏蔽双绞电缆，也可取消屏蔽，取决于环境条件；不带中继时每分段可连接 32 个站，带中继时可多到 127 个站。

RS-485 传输设备安装要点：全部设备均与总线连接；每个分段上最多可接 32 个站（主站或从站）；每段的头和尾各有一个总线终端电阻，确保操作运行不发生误差；两个总线终端电阻必须一直有电源；当分段站超过 32 个时，必须使用中继器用以连接各总线段，串联的中继器一般不超过 4 个；传输速率可选用 9.6kbps～12Mbps，一旦设备投入运行，全部设备均需选用同一传输速率。电缆最大长度取决于传输速率。

采用 RS-485 传输技术的 PROFIBUS 网络最好使用 9 针 D 型插头。当连接各站时，应确保数据线不要拧绞，系统在高电磁发射环境下运行应使用带屏蔽的电缆，屏蔽可提高电磁兼容性。如用屏蔽编织线和屏蔽箔，应在两端与保护接地连接，并通过尽可能的大面积屏蔽接线来覆盖，以保持良好的传导性。

2) IEC1157-2 传输技术。IEC1157-2 的传输技术用于 PROFIBUS-PA，能满足化工和石油化工业的要求。它可保持其本质安全性，并通过总线对现场设备供电。IEC1157-2 是一种位同步协议，可进行无电流的连续传输，通常称为 H1。

3) 光纤传输技术。PROFIBUS 系统在电磁干扰很大的环境下应用时，可使用光纤导体，以增加高速传输的距离。可使用两种光纤导体：一种是价格低廉的塑料纤维导体，供距离小于 50m 情况下使用；另一种是玻璃纤维导体，供距离小于 1km 情况下使用。

许多厂商提供专用总线插头可将 RS-485 信号转换成光纤导体信号或将光纤导体信号转换成 RS-485 信号。

(3) PROFIBUS 总线存取控制技术。

PROFIBUS-DP、FMS、PA 均采用一样的总线存取控制技术，它是通过 OSI 参考模型第 2 层（数据链路层）来实现的，它包括保证数据可靠性技术及传输协议和报文处理。在 PROFIBUS 中，第 2 层称之为现场总线数据链路层（FDL，Fieldbus Data Link）。介质存取控制（MAC，Medium Access Control）具体控制数据传输的程序，MAC 必须确保在任何一个时刻只有一个站点发送数据。

PROFIBUS 协议的设计要满足介质存取控制的两个基本要求：

1) 在复杂的自动化系统（主站）间的通信，必须保证在确切限定的时间间隔中任何一个站点要有足够的时间来完成通信任务。

2) 在复杂的程序控制器和简单的 I/O 设备（从站）间通信，应尽可能快速又简单地完成数据的实时传输。

因此 PROFIBUS 主站之间采用令牌传送方式，主站与从站之间采用主从方式。令牌传递程序保证每个主站在一个确切规定的时间内得到总线存取权（令牌），令牌在所有主站中循环一周的最长时间是事先规定的。在 PROFIBUS 中，令牌传递仅在各主站之间进行。主站得到总线存取令牌时可依照主-从通信关系表与所有从站通信，向从站发送或读取信息，也可依照主-主通信关系表与所有主站通信。所以可能有 3 种系统配置：纯主-从系统、纯主-主系统和混合系统。

在总线系统初建时，主站介质存取控制 MAC 的任务是制定总线上的站点分配并建立逻辑环。在总线运行期间，断电或损坏的主站必须从环中排除，新上电的主站必须加入逻辑环。

（4）PROFIBUS－DP 基本功能。

PROFIBUS－DP 用于现场设备级的高速数据传送，主站周期地读取从站的输入信息并周期地向从站发送输出信息。总线循环时间必须要比主站（PLC）程序循环时间短。除周期性用户数据传输外，PROFIBUS－DP 还提供智能化设备所需的非周期性通信以进行组态、诊断和报警处理。

1）PROFIBUS－DP 基本特征。采用 RS－485 双绞线、双线电缆或光缆传输，传输速率从 9.6kbps～12Mbps。各主站间令牌传递，主站与从站间为主-从传送。支持单主或多主系统，总线上最多站点（主-从设备）数为 126。采用点对点（用户数据传送）或广播（控制指令）通信。循环主-从用户数据传送和非循环主-主数据传送。控制指令允许输入和输出同步。同步模式为输出同步；锁定模式为输入同步。

每个 PROFIBUS－DP 系统包括 3 种类型设备：第一类 DP 主站（DPM1）、第二类 DP 主站（DPM2）和 DP 从站。DPM1 是中央控制器，它在预定的周期内与分散的站（如 DP 从站）交换信息。典型的 DPM1 如 PLC、PC 等；DPM2 是编程器、组态设备或操作面板，在 DP 系统组态操作时使用，完成系统操作和监视目的；DP 从站是进行输入和输出信息采集和发送的外围设备，是带二进制值或模拟量输入/输出的 I/O 设备、驱动器、阀门等。

经过扩展的 PROFIBUS－DP 诊断能对故障进行快速定位。诊断信息在总线上传输并由主站采集。诊断信息分 3 级：本站诊断操作，即本站设备的一般操作状态，如温度过高、压力过低；模块诊断操作，即一个站点的某具体 I/O 模块故障；通道诊断操作，即一个单独输入/输出位的故障。

2）PROFIBUS－DP 允许构成单主站或多主站系统。在同一总线上最多可连接 126 个站点。系统配置的描述包括：站数、站地址、输入/输出地址、输入/输出数据格式、诊断信息格式及所使用的总线参数。PROFIBUS－DP 单主站系统中，在总线系统运行阶段，只有一个活动主站。PROFIBUS－DP 多主站系统中总线上连有多个主站。总线上的主站与各自从站构成相互独立的子系统。

3）PROFIBUS－DP 系统行为。PROFIBUS－DP 系统行为主要取决于 DPM1 的操作状态，这些状态由本地或总线的配置设备所控制，主要有运行、清除和停止 3 种状态。在运行状态下，DPM1 处于输入和输出数据的循环传输，DPM1 从 DP 从站读取输入信息并向 DP 从站写入输出信息；在清除状态下，DPM1 读取 DP 从站的输入信息并使输出信息保持在故障安全状态；在停止状态下，DPM1 和 DP 从站之间没有数据传输。

DPM1 设备在一个预先设定的时间间隔内，以有选择的广播方式将其本地状态周期性地发送到每一个有关的 DP 从站。如果在 DPM1 的数据传输阶段中发生错误，DPM1 将所有相关的 DP 从站的输出数据立即转入清除状态，而 DP 从站将不再发送用户数据。在此之后，DPM1 转入清除状态。

4）DPM1 和 DP 从站间的循环数据传输。DPM1 和相关 DP 从站之间的用户数据传输是由 DPM1 按照确定的递归顺序自动进行。在对总线系统进行组态时，用户对 DP 从站与DPM1 的关系作出规定，确定哪些 DP 从站被纳入信息交换的循环周期，哪些被排斥在外。

DMPI 和 DP 从站之间的数据传送分为参数设定、组态和数据交换 3 个阶段。在参数设定阶段，每个从站将自己的实际组态数据与从 DPM1 接受到的组态数据进行比较。只有当实际数据与所需的组态数据相匹配时，DP 从站才进入用户数据传输阶段。因此，设备类型、数据格式、长度以及输入/输出数量必须与实际组态一致。

5）DPM1 和系统组态设备间的循环数据传输。除主-从功能外，PROFIBUS - DP 允许主-主之间的数据通信，这些功能使组态和诊断设备通过总线对系统进行组态。

6）同步和锁定模式。除 DPM1 设备自动执行的用户数据循环传输外，DP 主站设备也可向单独的 DP 从站、一组从站或全体从站同时发送控制命令。这些命令通过有选择的广播命令发送的。使用这一功能将打开 DP 从站的同级锁定模式，用于 DP 从站的事件控制同步。

主站发送同步命令后，所选的从站进入同步模式。在这种模式中，所编址的从站输出数据锁定在当前状态下。在这之后的用户数据传输周期中，从站存储接收到输出的数据，但它的输出状态保持不变；当接收到下一同步命令时，所存储的输出数据才发送到外围设备上。用户可通过非同步命令退出同步模式。

锁定控制命令使得编址的从站进入锁定模式。锁定模式将从站的输入数据锁定在当前状态下，直到主站发送下一个锁定命令时才可以更新。用户可以通过非锁定命令退出锁定模式。

7）保护机制。对 DP 主站 DPM1 使用数据控制定时器对从站的数据传输进行监视。每个从站都采用独立的控制定时器，在规定的监视间隔时间中，如数据传输发生差错，定时器就会超时，一旦发生超时，用户就会得到这个信息。如果错误自动反应功能"使能"，DPM1 将脱离操作状态，并将所有关联从站的输出置于故障安全状态，并进入清除状态。

（5）PROFIBUS 控制系统的几种形式。

根据现场设备是否具备 PROFIBUS 接口，控制系统的配置有总线接口型、单一总线型、混合型 3 种形式。

1）总线接口型。现场设备不具备 PROFIBUS 接口，采用分散式 I/O 作为总线接口与现场设备连接。这种形式在应用现场总线技术初期容易推广。如果现场设备能分组，组内设备相对集中，这种模式会更好地发挥现场总线技术的优点。

2）单一总线型。现场设备都具备 PROFIBUS 接口，这是一种理想情况。可使用现场总线技术，实现完全的分布式结构，可充分获得这一先进技术所带来的利益。新建项目若能具有这种条件，就目前来看，这种方案设备成本会较高。

3）混合型。现场设备部分具备 PROFIBUS 接口，这将是一种相当普遍的情况。这时应采用 PROFIBUS 现场设备加分散式 I/O 混合使用的办法。无论是旧设备改造还是新建项目，希望全部使用具备 PROFIBUS 接口现场设备的场合可能不多，分散式 I/O 可作为通用的现场总线接口，是一种灵活的集成方案。

根据实际应用需要及经费情况，通常有以下 6 种结构类型。

1）结构类型 1。以 PLC 或控制器做 1 类主站，不设监控站，但调试阶段配置一台编程设备。这种结构类型，PLC 或控制器完成总线通信管理、从站数据读写、从站远程参数化工作。

2）结构类型 2。以 PLC 或控制器做 1 类主站，监控站通过串口与 PLC 一对一的连接。这种结构类型，监控站不在 PROFIBUS 网上，不是 2 类主站，不能直接读取从站数据和完成远程参数化工作。监控站所需的从站数据只能从 PLC 控制器中读取。

3）结构类型 3。以 PLC 或其他控制器做 1 类主站，监控站（2 类主站）连接 PROFIBUS 总线上。这种结构类型，监控站在 PROFIBUS 网上作为 2 类主站，可完成远程编程、参数化及在线监控功能。

4）结构类型 4。使用 PC 机加 PROFIBUS 网卡做 1 类主站，监控站与 1 类主站一体化。这是一个低成本方案，但 PC 机应选用具有高可靠性、能长时间连续运行的工业级 PC 机。对于这种结构类型，PC 机故障将导致整个系统瘫痪。另外，通信厂商通常只提供一个模板的驱动程序，总线控制、从站控制程序、监控程序可能要由用户开发，因此应用开发工作量可能会较大。

5）结构类型 5。坚固式 PC 机（OMOPACT COMPUTER）＋PROFIBUS 网卡＋SOFT-PLC 的结构形式。由于采用坚固式 PC 机（COMOPACT COMPUTER），系统可靠性将大大增强，足以使用户信服。但这是一台监控站与 1 类主站一体化控制器工作站，要求它的软件完成如下功能。主站应用程序的开发、编辑、调试，执行应用程序，从站远程参数化设置，主/从站故障报警及记录，监控程序的开发、调试，设备在线图形监控、数据存储及统计、报表等。

近来出现一种称为 SOFTPLC 的软件产品，是将通用型 PC 机改造成一台由软件（软逻辑）实现的 PLC。这种软件将 PLC 的编程（IEC 1131）及应用程序运行功能和操作员监控站的图形监控开发、在线监控功能集成到一台坚固式 PC 机上，形成一个 PLC 与监控站一体的控制器工作站。

6）结构类型 6。使用两级网络结构，这种方案充分考虑了未来扩展需要，比如要增加几条生产线即扩展出几条 DP 网络，车间监控要增加几个监控站等，都可以方便地进行扩展。采用了两级网络结构形式，充分考虑了扩展余地。

五、CC－Link 现场总线

融合了控制与信息处理的现场总线 CC－Link（Control & Communication Link）是一种省配线、信息化的网络，它不但具备高实时性、分散控制、与智能设备通信、RAS 等功能，而且依靠与诸多现场设备制造厂商的紧密联系，提供开放式的环境。

为了将各种各样的现场设备直接连接到 CC－Link 上，国内外众多的设备制造商建立了合作伙伴关系，使用户可以很从容地选择现场设备，以构成开放式的网络。2000 年 10 月，Woodhead、Contec、Digital、NEC、松下电工、三菱等 6 家常务理事公司发起，在日本成立了独立的非盈利性机构"CC－Link 协会"（CC－Link Partner Association，简称 CLPA），旨在有效地在全球范围内推广和普及 CC－Link 技术。到 2001 年 12 月 CLPA 成员数量为 230 多家公司，拥有 360 多种兼容产品。

（1）CC－Link 系统的构成。CC－Link 系统只少 1 个主站，可以连接远程 I/O 站、远程设备站、本地站、备用主站、智能设备站等总计 64 个站。CC－Link 站的类型如表 9－5 所示。

表 9 - 5 CC - Link 站的类型

CC - Link 站的类型	内　　容
主站	控制 CC - Link 上全部站,并需设定参数的站。每个系统中必须有 1 个主站。如 A/QnA/Q 系列 PLC 等
本地站	具有 CPU 模块,可以与主站及其他本地站进行通信的站。 如 A/QnA/Q 系列 PLC 等
备用主站	主站出现故障时,接替作为主站,并作为主站继续进行数据链接的站。 如 A/QnA/Q 系列 PLC 等
远程 I/O 站	只能处理位信息的站,如远程 I/O 模块、电磁阀等
远程设备站	可处理位信息及字信息的站,如 A/D、D/A 转换模块、变频器等
智能设备站	可处理位信息及字信息,而且也可完成不定期数据传送的站,如 A/QnA/Q 系列 PLC、人机界面等

CC - Link 系统可配备多种中继器,可在不降低通信速度的情况下,延长通信距离,最长可达 13.2km。例如,可使用光中继器,在保持 10Mbps 通信速度的情况下,将总距离延长至 4300m。另外,T 型中继器可完成 T 型连接,更适合现场的连接要求。

(2) CC - Link 的通信方式。

1) 循环通信方式。CC - Link 采用广播循环通信方式。在 CC - Link 系统中,主站、本地站的循环数据区与各个远程 I/O 站、远程设备站、智能设备站相对应,远程输入输出及远程寄存器的数据将被自动刷新。而且,因为主站向远程 I/O 站、远程设备站、智能设备站发出的信息也会传送到其他本地站,所以在本地站也可以了解远程站的动作状态。

2) CC - Link 的链接元件。每一个 CC - Link 系统可以进行总计 4096 点的位,加上总计 512 点的字的数据的循环通信,通过这些链接元件以完成与远程 I/O、模拟量模块、人机界面、变频器等 FA(工业自动化)设备产品间高速的通信。

CC - Link 的链接元件有远程输入(RX)、远程输出(RY)、远程寄存器(RWw)和远程寄存器(RWr)四种,如表 9 - 6 所示。远程输入(RX)是从远程站向主站输入的开/关信号(位数据);远程输出(RY)是从主站向远程站输出的开/关信号(位数据);远程寄存器(RWw)是从主站向远程站输出的数字数据(字数据);远程寄存器(RWr)是从远程站向主站输入的数字数据(字数据)。

表 9 - 6 链 接 元 件 一 览 表

项　　目		规格
整个 CC - Link 系统 最大链接点数	远程输入(RX)	2048 点
	远程输出(RY)	2048 点
	远程寄存器(RWw)	256 点
	远程寄存器(RWr)	256 点
每个站的链接点数	远程输入(RX)	32 点
	远程输出(RY)	32 点
	远程寄存器(RWw)	4 点
	远程寄存器(RWr)	4 点

注 CC - Link 中的每个站可根据其站的类型,分别定义为 1 个、2 个、3 个或 4 个站,即通信量可为表 9 - 6 中"每个站的链接点数"的 1~4 倍。

3）瞬时传送通信。在 CC－Link 中，除了自动刷新的循环通信之外，还可以使用不定期收发信息的瞬时传送通信方式。瞬时传送通信可以由主站、本地站、智能设备站发起，可以进行以下的处理：

① 某一 PLC 站读写另一 PLC 站的软元件数据。

② 主站 PLC 对智能设备站读写数据。

③ 用 GX Developer 软件对另一 PLC 站的程序进行读写或监控。

④ 上位 PC 等设备读写一台 PLC 站内的软元件数据。

（3）CC－Link 的特点。

1）通信速度快。CC－Link 达到了行业中最高的通信速度（10Mbps），可确保需高速响应的传感器输入和智能化设备间的大容量数据的通信。可以选择对系统最合适的通信速度及总的距离见表 9－7。

表 9－7　　　　　　　　　CC－Link 通信速度和距离的关系

通信速度	10Mbps	5Mbps	2.5Mbps	625kbps	156kbps
通信距离	≤100m	≤160m	≤400m	≤900m	≤1200m

2）高速链接扫描。在只有主站及远程 I/O 站的系统中，通过设定为远程 I/O 网络模式的方法，可以缩短链接扫描时间。

表 9－8 为全部为远程 I/O 站的系统所使用的远程 I/O 网络模式和有各种站类型的系统所使用的远程网络模式（普通模式）的链接扫描时间的比较。

表 9－8　　　　　　　　链接扫描时间的比较（通信速度为 10Mbps 时）

站数	链接扫描时间/ms	
	远程 I/O 网络模式	远程网络模式（普通模式）
16	1.02	1.57
32	1.77	2.32
64	3.26	3.81

3）备用主站功能。使用备用主站功能时，当主站发生了异常时，备用主站接替作为主站，使网络的数据链接继续进行。而且在备用主站运行过程中，原先的主站如果恢复正常时，则将作为备用主站回到数据链路中。在这种情况下，如果运行中主站又发生异常时，则备用主站又将接替作为主站继续进行数据链接。

4）CC－Link 自动起动功能。在只有主站和远程 I/O 站的系统中，如果不设定网络参数，当接通电源时，也可自动开始数据链接。缺省参数为 64 个远程 I/O 站。

5）远程设备站初始设定功能。使用 GX Developer 软件，无需编写顺序控制程序，就可完成握手信号的控制、初始化参数的设定等远程设备站的初始化。

6）中断程序的起动（事件中断）。当从网络接收到数据，设定条件成立时，可以起动 CPU 模块的中断程序。因此，可以符合有更高速处理要求的系统。中断程序的起动条件，最多可以设定 16 个。

7）远程操作。通过连接在 CC－Link 中的一个 PLC 站上的 GX Developer 软件可以对网络中的其他 PLC 进行远程编程。也可通过专门的外围设备连接模块（作为一个智能设备站）

来完成编程。

第六节 S7-200 的通信指令

一、网络读/写指令

(1) 网络读指令 NETR（Network Read)/网络写指令 NETW（Network Write)。

网络读、网络写指令格式如图 9-1 所示。

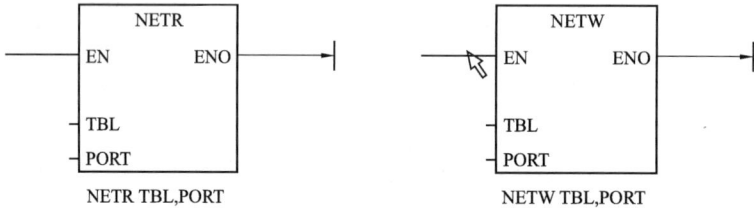

图 9-1 网络读/写指令

使用网络读（NETR）初始化通信操作指令，可以通过指令指定的通行端口（PORT）接收远程 S7-200 上的数据并保存在指定的缓冲区表（TBL）中。TBL 和 PORT 为字节型，PORT 为常数。

使用网络写（NETW）初始化通信操作指令，可以通过指令指定的通行端口（PORT）向远程的 S7-200 写入缓冲区表（TBL）中的数据。缓冲区（TBL）参数的定义如表 9-9 所示。

表 9-9　　　　　　　　　　　网络读/写指令缓冲区参数定义

字节 0	D	A	E	0	错误码
字节 1	远程站的地址（被访问的 PLC 地址）				
字节 2	远程站的数据指针（指向远程 PLC 存储区中的数据的间接指针）				
字节 3					
字节 4					
字节 5					
字节 6	数据长度（1~16 字节）				
字节 7	数据字节 0				
字节 8	数据字节 1				
……	……				
字节 21	数据字节 14				
字节 22	数据字节 15				

表中首字节中各标志位的意义如下。

D：操作已完成。0＝未完成，1＝完成。A：激活。0＝未激活，1＝激活。

E：错误。0＝无错误，1＝有错误。

4 位错误代码为 0 表示无错误，系统手册给出了错误代码的意义。

NETR 指令可以从远程站点上读最多 16 个字节的信息，NETW 指令则可以向远程站点写最多 16 个字节的信息。在程序中可以使用任意多条网络读写指令，但在任意时刻，最多只能执行 8 条 NETR 或 NETW 指令有效。

使用网络读写指令对另外的 S7-200 读写操作时，首先要将应用网络读写指令的 S7-200 定义为 PPI 主站模式（SMB30），即通信初始化，然后就可以使用该指令进行读写操作。

（2）NETR/NETW 指令使用举例。

用 NETR 和 NETW 指令实现两台 S7-244 CPU 之间的数据通信，2 号站为主站，3 号站为从站，编程用的计算机的站地址为 0。要求用 2 号站的 I0.0～I0.7 控制 3 号站的 Q0.0～Q0.7，用 3 号站的 I0.0～I0.7 控制 2 号站的 Q0.0～Q0.7。

1. 硬件连接

两台 S7-200 系列 PLC 与装有编程软件的计算机通过 RS-485 通信端口和网络连接器，组成一个使用 PPI 协议的单主站通信网络。用双绞线分别将连接器的两个 A 端子连在一起，两个 B 端子连在一起。在实验室进行实验时，也可以用标准的 9 针 D 型连接器来代替网络连接器。

2. 软件设计

因为 2 号站为主站，所以首先对其网络读写缓冲区内的地址进行安排，见表 9-10 所示。

表 9-10　　　　　　　　　　　　　网络读写缓冲区

字节意义	状态字节	远程站地址	远程站数据区指针	读写的数据的长度	数据字节
NETR 缓冲区	VB100	VB101	VD102	VD106	VD107
NETW 缓冲区	VB110	VB111	VD112	VB116	VB117

下面是设计的主站的通信程序。2 号站读取 3 号站的 IB0 的值后，将它写入本机的 QB0，2 号站同时用网络写指令将它的 IB0 的值写入 3 号站的 QB0。在本例中，3 号站在通信中是被动的，它不需要通信程序。

```
//2 号站的主程序
LD      SM0.1
MOVB    2,SMB30            //PPI 主站模式
FILL    +0,VW100,10       //清空接收缓冲区和发送缓冲区
LD      V100.7            //若网络读操作完成
MOVB    VB107,QB0         //将读取的 3 号站的 IB0 送给 QB0
LDN     SM0.1
AN      V100.6            //若 NETR 未被激活
AN      V100.5            //且没有错误
MOVB    3,VB101           //送远程的站地址
MOVD    &IB0,VD102        //送远程站的数据区指针值 IB0
MOVB    1,VB106           //送要读取的数据字节数
NETR    VB100,0           //从端口 0 读 3 号站的 IB0,缓冲区的起始地址为 VB100
LDN     SM0.1
AN      V110.6            //若 NETW 未被激活
AN      V110.5            //且没有错误
MOVB    3,VB111           //送远程站的站地址
```

MOVD	&IB0,VD1102	//送远程站的数据区指针值 QB0
MOVB	1,VB116	//送要写入的数据字节数
MOVB	IB0,VB117	//将本机的 IB0 的值写入数据缓冲区的数据区
NETW	VB110,0	//从端口 0 写入 3 号站的 QB0,缓冲区的起始地址为 VB110

二、发送/接收指令

(1) 发送指令 XMT (Transmit)/接收指令 RCV (Receive)。XMT/RCV 指令的格式如图 9 - 2 所示，XMT/RCV 指令用于当 S7 - 200 被定义为自由端口通信模式时，由通信端口发送或接收数据。

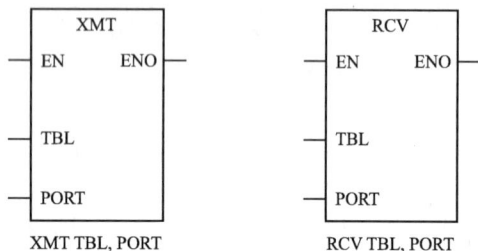

应用发送指令（XMT），可以将发送数据缓冲区（TBL）中的数据通过指令指定的通信端口（PORT）发送出去，发送完成时将产生一个中断事件，数据缓冲区的第一个数据指明了要发送的字节数。

图 9 - 2　发送/接收指令

应用接收指令（RCV），可以通过指令指定的通信指定端口（PORT）接收信息并存储于接收数据缓冲区（TBL）中，接收完成时也将产生一个中断事件，数据缓冲区的第一个数据指明了接收的字节数。

(2) 自由端口模式解释。CPU 的串行通行接口可以由用户程序控制，这种操作模式称为自由端口模式。在自由端口模式下，通信协议完全由用户程序控制，亦即当选择了自由端口模式时，梯形图程序可以使用接收完成中断、字符接收中断、发送完成中断、发送指令和接收指令来控制通信过程。

CPU 处于 STOP 模式时，自由端口模式被禁止，CPU 重新建立使用其他协议的通信，例如与编程设备的通信。只有当 CPU 处于 RUN 模式时，才能使用自由端模式。通过将 SMB30 或 SMB130 的协议选择域置 1，可以将通信端口设置为自由端口模式，见表 9 - 11 所示。处于该模式时，不能与编程设备通信。

表 9 - 11　　　　　　　　　特殊存储器字节 SMB30 和 SMB130

端口 0	端口 1	描述自由端口模式的控制字节
SMB30 的格式	SMB130 的格式	MSB　　　　　　　　　　　　　LSB p p d b b b m m
SM30.6 和 SM30.7	SM130.6 和 SM130.7	PP：奇偶校验选择 00=不校验，01=偶校验 10=不校验，11=奇校验
SM30.5	SM130.5	d：每个字符的数据位，0=8 位/字符，1=7 位/字符
SM30.2～SM30.4	SM130.2～SM130.4	bbb：自由端口的波特率（bit/s） 000=38400，001=19200，010=9600，011=4800 100=2400，101=1200，110=115.2k，111=57.6k
SM30.0～SM30.1	SM130.0～SM130.1	mm：协议选择 00=PPI/从站模式，01=自由端口协议 10=PPI/主站模式，11=保留 （默认设置为 PPI/从站模式）

　　可以用反映 CPU 模块上的工作方式开关的特殊存储器位 SM0.7 来控制自由端口模式的进入。当 SM0.7 为 1 时，方式开关处于 RUN 位置，可以选择自由端口模式；当 SM0.7 为 0 时，方式开关处于 TERM 位置，应选择 PC/PPI 协议模式，以便于用编程设备监视或控制 CPU 模块的操作。

　　SMB30 用于设备端口 0 通信的波特率和奇偶校验等参数。CPU 模块如果有两个端口，SMB130 用于端口 1 的设置。当选择代码 mm＝10（PPI/主站），CPU 成为网络的一个主站，可以执行 NETR 和 NETW 指令，在 PPI 模式下忽略 2～7 位。

　　（3）获取与设置通信口地址指令。获取通信口地址指令 GPA（Get Port Address）指令用来读取 PORT 制定的 CPU 口的站地址，并将数值放入 ADDR 指定的地址中。

　　设置通信口地址指令 SPA（Set Port Address）指令用来将通信口站地址（PORT）设置为 ADDR 指定的数值。新地址不能永久保存，断电后又上电，通信口地址仍将恢复为上次的地址值。指令格式如图 9－3 所示。

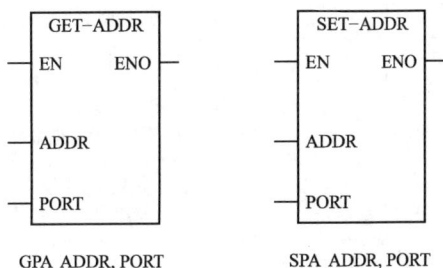

图 9－3　获取/设置通信口地址指令

　　（4）使用 RCV 指令时参数的设置。使用 RCV 指令时，允许选择报文开始和报文结束的条件。SMB86～SMB94 用于端口 0，SMB186～SMB194 用于端口 1，详见表 9－12。应该注意的是当接收信息缓冲区越界或奇偶校验错误时，接收信息功能会自动终止。所以必须为接收信息功能操作定义一个启动条件和结束条件。

表 9－12　　　　　　特殊存储器字节 SMB86～SMB94，SMB186～SMB194

端口 0	端口 1	描　述
SMB86	SMB186	接收信息状态字节 7　　　　　　　　　　　　　　　　　　　　　　0 | n | r | e | 0 | 0 | t | c | P | n：1＝用户通过禁止命令结束接收信息 r：1＝接收信息结束：输入参数错误或缺少起始和结束条件 e：1＝收到结束字符 t：1＝接收信息结束：超时 c：1＝接收信息结束：字符数超长 p：1＝接收信息结束：奇偶校验错误
SMB87	SMB187	接收信息控制字节 7　　　　　　　　　　　　　　　　　　　　　　0 | en | sc | ec | il | c/m | tmr | bk | 0 | en：0＝禁止接收信息功能 　　　1＝允许接收信息功能 每次接收 RCV 指令时检查允许/禁止接收信息位 sc＝0 忽略 SMB88 或 SMB188 　　1＝使用 SMB88 或 SMB188 的值检测起始信息 ec＝0 忽略 SMB89 或 SMB189 　　1＝使用 SMB89 或 SMB189 的值检测结束信息 il＝0 忽略 SMB90 或 SMB190 　　1＝使用 SMB90 或 SMB190 的值检测空闲状态

续表

端口 0	端口 1	描　　　述
SMB87	SMB187	c/m＝0 定时器是内部字符定时器 1＝定时器是信息定时器 tmr：0＝忽略 SMW92 或 SMW192 1＝当执行 SMW92 或 SMW192 时终止接收 bk：0＝忽略中断条件 1＝使用中断条件来检测起始信息 信息的中断控制字节位用来定义识别信息的标准
SMB88	SMB188	信息字符的开始
SMB89	SMB189	信息字符的结束
SMB90 SMB91	SMB190 SMB191	空闲线时间段按毫秒设定。空闲线时间溢出后接收的第一个字符是新的信息的开始字符。 SMB90（或 SMB190）是最高有效字节，SMB91（或 SMB191）是最低有效字节
SMB92 SMB93	SMB192 SMB193	空闲线时间段按毫秒设定。空闲线时间溢出后接收的第一个字符是新的信息的开始字符。 SMB92（或 SMB192）是最高有效字节，SMB93（或 SMB193）是最低有效字节
SMB94	SMB194	要接收的最大字符数（1 到 255 字节） 注：这个范围必须设置到所希望的最大缓冲区大小，即使信息的字符数始终达不到

接收指令支持的启动条件有多种，其中 il＝1 表示检测空闲状态，sc＝1 表示检测报文的起始字符，bk＝1 表示检测 break 条件，SMW90 或 SMW190 中是以 ms 为单位的空闲线时间。以下几种判别报文起始条件的方法。

1）空闲线检测：IL＝1，SC＝0，BK＝0，SMW90 或 SMW190＞0。在该方式下，从执行 RCV 指令开始，在传输线空闲的时间大于等于 SMW90SMW190 中设定的时间之后接收的第一个字符作为新报文的起始字符。

2）起始字符检测：IL＝0，SC＝1，BK＝0，忽略 SMW90 或 SMW190。以 SMB88 中的起始字符作为接收到的报文开始的标志。

3）BREAK 检测：IL＝0，SC＝0，BK＝1，忽略 SMW90 或 SMW190。以接收到的 BREAK 作为接收报文的开始。

4）对通信请求的响应：IL＝1，SC＝0，BK＝0，SMW90 或 SMW190＝0（设置的空闲线时间为 0）。执行 RCV 指令后就可以接收报文。若使用报文超时定时器（c/m＝1），它从 RCV 指令执行后开始定时，时间到时强制性的终止接收。若在定时期间没有接收到报文或只接收到部分报文，则接收超时，一般用它来终止没有响应的接收过程。

5）BREAK 和一个起始字符：IL＝0，SC＝1，BK＝1，忽略 SMW90 或 SMW190。以接收到的 BREAK 之后的第一个起始字符作为接收信息的开始。

6）空闲线和一个起始字符：IL＝1，SC＝1，BK＝0，SMW90 或 SMW190＞0。以空闲线时间结束后接收的第一个起始字符作为接收信息的开始。

7）空闲线和起始字符（非法）：IL＝1，SC＝1，BK＝0，SMW90 或 SMW190＝0。除了以起始字节作为报文开始的判据外（SC＝1），其他的特点与（4）相同。

SMB87.3/SMB187.3＝0 时，SMW92/SMW192 为字符间超时定时器，为 1 时为报文超时定时器。字符间超时定时器用于设置接收的字符间的最大间隔时间。只要字符间隔时间小于该设定时间，就能接收到所有信息，而与整个报文接收时间无关。

报文超时定时器用于设置最大接收信息时间，除 4 和 7 中所述特殊情况外，其他情况下在接收到第一个字节后开始定时，若报文接收时间大于该设置时间，将强制终止接收，不能接收到全部信息。

上述两种定时器的定时时间到时均强制结束接收，在 SMB86/SMB186 中都表现为接收超时。

接收结束条件可以用逻辑表达式表示为：结束条件＝EC＋TMR＋最大字符数，即在接收到结束字节、超时或接收字符超过最大字符数时，都会终止接收。另外，在出现奇偶校验错误（如果允许）或其他错误的情况下，也会强制结束接收。

三、USS 通信指令

变频器具有调节范围宽、精度高、可靠性高、效率高、操作方便和便于与其他智能设备通信等优点，在工业控制中的应用越来越广泛。如果 PLC 通过通信来监控变频器，具有接线少，传送信息量大，可以连续地对多台变频器进行控制，还可以通过修改变频器的参数，实现多台变频器的联动控制和同步控制。

使用 USS 通信指令，用户程序可以通过子程序调用的方式实现 S7-200PLC 和西门子的 MicroMaster 变频器之间的通信，编程的工作量很小。

将 USS 通信指令置于用户程序中，经编译后自动将一个或多个子程序和 3 个中断程序添加到用户程序中。另外用户需要将一个 V 存储器地址分配给 USS 全局变量表的第一个存储单元，从这个地址开始，以后连续的 400 个字节的 V 存储器将被 USS 指令使用，不能用作它用。

当使用 USS 指令进行通信时，只能使用通信口 0，而且 0 口不能用作它用，包括与编程设备的通信或自由通信。

使用 USS 指令对变频器进行控制时，变频器的参数应做适当的设定。

USS 通信指令包括：

（1）初始化指令 USS_INIT，用于允许、初始化或禁止 MicroMaster 变频器的通信。在执行其他 USS 指令之前，必须先成功地执行 USS_INIT。

（2）控制变频器指令 USS_CTRL，用于控制处于激活状态的 MicroMaster 变频器，每台变频器只能使用一条这样的指令。

（3）读取变频器参数的指令 USS_RPM_W（D、R），用于读取变频器的一个无符号字、一个无符号双字和一个实数类型的参数。

（4）改写变频器参数的指令 USS_WPM_W（D、R），用于向变频器写入一个无符号字、一个无符号双字和一个实数类型的参数。

第七节　自由端口模式下计算机与 PLC 的通信

S7-200CPU 拥有自由口通信能力。自由口通信是建立在 RS-485 硬件基础上的一种通信方式，它允许用户自己定义一些简单、基本的通信协议设置，如数据长度，奇偶校验等。灵活运用自由口，可以实现比较复杂的通信功能，以适应各种通信协议。处于自由口通信模式时，通信功能完全由用户程序控制，所有的通信任务必须由用户编程完成。信息的完成完全由用户制定。自由端口模式为计算机或其他有串行通信接口的设备与 S7-200 CPU 之间的通信提供了一种廉价和灵活的方法。下面主要介绍使用 PC/PPI 电缆连接计算机与 PLC 模块时在自由端口模式下的编程应该注意的几个问题。

一、电缆切换时间处理

如果使用 PC/PPI 电缆，在通信时应考虑电缆的切换时间。S7 - 200C 接收到 RS - 232 设备的请求报文后，到它发送响应报文的延迟时间必须大于等于电缆的切换时间。

二、异或检验

提高通信可靠性措施之一，用得较多的是异或检验，即将每一帧中的第一个字符（不包括起始字符）到该帧中正文的最后一个字符作异或运算，并将异或的结果（异或检验码）作为报文的一部分发送到接收端。接收方计算接收到数据的异或检验码并与之比较来判断通信是否有误。下面举例予以说明。

试设计计算异或检验码的子程序 FCS。

首先创建子程序 FCS 的局部变量表，如表 9 - 13 所示。

表 9 - 13 子程序 FCS 的局部变量表

名称	变量类型	数据类型	注　释
PNT	IN	DWCRD	数据区首地址指针
NUMB	IN	BYTE	数据区字节数（字节型）
NUMI	TEMP	INT	数据区字节数（整形）
TEMPI	TEMP	INT	循环变量
XORC	OUT	BYTE	异或检验码

子程序的输入变量为需异或校验的数据区地址指针 PNT 和需校验的数据字节 NUMB，输出变量为校验码 XORC，程序如下。

```
//求异或校验码的子程序 FCS
LD SM0.0
MOVB 0,#XORC            //异或值清零
BTI#NUMB,#NUMI          //输入的字节数转换为整数
FOR#TEMPI,+1,#NUMI
LD SM0.0
XORB*#PNT,#XORC         //异或运算
INCD#PNT               //指针值加 1
NEXT
```

三、防止结束字符与数据字符混淆

因为报文的结束字符只有 8 位，接收到的报文数据区内出现与结束字符相同的数据字符的几率很大，它们可能会与结束字符混淆，使报文的接收提前结束。可以在发送前对数据作某种处理，例如选择结束字符为某些特殊的值，将数据字符转换为 BCD 码或 ASCII 码后再发送，接收方收到后将数据字符还原为原来的数据格式，这样可以避免出现上述的情况，但是会增加编程的工作量和数据传送的时间。

接收字符中断可以对收到的每一个字符进行判断或处理，也能解决数据字符与结束字符混淆的问题。例如发送方在报文中提供发送的数据字符的字节数，接收方在字符中断程序中

对接收到的数据字符计数，据此来判断是否应停止接收报文。不过，采用这种方式会增加中断程序的处理量和中断处理的时间。

本 章 小 结

本章在介绍计算机网络概述、数据通信方式的基础上主要讲述了西门子公司 S7 - 200 系列 PLC 与 PC 的通信、S7 - 200 的通信方式和协议、现场总线技术、S7 - 200 的通信指令以及自由端口模式下计算机与 PLC 的通信。通过本章的学习应该了解通信的基本概念和术语，熟悉掌握 S7 - 200 PLC 的通信协议等相关知识。

PLC 利用自身的通信联网功能使 PLC 与 PLC 之间、PLC 与上位计算机之间以及其他智能设备之间能够交换信息，形成一个统一的整体，实现分散集中控制。因此，对于一个自动化工程（特别是中大规模控制系统）来讲，PLC 的通信功能选择是非常重要的。

习　　　题

1. 简述 RS - 232C、RS - 422 和 RS - 485 在原理、性能上的区别。
2. 异步通信中为什么需要起始位和停止位？
3. 如何实现 PC 与 PLC 的通信？有几种互联方式？
4. 试说明 FX 或 S7 - 200 或 CPM1A 系列 PLC 与 PC 实现通信的原理。
5. 通过对三菱、西门子和欧姆龙 PLC 网络的比较，说明 PLC 网络的特点。
6. PLC 网络中常用的通信方式有哪几种？
7. 现场总线有哪些优点？

第十章 MCGS 组态软件设计及其应用

过去工业控制计算机系统的软件功能都靠软件人员编程实现。工作量大、软件通用性差，且易产生错误。随着工业控制要求的不断提高，专门用于工业控制的组态软件应运而生，它是一套功能齐全的组态生成工具软件，通用性强，而且系统的执行程序代码部分一般固定不变，为适应不同的应用对象只需改变数据实体即可。目前国内外有很多公司开发出不少优秀产品，如 Intellution 公司的 Fix，Ci 公司的 Citect，清华紫光的组态王等。MCGS 是众多监控软件中的一种，它具有许多优点，可用于任何监控系统，本章对此加以介绍。

第一节 MCGS 组态软件介绍

MCGS 即"监视与控制通用系统"，英文全称为 Monitor and Control Generated System。它为用户提供了解决实际工程问题的完整方案和开发平台，能够完成现场数据采集、实时和历史数据处理、报警和安全机制、流程控制、动画显示、趋势曲线和报表输出以及企业监控网络等功能。

使用 MCGS 时，用户无须具备计算机编程的知识，就可以在短时间内轻而易举地完成一个运行稳定、功能全面、维护量小并且具备专业水准的计算机监控系统的开发工作。

MCGS 具有操作简便、可视性好、可维护性强、高性能、高可靠性等突出特点，已成功应用于石油化工、钢铁行业、电力系统、水处理、环境监测、机械制造、交通运输、能源原材料、农业自动化、航空航天等领域，经过各种现场的长期实际运行，系统稳定可靠。

MCGS 组态软件所建立的工程由主控窗口、设备窗口、用户窗口、实时数据库和运行策略 5 部分构成，每一部分分别进行组态操作，完成不同的工作，具有以下不同的特性。

(1) 主控窗口：是工程的主窗口或主框架。在主控窗口中可以放置一个设备窗口和多个用户窗口，负责调度和管理这些窗口的打开或关闭。主要的组态操作包括：定义工程的名称，编制工程菜单，设计封面图形，确定自动启动的窗口，设定动画刷新周期，指定数据库存盘文件名称及存盘时间等。

(2) 设备窗口：是连接和驱动外部设备的工作环境。在本窗口内配置数据采集与控制输出设备，注册设备驱动程序，定义连接与驱动设备用的数据变量。

(3) 用户窗口：本窗口主要用于设置工程中人机交互的界面，诸如生成各种动画显示画面、报警输出、数据与曲线图表等。

(4) 实时数据库：是工程各个部分的数据交换与处理中心，它将 MCGS 工程的各个部分连接成有机的整体。在本窗口内定义不同类型和名称的变量，作为数据采集、处理、输出控制、动画连接及设备驱动的对象。

（5）运行策略：本窗口主要完成工程运行流程的控制。包括编写控制程序和选用各种功能构件等，如数据提取、定时器、配方操作、多媒体输出等。

第二节　MCGS 组态软件特点

与国内外同类产品相比，MCGS5.1 组态软件具有以下特点。

（1）全中文、可视化、面向窗口的组态开发界面，符合我国用户的使用习惯和要求，可运行于 Microsoft Windows95/98/Me/NT/2000 等多种操作系统。

（2）庞大的标准图形库、完备的绘图工具以及丰富的多媒体支持，使您能够快速地开发出集图像、声音、动画等于一体的漂亮、生动的工程画面。

（3）全新的 ActiveX 动画构件，包括存盘数据处理、条件曲线、计划曲线、相对曲线、通用棒图等，使您能够更方便、更灵活地处理、显示生产数据。

（4）支持目前绝大多数硬件设备，同时可以方便地定制各种设备驱动；此外，独特的组态环境调试功能与灵活的设备操作命令相结合，使硬件设备与软件系统间的配合天衣无缝。

（5）简单易学的类 Basic 脚本语言与丰富的 MCGS 策略构件，使用户能够轻而易举地开发出复杂的流程控制系统。

（6）强大的数据处理功能，能够对工业现场产生的数据以各种方式进行统计处理，使您能够在第一时间获得有关现场情况的第一手数据。

（7）方便的报警设置、丰富的报警类型、报警存储与应答、实时打印报警报表以及灵活的报警处理函数，使您能够方便、及时、准确地捕捉到任何报警信息。

（8）完善的安全机制，允许用户自由设定菜单、按钮及退出系统的操作权限。此外，MCGS 5.1 还提供了工程密码、锁定软件狗、工程运行期限等功能，以保护组态开发者的成果。

（9）强大的网络功能，支持 TCP/IP、Modem、485/422/232，以及各种无线网络和无线电台等多种网络体系结构。

（10）良好的可扩充性，可通过 OPC、DDE、ODBC、ActiveX 等机制，方便地扩展 MCGS 5.1 组态软件的功能，并与其他组态软件或自行开发的软件进行连接。

（11）提供了 WWW 浏览功能，能够方便地实现生产现场控制与企业管理的集成。在整个企业范围内，只使用 IE 浏览器就可以在任意一台计算机上方便地浏览与生产现场一致的动画画面，实时和历史的生产信息，包括历史趋势和生产报表等，并提供完善的用户权限控制。

第三节　MCGS 组态软件应用

MCGS 在实际中应用非常广泛，本节以机械手控制系统为例，具体介绍 MCGS 组态软件的应用。

有如下控制要求：有一台西门子 S7 - 200 系列 PLC 控制的机械手的电气控制系统，要求机械手左行、右行、上行、下行、夹紧和放松动作，现设计其组态监控画面。

参考的监控画面设计如图 10-1 所示。画面中画出了机械手的简单示意图，并设计了 6 个指示灯，代表机械手的左、右、上、下、夹紧和放松等动作。运行时，指示灯应随动作变化作相应指示。画面中还设计了两个状态指示灯，代表启动按钮和复位按钮的状态。当按下机械手上的启动和复位按钮，它们将进行相应的指示。

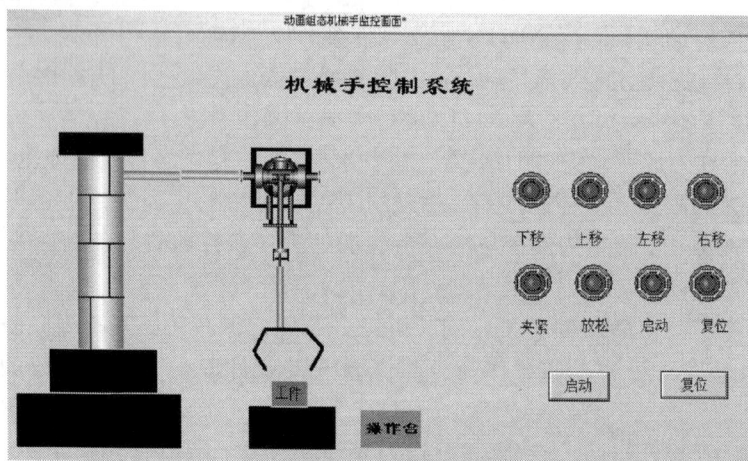

图 10-1　监控画面

下面来具体介绍一下组态设计的具体过程。

一、工程画面的制作

画面设计分工程的建立、画面建立、画面编辑、动画连接几个步骤。

（1）工程的建立。开机后，可按如下步骤建立工程：

1）首先双击桌面上的 MCGS 组态环境图标，进入组态环境，出现如图 10-2 所示画面。屏幕中间窗口为工作台。

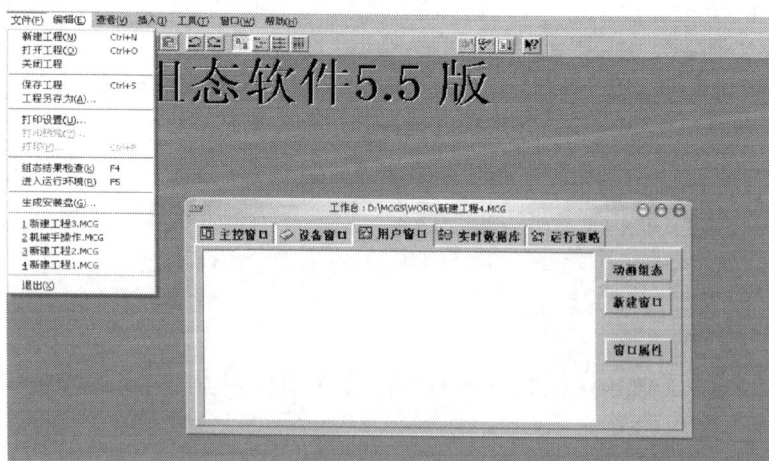

图 10-2　工作台窗口

2）单击"文件"菜单，弹出下拉菜单，单击"新建工程"，如图 10-3 所示。

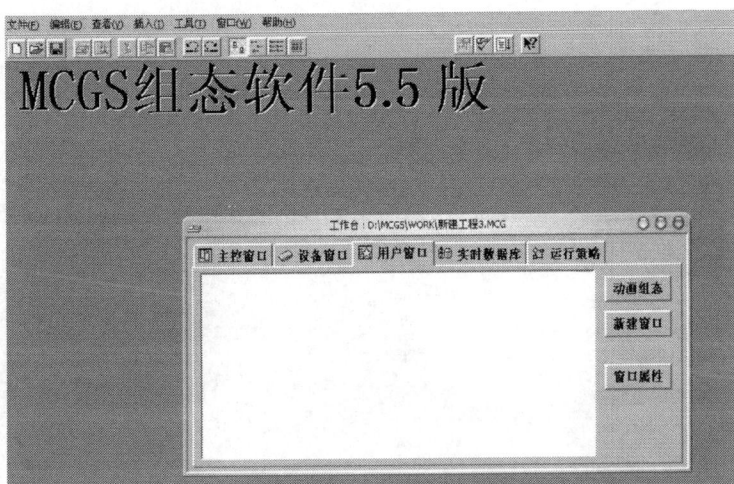

图 10-3　新建工程

3) 单击"文件"菜单，弹出下拉菜单，单击"工程另存为"，弹出文件保存窗口，如图 10-4所示。

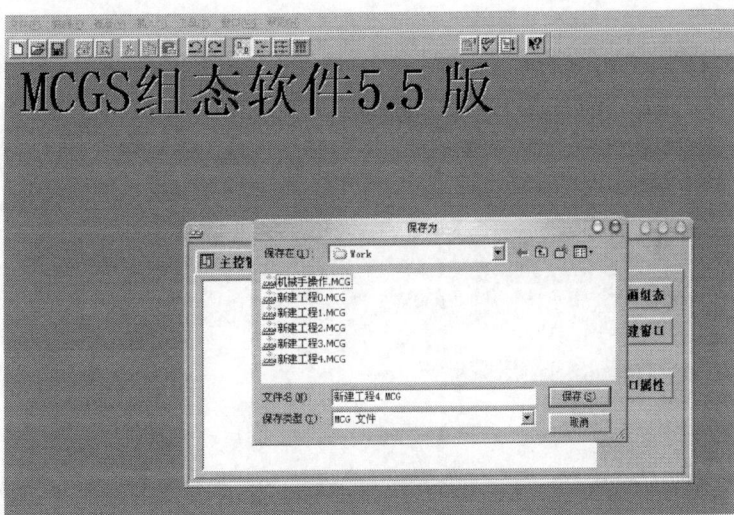

图 10-4　输入工程名

4) 在文件名一栏内输入工程名，如"机械手控制系统"，单击"保存"按钮，工程建立完毕。

(2) 画面的建立，步骤如下。

1) 单击屏幕左上角的"文件"，单击"新建工程"。

2) 单击"用户窗口"选项卡，进入"用户窗口"页。

3) 单击右侧"新建窗口"按钮，出现"窗口 0"图标，如图 10-5 所示。

4) 单击"窗口属性"按钮，弹出"用户窗口属性设置"窗口，如图 10-6 所示。

5) 在"基本属性"页的"窗口名称"栏内填入"机械手监控画面"，"窗口位置"选"最

图 10-5 新建窗口

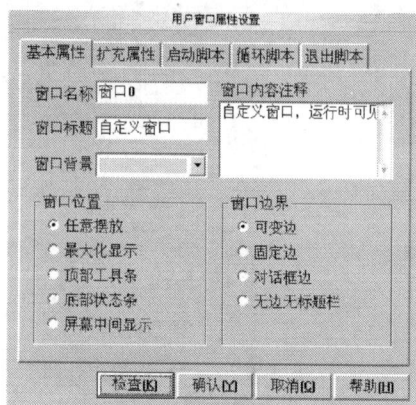

图 10-6 设置用户窗口的属性

大化显示",其他不变。单击"确认"按钮,关闭窗口。

6) 观察"工作台"的"用户窗口","窗口 0"图标已变为"机械手监控画面",选中"机械手监控画面",右击,弹出下拉菜单,选中"设置为启动窗口",如图 10-4 所示。则当 MCGS 运行时,将自动加载该窗口。

7) 单击"保存"按钮。

(3) 画面的编辑。MCGS 提供了基本绘图工具,如画线、画矩形等,同时也提供了元件库,用于画较复杂但常用的元件图形。画面编辑不过是利用这些工具,对它提供的这些图形对象(线、矩形、元件等)进行组态而已,本系统画面设计可参考图 10-7 所示。

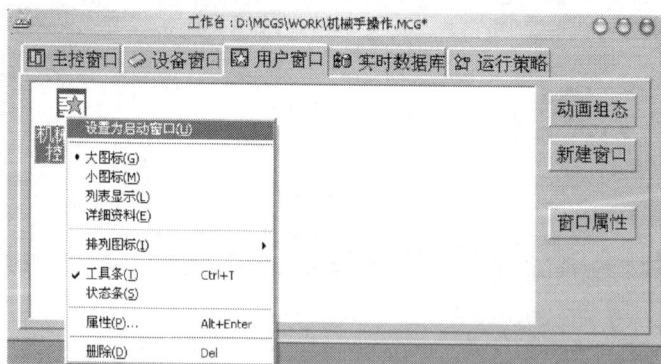

图 10-7 设置后的用户窗口图标及设置启动窗口

1) 进入画面编辑环境。

① 在"用户窗口"中,选中"机械手监控画面",单击右侧"动画状态"按钮(或双击"机械手监控画面"),进入动画组态窗口,如图 10-7 所示。下面就可以在这个窗口里编辑自己的画面了。

② 单击工具箱图标,弹出绘图工具箱,如图 10-8 所示。

2) 输入文字"机械手控制系统"。

图 10-8　进入画面编辑环境

　　① 单击绘图工具箱中的"标签"按钮 **A**，挪动鼠标光标，此时呈"十字"形。在窗口上中部某位置按住鼠标左键并拖拽出一个一定大小的矩形（文本框），松开鼠标。

　　② 在文本框内光标闪烁位置输入"机械手控制系统"，按回车键，如图 10-9 所示。

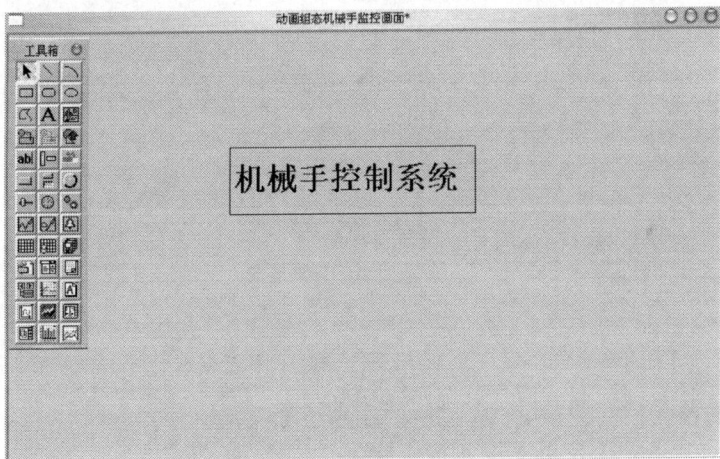

图 10-9　输入和编辑文字

　　③ 在窗口任意空白位置单击鼠标，结束文字输入。

　　④ 如果文字输错了或输入的文字的字形、字号、颜色、位置等不满意，可进行如下的操作。

　　⑤ 鼠标单击已输入的文字，在文字周围出现了许多小方块（称为拖曳手柄），表明文本框被选中，可对其进行编辑了。注意对任何对象的编辑都要先选中，再编辑。

　　⑥ 单击右键弹出下拉菜单，选择"改字符"。

　　⑦ 在文本框中输入正确的文字，按回车键。

　　⑧ 单击窗口上方工具栏中的"填充色"按钮，弹出填充颜色菜单，选择"没有填充"。

　　⑨ 单击"线色"按钮，弹出线颜色菜单，选择"没有边线"。

　　⑩ 单击"字体"按钮 **A²**，弹出字体菜单，设置：字体—隶书，字体样式—粗体，大小—1

号。选择完单击"确认"按钮。

⑪ 单击"字体颜色"按钮，弹出字体颜色菜单，选择"蓝色"。

⑫ 单击"字体位置"按钮，弹出左对齐、居中、右对齐3个图标，选择"居中"。注意这里的居中是指文字在文本框内左右、上下位置居中。

⑬ 如果文字的整体位置不理想，可按下键盘的光标移动键，或按住鼠标左键拖曳，直至位置合适，再松开鼠标。

⑭ 如果觉得文本框太大或太小，可同时按住 Shift 键和上下左右键中的一个；或移动鼠标到小方块位置，待光标呈纵向或横向或斜向"双箭头"形，即可按住左键拖曳，改变文本框大小直至满意。

⑮ 鼠标单击窗口其他任意空白位置，结束文字编辑。

⑯ 若需要删除文字，只要用鼠标选中文字，按 del 键。

⑰ 想恢复刚刚被删除的文字，单击"撤销"按钮。

⑱ 单击"保存"按钮。

其他图形的绘制和编辑方法与文字类型。

3）画地平线。

① 单击绘图工具箱中"画线"工具按钮，挪动鼠标光标，此时呈十字形。在窗口适当位置按住鼠标左键并拖曳出一条一定长度的直线。

② 单击"线色"按钮，选择"黑色"。

③ 单击"线形"按钮，选择合适的线形。

④ 调整线的位置。

⑤ 调整线的长短。

⑥ 调整线的角度。

⑦ 线的删除和文字删除差不多。

⑧ 单击"保存"按钮。

4）画矩形。

① 单击绘图工具箱中的"矩形"工具按钮，挪动鼠标光标，此时呈"十字"形，在窗口适当位置按住鼠标左键并拖曳出一个一定大小的矩形。

② 单击窗口上方工具栏中的"填充色"按钮，选择"蓝色"。

③ 单击"线色"按钮，选择"没有边线"。

④ 调整位置（按键盘上下左右键，或按住鼠标左键拖曳）。

⑤ 调整大小（同时按键盘的 Shift 键和上下左右键中的一个）；或移动鼠标，待光标呈横向或纵向或斜向"双箭头"形，按住左键拖曳。

⑥ 单击窗口其他任何一个空白地方，结束第一个矩形的编辑。

⑦ 依次画出机械手画面9个矩形部分（7个蓝色，2个红色）。

⑧ 单击"保存"按钮。

5）画机械手。

① 单击绘图工具箱中的"插入元件"工具按钮，弹出"对象元件库管理"窗口。

② 双击窗口左侧"对象元件列表"中的"其他"，展开该列表项，单击"机械手"，右侧窗口出现如图 10-10 所示机械手图形。

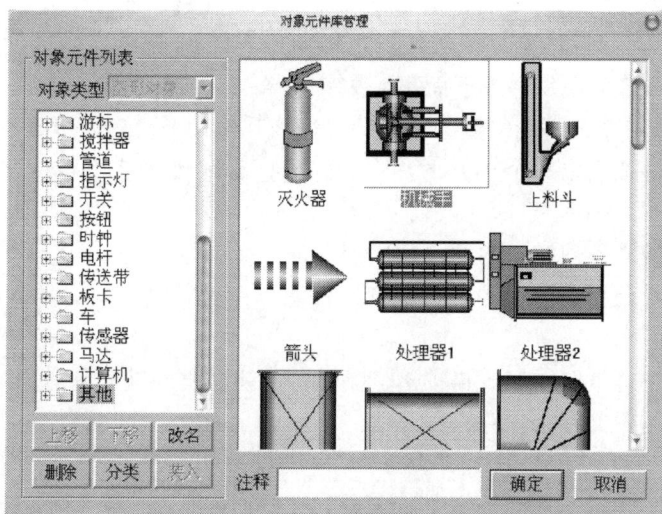

图 10-10　机械手图形

③ 单击右侧窗口内的机械手，图形外围出现矩形，表明该图形被选中，单击"确定"按钮。

④ 机械手控制画面窗口中出现机械手的图形。

⑤ 在机械手被选中的情况下，单击"排列"菜单，选择"旋转"/"右旋 90 度"使机械手旋转 90 度。

⑥ 调整位置和大小。

⑦ 在机械手上面输入文字标签"机械手"。

⑧ 单击"保存"按钮。

6）画机械手左侧和下方的滑杆。

利用"插入元件"工具，选择"管道"元件库中的"管道 95"和"管道 96"如图 10-11 所示，分别画两个滑杆，将大小和位置调整好。

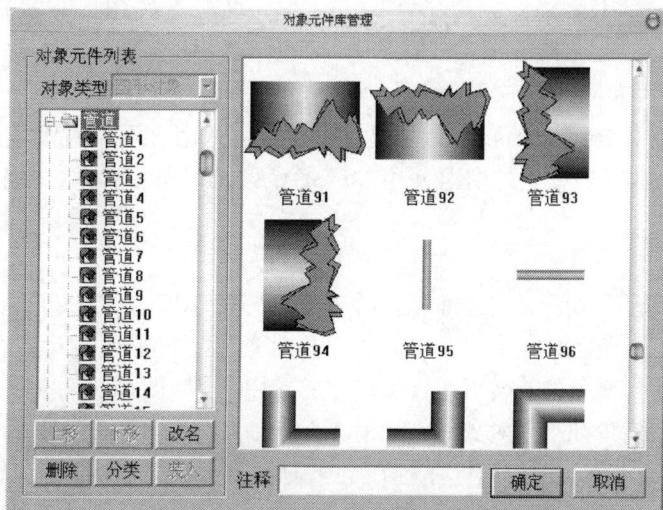

图 10-11　管道工具图

7）画指示灯。需要启动、复制、上、下、左、右、夹紧、放松8个指示灯显示机械手的工作状态，指示灯可以用画圆工具绘制，也可使用 MCGS 元件库中提供的指示灯，这里选择"指示灯5"。画好后在每一个下面写上文字注释。

绘制时可先画好一个，再用复制、粘贴的方法画其他几个。具体步骤如下。

① 按住鼠标左键拖动出一个正方形，将画好的指示灯和文字注释包含在里面，可选中多个对象。

② 松开鼠标左键，发现被选中的对象周围出现许多小方块。

③ 如果选中的对象不是需要的，可在窗口任意空白处单击左键，原来被选中的对象取消，重新选择即可。

④ 单击工具栏"拷贝"按钮，再单击"粘贴"按钮，出现被复制对象。

⑤ 调整位置，编辑文字，保存设置。

8）画按钮。

① 单击画图工具箱的"标准按钮"▱工具，在画面中画出一定大小的按钮。

② 调整其大小和位置。

③ 鼠标双击该按钮，弹出"标准按钮构件属性设置"窗口，如图 10-12 所示。

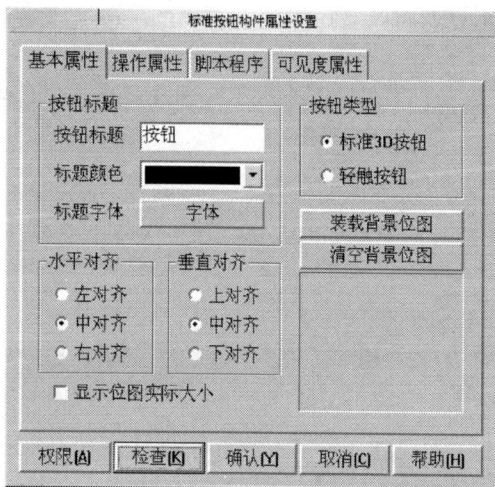

图 10-12　标准按钮构件属性设置窗口

④ 在"基本属性"页设置如下。

"按钮标题"栏：启动按钮；

"标题颜色"栏：黑色；

"标题字体"栏：隶书、规则、五号；

"水平对齐"栏：中对齐；

"垂直对齐"栏：中对齐；

"按钮类型"栏：标准 3D 按钮。

⑤ 单击"确认"按钮。

⑥ 对画好的按钮进行复制、粘贴，调整新按钮的位置。

⑦ 双击新按钮，在"基本属性"页将"按钮标题"改为"复位按钮"。

⑧ 单击"保存"按钮。

9）多格图形对象的排列。图形绘制完成后，常常感觉用上下左右键或鼠标左键调整多个图形对象的位置，很不方便，这时可使用 MCGS 的"编辑条"工具。"编辑条"工具的图标是▱。

编辑步骤如下。

① 单击"编辑条"图标，在工具栏出现辅助工具条。MCGS 提供了20余种编辑工具，以图标形式显示在工具条上，包括"左对齐"、"右对齐"，"置于顶层"，"右旋90度"等工具。刚才对机械手图形对象的旋转可用这里的"右旋90度"图标。例如"左对齐"是指将当前选中的多个图形对象和当前对象的左边对齐。

② 选中多个图形对象。按住鼠标左键在上面的4个指示灯周围拖出一个方框，松开鼠标，即可将框内包含的所有图形对象选中。选中的对象周围会出现多个小方块。也可按住 shift 键，依次单击待选对象，全部选中后，松开 Shift 键。

③ 选择当前对象。在选中的对象中，有一个对象的小方块是黑色的，这个对象就是当前对象。当多个对象被选中时，单击某个对象，那个对象的小方块就变黑，成为当前对象。如果希望与下移指示灯的底边对齐，则单击下移指示灯，将其变为当前对象。

④ 进行位置调整。单击辅助工具条中的"与底边界对齐"按钮，会发现4个指示灯的底边对齐了。其他的调整与此类似。

（4）动画连接。

画面编辑好以后，需要将画面与前面定义的数据对象即变量关联起来，以便运行时，画面上的内容能随变量变化。例如当机械手做下移动作时，下移指示灯应亮，否则就灭。甚至可以运行时让机械手在画面上动起来，像动画一样逼真的模拟其动作。将画面上的对象与变量关联的过程叫动画连接。下面介绍如何对按钮和指示灯进行动画连接。

1）按钮的动画连接。

① 双击"启动按钮"，弹出"属性设置"窗口，单击"操作属性"窗口，单击"操作属性"选项卡，显示该页，如图10-13所示，选中"数据对象操作"。

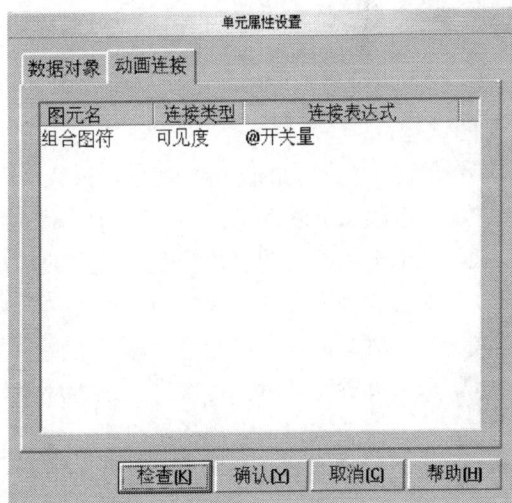

② 单击第一个下拉列表框的倒三角按钮，弹出按钮动作下拉菜单，单击"取反"。

③ 单击第二个下拉列表框的问号按钮，弹出当前用户定义的所有数据对象列表，双击"启动按钮"。

④ 用同样的方法建立复位按钮与对应变量之间的动画连接。单击"保存"按钮。

现在这两个按钮已和对应的变量建立了关系。"取反"的意思是：如果变量"启动按钮"初始值为0，则在画面上单击按钮，变量值变为1；再单击，值变为0。这和在机械手上操作sb1和sb2的效果完全相同。

2）指示灯的动画连接。

① 双击启动指示灯，弹出"单元属性设置"窗口。

② 单击"动画连接"选项卡，进入该页，如图10-14所示。

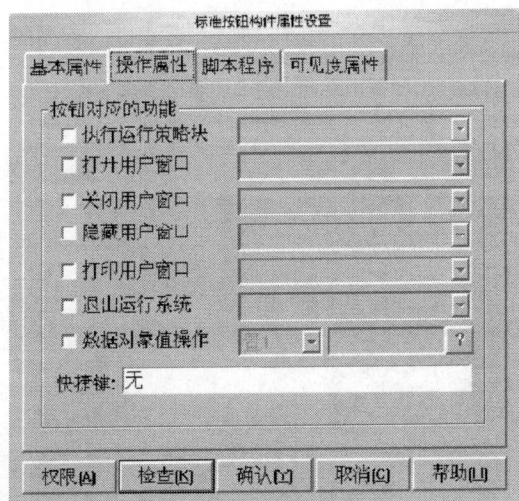

图 10-13　数据对象操作　　　　　　图 10-14　指示灯动画连接1

③ 单击"组合图符"，出现"?"和">"按钮。

④ 单击">"按钮，弹出"动画组态属性设置"窗口。单击"属性设置"选项卡，进

入该页，如图 10-15 所示。

⑤ 选中"可见度"，其他项不选。

⑥ 单击"可见度"选项卡，进入该页，如图 10-16 所示。

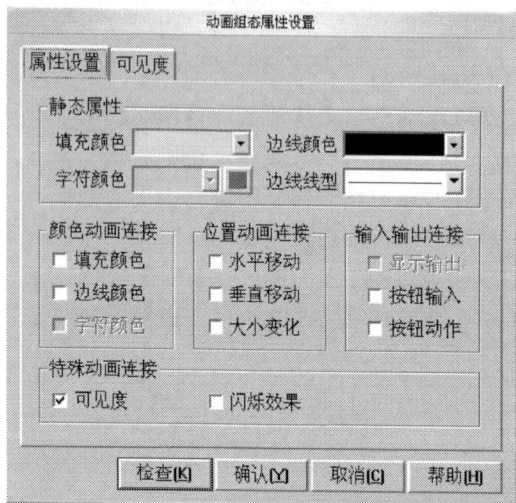

图 10-15　指示灯动画连接 2

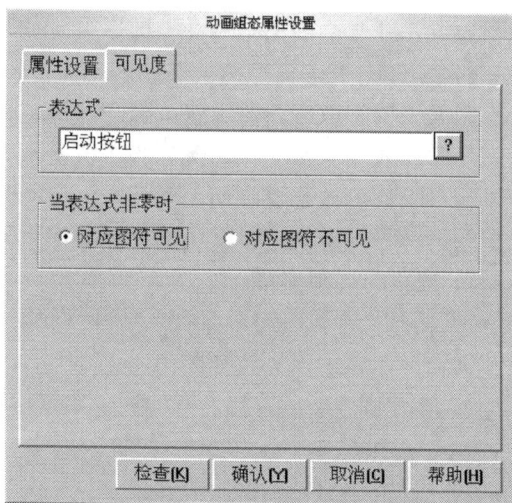

图 10-16　指示灯动画连接 3

⑦ 在"表达式"一栏，单击"?"按钮，弹出当前用户定义的所有数据对象列表，双击"启动按钮"。

⑧ 在"当表达式非零时"一栏，选择"对应图符可见"，如图 10-13 所示。

⑨ 单击"确认"按钮，退出"可见度"设置页。

⑩ 单击"确认"按钮，退出"单元属性设置"窗口，结束启动指示灯的动画连接。

⑪ 单击"保存"按钮。

经过这样的连接，当按下机械手或画面上的启动按钮后，不但相应变量的值会改变，相应指示灯也会出现亮灭的改变。为了观察这个过程，更为了检查动画连接是否正确，可进行下面的试运行。

⑫ 单击工具栏上的运行按钮▣，进入 MCGS 运行环境。

⑬ 单击画面上的启动按钮，对应的指示灯应该亮。

⑭ 再单击画面上的启动按钮，对应的指示灯应该灭。

⑮ 单击屏幕下方的"MCGS 组态环境"图表，从运行环境切换回组态环境。

⑯ 依次对其他指示灯进行设置，仿照步骤①～⑪。

⑰ 全部设置完毕后，再次进入运行环境，仿照步骤⑫～⑮。

⑱ 单击启动按钮，启动指示灯亮；再单击，灯灭。此时由于其他变量都进行了自己的动画连接，将不再随启动按钮动作。

（5）简单程序的编写。

系统要求具有如下功能；

按下启动按钮 SB1 后，机械手下移 5s→夹紧 2s→上升 5s→右移 10s→下移 5s→放松 2s→上移 5s→左移 10s，最后回到原始位置，自动循环。

松开启动按钮 SB1，机械手停在当前位置。

按下复位按钮 SB2，机械手在完成本次操作后，回到原始位置，然后停止。

松开复位按钮 SB2，退出复位状态。

可以通过编写控制程序实现上述功能。在 MCGS 中编写控制程序与一般程序设计语言编程有较大的不同。它采用策略组态的形式。

所谓运行策略，可以简单地理解为系统运行与控制的思想和方法。MCGS 提供了许多"策略构件"，如定时器、计数器、脚本程序等供系统设计人员使用。正如画面设计是对 MCGS 提供的图形对象进行组态一样，编程就是根据系统的需要，对这些策略构件进行组态。

观察机械手控制系统的控制要求，不难发现，控制过程不过是使各个电磁阀定时，顺序动作。让电磁阀动作很简单，只要设法使相应的变量置 0 或置 1 即可（本系统为置 0）。那么，如何实现定时功能呢？

由于 MCGS 提供了定时构件，因此可以利用它来实现定时功能。在具体设计之前先来学习一下定时器的使用。

1）定时器的使用。

① 在策略中添加定时器构件：

● 单击屏幕左上角的工作台图标，弹出"工作台"窗口。

● 单击"运行策略"选项卡，进入"运行策略"页，如图 10 - 17 所示。"启动策略"是指系统启动时要执行的操作，一般用来完成系统的初始化工作。"退出策略"是指系统退出时要执行的操作，主要进行退出前的善后处理工作。这两个策略都只执行一次，我们暂且不作考虑。"循环策略"是系统运行时反复执行的策略，它总是从头到尾执行其内容，然后又重新开始，反复执行，我们可以把主要的策略都放在这里。

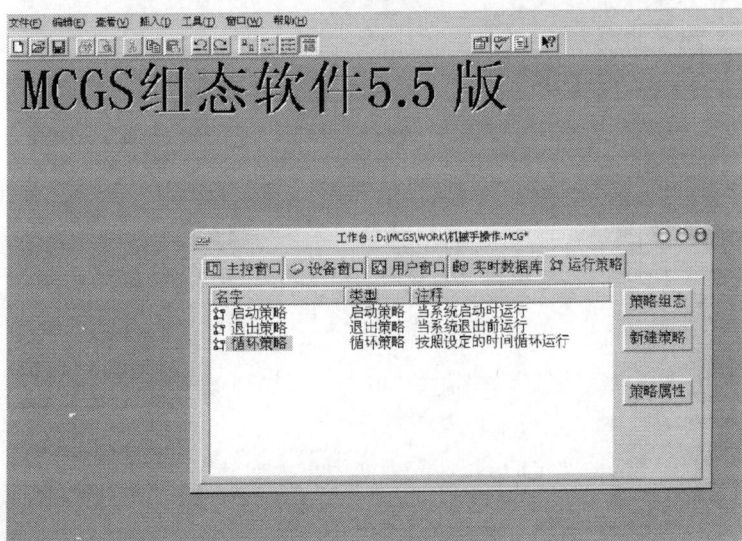

图 10 - 17 运行策略窗口

● 选中"循环策略"，单击右侧"策略属性"按钮，弹出"策略属性设置"窗口，如图 10 - 18所示。

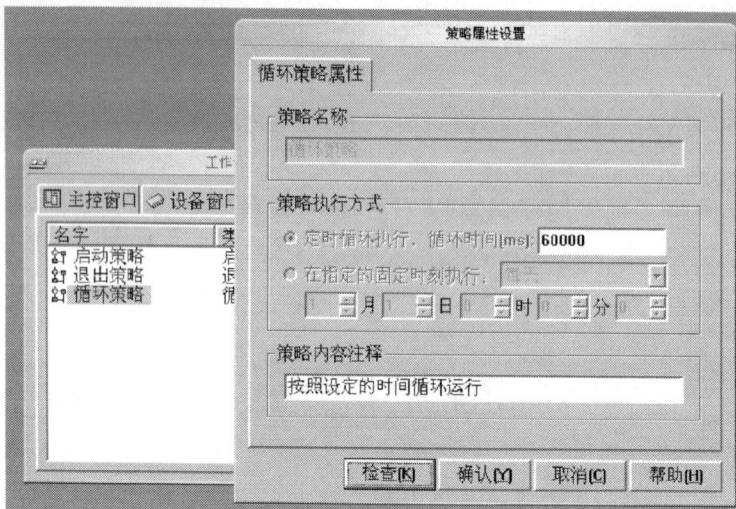

图 10-18　循环策略属性设置

- 在"定时循环执行，循环时间"一栏中，填入 200。单击"确认"按钮。
- 选中"循环策略"，单击右侧"策略组态"按钮，弹出"策略组态：循环策略"窗口。
- 单击"工具箱"按钮，弹出"策略工具箱"，如图 10-19 所示。

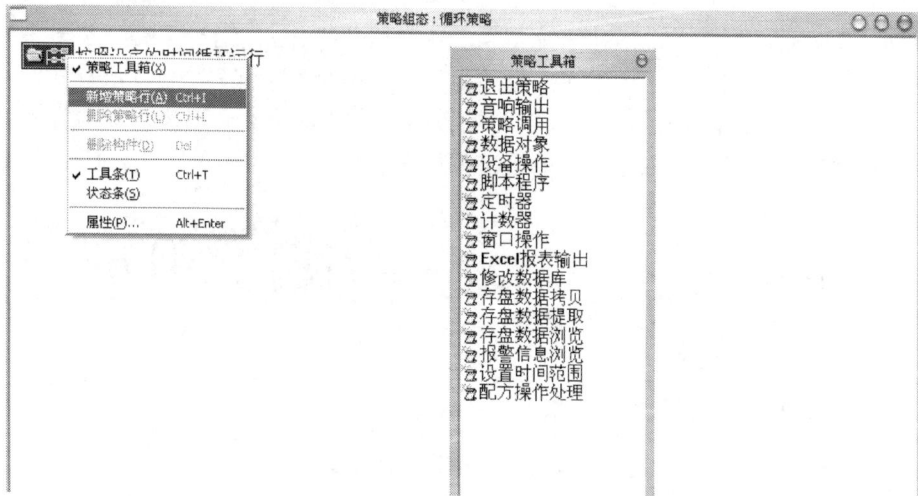

图 10-19　策略工具箱

　　● 在工具栏找到"新增策略行"按钮，单击，在循环策略窗口出现了一条新策略，如图 10-20 所示。

- 在"策略工具箱"选中"定时器"，光标变为小手形状。
- 单击新增策略行末端的方块，定时器被加到该策略，如图 10-17 所示。
② 一般定时器的功能。
- 启停功能，即能在需要的时候被启动，当然也能在需要的时候被停止。
- 计时功能，即启动后进行计时。
- 计时时间设定功能，即可以根据需要设定计时时间。

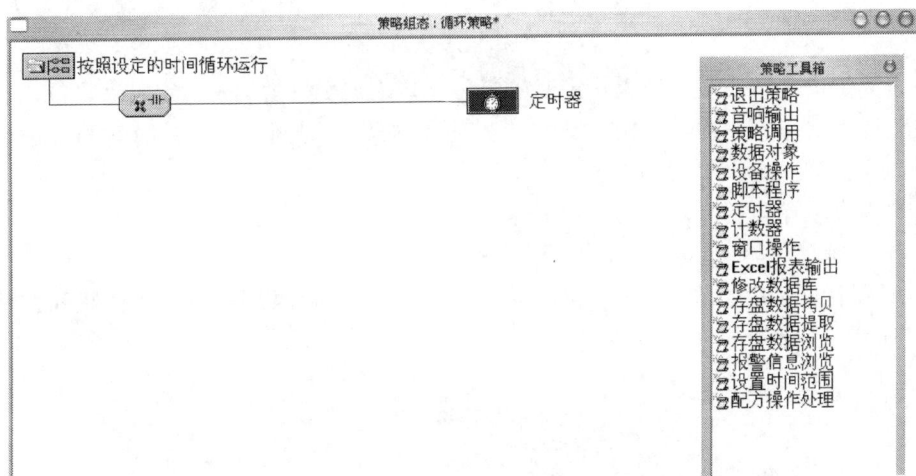

图 10-20　新增一条策略

● 状态报告功能，即是否到设定时间。

● 复位功能，即在需要的时候重新开始计时。复位与停止不同，停止后不再计时，复位则是重新计时。

③ 定时器属性设置。属性设置的目的是使定时器和相关的变量建立联系，完成它应具有的启动、计时、状态报告等功能。步骤如下：

● 单击工作台"运行策略"选项卡，进入"运行策略"页。

● 选中"循环策略"，单击"策略组态"按钮，重新进入"策略组态：循环策略"页。

● 双击新增策略行末端的定时器方块，出现定时器属性设置如图 10-21 所示。

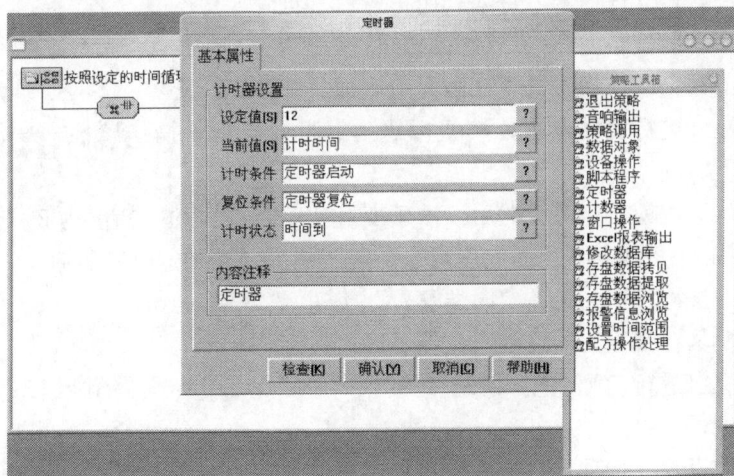

图 10-21　定时器的设置

● 在"设定值"一栏，填入 12，代表设定时间是 12s。

● 在"当前值"一栏，填入计时时间。或单击对应"?"按钮，在弹出的变量列表中双击"计时时间"。至此，"计时时间"变量的值将代表定时器计时时间的当前值。

● 在"计时条件"一栏，直接或操作"?"按钮填入：定时器启动。代表该变量为1时，定时器复位。

● 在"复位条件"一栏，填入：定时器复位。代表该变量为1时，定时器复位。

● 在"计时状态"一栏，直接或操作"?"按钮填入：时间到。则计时时间超过设定时间时，"时间到"变量为1，否则为0。

● 在"内容注释"一栏，填入：定时器。

● 单击"确认"按钮，退出定时器属性设置，并保存。

④ 定时器特性观察。为了观察定时器的工作，可在原画面上增加一些按钮和文字，如图10-22所示，操作步骤如下：

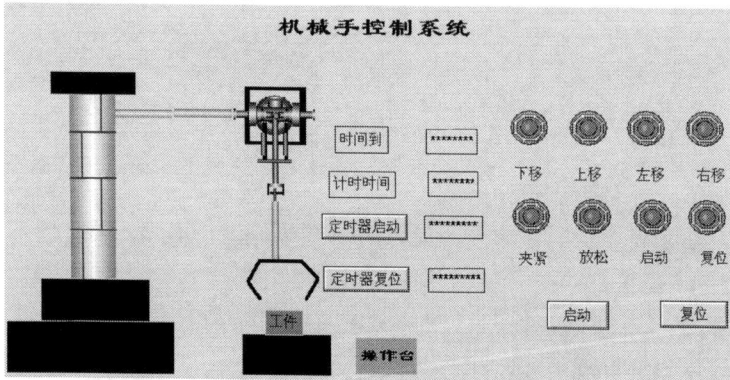

图 10-22　画面上增加定时器调试按钮

● 单击"工作台"按钮，弹出工作台窗口。

● 单击"用户窗口"选项卡，进入"用户窗口"页。

● 双击"机械手监控画面"，进入画面编辑。

● 利用绘图工具箱的按钮工具，在画面中增加一个按钮。

● 双击新按钮，进行属性设置。按钮标题：定时器启动；操作属性——数值对象值操作：取反，定时器启动。

● 单击"确认"按钮。这样设置后，由于变量"定时器启动"初值为0，单击该按钮变量值变为1；再单击，又变为0。因此设置这个按钮是为了控制定时器的启停。

● 用同样的方法再增加一个"定时器复位"按钮。

● 利用文字工具在"定时器启动"按钮旁写入文字"＊＊＊"。

● 对写入的文字进行动画连接。双击文字"＊＊＊＊"，弹出"动画组态属性设置"窗口，如图10-23所示。

◆ 单击"属性设置"选项卡，进入该页。

◆ 在"输入输出连接"一栏中选择"显示输出"，其他不选。

◆ 单击"显示输出"选项卡，进入该页。

◆ 在"表达式"一栏填入：定时器启动；在"输出值类型"一栏，选择"数值量输出"。

这样设置的目的是让文字"＊＊＊"在运行时，能够显示变量"定时器启动"的值。

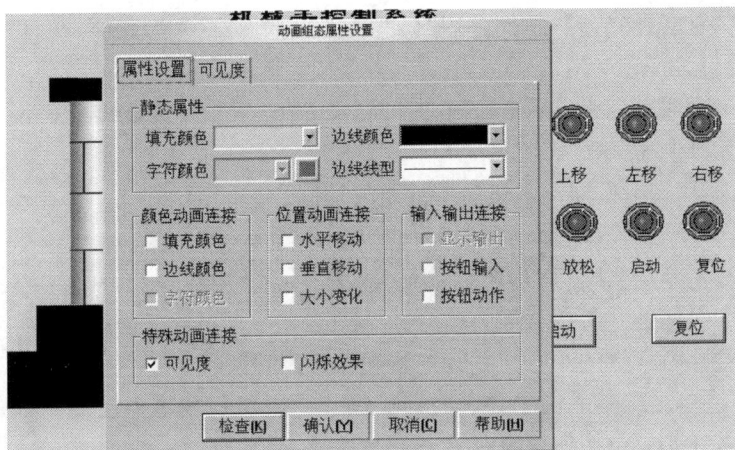

图 10-23　对文字做显示输出动画连接

● 用同样的方法在"定时器复位"按钮旁写入文字"＊＊＊"，与变量"定时器复位"进行显示输出连接。

● 用文字工具写入文字"计时时间"和"时间到"。

● 在文字"计时时间"和"时间到"旁边写两个文字"＊＊"，分别与变量"计时时间"和"时间到"进行显示输出连接。

● 设置完成后保存。

● 单击"进入运行环境"按钮，进入运行环境。

● 在运行环境，可以看到组态环境下的 4 个文字"＊＊＊＊"都显示出了它们的初始值：0。

● 单击"定时器启动"按钮，观察到：

◆ "定时器启动"按钮旁对应显示：1，表示"定时器启动"变量被置位了。

◆ "计时时间"对应显示：从 0 开始，每隔 1s 加 1，说明定时器在计时，显示数字就是计时时间。

◆ 当计时时间＜12 时，"时间到"对应显示项：0，说明没到定时时间。

◆ 当计时时间≥12 时，"时间到"对应显示项：1，说明已到或超过定时时间。

● 再次单击"定时器启动"按钮，观察到：

◆ "定时器启动"按钮对应显示：0，表示"定时器启动"变量被清零。

◆ "计时时间"显示没有变化，说明定时器被停止了。

◆ "时间到"对应显示不变。

● 再次单击"定时器启动"按钮，观察到：

◆ "定时器启动"按钮旁对应显示：1。

◆ "计时时间"显示在原来基础上继续增加，说明定时器又开始计时了。

● 单击"定时器复位"按钮，观察到：

◆ "定时器复位"按钮旁对应显示：1，代表"定时器复位"变量被置 1。

◆ "计时时间"显示：0，说明定时器被复位了。

◆ "时间到"显示：0。

● 再次单击"定时器复位"按钮，观察到：

◆ "定时器复位"按钮旁对应显示：0。

◆ 如果此时"定时器启动"为 1，则"计时时间"显示从 0 开始变化，说明定时器退出复位状态，又开始计时了。

2) 利用定时器和脚本程序实现机械手的定时控制。

① 将脚本程序添加到策略行。

● 单击工具栏"新增策略行"，在定时器下增加一行新策略。

● 选中策略工具箱的"脚本程序"。

● 单击新增策略行末端的小方块，脚本程序被加到该策略。

② 脚本程序清单。机械手程序分定时器控制、运行控制和停止控制三部分。定时器控制部分实现启动按钮和复位按钮对定时器的控制功能。

● 定时器控制程序清单如下：

if 启动按钮=1　and　复位按钮=0　then　定时器复位=0　定时器启动=1
(如果启动按钮=1 且复位按钮=0,则启动定时器控制)
endif
if 启动按钮=0　then　定时器启动=0
(只要启动按钮=0,立刻停止定时器工作)
endif
if 复位按钮=1　and　计时时间≥44　then　定时器启动=0
(如果复位按钮=1,只有当计时时间≥44s,回到初始位置时,才停止定时器工作)
endif

● 运行控制部分清单如下：

if 定时器启动=1　then
if 计时时间<5　then　下移阀=0　exit
endif
if 计时时间<7　then　夹紧阀=0　下移阀=1　exit
endif
if 计时时间<12　then　上移阀=0　夹紧阀=1　exit
endif
if 计时时间<22　then　右移阀=0　上移阀=1　exit
endif
if 计时时间<27　then　下移阀=0　右移阀=1　exit
endif
if 计时时间<29　then　放松阀=0　下移阀=1　exit
endif
if 计时时间<34　then　上移阀=0　放松阀=1　exit
endif
if 计时时间<44　then　左移阀=0　上移阀=1　exit
endif
if 计时时间≥44　then　左移阀=1　定时器复位=1　exit
endif

```
endif
```

● 停止控制程序清单：

```
if 定时器启动=0  then   下移阀=1   上移阀=1   左移阀=1   右移阀=1
endif
```

③ 将以上程序输入到脚本程序编辑框，单击"检查"按钮进行语法检查，如果报错，修改程序直至无误；单击"确认"按钮，退出程序编辑；再单击"保存"。

二、与 PLC 设备进行连接

MCGS 提供了大量工控领域常用设备驱动程序的接口。使用者只需通过"设备窗口"进行简单的设置，就可以使计算机直接与各种工控系统常用的设备如 PLC、智能仪表、数据采集板卡等进行数据交换。

设控制系统使用了西门子 S7‐200 系列 PLC 的工业以太网模块 CP243‐1，现在要在 MCGS 中对其进行连接，下面介绍一下基本通道的连接。

（1）单击"设备工具箱"中的"设备管理"按钮，弹出设备管理窗口，在可选设备列表中，双击"通用设备"，双击"单口通信父设备"，在下方出现"串口通信父设备"图标。双击图标"串口通信父设备"图标，即可将"串口通信父设备"添加到右侧选定设备列表中。选中选定设备列表中的"串口通信父设备"，单击"确认"，"串口通信父设备"即被添加到设备工具箱中。在可选设备列表中，双击"PLC 设备"，双击西门子 PLC‐S7‐200‐CP243‐1 设备驱动，即可将此设备添加到右侧选定设备列表中，如图 10‐24 所示。

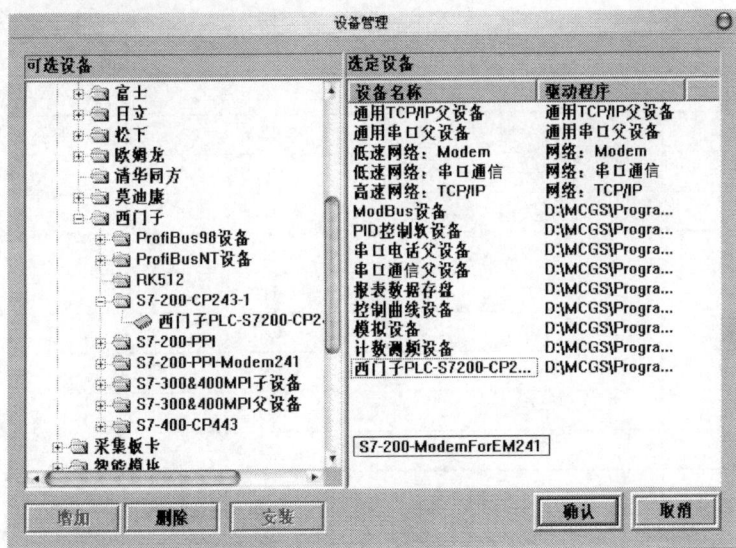

图 10‐24　设备管理窗口

（2）双击"设备工具箱"中的"串口通信父设备"，串口设备的驱动程序被添加到"设备组态"窗口中。双击"设备工具箱"中的西门子 PLC‐S7‐200‐CP243‐1 设备驱动，其驱动程序被添加到"设备组态"窗口中，如图 10‐25 所示。

（3）前面讲到的动画连接中已经将用户窗口中图形对象与实时数据库中的数据对象建立了相关性连接，而此步骤则是将实时数据库中的数据对象与 PLC 数据建立相关性连接。继续以机械手

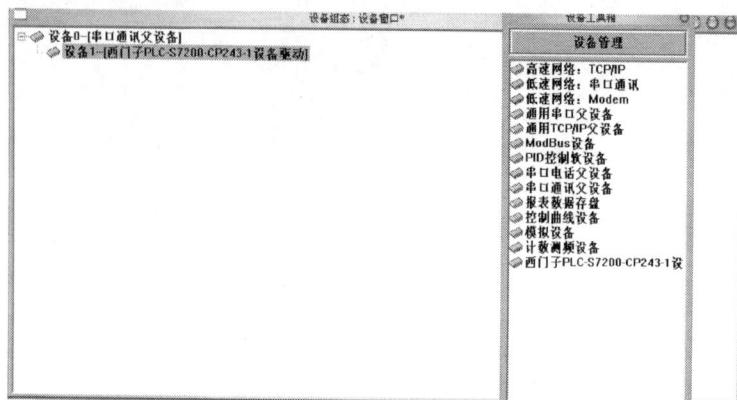

图 10 - 25　设备窗口中添加驱动程序画面

为例，根据 PLC 程序和组态画面控制要求，数据对象与 PLC 数据相关性连接如表 10 - 1 所示。

表 10 - 1　　　　　　　　　　数据对象与 PLC 数据相关性连接表

数据对象名称	类型	S7 - 200 PLC 地址	操作方式
启动按钮	开关型	I2.6	只读
停止按钮	开关型	I2.7	只读
下限位	开关型	I0.1	只读
上限位	开关型	I0.2	只读
右限位	开关型	I0.3	只读
左限位	开关型	I0.4	只读
上升	开关型	I0.5	只读
左行	开关型	I0.6	只读
松开	开关型	I0.7	只读
下降	开关型	I1.0	只读
右行	开关型	I1.1	只读
夹紧	开关型	I1.2	只读
下降阀	开关型	Q4.0	只读
夹紧阀	开关型	Q4.1	只读
上升阀	开关型	Q4.2	只读
左行阀	开关型	Q4.4	只读

启动按钮信号对应 I2.6，停止按钮信号对应 I2.7，下限位对应 I0.1，按照表格 10 - 1 在"设备属性设置窗口"中添加表格中通道。

单击"通道连接"标签，进入通道连接设置。选中通道 1 对应数据对象输入框，根据上述对应数据对象和 PLC 数据的对应关系表格，输入"启动按钮"或右击，弹出数据对象列表后，选择"启动按钮"；选中通道 2 对应数据对象输入框，右击"停止按钮"。其他操作类似，单击"确认"后完成通道连接过程。

（4）进行 PLC 设备通信调试

1）用 PLC 的通信电缆将计算机的 COM1 口与 PLC 联机，进行 PLC 设备通信调试。首先验证上述各步骤的参数设置是否正确。打开 PLC 软件，将设计好的 PLC 用户程序传入 PLC 中，检查 PLC 与组态的通信参数设置是否一致。PLC 通信参数设置在编程软件中查看，将 MCGS 组态工程中与 PLC 不一致的参数设置成相同。

检查完成后，将 PLC 编程软件关闭，再运行组态软件，以免发生串口通信竞争，导致出错，不能正常运行 MCGS。返回进入 MCGS 的"设备组态窗口"中"设备调试"属性栏，此时若通信异常则通信状态标志位为"1"，需按步骤检查相关设置是否正确；如设置正确则通信状态标志为"0"，对应的 I 输入继电器和 Q 输出继电器的状态将与 PLC 的状态变化一致，此时 MCGS 即采集到 PLC 中数据，并可实现数据的读、写监控。

例如，在选择通道类型为"读写"的"上升"对象的通道值中写入"1"，PLC 的输出继电器 Q 将闭合。

设备调试通信正常，在关闭设备窗口前系统弹出一个对话框，要求存盘，选择是即可执行保存操作。

2）通信正常后，在"文件"菜单中选择进入"运行环境"，在上升时间调整输入栏中输入适当的值，该数据被写入 PLC 数据寄存器中，同时 PLC 的数据传输指令完成将寄存器中的数据传入某个定时器的设定值中，达到修改运行时间的效果。设定运行时间后，鼠标在输入框外单击一下，数据才完成写入过程。按下 PLC 设备的外部启动按钮，在该监控画面中，"启动按钮信号"由红变成绿颜色，PLC 输出继电器闭合，组态画面中电动机运行。

本 章 小 结

在本章教学内容中，阐述了 MCGS 组态软件的功能和特点，使大家对组态软件有了进一步的认识。介绍了 MCGS 组态软件的应用，利用组态软件进行系统设计的方法与使用通用计算机语言编程有较大不同。设计时首先应根据系统需要确定所需变量（数据对象）的名字、类型、变化范围。画面的编辑过程与一般画图工具软件类型，比较简单。组态软件最突出的特点在于将画面上各种图形对象与变量建立联系的动画连接。掌握动画连接的基本方法，合理、巧妙地使用动画连接，可以使画面更生动地反映参数的变化。另外组态软件中还有一些特殊的对象如报表、趋势曲线等，也是通过正确地设置动画连接实现其功能的。

本章要求同学们掌握 MCGS 组态软件变量定义、画面编辑、动画连接以及简单程序编写的基本方法，并会制作报表、趋势曲线和报警画面，会进行程序测试，会对自己的系统进行权限设置。

习 题

1. MCGS 组态软件所建立的工程由哪 5 部分构成？
2. 工程画面设计分为哪 4 个步骤？
3. 简述 MCGS 组态软件的特点。
4. 怎样将新建窗口设置为启动窗口？
5. 简述按钮动画连接的过程。
6. 完成画面编辑大致分为哪几个步骤？

第十一章　可编程控制器系统综合设计

PLC已广泛地应用在工业控制的各个领域，以PLC为核心的控制系统越来越多。应当说，在熟悉了PLC的基本工作原理和指令系统之后，就可以结合实际进行PLC控制系统的应用设计了。由于PLC的工作方式和通用微机不完全一样，其组成的系统和继电器控制系统也有本质的区别，硬件和软件可以分开设计是PLC设计的一大特点。本章将介绍PLC控制系统在硬件设计方面的一些问题。

第一节　可编程控制器系统设计内容和方法

一、可编程控制器系统设计内容

设计PLC控制系统是一项综合性非常强的工作，将前面所学的PLC硬件和PLC指令等基本知识进行运用的同时，要综合其他方面知识，这些知识包括电机学、传感器和机械设计等方面知识。设计完成一个PLC系统，必须经过调试以后才能应用在实际生产中。以PLC为核心的控制系统在调试中有其特殊性，必须先经过模拟调试后再进行现场调试。PLC控制系统设计的基本流程如图11-1所示。

二、PLC系统设计步骤与方法

（一）分析任务

分析设计任务，包括对系统功能、设计参数、工艺流程、机械结构、操作方法和工作环境等诸多方面进行分析，从而确定系统设计方向。系统设计方向包括确定是应用网络化控制还是单机控制；采用单片机系统、DSP系统、工业计算机系统还是PLC控制系统；是否需要手动控制与自动控制相结合。对于PLC系统的设计，要详细分析被控对象的工艺过程、功能要求和工作特点等，了解被控对象机、电的配合关系，提出被控对象对PLC控制系统的控制要求，确定控制方案，拟定设计任务书。

（二）PLC选型

确定应用PLC作为主控制器后，根据

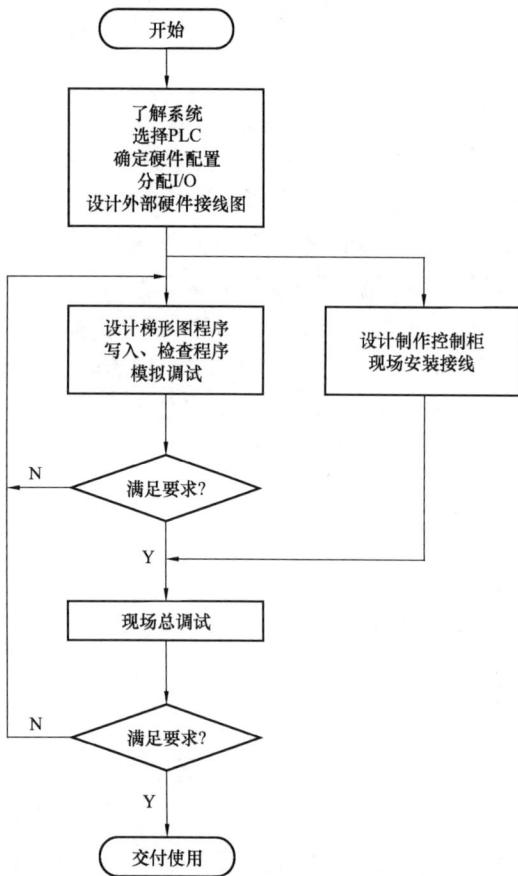

图11-1　设计调试过程示意图

系统开关量输入/输出点数、模拟量输入/输出路数、人机接口和通信功能等方面要求确定选择哪个厂家的 PLC 主机及扩展模块，选择什么档次和类型的 PLC。PLC 选择包括对 PLC 的机型、容量、I/O 模块和电源等的选择。选择的依据主要有 PLC 功能、产品价格和个人喜好等。

（三）系统设计

系统设计包括总体设计、硬件设计和软件设计。

1. 总体设计

设计系统总体结构，将 PLC 主机、I/O 扩展模块、模拟量输入/输出模块、通信模块和人机接口等进行总体规划，为硬件和软件设计做好准备。可以以原理框图的形式表现出系统各个部分的简单的电气连接关系。

2. 硬件设计

硬件设计内容主要包括：

（1）PLC 及扩展模块外围接线设计。包括 I/O 地址分配、电气控制原理图设计、电气元件选型和电气控制柜设计。必要时要配上元件安装图和端子接线图，以方便电气控制柜的安装。根据系统的控制要求，确定系统所需的全部输入设备（按钮、位置开关、转换开关及各种开关量传感器等）和输出设备（接触器、电磁阀、信号指示灯及其他执行器件等），从而确定与 PLC 有关的输入/输出设备，以确定 PLC 的 I/O 点数。设计过程中要求画出系统其他部分的电气线路图，包括主电路和未进入 PLC 的控制电路等。由 PLC 的 I/O 连接图和 PLC 外围电气线路图组成系统的电气原理图。

（2）电动机选型与应用设计。包括拖动系统选择、电动机类型选择、电动机型号选择和电动机专用驱动器选择等。

（3）传感器选择与应用设计。包括传感器类型选择、传感器型号选择和传感器应用设计等。

（4）系统抗干扰设计。

3. 软件设计

系统软件设计包括主程序、功能子程序和中断程序的设计；系统组态；人机接口界面程序设计等。PLC 程序设计最基本的要求是无语法错误，完全编译通过，调试后功能完全满足控制要求，经现场调试并通过后才能确定程序清单。

（1）程序设计。根据系统的控制要求，采用合适的设计方法来设计 PLC 程序。程序要以满足系统控制要求为主线，逐一编写实现各控制功能或各子任务的程序，逐步完善系统指定的功能。除此之外，程序通常还应包括以下内容。

1）初始化程序。在 PLC 上电后，一般都要做一些初始化的操作，为启动做好必要的准备，避免系统发生误动作。初始化程序的主要内容有：对某些数据区、计数器等进行清零；对某些数据区所需数据进行恢复；对某些继电器进行置位或复位；对某些初始状态进行显示等。

2）检测、故障诊断与显示等程序。这些程序相对独立，一般在程序设计基本完成时添加。

3）保护和连锁程序。保护和连锁程序可以避免由于非法操作而引起的控制逻辑混乱。

（2）程序模拟调试。程序模拟调试的基本思想是以方便且容易实现的形式模拟工作现场实际状态，为程序的运行创造必要的环境条件。PLC 系统在编写完程序和控制柜硬件接线完成之后进行模拟调试，模拟调试可以在实验室进行。模拟调试必须将编译好并且没有语法错误的程序下载到 PLC 存储器内，程序执行的同时检验其功能是否达到设计要求，没有错误的程序未必是达到设计要求的程序。根据产生现场信号的方式不同，模拟调试有硬件模拟法和软件模拟法两种形式。

1）硬件模拟法是使用一些硬件设备（如用另一台 PLC 或一些输入器件等）模拟产生现场的信号，并将这些信号以硬接线的方式连到 PLC 系统的输入端，其时效性较强。开关量输入由按钮实现，开关量输出可直接由 PLC 外壳上的指示灯指示。程序执行后，通过按钮控制，观察指示灯的亮灭变化情况即可知道 PLC 程序控制逻辑的对错。模拟量输入可由直流稳压电源来模拟，模拟量输出可用数字电压表来测量。对于编码器等元件的高速脉冲输入可用脉冲发生器产生高速脉冲来代替。PLC 送给交流伺服电动机驱动器或步进电动机驱动器的高速脉冲可由频率计来测量。

2）软件模拟法是在 PLC 中另外编写一套模拟程序，模拟提供现场信号，其简单易行，但时效性不易保证。模拟调试过程中，可采用分段调试的方法，并利用编程器的监控功能。现在有专门的 S7 - 200 PLC 仿真软件，可以模拟按钮的输入和指示灯的输出，非常方便好用。

（四）控制柜的设计及现场施工

主要内容有：

（1）设计控制柜和操作台等部分的电器布置图及安装接线图；

（2）设计系统各部分之间的电气互连图；

（3）根据施工工艺图纸进行现场接线，并进行详细检查。

由于程序设计与硬件实施可同时进行，因此 PLC 控制系统的设计周期可大大缩短。

（五）系统调试联机调试

模拟调试结束后，将电气控制柜与现场机械联机进行现场联机调试。联机调试是将通过模拟调试的程序进一步进行在线统调。联机调试过程先将 PLC 只连接输入设备，再连接输出设备，再接上实际负载等逐步进行调试，遵循循序渐进原则。如不符合要求，则对硬件和程序作调整，一般只需修改部分程序即可。全部调试完毕后，交付试运行。经过一段时间运行，如果工作正常，则程序不需要修改，可打印程序清单。

现场调试还包括变频器、步进电动机驱动器和交流伺服驱动器等专用驱动装置的参数设置与调整。还要进行电动机试验，包括电动机的空载试验、电动机的启动和停机试验、电动机的负载实验等。

（六）整理和编写技术文件

技术文件包括设计说明书、硬件原理图、安装接线图、元件实际位置图、电气元件明细表、PLC 程序以及使用说明书等。必要时还要包括系统控制柜制作工艺说明书等工艺文件，有利于以后的维修。

三、PLC 的选择

型号不同的 PLC，其结构形式、性能、容量、指令系统、编程方式和产品价格等也各有不同，适用的场合也各有侧重。PLC 的选择主要应从 PLC 的机型、容量、I/O 模块、电源模块、特殊功能模块和通信联网能力等方面加以综合考虑。

（一）PLC 机型的选择

PLC 机型选择的基本原则是在满足功能要求及保证可靠、维护方便的前提下，力争最佳的性能价格比。选择时主要考虑以下几点。

1. 结构型式

整体式 PLC 的每一个 I/O 点的平均价格比模块式的便宜，且体积相对较小，一般应用于系统工艺过程较为简单、固定的单机控制设备或小型控制系统中；模块式 PLC 的功能扩展灵活方便，在 I/O 点数和 I/O 模块的种类等方面选择余地大，并且维修方便，一般用于较复杂的控制系统。

2. 安装方式

PLC 系统的安装方式分为集中式、远程 I/O 式以及多台 PLC 联网的分布式。

集中式不需要设置驱动远程 I/O 硬件，系统反应快、成本低；远程 I/O 式适用于大型系统，系统的装置分布范围很广，远程 I/O 可以分散安装在现场装置附近，连线短，但需要增设专门远程 I/O 模块和远程 I/O 电源；多台 PLC 联网的分布式适用于多台设备分别独立控制，又要相互联系的场合，可以选用中、小型 PLC，但必须附加通信模块，组成 MPI 网络或现场总线网络。

3. 功能要求

对于只需要开关量控制的设备，LOGO! 系列 PLC 具有逻辑运算、定时和计数等功能，可以满足要求。对于以开关量控制为主，带模拟量闭环控制的系统，可选用能扩展 A/D 和 D/A 转换模块，具有加减算术运算、数据传送功能和 PID 功能的 S7 - 200 PLC。对于控制较复杂，要求具有较强的通信联网功能，可视控制规模大小及复杂程度，选用 S7 - 300 或 S7 - 400 PLC。这两个系列的 PLC 价格较贵，一般用于大规模过程控制系统和现场总线控制系统。

4. 响应速度

某些特殊场合要求响应速度快时或者某些功能有特殊的速度要求时必须考虑 PLC 的响应速度。可选用具有高速 I/O 处理功能的 PLC，如 CPU224XP。

5. 系统可靠性

对可靠性要求很高的系统，应考虑是否采用冗余系统或热备用系统。

6. 机型尽量统一

机型统一，其模块可互为备用，便于备件的采购和管理；其功能和使用方法类似，有利于技术力量的培训和技术水平的提高；其外部设备通用，资源可共享，易于联网通信，配备上位计算机后易于形成一个多级分布式控制系统。

（二）PLC 容量的选择

PLC 的容量包括 I/O 点数和用户存储容量两个方面。

PLC 平均的 I/O 点的价格还比较高，因此应该合理选用 PLC 的 I/O 点的数量，在满足控制要求的前提下力争使用的 I/O 点最少，但必须留有一定的裕量。通常 I/O 点数是根据被控对象的输入、输出信号的实际需要，再加上 10%～15% 的裕量来确定的。用户程序所需的存储容量大小不仅与 PLC 系统的功能有关，而且还与功能实现的方法、程序编写水平有关。随着存储器技术的发展和 PLC 存储器形式的多样化，PLC 存储器容量已经不再作为选择 PLC 容量的一个重要依据。

第二节 可编程控制器系统设计注意事项和抗干扰措施

PLC 专为工业环境应用而设计，其显著的优点之一就是高可靠性。虽然为提高 PLC 的可靠性，在 PLC 本身的软、硬件上均采用了一系列抗干扰措施，但这并不意味着对 PLC 的环境条件及安装使用可以随意处理。在诸如强电磁干扰、高温、高灰尘、过电压和欠电压等情况下，都可能导致 PLC 内部存储器信息被破坏，使系统出错。这就要求切断外部干扰进入 PLC 的途径，提高系统可靠性。

一、干扰源及其分类

电荷剧烈移动的部位就是噪声源，即干扰源。影响 PLC 控制系统的干扰源与一般影响工业控制设备的干扰源一样，大多产生在电流或电压剧烈变化的部位。干扰类型通常按干扰产生的原因、噪声干扰模式和噪声的波形性质的不同划分。按噪声产生的原因不同，分为放电噪声、浪涌噪声和高频振荡噪声等；按噪声的波形、性质不同，分为持续噪声、偶发噪声等；按噪声干扰模式不同，分为共模干扰和差模干扰。

二、PLC 系统中干扰的主要来源及途径

（一）来自空间的辐射干扰

空间的辐射电磁场主要是由电力网络、电气设备、雷电、无线电广播、电视、雷达和高频感应加热设备等产生的，通常称为辐射干扰。若 PLC 系统置于其辐射频场内，就会收到辐射干扰，其影响主要通过两条路径：一是直接对 PLC 内部的辐射，由电路感应产生干扰；二是对 PLC 通信网络的辐射，由通信线路的感应引入干扰。辐射干扰与现场设备布置及设备所产生的电磁场大小，特别是与频率有关，一般通过设置屏蔽电缆和 PLC 局部屏蔽及高压泄放元件进行保护。

（二）来自系统外引线的干扰

主要通过电源和信号线引入，通常称为传导干扰。

1. 来自电源的干扰

PLC 系统的正常供电电源均由电网供电。由于电网覆盖范围广，它将受到所有空间电磁干扰而在线路上感应电压和电流。尤其是电网内部的变化，如开关操作浪涌、大型电力设备启停、交直流传动装置引起的谐波和电网短路暂态冲击等，都通过输电线路传到电源原边。PLC 电源通常采用隔离电源，但其机构及制造工艺因素使其隔离性并不理想。实际上，由于分布参数特别是分布电容的存在，绝对隔离是不可能的。

2. 来自信号线引入的干扰

与 PLC 控制系统连接的各类信号传输线，除了传输有效的各类信息之外，总会有外部干扰信号侵入。此干扰主要有两种途径：一是通过变送器供电电源或共用信号仪表的供电电源串入的电网干扰；二是信号线受空间电磁辐射感应的干扰，即信号线上的外部感应干扰。由信号引入干扰会引起 I/O 信号工作异常和测量精度大大降低，严重时将引起元器件损伤。对于隔离性能差的系统，还将导致信号间互相干扰，引起共地系统总线回流，造成逻辑数据改变、误动作和死机。PLC 控制系统因信号引入干扰造成 I/O 模件损坏数相当严重，由此引起系统故障的情况也很多。

3. 来自接地系统混乱时的干扰

接地是提高电子设备电磁兼容性的有效手段之一，具体要求是不要被外部其他设备所干

扰，又不要干扰外部其他设备。正确的接地，既能抑制电磁干扰的影响，又能抑制设备向外发出干扰。

PLC控制系统的地线包括系统地、屏蔽地、交流地和保护地等。接地系统混乱对PLC系统的干扰主要是各个接地点电位分布不均，不同接地点间存在地电位差，引起地环路电流，影响系统正常工作。例如电缆屏蔽层必须一点接地，如果电缆屏蔽层两端A、B都接地，就存在地电位差，有电流流过屏蔽层，当发生异常状态如雷击时，地线电流将更大。

此外，屏蔽层、接地线和大地有可能构成闭合环路，在变化磁场的作用下，屏蔽层内会出现感应电流，通过屏蔽层与芯线之间的耦合，干扰信号回路。若系统地与其他接地处理混乱，所产生的地环流就可能在地线上产生不等电位分布，影响PLC内逻辑电路和模拟电路的正常工作。PLC工作的逻辑电压干扰容限较低，逻辑地电位的分布干扰容易影响PLC的逻辑运算和数据存储，造成数据混乱、程序跑飞或死机。模拟地电位的分布将导致测量精度下降，引起对信号测控的严重失真和误动作。

（三）来自PLC系统内部的干扰

主要由系统内部元器件及电路间的相互电磁辐射产生，如逻辑电路相互辐射及其对模拟电路的影响，模拟地与逻辑地的相互影响及元器件间的相互不匹配使用等。这些都属于PLC生产厂家对系统内部进行电磁兼容设计的内容，应用设计时不必过多考虑。

三、主要抗干扰措施

（一）电源选择与应用

电网干扰串入PLC控制系统主要通过PLC系统的供电电源（如CPU电源、I/O电源等）、变送器供电电源和与PLC系统具有直接电气连接的仪表供电电源等耦合进入的。电源是干扰进入PLC的主要途径。

PLC系统的电源有两类：外部电源和内部电源。外部电源是用来驱动PLC输出设备（负载）和提供输入信号的，又称用户电源，同一台PLC的外部电源可能有多规格。外部电源的容量与性能由输出设备和PLC的输入电路决定。由于PLC的I/O电路都具有滤波、隔离功能，所以外部电源对PLC性能影响不大。因此，对外部电源的要求不高。内部电源是PLC的工作电源，即PLC内部电路的工作电源。它的性能好坏直接影响到PLC的可靠性。因此，为了保证PLC的正常工作，对内部电源有较高的要求。一般PLC的内部电源都采用开关式稳压电源或原边带低通滤波器的稳压电源。

1. 对交流电源采用的抗干扰措施

PLC供电电源为50Hz、220V的交流电，对于电源线来的干扰，PLC本身具有足够的抵制能力。

（1）在PLC电源的输入端加接隔离变压器。由隔离变压器直接向PLC供电，这样可抑制来自电网的干扰。隔离变压器的变压比取1：1，在一次和二次绕组间采用双屏蔽技术，一次屏蔽用非导磁材料铜线绕一层，注意电气上不能短路，并且接到中线上；二次则采用双绞线，因双绞线能减少电源线间干扰。

（2）在PLC电源的输入端接低通滤波器，可以滤除交流电源输入的高频干扰和高次谐波。同时使用隔离变压器和低通滤波器，当低通滤波器先与电源相接，当低通滤波器输出后再接隔离变压器。

PLC的电源和PLC输入/输出模块用的电源应与被控系统的动力部分、控制部分分开配线。电源供电线的截面要有足够的余量，以降低大容量设备启动时引起的线路压降，并采用双绞线。条件允许时，PLC 采用单独供电回路，以避免大设备启停对 PLC 的干扰。PLC 输入电路用外接直流电源时，最好采用稳压电源，以保证正确的输入信号。

2. 变送器供电电源的抗干扰措施

PLC 系统对于变送器供电的电源和 PLC 系统有直接电气连接的仪表的供电电源，由于使用的隔离变压器分布参数大，抑制干扰能力差，经电源耦合而串入共模干扰和差模干扰。因此，对于变送器和共用信号仪表供电应选择分布电容小、抑制带大（如采用多次隔离和屏蔽及漏感技术）的配电器，以减少 PLC 系统的干扰。此外，可采用在线式不间断供电电源（UPS）供电，提高供电的安全可靠性。并且 UPS 还具有较强的干扰隔离性能，是一种 PLC 控制系统的理想电源。

（二）电缆选择与敷设

不同类型的信号分别由不同电缆传输，PLC 开关量信号不易受外界干扰，可用普通单根导线传输。像交流伺服电动机控制脉冲信号频率较高，传输过程中易受外界干扰，选用屏蔽电缆传输。外界各种干扰都会叠加在模拟量信号上而造成干扰，所以像变频器的模拟量输入线也要选用屏蔽线。

1. 合理的布线

（1）动力线、信号线以及 PLC 的电源线和 I/O 线应分开走线，距离为 20cm 以上，尽量不要在同一线槽中布线。在不能保证最小距离的地方将动力线穿管，并将管接地。最好单独敷设在封闭的电缆槽架内，槽外壳要可靠接地。减小动力线与信号线平行敷设的长度，否则应增大两者的距离。信号电缆应按传输信号种类分层敷设，严禁用同一电缆的不同导线同时传送动力电源和信号。

（2）交流线与直流线最好分开走线。交流输出线和直流输出线不要用同一根电缆，输出线应尽量远离动力线，避免并行。

（3）开关量与模拟量的 I/O 线最好分开走线，传送模拟量信号的 I/O 线最好用屏蔽线，且屏蔽线的屏蔽层应一端接地或两端接地，接地电阻应小于屏蔽层电阻的 1/10。

（4）PLC 的主机与扩展模块之间电缆传送的信号小、频率高，很容易受干扰，不能与其他设备连接线缆敷埋在同一线槽内。

（5）PLC 的 I/O 回路配线，必须使用压接端子或单股线，不宜用多股绞合线直接与 PLC 的接线端子连接，否则容易出现火花。

（6）与 PLC 安装在同一控制柜内，虽不是由 PLC 控制的感性元件，也应并联 RC 或二极管消弧电路。

2. 输入接线注意事项

（1）输入接线一般不要超过 30m。但如果环境干扰较小，电压降不大时，输入接线可适当长些。

（2）尽可能采用常开触点形式连接到输入端，使编制的梯形图与继电器原理图一致，便于阅读。

3. 输出连接注意事项如下

（1）输出端接线分为独立输出和公共输出。在不同组中，可采用不同类型和电压等级的输出电压。但在同一组中的输出只能用同一类型、同一电压等级的电源。

（2）由于 PLC 的输出元件被封装在印制电路板上，并且连接至端子板，若将连接输出元件的负载短路，将烧毁印制电路板，因此，应用熔丝保护输出元件。

（3）PLC 的输出负载可能产生干扰，因此要采取措施加以控制，如直流输出的续流管保护，交流输出的阻容吸收电路，晶体管及双向晶闸管输出的旁路电阻保护等。

（三）正确接地

接地的目的通常有两个，其一是为了安全，其二是为了抑制干扰。完善的接地系统是 PLC 控制系统抗电磁干扰的重要措施之一。良好的接地是保证 PLC 可靠工作的重要条件，可以避免偶然发生的电压冲击危害。

为了抑制干扰，PLC 最好单独接地，与其他设备分别使用各自的接地装置，决不能与电动机和焊接机等设备共用接地系统。PLC 的接地线与机器的接地端相接，接地线应尽量短，接地点应尽可能靠近 PLC。接地线截面积应不小于 $2mm^2$，接地电阻小于 100Ω；如果要用扩展模块，其接地点应与主机的接地点接在一起，它们具有共同的接地体，而且从任一单元的保护接地端到地的电阻都不能大于 100Ω。为了抑制加在电源及输入端、输出端的干扰，应给 PLC 接上专用地线，接地点应与电动机的接地点分开；若达不到这种要求，也必须做到与其他设备公共接地，禁止与其他设备串联接地。

系统接地方式有：浮地方式、直接接地方式和电容接地 3 种方式。对 PLC 控制系统而言，它属高速低电平控制装置，应采用直接接地方式。由于信号电缆分布电容和输入装置滤波等的影响，装置之间的信号交换频率一般都低于 1MHz，因此 PLC 控制系统接地线采用一点接地和串联一点接地方式。集中布置的 PLC 系统适于并联一点接地方式，各装置的柜体中心接地点以单独的接地线引向接地极。如果装置间距较大，则应采用串联一点接地方式。用一根大截面铜母线（或绝缘电缆）连接各装置的柜体中心接地点，然后将接地母线直接连接接地极。接地线采用截面大于 $22mm^2$ 的铜导线，总母线使用截面大于 $60mm^2$ 的铜排。接地极的接地电阻小于 2Ω，接地极最好埋在距建筑物 $10\sim15m$ 远处（或与控制器间不大于 $50m$），而且 PLC 系统接地点必须与强电设备接地点相距 10m 以上。

信号源接地时，屏蔽层应在信号侧接地；不接地时，应在 PLC 侧接地；信号线中间有接头时，屏蔽层应牢固连接并进行绝缘处理，一定要避免多点接地；多个测点信号的屏蔽双绞线与多芯对绞总屏电缆连接时，各屏蔽层应相互连接好，并经绝缘处理，选择适当的接地处单点接地。

（四）硬件滤波和软件抗干扰措施

有时硬件措施不一定完全消除干扰的影响，采用一定的软件措施加以配合，对提高 PLC 控制系统的抗干扰能力和可靠性起到很好的作用。由于电磁干扰的复杂性，要根本消除干扰影响是不可能的，因此在 PLC 控制系统的软件设计和组态时，还应在软件方面进行抗干扰处理，进一步提高系统的可靠性。常用的一些措施为：数字滤波和工频整形采样，可有效消除周期性干扰；定时校正参考点电位，并采用动态零点，可有效防止电位漂移；采用信息冗余技术，设计相应的软件标志位；采用间接跳转，设置软件陷阱等提高软件结构可靠性。信号在接入计算机前，在信号线与地间并接电容，以减少共模干扰；在信号两极间加装滤波器可减少差模干扰。

1. 数字滤波方法

对于较低信噪比的模拟量信号，常因现场瞬时干扰而产生较大波动，若仅用瞬时采样值进行控制计算会产生较大误差，为此可采用数字滤波方法。现场模拟量信号经 A/D 转换后变成离散的数字信号，然后将形成的数据按时间序列存入 PLC 内存。再利用数字滤波程序对其进行处理，滤去噪声部分获得单纯信号。可对输入信号用 m 次采样值的平均值来代替当前值，但并不是通常的每采样一次求一次平均值，而是每采样一次就与最近的 m−1 次历史采样值相加。此方法反应速度快，具有很好的实时性，输入信号经过处理后用于信号显示或回路调节，有效地抑制了噪声干扰。

由于工业环境恶劣，干扰信号较多，I/O 信号传送距离较长，常常会使传送的信号有误。为提高系统运行的可靠性，使 PLC 在信号出错情况下能及时发现错误，并能排除错误的影响继续工作，在程序编制中可采用软件容错技术。

2. 消除开关量输入信号抖动

在实际应用中，有些开关输入信号接通时，由于外界的干扰而出现时通时断的"抖动"现象。这种现象在继电器系统中由于继电器的电磁惯性一般不会造成什么影响，但在 PLC 系统中，因 PLC 扫描工作的速度快，扫描周期比实际继电器的动作时间短得多，所以抖动信号就可能被 PLC 检测到，从而造成错误的结果。因此，必须对某些"抖动"信号进行处理，以保证系统正常工作。

3. 故障的检测与诊断

PLC 外部输入、输出设备的故障率远远高于 PLC 本身的故障率。而这些设备出现故障后，PLC 一般不能觉察出来，可能使故障扩大，直至强电保护装置动作后才停机，有时甚至会造成设备和人身事故。停机后，查找故障也要花费很多时间。为了及时发现故障，在没有酿成事故之前使 PLC 自动停机和报警，也为了方便查找故障，提高维修效率，可用 PLC 程序实现故障的自诊断和自处理。PLC 拥有大量的软件资源，有相当大的裕量，可以把这些资源利用起来，用于故障检测。

(1) 超时检测。机械设备在各工步的动作所需的时间一般是不变的，即使变化也不会太大，因此可以以这些时间为参考，在 PLC 发出输出信号，相应的外部执行机构开始动作时启动一个定时器定时，定时器的设定值比正常情况下该动作的持续时间长 20% 左右。例如电动机在正常情况下运行 50s 后，它驱动的部件使限位开关动作，发出动作结束信号。若该执行机构的动作时间超过 60s（即对应定时器的设定时间），PLC 还没有接收到动作结束信号，定时器延时接通的常开触点发出故障信号，该信号停止正常的循环程序，启动报警和故障显示程序，使操作人员和维修人员能迅速判别故障的种类，及时采取排除故障的措施。

(2) 逻辑错误检测。在系统正常运行时，PLC 的输入、输出信号和内部的信号（如辅助继电器的状态）相互之间存在着确定的关系，如出现异常的逻辑信号，则说明出现了故障。因此，可以编制一些常见故障的异常逻辑关系，一旦异常逻辑关系为 ON 状态，就应按故障处理。例如某机械运动过程中先后有两个限位开关动作，这两个信号不会同时为 ON 状态，若它们同时为 ON，则说明至少有一个限位开关被卡死，应停机进行处理。

4. 消除预知干扰

某些干扰是可以预知的，如 PLC 的输出命令使执行元件（如大功率电动机、电磁铁）动作，常常会伴随产生火花、电弧等干扰信号，它们产生的干扰信号可能使 PLC 接收错误的信息。在容易产生这些干扰的时间内，可用软件封锁 PLC 的某些输入信号，在干扰易发期过去后，再取消封锁。

（五）外部安全电路

为了确保整个系统能在安全状态下可靠工作，避免由于外部电源发生故障、PLC出现异常、误操作以及误输出造成的重大经济损失和人身伤亡事故，PLC外部应安装必要的保护电路。保护电路在传统继电器控制系统应用较普遍，在此处也是非常必要的。

1. 急停电路

对于能使用户造成伤害的危险负载，除了在控制程序中加以考虑之外，还应设计外部紧急停车电路，使得PLC发生故障时，能将引起伤害的负载电源可靠切断。PLC外部负载的供电线路应具有失压保护措施，当临时停电再恢复供电时，不按下"启动"按钮PLC的外部负载就不能自行启动。这种接线方法的另一个作用是，当特殊情况下需要紧急停机时，按下"停止"按钮就可以切断负载电源，而与PLC毫无关系。

2. 保护电路

可编程控制器有监视定时器等自检功能，检查出异常时，输出全部关闭。但当可编程控制器CPU故障时就不能控制输出，因此，对于能使用户造成伤害的危险负载，为确保设备在安全状态下运行，需设计外电路加以防护。

当PLC输出设备短路时，为了避免PLC内部输出元件损坏，应该在PLC外部输出回路中装上熔断器，进行短路保护。最好在每个负载的回路中都装上熔断器。

除在程序中保证电路的互锁关系，PLC外部接线中还应该采取硬件的互锁措施，以确保系统安全可靠地运行。如电动机正反向运转等可逆操作的控制系统，要设置外部电器互锁保护，可利用接触器KM1和KM2常闭触点在PLC外部进行互锁。在不同电动机或电器之间有联锁要求时，最好也在PLC外部进行硬件联锁。采用PLC外部的硬件进行互锁与联锁，这是PLC控制系统中常用的做法。对于往复运行及升降移动的控制系统，可设置外部行程开关互锁限位保护电路。

3. 大故障的报警及防护

为了确保控制系统在重大事故发生时仍可靠的报警及防护，应将与重大故障有联系的信号通过外电路输出，报警形式要多样化。

（六）冗余系统与热备用系统

在石油、化工、冶金等行业的某些系统中，要求控制系统有极高的可靠性。如果控制系统发生故障，将会造成停产、原料大量浪费或设备损坏，给企业造成极大的经济损失。在提高控制系统硬件的可靠性来满足上述要求的基础上，使用冗余系统或热备用系统就能够比较有效地解决上述问题。

1. 冗余控制系统

冗余系统是指控制系统中多余的部分，没有这一部分系统也照样工作，但在系统出现故障时，这一多余的部分能立即替代故障部分而使系统继续正常运行。在控制系统中CPU主机由两套相同的硬件组成，当某一套出现故障立即由另一套来控制。两套CPU使用相同的程序并行工作，其中一套为主CPU，另一套为备用CPU。在系统正常运行时，备用CPU的输出被禁止，由主CPU来控制系统的工作。同时，主CPU还不断通过冗余处理单元（RPU）同步地对备用CPU的I/O映像寄存器和其他寄存器进行刷新。当主CPU发出故障信息后，RPU在几个扫描周期内将控制功能切换到备用CPU。I/O系统的切换也是由RPU来完成的。是否使用两套相同的I/O模块，取决于系统对可靠性的要求程度。

2. 热备用系统

热备用系统的结构虽然也有两个 CPU 在同时运行一个程序，但没有冗余处理单元 RPU。系统两个 CPU 的切换，是由主 CPU 通过通信口与备用 CPU 进行通信来完成的。两套 CPU 通过通信接口连在一起。当系统出现故障时，由主 CPU 通知备用 CPU，并实现切换，其切换过程一般较慢。

（七）注意 PLC 系统工作环境

1）温度。PLC 要求环境温度在 0～55℃。安装时不能放在发热量大的元件上面，四周通风散热的空间应足够大，一般主机和扩展模块之间要有 30mm 以上间隔；开关柜上、下部应有通风的百叶窗；如果周围环境超过 55℃，要安装风扇强迫通风；不要把 PLC 安装在阳光直接照射或离暖气、加热器、大功率电源等发热器件很近的场所。

2）湿度。PLC 工作环境的空气相对湿度一般要求小于 85%，以保证 PLC 的绝缘性能。湿度太大也会影响模拟量输入/输出装置的精度。因此，不能将 PLC 安装在结露、雨淋的场所。

3）震动。安装 PLC 的控制柜应当远离有强烈震动和冲击场所，使 PLC 远离强烈的震动源，防止震动频率为 10～55Hz 的频繁或连续震动。当使用环境不可避免震动时，必须采取减震措施，如采用减震胶等，以免造成接线或插件的松动。

4）污染。不宜把 PLC 安装在有大量污染物（如灰尘、油烟、铁粉等）、腐蚀性气体和可燃性气体的场所，尤其是有腐蚀性气体的地方，易造成元件及印刷电路板的腐蚀。如果只能安装在这种场所，在温度允许的条件下，可以将 PLC 封闭；或将 PLC 安装在密闭性较高的控制室内，并且安装空气净化装置。

5）远离高压设备。PLC 不能在高压电器和高压电源线附近安装，如电焊机、大功率硅整流装置和大型动力设备等，更不能与高压电器安装在同一个控制柜内。在柜内 PLC 应远离高压电源线，二者间距离应大于 200mm。

本 章 小 结

本章介绍了系统的模拟调试方法，现场调试时对各项参数的设置和调整方法，对于系统设计起着关键的作用。对 PLC 系统的干扰情况进行分析，对抗干扰方法进行了阐述，并介绍了设计中采取的抗干扰措施。

习　　题

1. PLC 系统硬件设计包括哪些内容？

2. PLC 控制系统与继电器控制系统的设计过程相比，有何特点？

3. PLC 调试的软件模拟法和硬件模拟法之间有什么不同？

4. PLC 的选择有哪几方面要求？

5. PLC 系统干扰的主要来源及途径有哪些？

6. PLC 控制系统安装布线时应注意哪些问题？

7. PLC 系统抗干扰的主要措施有哪些？

附　　录

附录 A　S7－200 系列 PLC 技术规范

附表 A-1　　　　　　　　　S7－200 PLC 的 CPU 直流输入规范

常　　规	24V DC 输入
类型	漏型/源型
额定电压	24V DC，4mA 典型值
"1" 信号	15～30V DC
"0" 信号	0～5V DC
最大持续允许电压	30V DC
浪涌电压	35V DC，0.5s
逻辑 1（最小）	15V DC，2.5mA
逻辑 0（最大）	5V DC，1mA
标准输入延迟时间 输入延迟	可调整（0.2～12.8ms） CPU226，CPU226XM：输入点 I1.6～I2.7 具有固定延迟 （4.5ms）
连接 2 线接近开关传感器允许漏电流	最大 1mA
高速计数输入	I0.0～I0.5，30kHz
隔离（现场与逻辑） 光电隔离	是 500V AC，1min
同时接通的输入	55℃时所有的输入
电线长度（最大） 非屏蔽	屏蔽 500m，非屏蔽 300m，高速计数输入 50m 普通输入 300m

附表 A-2　　　　　　　　　S7－200 PLC CPU 输出规范

常　　规	24V DC 输出	继电器输出
类型	固态——MOSFET	干触点
额定电压	24V DC	24V DC 或 250V AC
电压范围	20.4～28.8V DC	5～30V DC 或 5～250V AC
浪涌电流	8A，100ms	7A 触点闭合
逻辑 1（最小）	20V DC，最大电流	—
逻辑 0（最大）	0.1V DC，10kΩ 负载	—
每点额定电流（最大）	0.75A（电阻负载）	2.0A（电阻负载）
每个公共端额定电流（最大）	6A（电阻负载）	10A（电阻负载）
漏电流（最大）	10μA	—
灯负载（最大）	5W	30W DC；200W AC

续表

常　　规	24V DC 输出	继电器输出
延时 断开到接通/接通到断开 切换（最大）	2/10μs（Q0.0 和 Q0.1） 15/100μs（其他） —	— 10ms
脉冲频率（最大）Q0.0 和 Q0.1	20kHz	1Hz
机械寿命周期	—	10000000（无负载）
触点寿命	—	100000（额定负载）
同时接通的输出	55℃时，　所有的输出	55℃时，所有的输出
两个输出并联	是	否
电缆长度（最大）屏蔽/非屏蔽 非屏蔽	500m/150m 150m	500m/150m 150m

附表 A-3　　　　　CPU224XP DC/DC/DC 规范

在线/非在线程序编辑时程序存储器	12288bytes/16384bytes
数据存储器	10240bytes
本机数字量输入/输出点数	14 输入/10 输出
本机模拟量输入/输出点数	2 输入/1 输出
数字 I/O 映像区	256（128 输入/128 输出）
模拟 I/O 映像区	64（32 输入/32 输出）
允许最大的扩展 I/O 模块和智能模块	7 个模块/14 个模块
高速计数器（单相）/（两相）	单相 2，200kHz；两相 2，100kHz
脉冲输出	2 个 100kHz（仅限于 DC 输出）
定时器总数（1ms/10ms/100ms）	256（4/16/256）
计数器总数	256
通信接口	2 个 RS-485 接口
PPI, DP/T 波特率	9.6，19.2 和 187.5kbaud
最大站点数/最大主站数	每段 32 个站，每个网络 126 个站/32 个
数字量输入额定电压	24V DC，4mA 典型值时
数字量输入电流	120mA（仅 CPU，24V DC） 900mA（最大负载，24V DC）
数字量输入/输出类型	输入漏型/源型，输出固态-MOSFET（源型）
数字量输出额定电压	24V DC
数字量输出电压范围	5~28.8V DC（Q0.0~Q0.4） 20.4~28.8V DC（Q0.5~Q1.1）
模拟量输入电压范围	±10V
模拟量输出电压/电流范围	电压 0~10V，电流 0~20mA
电源	24V DC
功耗	8W

附表 A－4　　　　　　　　　　**模拟量扩展模块技术参数**

	EM231	EM232	EM235
尺寸（W H D） 质量 功耗 点数	71.2×80×62mm 183g 2W 4 路模拟量输入	46×80×62mm 148g 2W 2 路模拟量输出	71.2×80×62mm 186g 2W 4 路模拟量输入，2 路模拟量输出（4 入，1 出）
功率损耗 ＋5V DC（从 I/O 总线） 从 L＋L＋电压范围 第 2 级或 DC 传感器供电	20mA 60mA 20.4～28.8	20mA 70mA（带 2 路输出 20mA） 20.4～28.8	30mA 60mA（带输出 20mA） 20.4～28.8
LED 指示器	24V DC 状态 亮＝无故障 灭＝无 24V DC 电源	24V DC 状态 亮＝无故障 灭＝无 24V DC 电源	24V DC 状态 亮＝无故障 灭＝无 24V DC 电源

附表 A－5　　　　　　　　　**模拟量输出模块 EM232 技术参数**

模拟量输出点数	2	精度 最坏情况 0～55°	
隔离（现场与逻辑电路间）	无	电压输出 电流输出 典型值，0～25°	满量程的±2% 满量程的±2%
信号范围 电压输出 电流输出	 ±10V 0～20mA	电压输出 电流输出	满量程的±0.5% 满量程的±0.5%
数据字格式 电压 电流	 −32000～+32000 0～+32000	稳定时间 电压输出 电流输出	 100μs 2ms
分辨率满量程 电压 电流	 12 位 11 位	最大驱动 电压输出 电流输出	 最小 5000Ω 最大 500Ω

附表 A－6　　　　　　　　　**模拟量输入模块 EM231 技术参数**

模拟量输入点数		4
隔离（现场与逻辑电路间）		无
输入类型		差分输入
输入范围	电压（单极性） 电压（双极性） 电流	0～10V，0～5V ±5V，±2.5V 0～20mA
输入分辨率	电压（双极性） 电压（单极性） 电流	2.5mV（0～10V），1.25mV（0～5V） 2.5mV（±5V），1.25mV（±2.5V） 5μA（0～20mA）
模数转换时间		＜250μs
模拟量输入响应		1.5ms～95%

续表

共模抑制	40dB，DC to 60Hz
共模电压	信号电压＋共模电压（必须小于等于12V）
数据字格式　单极性，全量程范围 双极性，全量程范围	0～32000 −32000～＋32000
输入阻抗	大于等于10MΩ
输入滤波器衰减	−3dB，3.1kHz
最大输入电压	30V DC
最大输入电流	32mA
分辨率	12位 A/D 转换器

附表 A−7　　　　EM231 TC 和 EM231 RTD 技术参数

	EM231 TC 热电偶输入	EM231RTD 热电阻输入
物理 I/O 数	4 路模拟量输入	2 路模拟量输入
输入类型	浮地热电偶	模块参考接地 RTD
输入分辨率 　温度 　电压 　电阻	0.1℃/0.1F 15 位加符号位	0.1℃/0.1F 15 位加符号位
数据字格式	电压：−27648～＋27648	电阻：−27648～＋27648
噪声抑制	85dB，50Hz/60Hz/400Hz	85dB，50Hz/60Hz/400Hz
模块刷新周期	405ms	405ms
最大输入电压	30V DC	30V DC（检测），30V DC（源）
功耗	1.8W	1.8W
输入阻抗	1MΩ	10MΩ
线回路电阻（最大）	100Ω	20Ω
基本误差	0.1％FS（电压）	0.1％FS（电压）
重复性	0.05％FS	0.05％FS
冷触点误差	±1.5℃	
连线长度（最大）	100m	100m
尺寸（$W×H×D$）	71.2×80×62mm	71.2×80×62mm

附录 B　实　验　指　导　书

实验一　三相交流电机基本线路

一、实验目的

(1) 通过对三相异步电动机点动控制和自锁控制线路的安装接线，掌握由电气原理图变换成安装接线图的知识；

(2) 通过对三相异步电动机正/反转控制线路的接线，掌握由电路原理图接成实际操作线路的方法；

(3) 掌握手动控制、正/反转控制、接触器联锁正/反转、按钮联锁正/反转控制及按钮和接触器双重联锁正/反转控制线路的不同接法，并熟悉在操作过程中的不同之处。

二、实验仪器设备、材料

(1) 三相交流电动机 1 台；

(2) 接触器、热继电器、熔断器和断路器若干；

(3) 导线若干。

三、实验内容

(1) 三相异步电动机点动控制线路；

(2) 三相异步电动机自锁控制线路；

(3) 接触器联锁正/反转控制线路；

(4) 按钮联锁正反/转控制线路；

(5) 按钮和接触器双重联锁正/反转控制线路。

实验二　三相交流电机能耗制动线路

一、实验目的

(1) 通过制动的实际接线，了解制动的原理和特点；

(2) 掌握能耗制动的控制线路原理和接线方法，对复杂线路接线有深刻认识。

二、实验仪器设备、材料

(1) 三相交流电动机 1 台；

(2) 接触器、热继电器、熔断器、断路器若干；

(3) 导线若干。

三、实验内容

按照书上三相异步电动机能耗制动控制线路图接线，后启动运行，等正常运行后，按制动按钮，观察能否实现能耗制动。

实验三　PLC 控制三相异步电动机的星形—三角形变换启动控制

一、实验目的

(1) 掌握三相交流电动机星形—三角形变换启动主回路和 PLC 系统的接线方法。

(2) 学会用 PLC 实现电动机星形—三角形变换降压启动过程的编程方法。

二、实验仪器设备、材料

(1) S7 - 200 CPU224 PLC 及通信电缆 1 套；

(2) 安装有 STEP7 - Micro/WIN32 软件的计算机 1 台；

(3) 三相交流电动机及按钮、接触器、热继电器、指示灯等元件若干；

(4) 导线若干。

三、预习内容

(1) 仔细阅读教科书中编程软件的操作方法及基本指令的使用方法，熟悉 CPU224 主机的硬件结构和外部接线方法（I/O 模块扩展方法，主机电源、输入端口电源和输出端口电源的接线方法等）。

(2) 仔细阅读教科书中基本指令的使用方法和简单程序的设计方法，根据要求设计出程序的梯形图或语句表程序，写在草纸上。设计程序在满足基本功能要求的前提下提倡增加功能。

(3) 控制要求如下。

合上启动按钮后，电动机先作星形连接启动，经延时 6s 后自动换接到三角形连接运转。按下停车按钮，电动机停车。

四、实验内容与步骤

(1) 用通信电缆将 CPU224 和计算机连接，将 220V AC 电源接至 CPU224 的交流输入端子"N，L1AC"。

(2) 进入 STEP7 Micro/WIN32 编程软件，了解并熟悉工具栏、菜单及梯形图编辑器的使用，学习如何将梯形图转为语句表（STL），如何为网络（标题）加入注释等软件操作方法。

(3) 将三相交流电动机主电路及其与 PLC 的接线连接好。

(4) 输入、编辑、编译程序。

(5) 运行并调试程序，直至满足要求。

(6) 记录下实验现象和实验结果。

五、思考题

三相交流电机能耗制动如何用 PLC 实现控制？

六、实验报告要求

(1) 画出三相交流电动机主电路图和 PLC 接线图。

(2) 记下实验中的观察结果，总结实验中应注意的问题，写出实验的心得体会。

(3) 写出 PLC 程序的调试过程和实验中的观察结果。

(4) 整理出 PLC 程序梯形图或语句表程序清单。

实验四　PLC 简单程序设计——抢答器

一、实验目的

(1) 了解 S7 - 200 PLC 系统的组成、连线方式及工作方式；

(2) 学习编程软件 STEP7 - Micro/WIN32 的使用、操作方法；

(3) 掌握 PLC 简单程序的编写方法，学会编写抢答器控制程序。

二、实验仪器设备、材料

(1) S7 - 200 CPU224 PLC 及通信电缆 1 套；

（2）安装有 STEP7 - Micro/WIN32 软件的计算机 1 台；

（3）按钮、指示灯、导线若干。

三、预习内容

控制要求：有 4 名选手参加知识竞赛，当主持人按下允许抢答器按钮，表示竞赛开始，有指示灯指示。在 10s 内，如四名选手中的任一位按下对应的按钮，对应灯亮，其他选手再按按钮无效。如 10s 内无人应答，用灯指示，再按抢答器按钮无效。可以设置答题时间，时间自定。设计程序在满足基本功能要求的前提下提倡增加功能。

四、实验内容与步骤

（1）用通信电缆将 CPU224 和计算机连接，将 220V AC 电源接至 CPU224 的交流输入端子"N，L1AC"；

（2）进入 STEP7 Micro/WIN32 编程软件，编辑程序；

（3）运行并调试程序，直至满足要求；

（4）记录下实验结果。

五、思考题

抢答器实验中如果想显示抢答选手编号，在软件和硬件上如何实现？

六、实验报告要求

（1）画出抢答器程序执行时序图；

（2）实验中的观察结果，总结实验中应注意的问题，写出实验的心得体会；

（3）写出抢答器程序的调试过程和实验中的观察结果；

（4）整理出抢答器程序梯形图或语句表程序清单。

实 验 五　交 通 灯 程 序 设 计

一、实验目的

（1）掌握较为复杂的 PLC 程序设计方法；

（2）学会编写交通灯控制的 PLC 程序；

（3）熟悉时序程序的设计和调试方法。

二、实验仪器设备、材料

（1）S7 - 200 CPU224 PLC 及通信电缆 1 套；

（2）安装有 STEP7 - Micro/WIN32 软件的计算机 1 台；

（3）按钮、指示灯、导线等电气元件若干。

三、预习内容

（1）控制要求：启动后，南北红灯亮并维持 25s。在南北红灯亮的同时，东西绿灯也亮。到 20s 时，东西绿灯闪亮，3s 后灭，在东西绿灯熄灭后东西黄灯亮。黄灯亮 2s 后灭东西红灯亮。与此同时，南北红灯灭，南北绿灯亮。南北绿灯亮了 25s 后闪亮，3s 后熄灭，黄灯亮 2s 后熄灭，南北红灯亮，东西绿灯亮，循环。

（2）I/O 分配：I0.0/I0.1 启动和停止按钮

Q0.0　东西红灯　　　Q0.3　南北红灯

Q0.1　东西黄灯　　　Q0.4　南北黄灯

Q0.2　东西绿灯　　　Q0.5　南北绿灯

四、实验内容与步骤

(1) 用通信电缆将 CPU224 和计算机连接，将 220V AC 电源接至 CPU224 的交流输入端子"N，L1AC"；

(2) 将 PLC 与按钮和指示灯连线接好；

(3) 编辑、编译交通灯程序；

(4) 运行并调试程序，直到满足控制要求。

五、思考题

交通灯实验中如果把人行横道的红、绿灯也加到程序中，如何实现？

六、实验报告要求

(1) 认真书写实验目的、实验设备、实验内容、实验程序；

(2) 写出程序的调试过程和实验中的观察结果；

(3) 整理出梯形图或语句表程序清单，画出控制时序图；

(4) 总结实验中应注意的问题，写出实验的心得体会。

实验六　模拟量采集和模拟量输出程序设计

一、实验目的

(1) 熟悉 PLC 的功能指令；

(2) 掌握模拟量采样和模拟量输出程序设计方法；

(3) 熟悉 PLC 模拟量输入和输出扩展模块接线方法。

二、实验仪器设备、材料

(1) S7 - 200 CPU224 PLC 及通信电缆 1 套，EM231 和 EM232 各 1 台；

(2) 安装有 STEP7 - Micro/WIN32 软件的计算机 1 台；

(3) 直流稳压电源 1 台，电压表 1 台；

(4) 按钮、指示灯、导线若干。

三、预习内容

(1) 控制要求：每 200ms 采集模拟量，0～10V 电压范围内某一值（由直流稳压电源代替）。5 次采样后进行处理，去掉最大值和最小值，其他值取平均数。最后将平均数值进行输出。

(2) 仔细阅读教科书中功能指令的格式和使用方法，设计程序在满足基本功能要求的前提下提倡增加功能，比如中断指令和 PID 指令都可以应用。

四、实验内容与步骤

(1) 用通信电缆将 CPU224 和计算机连接，将 220V AC 电源接至 CPU224 的交流输入端子"N，L1AC"；

(2) 将 CPU224 与 EM231 和 EM232 用扁平线进行连接；

(3) 进入 STEP7 Micro/WIN32 编程软件，编辑程序；

(4) 调节稳压电源输出 5V 电压，运行程序进行采样；

(5) 使用电压表测量输出电压值，记录 5 组数据；

(6) 重复步骤 (4) 和步骤 (5)，进行 3.5V 和 8.8V 电压的测量与输出，记录下实验数据；

(7) 如有兴趣可应用 PID 指令进行编程，重复上面操作。

五、思考题

有哪些设备能够输出模拟量或需要模拟量进行控制？

六、实验报告要求

(1) 整理出程序梯形图或语句表程序清单；

(2) 实验中的观察结果，总结实验中应注意的问题，写出实验的心得体会；

(3) 写出程序的调试过程和实验中的观察结果；

(4) 绘制出 PLC 系统接线图。

实验七　高速脉冲输出与输出程序设计

一、实验目的

(1) 熟悉 PLC 的功能指令；

(2) 掌握高速脉冲计数和高速脉冲输出程序设计方法；

(3) 学会 TD200 文本显示器的使用方法。

二、实验仪器设备、材料

(1) S7 - 200 CPU224 PLC 及通信电缆 1 套，TD200 文本显示器 1 台；

(2) 安装有 STEP7 - Micro/WIN32 软件的计算机 1 台；

(3) 信号发生器 1 台，频率计 1 台，示波器 1 台；

(4) 按钮、指示灯、导线若干。

三、预习内容

(1) 控制要求：20s 时间内对高速脉冲进行计数，计算出速度值。将速度值送入 TD200 进行显示。输出 2000Hz PTO 高速脉冲，由频率计进行测量。将高速脉冲出输出端与高速计数端口相连接，编写程序进行高速脉冲输出与测量。

(2) 仔细阅读教科书高速计数器指令和高速脉冲输出指令的格式和使用方法，可试着编写 PWM 方波输出程序。

四、实验内容与步骤

(1) 用通信电缆将 CPU224 和计算机连接，将 220V AC 电源接至 CPU224 的交流输入端子"N，L1AC"；

(2) 将 TD200 用通信电缆与 CPU224 连接，注意 CPU224 只有一个通信口；

(3) 进入 STEP7 Micro/WIN32 编程软件，编辑程序；

(4) 调节信号发生器输出高速脉冲，运行程序进行高速计数；

(5) 使用频率计测量输出脉冲数值，记录 5 组数据；

(6) 重复以上步骤，进行 PWM 方波输出，用示波器观看波形，记录下实验数据；

(7) 将 Q0.0 与 I0.0 端子相连接，进行高速脉冲输出与测量实验。

五、思考题

有哪些设备能够输出高速脉冲或需要高速脉冲进行控制？

六、实验报告要求

(1) 整理出程序梯形图或语句表程序清单。

(2) 总结实验中应注意的问题，写出实验的心得体会。

(3) 写出程序的调试过程和实验中的观察结果，绘出输出脉冲的波形图。

附录 C 课程设计指导书

一、课程设计目的和任务

（1）了解常用电气控制装置的设计方法、设计步骤及设计原则；理解电气控制线路的工作原理；掌握常用电器元件的选用；掌握根据工艺要求设计电气控制线路的方法；掌握电气控制线路的安装与调试；掌握电气控制设备的图纸资料整理；掌握计算机电气绘图软件使用。

（2）学以致用，巩固书本知识。使学生初步具有设计电气控制装置的能力；掌握综合运用专业及基础知识，解决实际工程技术问题的能力；培养和提高学生具有自学能力、独立工作的能力和创造能力；为全面提高学生的综合素质及增强工作适应能力打下一定的基础。

（3）进行一次工程技术设计的基本训练。培养学生查阅书籍、参考资料、产品手册和工具书的能力；上网查询信息的能力；运用计算机进行工程绘图的能力；编制技术文件的能力等，从而提高学生解决实际工程技术问题的能力。

（4）培养具有严谨的工作作风和创新意识；培养团结合作精神。

二、课程设计要求

（1）根据课程设计任务书的要求，阅读本课程设计参考资料及有关图纸，了解一般电气控制装置的设计原则、方法及步骤。能够正确地进行方案论证和设计计算，要求概念清楚、方案合理、方法正确、步骤完整；

（2）调研当今电气控制领域的新技术和新产品，应用于设计过程；

（3）要求会查阅参考资料和手册等；

（4）要求学会选择电器元件；

（5）要求绘制有关电气系统图和编制元件明细表；

（6）要求学会编写设计说明书及使用说明书。

三、课程设计的程序和内容

（1）学生分组、布置题目。

按学生学习成绩、工作能力和平时表现分成若干小组，每组成员合理搭配，然后下达设计课题，原则上每小组一个题目。

（2）熟悉题目、收集资料。

设计开始，每个学生按教师下达的具体题目，充分了解技术要求，明确设计任务，收集相关资料，为设计工作做好准备。

（3）总体设计。

认真阅读本课程设计任务书，分析所选课题的控制要求，并进行工艺流程分析，画出工艺流程图。正确选定系统方案，认真画出系统总体框图。

（4）主电路设计。

按选定的系统方案，确定系统主电路形式，选择电动机种类、型号，画出主电路及相关保护、操作电路原理草图，并完成主电路的元件计算和选择任务。

（5）控制电路设计。

按规定的技术要求，确定系统控制电路元件，绘出 PLC 系统硬件草图。

（6）控制程序编写。

根据控制系统要求和所选 PLC 功能编写控制程序。

（7）设计电气控制装置的照明、指示及报警等辅助电路。

（8）校核整个系统设计，编写元件明细表。

（9）绘制正规原理图，整理编写课程设计说明书。

四、课程设计题目

（1）车辆出入库管理控制；

（2）全自动清洗机控制；

（3）自动门控制；

（4）汽车自动清洗装置控制；

（5）传送带的控制；

（6）饮料罐装生产线控制；

（7）机械手操作控制；

（8）电梯控制；

（9）水塔水位控制；

（10）两级加热器自动恒温控制；

（11）步进电动机控制；

（12）工业搅拌机控制；

（13）花式喷水池装置控制；

（14）带有显示的十字路口交通灯控制；

（15）霓虹灯广告屏控制；

（16）大、小球分拣传送机控制；

（17）反应器恒压控制；

（18）立体仓库控制；

（19）多槽水处理控制；

（20）自动售货机控制；

（21）风机监控。

附录 D 毕业设计指导书

毕业设计是大学四年学习的理论知识与实践知识的综合应用，是检验学生学习效果的重要方式，也是走上工作岗位前提前锻炼的有效途径。随着 PLC 的广泛应用，PLC 方向的毕业设计题目也比以往大量增加。PLC 选题非常关键，一定要注意以下几点。

（1）题目尽量与工作单位所处行业或工作岗位所从事的生产活动相联系。这样可使学生早上手，为将来工作打好坚实的基础。

（2）题目不能过于冷门，要容易查找资料。学生设计也是锻炼查找相关文献资料能力的一个过程，占有资料的多少在一定程度上决定着毕业设计的质量。

（3）控制系统最好是闭环系统。闭环系统可使学生更为全面地综合运用前面所学的知识，能够从系统角度来分析问题、解决问题。

（4）控制系统最好要有人机接口和实现网络化。近几年 PLC 在人机接口和网络通信方面取得了突飞猛进的发展，新的技术、新的器件层出不穷，这样可使学生能够开阔视野，并且能够紧跟当今科技发展新潮流。

选题的方向及设计要求。

（一）机床方向

机床是现代机械加工必备的最重要生产机械，包括车、铣、磨、钻、刨、电火花、线切割等类型机床。设计的关键是 PLC 在其中的定位，PLC 作为运动控制器，即实现主轴和工作台及各种辅助机构运动。一般不用 PLC 实现数控功能，数控功能可另配数控系统。现在有数控系统和 PLC 融为一体的新一代 PLC，应用其进行毕业设计对于本科生来说有一定难度。

磨床控制系统设计要求如下。

（1）实现磨床自动加工控制；

（2）实现磨床主轴（300～2000r/min）和工作台（1～20r/min）转动控制，Z 轴进给控制（进给速度 0.03～300mm/min，定位精度 0.01mm）；

（3）保护功能：包括电动机顺序启动、电动机软启动、过载保护和漏电保护等；具有润滑和冷却功能；

（4）指示、报警功能：包括行程超限报警，按故障性质发出停机报警信号等，报警形式有灯光和铃声报警；

（5）系统具有显示功能，显示转速等数值。

（二）机械手方向

机械手作为比较简单的工业机器人，在搬运、上/下料、机床换刀等操作中一直得到广泛的应用。对机械手进行深入研究就可扩展到各个行业的工业机器人设计，题目种类会大量增加，但设计难度会相应增大。

搬运机械手控制系统设计要求如下。

（1）实现工件自动搬运功能，包括行走小车和机械手控制；

（2）实现自动抓放货物功能，小车自动定位功能（定位精度 1mm），完成任务自动返回功能；

（3）指示、报警功能：包括碰撞、超程和超重报警，按故障性质发出停机报警信号。

（三）自动化生产线方向

自动化生产线包括啤酒、制药、食品等行业生产和包装线，汽车等行业的装配生产线，也包括生产线上的装卸机械、移送机械等。啤酒灌装生产线可加上如发酵等过程控制部分，工作量会大一些。

啤酒灌装生产线控制系统设计要求如下。

（1）实现啤酒灌装生产线送瓶、灌装、封盖、贴标和装箱等工艺的自动控制；

（2）指示、报警功能：包括瓶内有杂质、瓶未满等进行指示；

（3）系统具有显示功能，显示灌装数量等数值；

（4）系统易于组成网络，实现网络化生产。

（四）一般自动化机械方向

一般自动化机械种类繁多，涉及面广，如纺织机械、注塑机、焊接机、印刷机等，PLC在其中的作用多数仍然是运动控制。比如焊接机，PLC用来实现焊接工艺设备控制，包括焊件转动、焊枪摆动、焊枪行走和送丝等运动控制，焊接电源仍由其他种类计算机实现。

细纱机控制系统设计要求如下。

（1）实现细纱机的稳定、可靠、安全运行；

（2）控制功能：包括低速启动、高速启动、中途停车、提前落纱和紧急停车等；

（3）保护功能：包括电动机严格按顺序启动、过载保护和漏电保护功能等；

（4）指示、报警功能：包括低速、高速等电动机运行状态指示，满纱指示，按故障性质发出停机报警信号等，报警形式有灯光和铃声报警。

（五）过程控制方向

本方向的毕业设计特点是被测量非常多，所需传感器种类多、数量多、安装形式多。集散控制系统（DCS）比较适合于过程控制，必要时可与组态软件相结合进行设计。此外，PLC系统应用现场总线技术完全可以组成现场总线控制系统（FCS）。

啤酒发酵控制系统设计要求如下。

（1）实现啤酒发酵罐压力、温度、液位和化学成分控制；

（2）指示、报警功能：包括发酵罐压力、温度和液位超限报警，按故障性质发出停机报警信号等，报警形式有灯光和铃声报警；

（3）传感器选型合理，数量准确，安装形式明确；

（4）系统具有显示功能，显示温度、液位和压力等数值；

（5）系统可组成网络，实现网络化控制；

（6）温度范围 $-10 \sim 30℃$，精度 $0.5℃$；压力范围 $0 \sim 200$ kPa，精度 100P；液位测量精度 1mm。

（六）交通运输方向

最常见的是交通灯设计，在实验、课程设计和毕业设计中都有此题目，要注意设计工作量的把握。其他题目如城市交通管理、地铁站监控、火车运行监控、轮船主机控制、船上锅炉控制等。

地铁站监控系统设计要求如下。

（1）实现地铁站照明、排风等基本功能控制，火灾等安全保障情况的监视与控制；

（2）系统具有通信功能，可与其他计算机进行数据传输；

（3）系统具有人机接口，可进行数据显示和控制参数设定；

（4）传感器设计合理，数量准确，安装位置精确，安装形式明确。

（七）楼宇自动化方向

楼宇自动化方向包括自动门、电梯、空调等设备控制，以及小区安防监控、大楼防火监控等系统。电梯控制系统设计题目较为普遍，设计时要注意与电梯最新技术联系起来，比如编码器平层技术、高速电梯技术等。

楼宇自动门控制系统设计要求如下。

（1）实现对楼宇大门的自动、安全控制；

（2）控制功能：包括自动启/停功能、自动定位停功能、急停功能、调速功能（慢速、常速和快速），残疾人调速功能（$1\sim2r/min$）、紧急通道功能和夜间闭锁功能等；

（3）保护功能：包括防夹功能、防撞功能和防碰功能；

（4）指示、报警功能：包括行程超限报警，按故障性质发出停机报警信号等；

（5）电动机拖动电路保护措施：过载保护、变频器报警输出和自动复位等。

（八）民用设施方向

这个方向的题目比较繁杂，涉及面广。包括恒压供水控制、供热锅炉控制、音乐喷泉控制、舞台灯光控制、居民污水处理、学校自动铃控制等与人们的生活息息相关的题目。

恒压供水控制系统设计要求如下。

（1）实现水塔水位远程可靠、安全控制；

（2）控制功能：包括就地控制、远程控制、手动控制和自动控制；

（3）保护功能：包括电动机顺序启动、电动机软启动、电动机"先开先停"、电动机定期轮换运行、过载保护和漏电保护等；

（4）指示、报警功能：包括电动机运行状态指示和变频器故障报警等；

（5）系统具有显示功能，显示水位和压力等数值；

（6）水位和压力等传感器设计合理，数量准确，安装形式明确。

其他方向还有电力系统自动化方向、工程机械方向等题目可供选择。

参 考 文 献

［1］王永华. 现代电气控制及 PLC 应用技术. 北京：北京航空航天大学出版社，2003.

［2］廖常初. PLC 编程及应用. 北京：机械工业出版社，2004.

［3］范永胜. 电气控制与 PLC 应用. 北京：中国电力出版社，2007.

［4］胡学林. 可编程控制器教程. 北京：电子工业出版社，2004.

［5］袁任光. 可编程控制器选用手册. 北京：机械工业出版社，2003.

［6］SIEMENS 公司. SIMATIC S7－200 可编程控制器系统手册，2006.

［7］廖常初. PLC 应用技术问答. 北京：机械工业出版社，2006.

［8］李方圆. PLC 行业应用实践. 北京：中国电力出版社，2007.

［9］严盈富. 触摸屏与 PLC 入门. 北京：人民邮电出版社，2006.

［10］郑萍. 现代电气控制技术. 重庆：重庆大学出版社，2001.

［11］王兆义. 可编程控制器教程. 北京：机械工业出版社，1992.

［12］方承远. 工厂电气控制技术. 北京：机械工业出版社，2000.

［13］李世基. 微机与可编程控制器. 北京：机械工业出版社，1994.

［14］常斗南. 可编程序控制器. 北京：机械工业出版社，1998.